长江设计文库
水资源工程与调度全国重点实验室
水利部水网工程与调度重点实验室

南水北调中线一期工程技术丛书

丹江口大坝加高工程设计与研究

钮新强　吴德绪　颜天佑 等　著

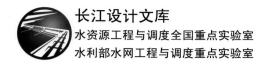

科学出版社
北京

内 容 简 介

本书为“南水北调中线一期工程技术丛书”之一。丹江口水利枢纽位于湖北丹江口汉江干流上，具有防洪、供水、发电、航运等综合利用效益，是南水北调中线的水源工程，同时也是开发治理汉江的关键工程。丹江口大坝加高面临新老混凝土结合、加高工程抗震安全、大坝基础渗控处理及初期大坝混凝土缺陷检查与处理等重大关键技术难题。本书针对这些难点，对大坝加高现场试验、后帮有限结合加高方式、新老混凝土面结合措施、大坝加高抗震、高水头帷幕补强灌浆等关键技术进行系统研究，并较全面地总结大坝加高设计与施工中的各项先进技术和工程经验，可为类似工程建设提供借鉴和参考。

本书可作为水利水电、土木建筑等工程技术人员和相关学科专业研究生参考用书。

图书在版编目（CIP）数据

丹江口大坝加高工程设计与研究/钮新强等著.—北京：科学出版社，2024.8
（南水北调中线一期工程技术丛书）
ISBN 978-7-03-077909-0

Ⅰ.①丹… Ⅱ.①钮… Ⅲ.①南水北调-水利工程-大坝-加高-研究
Ⅳ.①TV642.1

中国国家版本馆 CIP 数据核字（2023）第 250628 号

责任编辑：何 念 /责任校对：胡小洁
责任印制：彭 超/封面设计：无极书装

科学出版社 出版
北京东黄城根北街 16 号
邮政编码：100717
http://www.sciencep.com
武汉精一佳印刷有限公司印刷
科学出版社发行 各地新华书店经销
*
开本：787×1092 1/16
2024 年 8 月第 一 版 印张：20 1/4
2024 年 8 月第一次印刷 字数：477 000

定价：239.00 元

（如有印装质量问题，我社负责调换）

作者简介

钮新强

钮新强，中国工程院院士，全国工程勘察设计大师。现任长江设计集团有限公司首席科学家，水利部水网工程与调度重点实验室主任，博士生导师，曾获全国杰出专业技术人才、全国优秀科技工作者、全国五一劳动奖章、全国先进工作者、全国创新争先奖、国际杰出大坝工程师奖、国际咨询工程师联合会（International Federation of Consulting Engineers，FIDIC）百年优秀咨询工程师等荣誉。

长期从事大型水利水电工程设计和科研工作，主持和参与主持长江三峡、南水北调中线、金沙江乌东德水电站、引江补汉等国家重大水利水电工程设计项目 20 余项，主持或作为主要研究人员参与国家重点研发计划项目、重大工程技术研究项目 100 余项。2002 年起负责南水北调中线工程总体可研和各阶段设计研究工作，主持完成了丹江口大坝加高、穿黄工程等重点项目的设计研究，提出了“新老混凝土有限结合”等重力坝加高设计新理论，研发了“盾构隧洞预应力复合衬砌”新型输水隧洞，攻克了南水北调中线工程多项世界级技术难题。目前正在负责南水北调中线后续工程——引江补汉工程的勘察设计工作，为新时期国家水资源优化配置和水利行业发展做出了重要贡献。先后荣获国家科学技术进步奖二等奖 5 项，省部级科学技术奖特等奖 10 项，主编/参编国家和行业标准 5 项，出版《水库大坝安全评价》《全衬砌船闸设计》等专著 11 部。

作者简介

吴德绪

吴德绪，教授级高级工程师，曾任南水北调中线一期工程丹江口大坝加高工程、总干渠工程项目设计总工程师，南水北调专家委员会委员，长江设计集团有限公司专家委员会委员。获全国五一劳动奖章、全国劳动模范等荣誉。

长期从事大型水利水电工程设计、科研，长江防洪工作，主持和参与南水北调中线一期工程丹江口大坝加高、陶岔渠首枢纽、总干渠膨胀土渠道设计、超大型输水渡槽、输水倒虹吸等关键交叉建筑物项目设计和现场技术服务工作；主持或主参丹江口大坝加高、膨胀土处理的“十一五”及“十二五”国家科技支撑计划、“十三五”国家重点研发计划项目等研究工作，解决了中线一期工程多项世界级技术难题。先后获省部级特等奖 1 项，一～三等奖 7 项；获授权发明专利 8 项、实用新型专利 14 项。

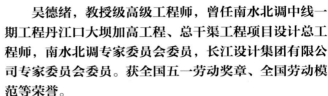

颜天佑

颜天佑，长江设计集团有限公司枢纽院院长，正高级工程师，博士生导师，水利部水利青年拔尖人才。

长期从事引调水工程及隧洞工程的设计研究工作。参与和主持了南水北调中线工程、滇中引水工程、引江补汉工程等国家重大水利水电工程设计 10 余项，参与了“十一五”及“十二五”国家科技支撑计划、“十三五”国家重点研发计划、“973”计划 5 个国家级科研项目。参与提出的丹江口大坝加高、膨胀土治理及大流量渡槽设计等方面的创新成果成功解决了南水北调中线工程的系列技术难题，以及长距离大埋深隧洞关键技术研究成果已成功应用于滇中引水工程、引江补汉工程等大型引调水工程。先后获省部级科学技术进步特等奖 1 项、二等奖 2 项、全国优秀水利水电工程勘测设计奖银质奖 1 项；参编国家、行业及团体标准 5 项，以及南水北调中线工程相关规定 3 部；发表论文 20 余篇；参与撰写《中国南水北调工程·工程技术卷》《膨胀土渠道处理技术》等专著 5 部。

《丹江口大坝加高工程设计与研究》

钮新强　吴德绪　颜天佑 等　著

写 作 分 工

章序	章名	撰稿	审稿
第 1 章	概述	郑光俊、吕国梁、柳雅敏、陈小虎	吴德绪
第 2 章	大坝加高重大技术问题研究	钮新强、颜天佑、廖仁强、施华堂、张国强、牛运华、李雅诗	吴德绪、汤元昌
第 3 章	混凝土大坝加高工程设计	吴德绪、颜天佑、敖　昕、郑光俊、游万敏、王从兵、谢　波、刘　琪、韩　健	廖仁强、王　立
第 4 章	工程建设方案	王曙东、姚勇强、吴　俊、田振宇	吴德绪、汤元昌
第 5 章	加高工程初期运行	周　超、梅润雨、上官江、汪　洋	汤元昌、胡雨新

序

南水北调中线一期工程，是解决我国北方水资源匮乏问题，关系到北方地区城镇居民生产生活、国民经济可持续发展的战略性工程，是世界上最大的跨流域调水工程。早在 20 世纪 50 年代，毛泽东主席就提出：“南方水多，北方水少，如有可能，借点水来也是可以的。”为实现这一宏伟目标，经过广大水利战线的勘察、科研、设计人员和大专院校的专家、学者几代人的不懈努力，南水北调中线一期工程于 2014 年 12 月建成通水，截至 2024 年 3 月，累计向受水区调水超 620 亿 m^3。工程已成为沿线大中城市的供水生命线，发挥了显著的经济、社会、生态和安全效益，从根本上改变了受水区供水格局，改善了供水水质，提高了供水保证率；并通过生态补水，工程沿线河湖生态环境得到改善，华北地区地下水超采综合治理取得明显成效，工程综合效益进一步显现。

南水北调中线一期工程主要包括水源工程丹江口大坝加高工程、输水总干渠工程、汉江中下游治理工程等部分。其中，输水总干渠全长 1 432 km，跨越长江、黄河、淮河、海河 4 个流域，全程与河流、公路、铁路、当地渠道等设施立体交叉，全线自流输水。丹江口大坝加高工程是我国现阶段规模最大、运行条件下实施加高的混凝土重力坝加高工程；输水总干渠渠道穿越膨胀土、湿陷性黄土、煤矿采空区等不良地质单元，渠道与当地大型河流、高等级公路交叉条件复杂，渡槽工程、倒虹吸工程、跨渠桥梁等交叉建筑物的工程规模、技术难度前所未有。

作者钮新强院士是南水北调中线一期工程设计主要负责人，由他率领的设计研究技术团队，与国内科研院所、建设单位等协同攻关，大胆创新突破，在丹江口大坝加高工程方面，由于特殊的运行环境，常规条件下新老坝体结构难以确保完全结合，首创性地提出了重力坝加高有限结合结构新理论，以及成套结合面技术措施，确保了大坝加高工程安全可靠；在大量科学试验研究的基础上揭示了膨胀土渠道边坡破坏机理，解决了深挖方、高填方膨胀土渠道工程施工开挖、坡面保护、边坡稳定分析、长大裂隙控制等边坡稳定问题；黄河为游荡性河流，为减少施工对黄河河势的影响，创新性提出了总干渠采用盾构法下穿黄河，研发了盾构法施工的双层衬砌预应力盾构隧道结构，较好地解决了穿黄隧洞适应高内水压力、黄河游荡带来的多变隧洞土压力等一系列问题；在超大型渡槽结构方面，针对不同槽型开展结构优化研究，发明的造槽机及施工新工艺等技术将超大规模 U 形渡槽设计、施工提升到一个新的水平，首次提出了梯形多跨连续渡槽新型槽体结构。技术研究团队取得了丰硕的创新成果，多项成果达国际领先水平。

该丛书作者均为长期从事南水北调中线一期调水工程设计、科研的科技人员，他们将设计研究经验总结凝练，著成该丛书，可供引调水工程设计、科研人员借鉴使用，也可供大专院校水利水电工程输调水专业师生参考学习。

按照国家“十四五”规划，在未来几年国家将加快构建国家水网，完善国家水网大动脉和主骨架，推动我国水资源综合利用与开发，修复祖国大好河山生态环境，改善广大人民群众生产生活条件，为国民经济建设可持续发展提供动力，造福人民。为此，我国调水工程的建设必将迎来发展春天，并提出诸多新的需求，该丛书的出版，可谓恰逢其时。期待这部凝结了几代设计、科研人员智慧、青春的重要文献，对我国未来输调水工程建设事业的发展起到促进作用。

是为序。

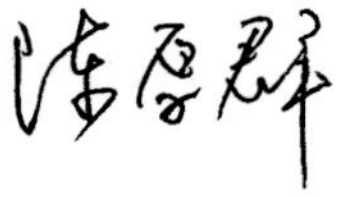

中国工程院院士

2024 年 5 月 16 日

前 言

丹江口水利枢纽位于湖北丹江口汉江干流上，具有防洪、供水、发电、航运等综合利用效益，是开发治理汉江的关键工程，同时也是南水北调中线的水源工程。丹江口大坝加高工程是在丹江口水利枢纽初期工程基础上的改扩建工程，大坝加高工程完成后，坝顶高程由 162m 抬高至 176.6 m，正常蓄水位由 157 m 抬高至 170 m，相应库容由 174.5 亿 m^3 增加至 290.5 亿 m^3；校核洪水位 174.35 m，总库容 319.50 亿 m^3。作为南水北调中线工程的水源，近期（2010 年水平年）调水 95 亿 m^3，后期（2030 年水平年）调水 120 亿～130 亿 m^3，可基本缓解华北地区用水的紧张局面。同时，通过科学调度，使汉江中下游的防洪能力由 20 年一遇提高到近百年一遇。

丹江口大坝加高工程是在初期大坝运行状态下开展实施，其规模在世界上尚属首例，大坝加高工程设计施工缺乏专门的技术规程和成熟可供借鉴的经验，工程面临着系列关键技术难题。自 20 世纪 50 年代大坝初期工程开始设计一直到 21 世纪初大坝加高工程完成，无数的勘测设计科研人员前赴后继付出了大量心血，开展了大量科研试验设计工作，“十一五”国家科技支撑计划将“丹江口大坝加高工程关键技术研究”列为重大项目课题进行研究。大坝加高重大关键技术难题主要包括：新老混凝土结合、加高工程抗震安全、大坝基础渗控设施耐久性与高水头帷幕补强灌浆，以及初期大坝混凝土缺陷检查与处理等。为此，面向工程实践，以工程项目为依托，开展了系列现场试验、数值模拟分析和工程施工方案研究，取得了一系列的成果，并成功进行了推广实践。主要成果包括：①提出了后帮有限结合加高结构设计新理论和设计方法，为重力坝加高结构设计提供了新的理论支撑。②研发了重力坝加高新老坝体结合成套技术，有效保证新老坝体结合度，满足新老坝体联合承载、协同工作的要求。③系统总结了大坝加高工程抗震关键技术，提出了相应处理措施。④对长期服役帷幕的现状防渗性能和耐久性作出了科学的鉴定与评价，提出了高水头帷幕补强灌浆关键技术。⑤对初期坝体混凝土裂缝在新的环境条件下的稳定性、坝体混凝土内部裂缝的存在对加高工程结构安全性进行分析和评估，提出了初期大坝混凝土缺陷检查与处理关键技术。

丹江口大坝加高工程已于 2013 年 8 月通过蓄水验收，2021 年 10 月 10 日首次蓄水至正常蓄水位 170 m，2021 年 11 月通过完工验收。工程运行实践表明，丹江口大坝加高工程设计采用的各项技术措施达到了预期目的，工程运行安全可靠。

本书结合南水北调中线一期工程实践，系统总结丹江口大坝加高工程设计与施工中的各项先进技术、科研等成果，凝结了勘测设计研究团队及众多前辈专家的心血和智慧。在工程实施过程中，已故郑守仁院士、陈志康同志做出了重要贡献，徐麟祥、岳中明、谢向荣、程德虎、成振铎等专家给予大力帮助和支持；本书编写过程中，翁建良、王莉等提供了相关资料，并提出很多宝贵意见。在此，谨向所有参加勘测设计研究的专家、科研人员表示衷心的感谢和崇高的敬意。

限于编者水平，本书中的疏漏在所难免，衷心期待读者提出指正和修改意见。希望本书出版可为今后类似工程建设提供借鉴和参考，也可作为相关领域工程技术人员和学科专业研究生参考用书。

作　者

2024 年 5 月 20 日

南水北调中线一期工程简介

南水北调工程

1. 南水北调——国家水网骨干工程

南水北调构想最早可追溯至20世纪50年代初。1953年2月，毛泽东主席视察长江，时任长江流域规划办公室（简称“长办”）主任的林一山随行陪同，在“长江”舰上毛泽东问林一山：“南方水多，北方水少，能不能从南方借点水给北方？”毛泽东主席边说边用铅笔指向地图上的西北高原，指向腊子口、白龙江，然后又指向略阳一带地区，指到西汉水，每一处都问引水的可能性，林一山都如实予以回答，当毛泽东指到汉江时，林一山回答说：“有可能。”1958年8月，《中共中央关于水利工作的指示》明确提出：“全国范围的较长远的水利规划，首先是以南水（主要是长江水系）北调为主要目的的，即将江、淮、河、汉、海河各流域联系为统一的水利系统的规划，……应即加速制订。”第一次正式提出了南水北调。

长江是我国最大的河流，水资源丰富且较稳定，特枯年水量也有7 600亿m^3，长江的入海水量占天然径流量的94%以上。长江自西向东流经大半个中国，上游靠近西北干旱地区，中下游与最缺水的华北平原及胶东地区相邻，兴建跨流域调水工程在经济、技术条件方面具有显著优势。为缓解北方地区东、中、西部可持续发展对水资源的需求，从社会、经济、环境、技术等方面，在反复比较了50多种规划方案的基础上，逐步形成了分别从长江下游、中游和上游调水的东线、中线、西线三条调水线路，与长江、黄河、淮河、海河四大江河联系，构成以“四横三纵”为主体的国家水网骨干。

2. 东中西调水干线

1）东线工程

东线工程从长江下游扬州附近抽引长江水，利用京杭大运河及与其平行的河道逐级提水北送，并连通起调蓄作用的洪泽湖、骆马湖、南四湖、东平湖。出东平湖后分两路输水：一路向北，在位山附近经隧洞穿过黄河，通过扩挖现有河道进入南运河，自流到天津；另一路向东，通过胶东地区输水干线经济南输水到烟台、威海。解决津浦铁路沿线和胶东地区的城市缺水及苏北地区的农业缺水问题，补充山东西南、山东北和河北东南部分农业用水及天津的部分城市用水。

2）中线工程

中线工程从长江支流汉江丹江口水库陶岔引水，经唐白河流域西部过长江流域与淮河流域的分水岭方城垭口，沿华北平原西部边缘，在郑州以西李村处经隧洞穿过黄河，沿京广铁路西侧北上，可基本自流到北京、天津。解决沿线华北地区大中城市工业生产和城镇居民生活用水匮乏的问题。

3）西线工程

西线工程从长江上游通天河和大渡河、雅砻江及其支流引水，开凿穿过长江与黄河分水岭巴颜喀拉山的输水隧洞，调长江水入黄河上游。解决涉及青海、甘肃、宁夏、内蒙古、陕西、山西 6 省（自治区）的黄河中上游地区和关中平原的缺水问题。

中 线 工 程

南水北调中线工程是“四横三纵”国家水网骨干的重要组成部分，也是华北平原可持续发展的支撑工程。

中线工程地理位置优越，可基本自流输水；水源水质好，输水总干渠与现有河道全部立交，水质易于保护；输水总干渠所处位置地势较高，可解决北京、天津、河北、河南 4 省（直辖市）京广铁路沿线的城市供水问题，还有利于改善生态环境。近期从丹江口水库取水，可满足北方城市缺水需要，远景可根据黄淮海平原的需水要求，从长江三峡水库库区调水到汉江，使之有充足的后续水源。也就是说，中线工程分期建设，中线一期工程于 2003 年 12 月 30 日开工建设，2014 年 12 月 12 日正式通水。

中线一期工程概况

中线一期工程从丹江口水库自流引水，多年平均调水量为 95 亿 m^3，输水总干渠陶岔渠首设计至加大引水流量为 350～420 m^3/s，过黄河为 265～320 m^3/s，进河北为 235～280 m^3/s，进北京为 50～60 m^3/s，天津干渠渠首为 50～60 m^3/s。中线一期工程主要建设项目包括丹江口大坝加高工程、输水总干渠工程、汉江中下游治理工程，为确保中线工程一渠清水向北流，还实施了丹江口水库库区及上游水污染防治和水土保持规划，且输水总干渠全线实行封闭管理。

一、丹江口大坝加高工程

南水北调中线一期工程研究了从长江三峡水库库区大宁河、香溪河、龙潭溪、丹江口水库引水等各种水源方案，并就丹江口大坝加高与不加高条件下，丹江口水库可调水量及调水后对汉江中下游的影响进行了综合分析。经技术经济比较，推荐丹江口大坝加高水源方案。丹江口水库实施大坝加高后，可调水量可满足2010年水平年中线受水区城市需求，调水对汉江中下游的影响可通过实施汉江中下游治理工程得以解决。

1. 大坝加高工程规模

丹江口大坝加高工程在初期大坝坝顶高程162 m的基础上加高14.6 m至176.6 m，两岸土石坝坝顶高程加高至176.6 m。正常蓄水位由157 m提高到170 m，相应库容由174.5亿m^3增加至290.5亿m^3，校核洪水位变为174.35 m，总库容变为319.50亿m^3，水库主要任务由防洪、发电、供水和航运调整为防洪、供水、发电和航运。实施丹江口大坝加高工程后，汉江中下游地区的防洪标准由不足20年一遇提高到近100年一遇，丹江口水库可向北方提供多年平均95亿m^3的优质水，航运过坝能力由150 t级提高到300 t级，发电效益基本不变。

2. 大坝加高方案

1）关键技术问题研究

由于汉江中下游的防洪要求，丹江口大坝加高工程需要在正常运行条件下实施，多年现场试验和数值模拟结果表明：一方面，在外界气温年季变换的影响和作用下，大坝加高工程的新老混凝土难以结合为整体；另一方面，丹江口大坝自初期工程完建到实施加高工程已运行近40年，初期坝体不可避免地存在一些混凝土缺陷需要处理，同时还需要协调好初期大坝金属结构和机电设备的补强和更新与防洪调度的关系。因此，丹江口大坝加高工程的关键技术问题是需要妥善解决新老混凝土有限结合条件下新老坝体联合受力的问题；在运行条件下对初期大坝进行全面检测并妥善处理初期大坝存在的混凝土缺陷，并分析预测混凝土缺陷对加高工程的影响；加强大坝加高施工组织，协调好大坝加高施工场地、交通条件、金属结构和机电设备的加固更新与水库防洪调度之间的关系。

为系统解决丹江口大坝加高工程的关键技术问题，在工程前期设计中先后开展了3次现场试验，“十一五”国家科技支撑计划项目也针对丹江口大坝的新老混凝土结合问题、初期大坝混凝土缺陷处理、初期大坝基础渗控系统的耐久性评价与高水头条件下的帷幕补强灌浆等技术问题开展了研究，确立了系统的后帮有限结合大坝加高技术、初期大坝混凝土缺陷检查与处理技术、大坝基础防渗体系检测与加固技术。

2）重力坝加高方案

丹江口大坝混凝土坝段均采用下游直接贴坡加厚、坝顶加高方式进行加高。坝顶加高前对初期混凝土大坝进行全面检查，对存在的纵向、横向、竖向裂缝和水平层间缝等重要混凝土缺陷采用结构加固与防渗处理相结合的方式进行了处理。对大坝下游贴坡混凝土与初期大坝之间的新老混凝土结合面，采取凿除碳化层、修整结合面体型、设置榫槽、布置锚筋、加强新浇混凝土温控措施和早期混凝土表面保温等一系列措施进行处理。对大坝初期工程的基础渗控措施进行了改造，并进行了防渗灌浆加固处理。对表孔溢流坝段溢流面采用柱状浇筑方式进行坝顶和闸墩加高，加高后的堰面曲线基本相同，设计洪水条件下堰上泄洪能力维持不变，下游消能方式仍为挑流消能，对溢流坝闸墩采用植筋方式进行加固处理，并利用新浇的坝面梁形成框架体系，改善闸墩结构的受力条件；在新老混凝土结合面布置排水廊道，防止结合面内产生渗压，影响加高坝体的结构稳定和应力。

3）土石坝加高方案

丹江口水库的左岸土石坝采用下游贴坡和坝顶加高的方式进行加高，右岸土石坝改线重建，新建左坝头副坝和董营副坝。

3. 丹江口水库运行调度

丹江口大坝加高后，水库任务调整为防洪、供水、发电、航运；丹江口水库首先满足汉江中下游防洪任务，在供水调度过程中，优先满足水源区用水，其次按确定的输水工程规模尽可能满足北方的需调水量，并按库水位高低，分区进行调度，尽量提高枯水年的调水量。

1）水库运行水位控制

考虑到汉江中下游防洪要求，丹江口水库 10 月 10 日～次年 5 月 1 日可按正常蓄水位 170 m 运行；5 月 1 日～6 月 20 日水库水位逐渐下降到夏季防洪限制水位 160 m；6 月 21 日～8 月 21 日水库维持在夏季防洪限制水位运行；8 月 21 日～9 月 1 日水库水位由 160 m 向秋季防洪限制水位 163.5 m 过渡；9 月 1 日～10 月 10 日水库可逐步充蓄至 170 m。

2）运行调度方式

当水库水位超过夏季或秋季防洪限制水位或者超过正常蓄水位时，丹江口水库泄水设备的开启顺序依次为深孔、14～17 坝段表孔、19～24 坝段表孔；陶岔渠首按总干渠最大输水能力供水，清泉沟按需引水，水电站按预想出力发电；水库水位尽快降至相应时段的防洪限制水位或正常蓄水位。

当水库水位在防洪调度线与降低供水线之间运行时，陶岔渠首按设计流量供水，清泉沟、汉江中下游按需水要求供水。当水库水位在供水线与限制供水线之间运行时，陶岔渠首引水流量分别为 300 m^3/s、260 m^3/s。当水库水位位于限制供水线与极限消落水位之间时，陶岔渠首引水流量为 135 m^3/s。

4. 加高后的丹江口水库运行

丹江口大坝加高工程 2005 年开工建设，2013 年通过了水库蓄水验收，2021 年通过了 170 m 正常蓄水位的考验，各项监测数据表明，加高后的大坝工作性态正常。

二、输水总干渠工程

南水北调中线一期工程输水总干渠自丹江口水库陶岔取水，经河南、河北自北拒马河进入北京团城湖，沿途向河南、河北、北京受水对象供水；自河北的西黑山分水至天津外环河，沿途向河北、天津用户供水。

由于总干渠输水流量大，为降低输水运行费用，结合总干渠沿线地形地质条件，经多方案技术经济比较，中线工程的输水总干渠以明渠为主，局部穿城区域采用压力管道，天津干线则采用地埋箱涵。由于中线工程的服务对象为沿线大中城市的工业生产和城镇居民生活，供水量大、水质要求高；总干渠沿线与其交叉的河流、渠道、公路、铁路均按立交方案设计。陶岔渠首与总干渠沿线控制点之间的水位差，可基本实现全线自流供水，北拒马河到团城湖的流量大于 20 m^3/s 时需用泵站加压输水。

1. 总干渠线路

中线工程的主要供水范围是华北平原，主要任务是向北京、天津及京广铁路沿线的城市供水。根据地形条件，黄河以南线路受陶岔枢纽、方城垭口、穿黄工程合适布置范围三个节点控制，依据渠道水位、地形地质条件，沿伏牛山、嵩山东麓，在唐白河及华北平原的西部顺势布置。黄河以北线路比较了新开渠和利用现有河渠方案，经技术经济比较，利用现有河渠方案不宜作为永久输水方案；新开渠方案具有全线能自流、水质保护条件好的特点，为中线工程优选线路方案，即黄河以北线路基本位于京广铁路以西，由南向北与京广铁路平行布置。天津干线研究过民有渠方案、新开渠淀南线、新开渠淀北线、涞水—西河闸线等多条线路方案；由于新开渠淀北线线路较短，占地较少，水质、水量有保证，推荐为天津干线输水路线。

2. 总干渠输水形式

总干渠输水形式比较了明渠、管涵、管涵渠结合多种方案。全线管涵输水虽便于管理、征地较少，但投资高、需要多级加压、运行费用高、检修困难；结合工程建设条件，推荐陶岔至北拒马河采用明渠重力输水，北京段和天津干线采用管涵输水。

3. 总干渠运行调度

中线工程的运行调度涉及丹江口水库、汉江中下游、受水区当地地表水、地下水及中线总干渠的输水调度，关系到全线工程调度的协调性和整体效益的发挥。总干渠工程的输水调度，需综合考虑受水区当地地表水、地下水与北调水联合运用及丰枯互补的作用。

1）北调水与当地水的联合调配

中线水资源配置技术是一项开创性的关键技术，其配置与调度模型包括丹江口水库可调水量、受水区多水源调度及中线水资源联合调配。

受水区已建的可利用的调蓄水库，根据其与输水总干渠的相对地理位置、水位关系等，分为补偿调节水库、充蓄调节水库、在线调节水库，分别在中线供水不足时补充当地供水的缺口，通过水库的供水系统向附近的城市供水，直接或间接调蓄中线北调水。

北调水与受水区当地水联合运用、丰枯互补、相互调剂，各水源的利用效率得以充分发挥，受水区供水满足程度一般在95%以上。

2）总干渠水流控制方式

为了有效控制总干渠水位和分段流量，总干渠建有 60 余座节制闸。输水期间采用闸前常水位控制方式。总干渠供水流量较小时，可利用渠道的水力坡降变化提供少许调节容量用于调节分水口门的取水量；大流量供水时渠道可提供的调蓄容量逐渐消失，分水口门供水量保持基本稳定或按总干渠安全运行要求进行缓慢调节。

总干渠全线采用现代集控技术，系统实现对总干渠各节制闸和沿线分水口门的联动控制。输水期间，依据水力学运动规律和总干渠安全运行要求，根据渠段分水量变化情况分段调整总干渠的供水流量，通过综合协调总干渠不同渠段内各分水口门之间的分水流量变化，减小影响范围和流量变化幅度，提高用户分水口门流量变化的响应速度；或者通过调整陶岔入渠水量，缩短用户供水需求变化的响应时间，避免水资源浪费。

总干渠供水期间，要求总干渠各用户提前一周到两周制订用水计划，由管理部门结合沿线分水口门用水量变化情况和安全供水要求进行审核，必要时在基本满足时段供水量的基础上对部分分水口门的供水过程进行适当调整，审批确认后执行。

4. 输水建筑物

输水总干渠以明渠为主，北京段、天津干线采用管（涵）输水；中线一期工程总干渠总长 1 432 km，布置各类交叉建筑物、控制建筑物、隧洞、泵站等，总计 1 796 座，其中，大型河渠交叉建筑物 164 座，左岸排水建筑物 469 座，渠渠交叉建筑物 133 座，铁路交叉建筑物 41 座，公路交叉建筑物 737 座，控制建筑物 242 座，隧洞 9 座，泵站 1 座。

1）输水明渠

输水明渠按挖填情况分为全挖方、半挖半填、全填方渠道，为降低渠道过水表面粗糙系数，固化过水断面，过水断面采用混凝土衬砌。地基渗透系数大于 10^{-5} cm/s 的渠段和不良地质渠段，混凝土衬砌板下方设置土工膜防渗。对于设有防渗土工膜、地下水位高于渠道运行低水位的渠段，衬砌板下方设置排水系统，以降低衬砌板下的扬压力，保持衬砌板和防渗系统的稳定。对于存在冰冻问题的安阳以北渠道，在衬砌板下方增设保温板。当渠道地基存在湿陷性黄土时，一般采用强夯或挤密桩处理；存在煤矿采空区而无法回避时，采用回填灌浆处理；对于膨胀土挖方渠道和填方渠道，采用了坡面保护和深层稳定加固等措施。

中线一期工程总干渠沿线分布有膨胀岩土的渠段累计长 386.8 km。其中，淅川段的深挖方渠道开挖深度达 40 余米，膨胀土边坡问题尤为突出。“十一五”、“十二五”和“十三五”国家科技支撑计划项目针对膨胀土物理力学特性、胀缩变形对土体结构的影响、边坡破坏机理、坡面保护、多裂隙条件下的深层稳定计算、深挖方膨胀土渠道边坡加固、岩土膨胀等级现场识别、膨胀土开挖边坡临时保护、水泥改性土施工及检测等，开展了专项研究和现场试验，确定了膨胀土坡面采用水泥改性土或非膨胀土保护、地表水截流、地下水排泄、边坡加固的“防、截、排、固”膨胀土渠坡综合处理措施。总干渠通水运行以来，膨胀土渠道过水断面总体稳定。

2）穿黄工程

黄河是中国的第二大河流，泥沙含量大。穿黄工程所处河段河床宽阔，河势复杂，主河道游荡性强，南岸位于郑州以西约 30 km 的邙山李村电灌站附近，与中线工程总干渠荥阳段连接；北岸出口位于河南温县黄河滩地，与焦作段相连，全长 23.937 km；穿越黄河隧洞段长 3.5 km，经水力学计算隧洞过水断面直径为 7.0 m，最大内水压力为 0.51 MPa，是南水北调中线的控制性工程。

工程设计开展了河工模型试验，进行了多方案比较，由此确定了穿黄工程路线，选择隧洞作为穿越黄河的建筑物形式。穿黄隧洞采用双层衬砌结构，外衬为预制管片拼装形成的圆形管道，采用盾构法施工，内衬为现浇混凝土预应力结构，内外衬之间设置弹性排水垫层，是我国首例采用盾构法施工的软土地层大型高压输水隧洞。穿黄工程技术难度大，超出我国现有工程经验和规范适用范围。针对穿黄隧洞复杂的运行环境条件、特殊的结构形式设计和施工涉及的关键技术问题，“十一五”国家科技支撑计划项目开展了“复杂地质条件下穿黄隧洞工程关键技术研究”工作，进行了 1∶1 现场模型试验，结合数值模拟分析，系统解决了施工及运行期游荡性河床冲淤变形荷载作用下穿黄隧洞双层衬砌结构受力与变形特性，隧洞外衬拼装式管片结构设计、接头设计与防渗设计，复杂地质条件盾构法施工技术，超深大型盾构机施工竖井结构及渗流控制等一系列前沿性的工程技术问题，取得了一系列重大创新成果。

3）超大规模输水渡槽

渡槽作为南水北调中线总干渠跨越大型河流、道路的架空输水建筑物，是渠系建筑物中应用最广泛的交叉建筑物之一。南水北调中线一期工程总干渠输水渡槽共 27 座，其中，梁式渡槽 18 座。渡槽断面形式有 U 形、矩形、梯形，设计流量以刁河渡槽、湍河渡槽的设计流量 350 m^3/s 为最大。渡槽长度则主要根据河道行洪要求和渡槽上游壅水影响经综合比选确定。

三、汉江中下游治理工程

中线一期工程运行后，丹江口水库下泄量减少，对汉江中下游干流水情与河势、河道外用水等造成了一定的影响；需要通过兴建兴隆水利枢纽、引江济汉工程、部分闸站改（扩）建、局部航道整治等四项工程，减少或消除北调水产生的不利影响；汉江中下游治理工程是中线工程的重要组成部分。

1. 兴隆水利枢纽

兴隆水利枢纽是汉江干流渠化梯级规划中的最下一级，位于湖北潜江、天门境内，开发任务是以灌溉和航运为主，兼顾发电。枢纽正常蓄水位为 36.2 m，相应库容为 2.73 亿 m^3，规划灌溉面积为 327.6 万亩①，规划航道等级为 III 级，水电站装机容量为 40 MW。枢纽由拦河水闸、船闸、电站厂房、鱼道、两岸滩地过流段及上部交通桥等建筑物组成。

兴隆水利枢纽坝址处河道总宽约 2 800 m，河床呈复式断面，建筑物地基及过流面均为粉细砂层。其关键技术难题如下：①超宽蜿蜒型河道建设拦河枢纽需顺应河势，避免航道淤积，保障枢纽综合效益长期稳定发挥；②需要针对粉细砂地基承载能力低、沉降量大、允许渗透比降小，极易发生渗透变形、饱和砂土存在振动液化等特性的大面积地基处理技术；③粉细砂抗冲流速小，抗冲能力低，工程过流面积大，需要安全可靠的消能防冲设计。

为此，根据实际地形地质条件提出了“主槽建闸，滩地分洪；航电同岸，稳定航槽”

① 1 亩≈666.67 m^2。

的枢纽布置新形式，解决了在超宽蜿蜒型河道建设大型水利枢纽如何稳定河势及保障安全通航的技术难题；并研发了“格栅点阵搅拌桩”多功能复合地基新形式、“H 形预制嵌套”柔性海漫辅以垂直防淘墙的多重冗余防冲结构，首次在深厚粉细砂河床上成功建设了大型综合水利枢纽。

2. 引江济汉工程

引江济汉工程从长江干流向汉江和东荆河引水，补充兴隆—汉口段和东荆河灌区的流量，以改善其灌溉、航运和生态用水要求。渠道设计引水流量为 350 m^3/s，最大引水流量为 500 m^3/s；东荆河补水设计流量为 100 m^3/s，加大流量为 110 m^3/s。工程自身还兼有航运、撇洪功能。引江济汉工程通过从长江引水可有效减小汉江中下游仙桃段“水华”发生的概率，改善生态环境。

干渠渠首位于荆州李埠龙洲垸长江左岸江边，干渠渠线沿北东向穿荆江大堤，在荆州城西伍家台穿 318 国道、于红光五组穿宜黄高速公路后，近东西向穿过庙湖、荆沙铁路、襄荆高速公路、海子湖后，折向东北向穿拾桥河，经过蛟尾北，穿长湖，走毛李北，穿殷家河、西荆河后，在潜江高石碑北穿过汉江干堤入汉江。

3. 部分闸站改（扩）建

汉江中下游干流两岸有部分闸站原设计引水位偏高，汉江处于中低水位时引水困难，需进行改（扩）建，据调查分析，有 14 座水闸（总计引水流量 146 m^3/s）和 20 座泵站（总装机容量 10.5 MW）需进行改（扩）建。

4. 局部航道整治

汉江中下游不同河段的地理条件、河势控制及浅滩演变有着不同特点。近期航道治理仍按照整治与疏浚相结合、固滩护岸、堵支强干、稳定主槽的原则进行。

四、工程效益

南水北调中线一期工程建成通水以来，运行平稳，达效快速，综合效益显著，基本实现了规划目标。中线工程向沿线郑州、石家庄、北京、天津等 20 多座大中城市和 100 多个县（市）自流供水，并利用工程富余输水能力相机向受水区河流生态补水，有效解决了受水区城市的缺水问题，遏制了地下水超采和生态环境恶化的趋势。汉江水源区水生态环境保护成效显著，中线调水水质常年保持 I～II 类。丹江口大坝加高工程和汉江中下游四项治理工程在供水、航运、发电、防洪、改善水环境等方面发挥了积极作用，实现了“南北两利”。

截至 2024 年 3 月 30 日，南水北调中线一期工程自 2014 年 12 月全面通水以来，已累计向受水区调水超 620 亿 m^3，受益人口超 1.08 亿人。

1. 丹江口水利枢纽工程防洪效益、供水效益、生态效益显著

丹江口大坝加高以后，充分发挥了拦洪削峰作用，有效缓解了汉江中下游的防洪压力。从 2017 年 8 月 28 日开始，汉江流域发生了 6 次较大规模的降雨过程，最大入库洪峰流量为 18 600 m^3/s，水库实施控泄，出库流量最大为 7 550 m^3/s，削峰率为 59%，拦蓄洪量约 12.29 亿 m^3，汉江中游干流皇庄站水位最大降低 2 m 左右，避免了蓄滞洪区的运用，有效缓解了汉江中下游的防洪压力。

2021 年汉江再次遭遇明显秋汛，从 8 月 21 日开始，汉江上中游连续发生 8 次较大规模的降雨过程，丹江口水库累计拦洪约 98.6 亿 m^3。通过水库拦蓄，平均降低汉江中下游洪峰水位 1.5～3.5 m，超警戒水位天数缩短 8～14 天，避免了丹江口水库以下河段超保证水位和杜家台蓄滞洪区的运用。10 月 10 日 14 时，丹江口水库首次蓄至 170 m 正常蓄水位，汉江秋汛防御与汛后蓄水取得双胜利。

通过实施丹江口水库库区及上游水污染防治和水土保持规划，极大地促进了水源区生态建设，使丹江口水库水质稳定维持在 I～II 类，主要支流天河、竹溪河、堵河、官山河、浪河和滔河等的水质基本稳定在 II 类，剑河和犟河的水质分别由 IV～劣 V 类改善至 II～III 类。

2. 北调水已成为受水区城市供水的主力水源，并有效遏制了受水区地下水超采，生态环境明显改善

南水北调中线一期工程 2003 年开工新建，2014 年建成通水。自通水以来，输水规模逐年递增，到 2019～2020 年供水量为 86.22 亿 m^3，运行 6 年基本达效。根据检测数据综合评价，南水北调中线水质稳定在 II 类以上。根据 2019 年 6 月资料分析统计，受水区县、市、区行政区划范围内现状水厂总数为 430 座，北调水受水水厂 251 座，其供水能力占受水区总水厂供水能力的 81%。黄淮海流域总人口 4.4 亿人，生产总值约占全国的 35%，中线一期工程累计向黄淮海流域调水超 400 亿 m^3，缓解了该区域水资源严重短缺的问题，为京津冀协同发展、雄安新区建设、黄河流域生态保护和高质量发展等重大战略的实施及城市化进程的推进提供了可靠的水资源保障，极大地改善了受水区居民的生活用水品质。

南水北调中线工程通水后，受水区日益恶化的地下水超采形势得到遏制，实现地下水位连续 5 年回升。河南受水区地下水位平均回升 0.95 m，其中，郑州局部地下水位回升 25 m，新乡局部回升了 2.2 m。河北浅层地下水位 2020 年比 2019 年平均回升 0.52 m，深层地下水位平均回升 1.62 m。北京应急水源地地下水位最大升幅达 18.2 m，平原区地下水位平均回升了 4.02 m。天津深层地下水位累计回升约 3.9 m。

截至 2024 年 3 月，中线一期工程累计向北方 50 多条河流进行生态补水，补水总量近 100 亿 m^3，为河湖增加了大量优质水源，提高了水体的自净能力，增加了水环境容量，在一定程度上改善了河流水质。

3. 汉江中下游四项治理工程实施后，灌溉、航运、生态环境保护成效显著

汉江中下游兴隆水利枢纽、引江济汉工程、部分闸站改（扩）建和局部航道整治四项治理工程均于 2014 年建成并投入运行，目前运行平稳，在供水、航运、发电、防洪、改善水环境等方面发挥了积极作用。

截至 2020 年兴隆水利枢纽累计发电 14.32 亿 kW·h；控制范围内灌溉面积由 196.8 万亩增加到 300 余万亩。引江济汉工程累计引水 205.29 亿 m^3，连通了长江和汉江航运，缩短了荆州与武汉间的航程约 200 km，缩短了荆州与襄阳间的航程近 700 km；配合局部航道整治实现了丹江口—兴隆段 500 t 级通航，结合交通运输部门规划满足了兴隆—汉川段 1 000 t 级通航条件。

引江济汉工程叠加丹江口大坝加高工程后汉江中下游枯水流量增加，提高了汉江中下游生态流量的保障程度。根据 2011 年 1 月～2018 年 12 月实测流量数据，中线一期工程运行前后 4 年，皇庄断面和仙桃断面的生态基流均可 100%满足；皇庄断面最小下泄流量旬均保证率由 91.7%提升至 100%，日均保证率由 90.4%提升至 98.9%，2017～2019 年付家寨断面、闸口断面、皇庄断面、仙桃断面等主要断面各月水质稳定在 II～III 类，并以 III 类为主。

2016 年和 2020 年汛期，利用引江济汉工程实现了长湖向汉江的撇洪，极大地缓解了长湖的防汛压力。

目 录

第1章

概　述

1.1 工程建设及运行

1.1.1 初期工程建设历程

丹江口水利枢纽是我国 20 世纪 50 年代开工建设的水利枢纽工程，位于湖北丹江口汉江干流上，具有防洪、发电、供水、航运等综合利用效益，工程规模巨大，是开发治理汉江的关键工程，同时也是南水北调中线工程的水源工程。

为解决汉江严重的洪水灾害问题，中华人民共和国成立初期我国就开展了汉江治理工作。在培修堤防、修建杜家台分洪工程的同时，全面开展治理开发汉江的规划设计工作。1956 年长江流域规划办公室编制的《汉江流域规划要点报告》，选定丹江口水利枢纽为治理开发汉江的第一期工程，并积极开展勘测设计与科研工作。

1958 年 4 月，中共中央政治局决定兴建丹江口水利枢纽工程，水利电力部随即下达设计任务书。1958 年 6 月，中共湖北省委受中央委托会同水利电力部及中共河南省委审查批准了长江流域规划办公室提出的《丹江口水利枢纽设计要点报告》，同年 9 月正式开工兴建。

批准的丹江口水利枢纽工程的规模为水库正常蓄水位 170 m（吴淞零点，下同），死水位 150 m；枢纽布置为河床混凝土溢流坝和坝后式水电站，两岸土石坝在岸边与河床混凝土坝连接。水电站装机 735 MW。通航建筑物在右岸预留位置，暂不兴建。工程开工后，根据国民经济发展需要，水电站装机容量增至 900 MW，通航建筑物工程同期兴建，采用升船机方案。

工程施工初期，因施工准备及施工设备不足，主要靠人工及半机械化施工，加之对大型工程缺乏施工经验，已浇混凝土坝体出现较严重裂缝、架空等混凝土质量问题。1962 年 2 月，经上级批准，暂停混凝土坝施工，进行质量问题研究及补强处理，同时进行机械化施工准备。1964 年底大坝混凝土恢复浇筑。

在停工期间，研究并决定丹江口水利枢纽工程分期兴建。长江流域规划办公室根据上级批准的初期规模，于 1965 年 5 月上报了《汉江丹江口水利枢纽续建工程初步设计报告》，拟定初期工程水库正常蓄水位 145 m，坝顶高程 152 m，后期规模水库正常蓄水位仍为 170 m。水利电力部审查后，湖北省委、水利电力部、长江流域规划办公室于 1965 年 8 月联合向国务院请示，为较充分利用水资源，建议将初期规模坝顶高程和水库正常蓄水位提高 10 m，即坝顶高程 162 m，水库正常蓄水位 155 m。1966 年 6 月，国务院批复同意该方案。此后，丹江口水利枢纽初期规模据此方案进行设计与施工。

初期工程 1967 年 7 月大坝开始拦洪，11 月下闸蓄水，1968 年 10 月第一台机组发电，1973 年底全部建成。河床混凝土坝水下部分已按后期最终规模兴建，两岸混凝土坝及土石坝按初期规模建设。

1.1.2 初期工程运行

丹江口水利枢纽初期工程正常蓄水位 155 m，死水位 138 m，按 1 000 年一遇洪水设计，相应库水位 158.8 m。考虑初期规模运用时间不会很长，校核洪水采用 10 000 年一遇洪水，未加安全修正值，相应库水位 161.4 m。1975 年 2 月国家计划委员会根据湖北、河南两省用电需要，为尽量多蓄水发电，批准将丹江口水利枢纽初期工程正常蓄水位提高到 157 m。1975 年 8 月河南发生特大洪水后，长江流域规划办公室研究了丹江口可能最大洪水，于 1978 年 5 月提出了《丹江口水利枢纽设计洪水及可能最大洪水复核的报告》，经水利电力部规划设计局（78）水电规划字第 35 号文批准，按 10 000 年一遇洪水加大 20%作为丹江口枢纽保坝标准（即非常运用洪水），相应的库水位为 163.90 m。以上两项运用标准的改变，使得两岸一部分混凝土坝及两岸土石坝需要进行加高、加固处理。加固方案由水利部于 1979 年和 1980 年分别批准。丹江口大坝加高工程开工时，左岸混凝土坝加固工程已经完成，左岸土坝加固除坝顶加高 3.2 m 尚未完成外其余已完成，右岸加固工程尚未施工。

丹江口水利枢纽初期工程于 1968 年第一台机组发电，1973 年底工程全部竣工。初期工程运用了 30 多年，发挥了巨大的作用，取得了显著的经济效益及社会效益。

1. 防洪

汉江中下游地区的防洪标准采用 1935 年实际洪水（约折合 100 年一遇洪水），初期当出现洪水时，经水库调蓄，配合下游已建分洪工程及新城以上堤垸临时分洪，保证下游堤防（特别是汉北遥堤）安全。后期水库防洪库容增大，不用临时分洪，即可保障中下游防洪安全。

泄洪建筑物由泄洪深孔及溢流表孔两部分组成，其中 18 坝段与原下游纵向围堰连成隔水墙将溢流表孔分为左右两区，右区 14～17 坝段 8 个溢流表孔及深孔为常用泄洪建筑物，运用次序为先深孔后表孔。当遇大于 100 年一遇洪水时，才开启左区 19～24 坝段

12 个溢流表孔泄洪。

防洪是丹江口水利枢纽的首要任务，有效地发挥了调蓄洪水、减免汉江中下游水灾的作用。自 1967 年底开始蓄水至 1990 年止，丹江口水库共拦蓄和调节入库流量大于 1 万 m^3/s 的洪水 40 次，其中 1975 年 8 月和 1983 年 10 月的两次洪水，如果没有丹江口水库调节，碾盘山自然洪峰均将超过该河段的安全泄量 3 万 m^3/s。丹江口水利枢纽配合中下游其他防洪工程的运用，确保了汉北屏障遥堤及下游两岸干堤没有溃决，保证了汉北平原城镇及农村直至武汉人民生命财产的安全，同时也减少了汉江下游分洪区及新城以上民垸分蓄洪区的分洪损失，并提高了枢纽下游河滩的利用率。当汉江与长江洪峰遭遇时，如 1980 年 8 月和 1983 年 7 月，还可以利用丹江口水库为长江错峰，减轻武汉的防洪负担。

2. 灌溉

丹江口水利枢纽初期工程以满足唐白河地区 125 万～1 430 万亩灌溉用水量为主要目标，对于汉江来水保证率为 80%的年份，丹江口水库引水 64 亿 m^3；对于来水保证率小于 95%年份，按 30 亿 m^3 供水。初期工程还为湖北河南两省引丹灌区 360 万亩耕地（河南 150 万亩，湖北 210 万亩）提供自流引水水源，使农业发展取得显著效益。

3. 发电

丹江口水电站装机 6 台额定功率为 150 MW 的混流式水轮发电机组，发电保证率为 95%，保证出力为 24.5 万 kW，年发电量约 40 亿 kW·h。丹江口水电站是华中电网具有年调节能力的最大水电站，担负着电网调峰、调频、调相和备用容量及与河南火电站配合运行的任务，在保证电网的安全运行、改善供电质量、提高电网的经济效益方面发挥着重要作用。

水电站首台机组于 1968 年 10 月 1 日投产发电。从 1995 年 3 月开始，丹江口水电站逐步对水轮机进行了改造。水电站最早使用的转轮型号为苏联的 PO702（即国产 HL220），其模型最高效率为 91.5%，是当时该水头段转轮中效率较高、性能较好的一个转轮。1993 年，东方电机厂（现东方电气集团东方电机有限公司）研制成 D187 转轮，用于正常蓄水位 157 m 的增容改造，更换了 1 号、2 号、6 号机组转轮，水轮机出力在额定水头下由 154 MW 增加到 165 MW。2001 年，采用上海希科水电设备有限公司 HL695 转轮更换了 3 号水轮机，额定水头下水轮机出力为 173.4 MW。

结合水轮机的改造，水电站对 1 号、2 号、3 号和 6 号发电机进行了增容改造，1 号、2 号、6 号发电机按 168 MW 增设最大出力，3 号发电机按 175 MW 增设最大出力。

4. 航运

丹江口水库改善了枢纽上下游航道条件，库区形成了约 200 km 的深水航道，变季节性通航为全年通航。汉江中下游 640 km 航道由于水库的调节作用，汛期洪水流量大幅度削减，枯水流量加大，水位变幅减小，航深增加，建库前最枯水 3 个月的平均流量为 340 m^3/s，建库后同期平均流量为 778 m^3/s。蓄水后坝下沿程水位变幅降低 0.72～

1.12 m。中水流量持续时间加长，从建库前的 50～70 天增至 140～300 天。航道技术经济指标提高，促进航运事业的发展。建库前，库区只有 3 只机帆船，中下游汉口至沙洋通航 300 t 级以下驳船，沙洋至襄阳通航 150 t 级驳船，襄阳以上不能通航驳船。建库后，500 t 级驳船从汉口可抵沙洋；350 t 级驳船可达襄阳，150 t 级驳船可通过升船机跨越大坝抵达上游陕西白河县城。

1.1.3 大坝加高工程建设

由于国民经济的发展，特别是华北缺水局面日益紧迫，必须实施南水北调中线工程以补充京津华北地区水资源的不足。1991 年，第七届全国人民代表大会第四次会议将“南水北调”列入“八五”计划和十年规划，长江勘测规划设计研究院（现为长江设计集团有限公司）自此开始着手准备南水北调工程总体规划及丹江口大坝加高工程的设计。

根据《南水北调中线工程规划（2001 年修订）》的审查意见，要求加高丹江口水利枢纽大坝。大坝加高工程完成后，坝顶高程由 162 m 抬高至 176.6 m，正常蓄水位由 157 m 抬高至 170 m，相应库容由 174.5 亿 m^3 增加至 290.5 亿 m^3；校核洪水位 174.35 m，总库容 319.50 亿 m^3。作为南水北调中线工程的水源，近期（2010 年水平年）调水 95 亿 m^3、后期（2030 年水平年）调水 120 亿～130 亿 m^3，可基本缓解京、津等华北地区用水的紧张局面。另外，通过优化调度，使汉江中下游的防洪能力由 20 年一遇提高到近 100 年一遇，电站装机仍为 900 MW，过坝建筑物可通过 300 t 级驳船。

2003 年 9 月，长江勘测规划设计研究有限责任公司历经多次修改完善形成了《丹江口水利枢纽大坝加高工程可行性研究报告》。2004 年 11 月，国家发展和改革委员会以发改农经〔2004〕2530 号批复了项目可行性研究报告。根据可行性报告批复意见，2004 年 12 月长江勘测规划设计研究有限责任公司编制提交了《丹江口水利枢纽大坝加高工程初步设计报告》（修订本）[1]。2005 年 4 月，水利部以《关于丹江口水利枢纽大坝加高工程初步设计报告的批复》（水总〔2005〕168 号）对初步设计报告进行了批复。

丹江口大坝加高工程建设施工于 2005 年 1 月 8 日启动，同年 9 月 26 日主体工程正式开工，11 月浇筑第一仓贴坡混凝土，2007 年 6 月大坝贴坡混凝土全线达到原坝顶 162 m 高程，2007 年 3 月第一仓加高混凝土开始浇筑，2009 年 6 月，混凝土大坝加高达到设计的 176.6 m 高程。原计划施工总工期 66 个月，于 2010 年 6 月完工，由于库区移民及陶岔渠首开工的推迟，考虑到防洪安全，溢流坝段堰面混凝土暂缓加高，总工期顺延 42 个月至 2013 年底。2011 年 11 月开始堰面混凝土加高浇筑，2013 年 5 月 27 日完成缓加高部分溢流堰面最后一仓混凝土浇筑，大坝加高工程主体混凝土浇筑施工全部完成。丹江口大坝加高工程在 2013 年 5 月完成蓄水安全评估（鉴定），2013 年 8 月 29 日，大坝加高工程比原定计划提前 1 个月一次性顺利通过蓄水验收。南水北调中线一期工程也于 2014 年 9 月全线通水验收，2014 年 12 月丹江口水利枢纽正式向北方供水[2]。

1.1.4　大坝加高工程运行

丹江口大坝加高工程 2013 年 8 月 29 日通过蓄水验收后，即按后期规模蓄水，2014 年 11 月 2 日，水库水位达到历史新高 160.72 m。2014 年 12 月 12 日，南水北调中线一期工程正式通水，丹江口水库作为水源工程开始向北方调水。

2017 年秋汛期间，库水位首次超过初期工程坝顶高程 162 m，在长江水利委员会的组织下，分 164 m、167 m 两级水位开展了丹江口水库蓄水试验，试验期间库水位最高达到 167 m，并根据蓄水试验期间大坝运行状态，对更高水位运行状况及安全性进行了分析预测，结果表明：混凝大坝坝体位移量正常，坝体坝基渗漏量和扬压力监测值均小于设计值。

2021 年 10 月，丹江口大坝经受了 170 m 正常蓄水位的考验，截至 2024 年 3 月作为水源工程累计向受水区调水 620 亿 m^3。丹江口大坝加高工程蓄水验收至今，通过系统的安全监测、巡查和分析，大坝总体工作性态正常。

1.2　水文气象条件

1.2.1　气象

汉江流域属东亚副热带季风气候区，冬季受欧亚大陆冷高压影响，夏季受西太平洋副热带高压影响，气候具有明显的季节性，冬有严寒，夏有酷热。

1. 降水

汉江流域多年平均降水量 897.2 mm，由上游向下游增大，上游地区由南向北减少。支流任河上游降水量最大，多年平均降水量可达 1 400 mm 以上，其次上游北部的佛坪及下游江汉平原地区降水量高达 1 000～1 300 mm。汉江上游源地、白河以北及唐白河中游为降水低值区，降水量仅 700～800 mm。汉江上游年内降水有三个集中时段，4 月下旬～5 月下旬为春汛，6 月下旬～7 月下旬为夏汛，8 月下旬～10 月为秋汛，其中夏汛雨量最大，秋汛次之，但遇降雨天气有异时秋汛雨量超过夏汛。降水年内分配不均匀，5～10 月降水占全年的 70%～80%，7～9 月占年降水量的 40%～60%。

丹江口水库坝址处多年平均降水量为 831 m m，年最大降水量为 1 360 mm，发生于 1964 年，年最小降水量为 504 mm，发生于 1966 年。

2. 气温

汉江流域多年平均气温 12～16 ℃，汉中以北为一低值区，由上游向下游递增。月平均最高气温发生在 7 月，为 24～29 ℃；月平均最低气温发生于 1 月，为 0～3 ℃。极端最高气温除佛坪站为 36.4 ℃外，其余均在 40 ℃以上，其中出现在 1966 年 7 月 19 日郧县的 42.7 ℃为最高；极端最低气温为-17～-10 ℃，以房县的-17.6 ℃为最低，出现于 1977 年 1 月 30 日。

丹江口水库坝址多年平均气温 16.8 ℃，极端最高气温 41.5 ℃，发生于 1966 年 7 月，极端最低气温-13.4 ℃，发生于 1977 年 1 月。

3. 风、蒸发

汉江流域年平均风速为 1.5～3.3 m/s，大风日数各地在 2～13 天。10 min 平均最大风速，各站在 17～24 m/s。丹江口水库坝址附近多年平均风速 2.0 m/s。最大风速为 20 m/s（ENE），发生于 1964 年 5 月。

流域内水面蒸发为 700～1 100 mm。其分布趋势大致由西南向东北递增。秦巴山地为水面蒸发小于 800 mm 的低值带。丹江上游、南襄盆地为水面蒸发为 1 000 mm 的高值带。1 100 mm 的高值区位于南襄盆地内乡、镇平、邓州之间和湖北枣阳以南、河南和湖北交界处的局部地区。其余大部分地区的水面蒸发在 900～1 000 mm。

水面蒸发的年内分配，以 1 月或 12 月最小，如安康多年平均 12 月水面蒸发（E601）仅 15.6 mm，以 6 月、7 月最大，如中游古驿（故称吕堰驿）6 月水面蒸发高达 256.8 mm。

丹江口水库坝址（据黄家港水文站资料分析）多年平均水面蒸发（E601）在 860 mm 左右。其中，最大年蒸发量 1 300 mm（1966 年），最小年蒸发量 578 mm（1987 年）。以 6～8 月水面蒸发量最大，1968 年 6 月高达 232 mm。12 月～次年 2 月蒸发量最小，1964 年 2 月仅 11.3 mm。

1.2.2 洪水

丹江口水库坝址介于郧县（现为郧阳区）、襄阳间，上距郧县水文站 111 km（1934 年设站），下距襄阳水文站 112 km（1929 年设站），除黄家港（沈家湾）实测资料外，丹江口水利坝址资料均由上下游水文站资料插补。

20 世纪 60 年代中期丹江口水利枢纽初设阶段的洪水系列为 1929～1962 年，其中 1929～1952 年为插补资料，洪峰流量、日平均最大流量由丹江口与襄阳的相关资料插补。时段洪量插补分两种情况：当郧县、襄阳均有资料时，按面积比插补出丹江口水库坝址的时段洪水总量，如 1935～1947 年及 1950 年；仅有襄阳资料时，则因丹江口与襄阳时段洪水总量相关，由襄阳水文站资料插补出坝址的时段洪水总量，如 1929～1934 年、1948～1949 年。1953 年为沈家湾实测资料，1954～1962 年为黄家港实测资料。

丹江口大坝加高洪水系列延长至 2000 年。丹江口水利枢纽初期工程 1967 年 11 月下闸蓄水，1975 年黄龙滩水库建成，1990 年安康水库下闸蓄水，丹江口水库坝址天然洪水系列受到影响，为了满足洪水系列的“一致性”，经分析计算得出丹江口水库坝址的天然洪水系列。

据 1968～2000 年 33 年丹江口建库后运行资料分析，丹江口入库洪峰比丹江口坝址洪峰大 10%左右，7 日洪水总量基本接近，因此丹江口坝址 7 日洪水总量设计值即为丹江口入库 7 日洪水总量设计值。由于丹江口水利枢纽为综合利用水利枢纽，调洪库容大，所以按 7 日洪水总量同倍比控制放大各典型年丹江口入库洪水过程线。选择"35.7"典型入库洪水过程线作为设计依据，即入库设计洪水 1 000 年一遇洪峰流量为 79 000 m^3/s，10 000 年一遇洪峰流量为 98 400 m^3/s，10 000 年一遇加 20%洪峰流量为 118 000 m^3/s。

1.2.3 径流

丹江口坝址径流推求根据测站资料及枢纽不同的条件分为以下几种情况：①1929～1952 年，根据郧县、襄阳资料按面积比内插得到；②1953 年借用沈家湾实测资料；③1967 年 11 月～现今，丹江口水库、黄龙滩水库、安康水库相继下闸蓄水，根据水库运行资料考虑水库调蓄、灌溉引水、库面蒸发等因素，按水量平衡原理推求。

1929～1952 年丹江口水库坝址处洪水、径流基本资料插补部分，由于各年资料条件不同，插补资料精度也不一样。其中，1929～1935 年仅有襄阳水位，通过历年平均水位流量关系曲线进行了推流插补。如前所述，因襄阳水文站兼受断面冲淤变化、洪水涨落及唐白河顶托等多种因素影响，历年水位流量关系曲线复杂，1932 年所推径流与干流下游水位及由历史洪旱灾害资料分析的结论不甚一致。因此，长系列的洪水、径流分析计算从 1933 年资料开始。

汉江丹江口以上流域 1956～1998 年多年平均降水量为 890.5 mm，多年平均天然入库径流量为 388 亿 m^3，约占汉江流域的 70%。1956～2018 年多年平均天然入库径流量为 374 亿 m^3，多年平均流量为 1190 m^3/s，径流量年际变化较大，年最大、最小天然入库径流量分别为 795 亿 m^3（1964 年）、172 亿 m^3（1997 年），极值比为 4.6，与 1956～1998 年系列相同（表 1.2.1）。其中，年最大天然入库径流量为 1964 年的 795 亿 m^3，年最小天然入库径流量为 1997 年的 172 亿 m^3，两者比值 4 以上。

表 1.2.1 丹江口天然入库年径流量统计

系列	多年平均年径流量/亿m^3	极值统计				
		极大值/亿m^3	发生年份	极小值/亿m^3	发生年份	极值比
1956～1998年	388	795	1964	172	1997	4. 6
1956～2018年	374	795	1964	172	1997	4. 6

丹江口入库径流以汛期为主，年内分配如表 1.2.2 所示，5～ 10 月来水量占年内来水总量的 78%。并且，年内来水有三个明显的峰：第一个峰为 5 月，来水占年内来水的 9.4%；第二个峰为 7 月，来水占年内来水的 17.5%；第三个峰为 9 月，来水占年内来水的 17.6%。上述三个峰分别由坝址以上流域的春汛、夏汛、秋汛引起。

表 1.2.2　丹江口入库径流年内分配成果表

项目	月份											
	1	2	3	4	5	6	7	8	9	10	11	12
占比/%	2	1.7	3.5	6.7	9.4	8.6	17.5	13	17.6	11.9	5.4	2.7

1.3 工程地质

1.3.1 区域地质与地震

库坝区位于秦岭褶皱系的东南缘，跨北侧大巴山加里东冒地槽褶皱带及南侧秦岭印支冒地槽褶皱带，东部紧邻南阳－襄樊拗陷。

坝区岩体主要为扬子期变质岩浆岩、新元古界耀岭河群副片岩及白垩系—新近系红色碎屑岩，无大断裂通过，较近的白河—石花街断裂（公路断裂）、两郧断裂、金家棚断裂等 9 条主要断裂距坝址均在 6 km 以上，断层泥测年均大于 18 万年，不属于工程活动断裂。

历史上水库区无中强地震记载，公元前 143 年以来的 2000 余年间，仅在库区相邻的南阳、竹山两地发生过 6.5 级地震；1959 年后，所记录到的最大地震（4.9）级仅一次（郧西何家井），属弱震环境。

2003 年，中国地震局以中震安评〔2003〕3 号文批复的《丹江口水利枢纽大坝加高工程场地地震安全性评价报告》指出，丹江口水利枢纽大坝坝址的地震基本烈度复核评定为 6 度。壅水建筑物（大坝）设防概率水准取 P_{100}=0.02（相当于年超越概率 0.000 2），相应的基岩水平加速度峰值为 150 Gal①；非壅水建筑设防概率水准取 P_{50}=0.05（相当于年超越概率 0.001），相应的基岩水平加速度峰值为 80 Gal；一般建筑设防概率水准取 P_{50}=0.10（相当于年超越概率 0.002），相应的基岩水平加速度峰值为 60 Gal。

1.3.2 坝址工程地质

1. 工程地质条件

坝址处河谷宽 500～600 m，向下游逐渐增宽至 800～900 m，两岸谷坡不对称，右岸地形坡度在 40° 左右，左岸地形坡度在 60° 以上。坝址两岸分布有Ⅱ～Ⅳ级阶地。两岸地形高程皆在 210 m 以下，沟谷发育。右岸沟谷以北西西向者居多，延伸较长，沟谷

① 1 Gal=1 cm/s^2。

开阔，切割深度一般为 20～30 m，谷坡平缓；左岸沟谷窄而深长，切割深度一般为 25～50 m，谷坡陡峻。

坝址分布的地层有新元古界副片岩、扬子期变质岩浆岩、上白垩统红色碎屑岩及第四系堆积物。副片岩呈一系列北西西走向的倒转紧密褶皱，侵入其中的岩浆岩岩体内断裂构造发育，倾角一般为 60°～85°，仅在右岸有中缓倾角断裂。

变质岩浆岩在沟谷底部一般为弱风化带，厚 2～6 m；全、强风化带分布于谷坡及山脊地带，风化带厚度 15～26 m；河床多为微新岩石，局部有风化带，厚 1～3 m，仅沿少数断裂风化带深达 11～21 m。各类副片岩的风化厚度在沟谷底部一般小于 5 m；谷坡及山脊地带厚 5～20 m；沿断裂局部地段（如 F217）厚达 42 m。

上白垩统胡岗组底部砾岩抗风化能力较强，一般无明显风化带，砂岩及黏土岩遇水极易崩解，风化迅速，风化带厚度一般为 3～4 m。新鲜、完整的变质岩浆岩力学强度较高，满足大坝对地基的要求。

坝区主要工程地质问题有断裂交汇带引起的不均匀沉降问题、坝基渗透稳定问题和大坝抗滑稳定问题等。

2. 混凝土坝

河床混凝土坝坝基岩体主要为微新变质岩浆岩，岩体中断裂构造发育，岩石较破碎。初期工程已按正常蓄水位 170 m 要求专门对坝基进行了工程处理。初期工程竣工后，对大坝变形的监测结果表明，大坝基础基本没有产生明显的沉陷变形，地质缺陷部位基础沉陷差最大为 0.6 mm。渗流变化符合一般规律。坝体稳定，建筑物运行正常，大坝加高后下游冲刷坑对坝基抗滑稳定影响甚微。

左岸混凝土坝联结段在初期工程中已对坝基有关地质缺陷进行了专门处理。加宽部位坝基主要为变质辉绿岩及闪长玢岩，局部有零星团块状分布的英帘岩岩脉。坝基主要为微新岩体，岩石强度较高，均属坚硬岩，仅 44 坝段左下角残留强风化下部、弱风化岩体。坝基主要为 III 类较好岩体，占比 63.7%；I 类优良岩体占比 5.1%；II 类良好岩体占比 25.7%；IV、V 类岩体分别占比 3.4%、2.1%。IV 类岩体主要分布于 42、44 坝段层状剥离裂隙发育地段，V 类岩体主要为断层破碎带、断层交汇带中呈碎裂散体结构的软弱破碎岩体和 44 坝段层状剥离裂隙发育的强风化下部岩体，对 IV、V 类岩体进行了清挖回填和固结灌浆处理，坝基岩体基本满足要求。

右岸混凝土坝联结段加宽部位坝基岩性单一，主要为变质辉长辉绿岩。坝基岩体一般为微新岩体，岩石强度较高，属坚硬岩，右 4～右 6 坝段局部残留弱风化，右 7～右 9 仅发挥右岸土石坝挡土功能，利用了弱风化岩体。右联混凝土坝联结段坝基主要为 III 类较好岩体，占比 74.2%；II 类良好岩体占比 9.8%；IV、V 类岩体分别占比 12.4%、3.6%。IV 类岩体主要为分布于右 7～右 9 坝段弱风化岩体，V 类岩体主要为断层破碎带、断层交汇带中呈碎裂散体结构的软弱破碎岩体，对 IV、V 类岩体进行了清挖回填和灌浆处理，坝基岩体基本满足要求。

3. 左岸土石坝

左岸土石坝加宽部位呈沟谷相间分布的地貌形态，从西至东依次为张芭岭、先锋沟、尖山、王大沟。坝基岩土主要为白垩系红层、新元古界副片岩和第四系。

红层包括砾岩、砂砾岩、砂岩、泥质砂岩、砂质泥岩、泥岩等，单斜构造，岩层总体倾南东，倾角小于 15°，产状较缓，地表一般呈强风化状，主要分布于张芭岭及尖山段。副片岩主要分布于先锋沟，片理倾向北北东，倾角 50°～70°，高程 134.5 m 以下为弱风化岩体，其上为强风化状；另外，王大沟右岸下游局部和左岸亦出露有副片岩，片理倾向北东，倾角 62°～75°，右岸呈强风化状，左岸呈弱风化状。王大沟右岸下游局部出露的副片岩中侵入有变质辉绿岩岩脉，呈强风化状。

坝基下第四系亦有一定面积的分布，按成因可分为冲积、残坡积等类型。中更新统冲积层（alQ_2）分布于张芭岭Ⅲ级阶地，岩性主要为砂砾石，浅褐黄色，结构稍密—密实，砾石成分多为石英岩、硅质岩，粒径一般为 1～5 cm，少量大者 50 cm，含砾量约 80%，充填细砂和粉质黏土，含量各约 10%。上更新统冲积层（alQ_3）分布于张芭岭西南侧Ⅱ级阶地，上部为黄色壤土，轻微钙质胶结；下部为砂砾石，充填中、细砂，结构密实，轻微泥质胶结。残坡积层（el+dlQ）分布于王大沟两岸斜坡的部分地段，先锋沟左侧斜坡局部也有少量残留，岩性为含砾粉质黏土、砾质土，含砾粉质黏土呈褐黄色，硬可塑态，结构中密，夹少量碎石、砾石，含量小于 10%；砾质土呈黄褐色，结构中密，砾石含量 30%左右，粒径一般为 0.5～5 cm。

左岸土石坝加宽培厚段坝基白垩系红层和新元古界副片岩，承载力较高，工程地质条件好；少部分为第四系冲积、残坡积粉质黏土、壤土、砾石土、砂砾石，结构稍密—密实，为满足作为土石坝坝壳地基的要求。先锋沟内淤泥质土已清除，尖山北坡防空洞洞口亦清理回填，处理后坝基工程地质条件好。

4. 右岸土石坝

右岸土石坝位于张蔡岭山脊，山脊总体走向北西西，高程 155～177 m，坡度平缓，山脊两侧地形坡度一般为 20°～30°。坝基岩土主要为变质辉长辉绿岩，少部分为第四系。

变质辉长辉绿岩出露地表，呈全、强风化状，张家沟沟底基岩为弱风化，各风化带厚度随地形变化而不同。截水槽槽底主要为弱风化岩石，局部地段如桩号 0+107～0+123、桩号 0+596～0+644、桩号 0+668～0+686 段发育的断层或断层交汇带为强风化中、下部岩体，另外右段桩号 0+791～0+872 槽底亦为强风化中部岩体。

第四系中更新统冲积层（alQ_2）分布于桩号 0+150～0+400 张蔡岭山脊截水槽下游 III 级阶地，厚度小于 5 m，上部为粉质黏土，中部为壤土，下部为砾质土；第四系下更新统冲洪积层（$al+plQ_1$）分布于桩号 0+715～0+760 山脊截水槽两侧 IV 级阶地，厚度小于 3 m，上部为粉质黏土，下部为砾质土；粉质黏土、壤土呈黄褐色、褐黄色，硬可塑态；砾质土结构稍密、密实，砾石含量 20%左右，粒径一般为 0.5～5 cm。另外，张蔡岭南坡局部浅沟内分布有第四系坡积层（dlQ），岩性为碎石土，结构中密，碎石成分为变质辉长辉绿岩，粒径一般为 2～12 cm，含量 60%左右。

右岸土石坝坝基变质辉长辉绿岩，承载力较高，工程地质条件好；少部分为第四系冲积、冲洪积、坡积粉质黏土、壤土、砾质土、碎石土，结构稍密—密实，也可满足作为土石坝坝壳地基的要求；张家沟内淤泥质土已清除，工程地质条件好。防渗体截水槽地基主要为弱风化基岩，少部分槽段分布强风化中、下部基岩，对局部断层交汇带破碎岩体已进行了适当清挖，可满足工程要求。

5. 左坝头副坝

左坝头副坝右坝肩起自糖梨树岭，向东与铁路基本平行延伸，横穿铁路后走向北东，左坝肩与山体相接。坝基岩土主要为第四系人工堆积物（rQ）、残坡积层（el+dlQ）和白垩系红层。

第四系人工堆积物（rQ）分布于地表，为碎石土，碎石多由建筑弃碴组成，极松散，厚度小于 2 m，清基时基本予以挖除，仅局部地段有少量残留。残坡积层（el+dlQ）分布于截水槽两侧开挖边坡中、上部和绝大部分坝基范围，为砾石土，浅灰黄色，厚 1～3 m，结构中密，砾石粒径一般 1～4 cm，少量大者 8 cm，含砾量 10%～30%。红层包括砾岩、泥质砂岩、砂质泥岩、泥岩等，单斜构造，岩层产状平缓，总体倾向南东，倾角为 2°～5°，基岩面附近呈松散的强风化状。

混凝土防渗墙底部开挖揭露的红层主要为砂质泥岩，多呈弱风化状，岩体中裂隙少见，仅见少量裂隙性断层，断层走向以北西西和北东为主，倾角多较陡，断层带宽小于几厘米，带内充填灰绿色、灰白色糜棱岩，密实。

左坝头副坝坝基残坡积层砾石土和白垩系红层，砾石土结构中密，可满足均质土坝地基的要求，红层承载力较高，工程地质条件好；由于坝高较小，局部残留有少量厚度不大的人工堆积碎石土，不影响副坝的稳定性。截水槽和混凝土防渗墙两侧开挖边坡主要为红层岩质边坡，呈全、强风化状，岩层产状较平缓，边坡稳定；混凝土防渗墙底板为弱风化状砂质泥岩，承载力满足墙体稳定要求。

6. 董营副坝

董营副坝坝址区地层单一，为第四系上更新统冲积粉质黏土，厚达 50 m，呈硬塑状，水文地质条件简单，工程地质条件较好。

1.3.3 天然建筑材料

1. 砂砾料

1993 年，对羊皮滩、七里崖砂砾料场按规范规程要求进行了初步设计阶段的详查。2001 年修编初步设计报告时，对两处料场进行了复核，其结论为：羊皮滩、七里崖砂砾料场总储量 1 657.8 万 m^3。作为坝壳料和混凝土粗骨料，两料场基本满足要求；作为混凝土细骨料，七里崖砂砾料场砂的质量较差。拟将羊皮滩砂砾料场作为粗、细骨料料场，七里崖砂砾料场作为坝壳料料场使用。

工程开工后实施开采时发现，由于当地社会经济发展，规划料场在地方建设开采、疏浚航道及淘金等的扰动后地形凹凸不平，储量大为减小，质量也发生大且复杂的变化。鉴于此，再次对羊皮滩、七里崖砂砾料场进行了详查，并增加付家寨砂砾料场进行了初查，采用钻探、坑探、挖掘机开挖、采砂船开挖和施工采砂船跟踪调查等综合勘察手段，查明了各料场有价值的开采区，付家寨砂砾料场作为备用料场。

根据施工期的料场详查成果，施工开采时混凝土骨料取自羊皮滩砂砾料场羊一区，坝壳料取自羊皮滩砂砾料场羊二区、羊三区（将羊二区、羊三区毛料按 1∶2 比例充分混合后上坝）和七里崖砂砾料场北区，反滤料取自羊皮滩砂砾料场羊一区和七里崖砂砾料场中区，储量满足工程需要。根据试验，作为混凝土骨料，羊皮滩砂砾料场羊一区砂的平均粒径、细度模数、含泥量和砾石粒度模数指标满足相关规程和设计要求；作为坝壳料，羊皮滩砂砾料场羊二区、七里崖砂砾料场北区砂砾料含砾率和含泥量指标满足相关规程和设计要求，羊皮滩砂砾料场羊三区含砾率过大，经与羊二区充分混合后也可满足要求。但作为反滤料，羊皮滩砂砾料场羊一区和七里崖砂砾料场中区砂砾料级配不良，为满足工程建设需要进行了人工掺配。

2. 土料

根据料场地质勘察成果和规划方案，两岸土石坝防渗体土料取自五峰岭土料场，开采量满足工程需要。

现场采用反铲开挖，对地表土予以剥除，剥离层厚度为农作物区耕植层 0.5 m、树林区一般 1 m；并剔除了局部夹有含较多灰白色、灰绿色条带、团块的具中等膨胀潜势黏土。料场开采期间土料质量检测成果与施工图阶段勘察试验成果基本一致，作为防渗体土料，其碾压后渗透系数为 $2.2\times10^{-8}\sim8.2\times10^{-7}$ cm/s，呈极微透水性，天然含水率与最优含水率、塑限均比较接近，黏粒含量和塑性指数较规程指标略偏大，质量基本符合规程和设计要求。

董营副坝张泉土料场剥离层平均厚度 0.5 m，有用层土质均一，不存在有害夹层，质量和储量满足工程需要。

3. 石料

石料主要用于两岸土石坝排水棱体，设计需求量 5.6 万 m^3。

考虑到石料用量较小，主要选择从位于丹江口市东北城郊的羊山采石场购买。羊山采石场石料为寒武系灰岩，岩性坚硬，质地致密，耐风化，根据施工单位的试验成果，各项技术指标满足有关规程及设计要求。

1.3.4 水库工程地质

水库无矿产淹没问题。水库浸没多发生在农业区，对城镇居民影响不大，且水库正常蓄水位持续时间短，浸没多属短暂性质，总体上对农作物及民房影响轻微。当正常蓄水位提高到 170 m 时，库岸稳定和丹（丹江）唐（唐白河）分水岭部分地段可能渗漏问题是重点关注的地质问题。

1. 水库渗漏

水库区四周分水岭一般高大而宽阔，库周主要由元古宇片岩系及变质火成岩系、沉积碎屑岩组成，岩层透水性微弱，水库封闭条件总体较好。但丹江库段肖河峡谷、关防滩峡谷分布有震旦系、寒武系和奥陶系碳酸盐岩，其东侧的丹唐分水岭汤山—禹山、朱连山北坡、羊山南坡等局部地段可能发生渗漏。

丹唐分水岭为碳酸盐岩组成的低山—丘陵区，初期工程最高蓄水位 157 m 时未出现渗漏问题；当蓄水位至 170 m 时，除陶岔闸闸基与绕闸向总干渠渗漏外，丹唐分水岭地段产生水库渗漏的可能性极小，即使渗漏，其渗漏量也较小。

2. 库岸稳定

水库岸坡总体稳定性较好。稳定性较差、差的岸坡主要集中于汉江库段的堵河口—库尾中低山峡谷区、郧县盆地、均县盆地、丹江库段的淅川盆地和支流堵河右岸等库段，绝大部分为土质岸坡，少量为岩质岸坡，易产生坍岸，同时这些库段滑坡、崩塌体较发育，蓄水后一般稳定性差。

丹江库段未见较大规模的崩滑体发育，汉江库段体积大于 5 万 m^3 的崩滑体有 38 处，其中距坝最近的朝阳沟滑坡距大坝 25 km，体积 28.2 万 m^3。这些滑坡体即使复活失稳也不会对大坝安全造成威胁，但是大部分滑坡体上有居民居住，这些滑坡复活失稳将对水库移民搬迁及其安置有一定影响，在移民工程勘察时应予以重视。同时，汉江库段郧县盆地和均县盆地、丹江库段淅川盆地和李官桥盆地两岸发育白垩系—新近系红色碎屑岩及第四系堆积物的库段稳定性较差，存在较严重的坍岸问题，以上库岸皆距大坝 33.2 km 以上，大坝加高后水位抬升幅度较小，坍岸规模较小，对大坝的安全及库区的淤积影响微弱；但郧县、柳陂、嚣川等城镇库岸段因居民较集中，坍岸将对水库移民安置选址有一定影响。

1.4 初期工程概况

丹江口水利枢纽初期工程为 I 等大（1）型工程，工程任务为防洪、发电、供水和航运。水库正常蓄水位 157 m，死水位 140 m，校核洪水位 161.4 m，总库容 231.6 亿 m^3。电站装机容量 900 MW，通航建筑物可通过 150 t 级驳船。挡水建筑物的设计洪水为 1 000 年一遇，校核洪水为 10 000 年一遇，保坝洪水为 10 000 年一遇加大 20%。大坝抗震设计烈度为 8 度。

1.4.1 初期工程布置

丹江口水利枢纽初期工程包括挡水前缘总长 2 494 m 的拦河大坝，一座装机 900 MW 的水电站和一线能通过 150t 级船舶的升船机。初期工程总体布置见图 1.4.1。

挡水建筑物由河床混凝土坝及两岸土石坝组成。混凝土坝分为 58 个坝段，坝顶高程 162.0，全长 1 141 m，自右至左分别为右联（右 13～7）坝段、泄洪深孔（8～13）坝段、溢流表孔（14～24）坝段、厂房（25～32）坝段、左联（33～44）坝段。其中 3 坝段为升船机坝段，包括 3 左、3 右两个坝段。左岸土石坝长 1 223 m，为黏土心墙逐渐过渡到黏土斜墙的砂卵石坝。右岸土石坝长 130 m，为黏土心墙土石坝。

图 1.4.1 丹江口水利枢纽初期工程

1.4.2 大坝坝体基本结构

1. 左岸联结坝段

33～44 坝段为左岸联结坝段，是混凝土实体重力坝，共 12 个坝段，长 220 m。为避开片岩区，坝线向下游转弯。坝线转弯部分为 33～38 坝段，转角为 52.5°，左岸土石坝在 40～42 坝段上游面与其正交联结。各坝段长 17.0～21.74 m 不等。

左岸联结坝段坝顶宽度各不相同，33 坝段为 30.5 m，34～37 坝段为 10～30.5 m，38～42 坝段为 6.7～10 m，43 坝段为 6.7～7.0 m，44 坝段为 5.77 m。

左岸联结坝段因坝轴线在平面上存在转弯，上下游坝坡通过变坡和渐变过渡。33～36 坝段上游面为垂直面，37～39 坝段上游面为垂直面渐变至 1∶0.25 坝坡的扭曲面，40～44 坝段上游面则全部为 1∶0.25 坝坡，为确保混凝土坝与土石坝填料结合密实，在 40～42 坝段上游面设置四道长 3.0 m 的刚性短齿墙，以延长土石坝心墙与混凝土接触面的渗径。下游坝坡起坡点高程 33 坝段与厂房坝段相同，34～40 坝段起坡点高程 144.67～146.89 m，41 坝段起坡点高程 146.67 m，42～44 坝段起坡点高程 122.64～124.00 m；32～41 坝段在 123 m 高程预留施工平台。坝体下游坡坡比 33 坝段为 1∶0.6，34～37 坝段为 1∶0.9，38～40 坝段为 1∶0.68～1∶0.75，41 坝段为 1∶0.6，42～44 坝段为 1∶0.5。基岩高程 97～110 m，最大坝高 65 m（33 坝段）。典型断面图见图 1.4.2、图 1.4.3。

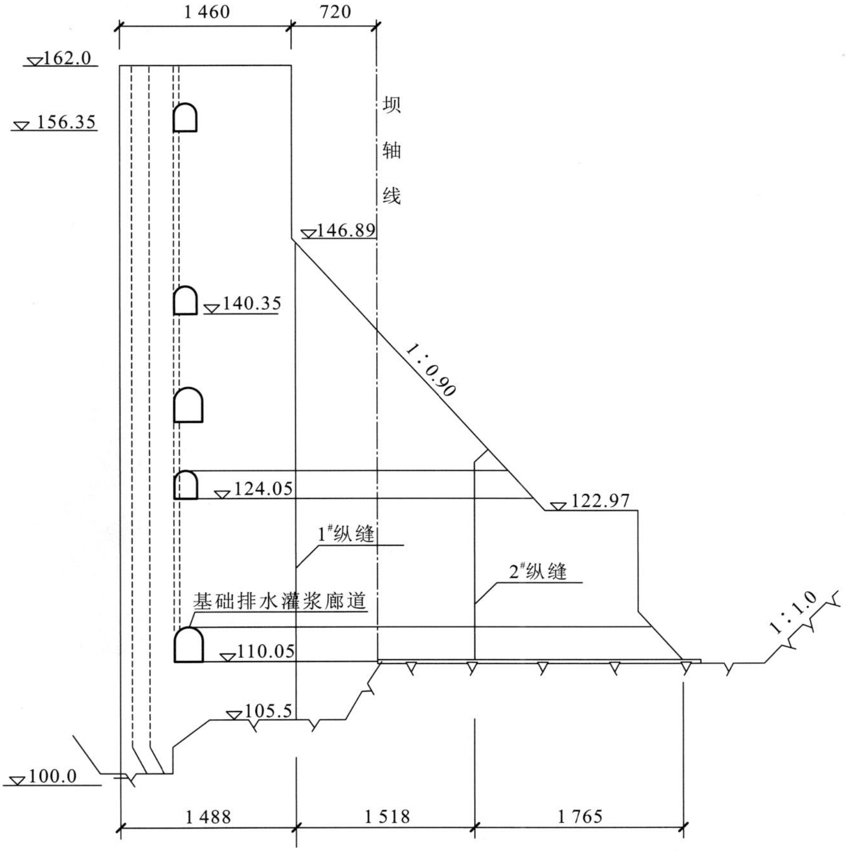

图 1.4.2　左岸联结坝段断面图（37 坝段）（高程单位：m；尺寸单位：cm）

2. 厂房坝段

厂房坝段位于表孔坝段左侧，编号为 25～32，共 8 个坝段，长 174 m，坝顶宽度 26.5 m。25 坝段为联结坝段，长 12 m；32 坝段为厂房安装场坝段，长 24 m；26～31 坝段为水电站引水坝段，各坝段长 23 m，各坝段埋设一根直径为 7.5 m 的引水钢管，进水口底高程 115 m。

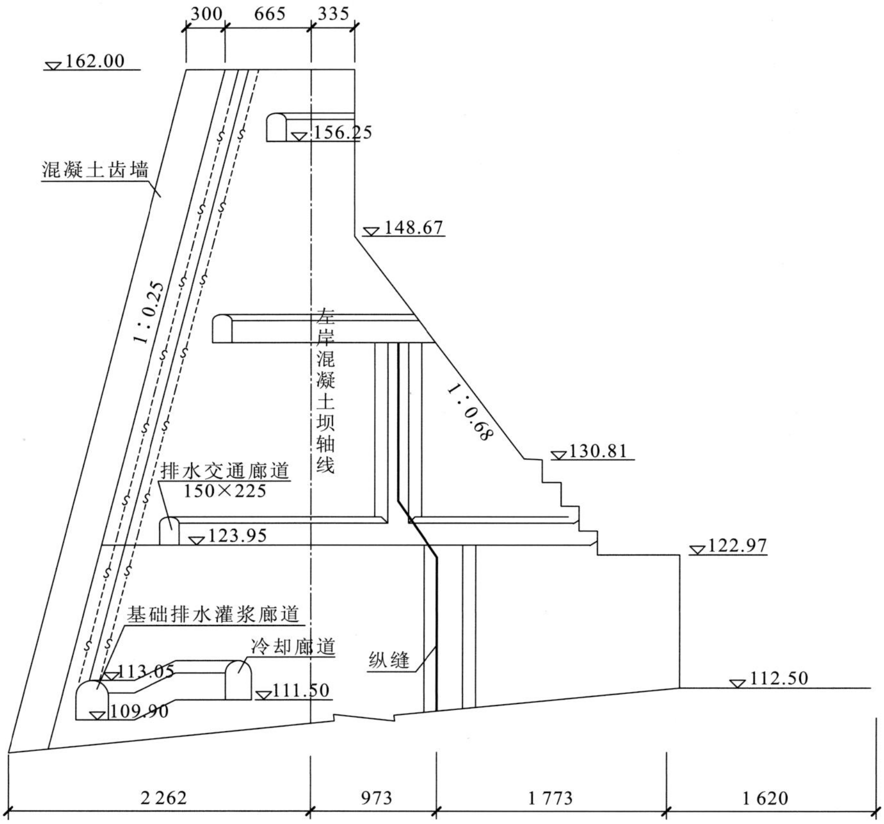

图 1.4.3　左岸联结坝段断面图（40 坝段）（高程单位：m；尺寸单位：cm）

上游面 115～123 m 高程进口两侧墩墙为过渡坡段坡比 1∶0.625，进口底板以下设 6.04 m 高的垂直面。107 m 高程以下为上游防渗板，高程 91～115 m 为 1∶0.53 坝坡，高程 91 m 以下改陡为 1∶0.15。

下游面在 143 m 高程以上为垂直面，123～143 m 高程的厂坝平台为 1∶0.60 的坝坡，厂坝平台后的下游面为垂直面，与坝后厂房相接。基岩高程 74～86 m，其中 27 坝段位于顺流向坝基深槽中，坝底向下游加宽 5.0 m，坝底宽达 105 m，5 坝块基岩的最低高程 60 m，为混凝土坝最低点，此处最大坝高 102 m。32、33 坝段横缝处设有左岸电梯井。典型断面见图 1.4.4。

3. 表孔溢流坝段

表孔坝段位于深孔坝段左侧，编号为 14～17 及 19～24，共 10 个坝段，长 240 m，位于河床中部。18 坝段为非溢流坝段，将全部泄洪建筑物分隔成两部分，只有在洪水超过 1935 年洪水时才开始运用 19～24 坝段泄洪。

14～17 和 19～24 坝段每个坝段设置 2 个 8.5 m 宽的溢流表孔，共计 20 孔，堰顶高程 138.0 m，为美国陆军工程兵团水道试验站（Waterways Experiment Station，WES）实用堰，

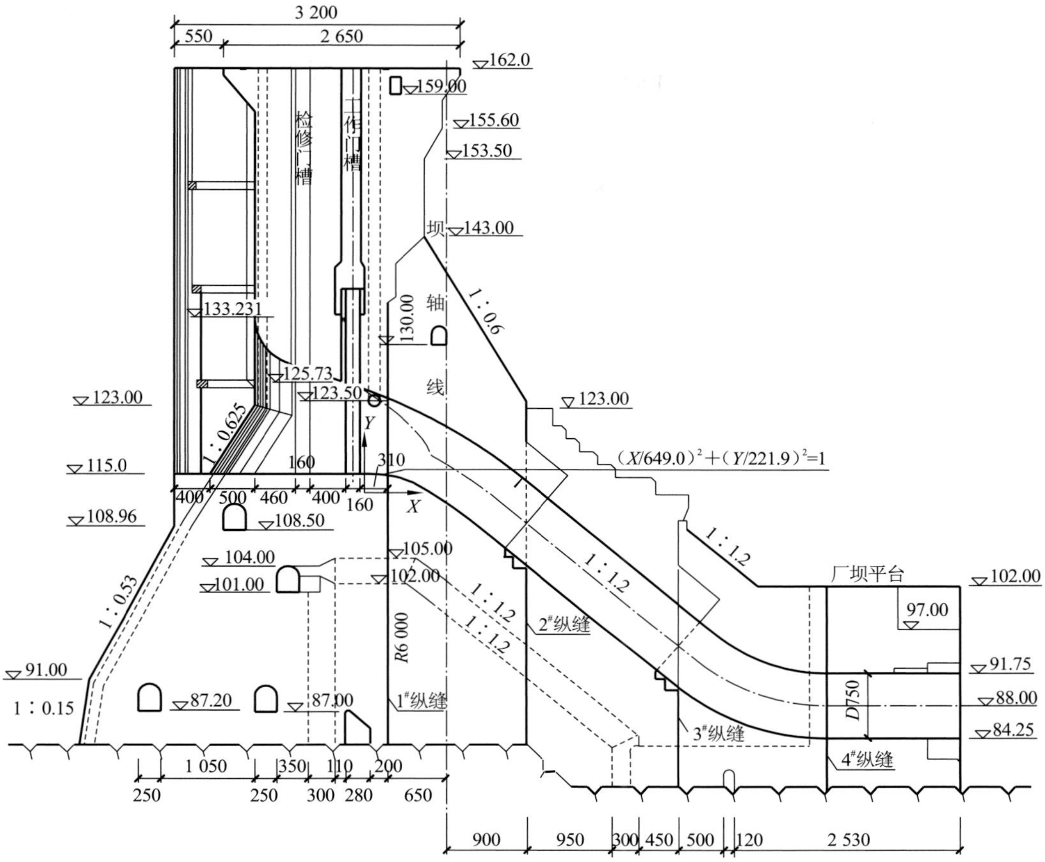

图 1.4.4　厂房坝段断面图（高程单位：m；尺寸单位：cm）

堰顶曲线方程为 $X^{1.85}=2H_d^{0.85}Y$（H_d=20.0 m），下接 1∶1.264 坡度的直线及反弧和鼻坎，反弧半径 R=25.0 m，鼻坎高程 108.0 m，挑角 30°。14～17 坝段表孔为常用泄洪孔，采用光滑溢流面；19～24 坝段表孔在大于 100 年一遇洪水时才启用，考虑到有利于大坝加高，结合初期架设施工栈桥的要求，将其溢流面闸墩尾端以下改为台阶式溢流面，坝体加高按柱状上升。堰顶部分仍为光滑曲线，不影响进流条件。

溢流表孔每个坝段，中、边墩厚度均为 3.5 m，横缝设在闸墩外侧。墩顶高程 162.0 m，堰顶以上最大闸墩高 24 m，闸墩长度根据坝顶门机布置、公路桥及人行道宽度等要求定为 30.5 m。溢流表孔采用平板工作闸门控制，并设有检修闸门。结合坝体加高及施工期挡水需要，在溢流堰上游面增加一道叠梁门挡水门槽。

因初期工程导流底孔布置要求，14～17 坝段上游坝面及下游挑流坎下部均为垂直面，坝底宽 74.5 m，计入导流底孔进口长 8.0 m，共计底宽 82.5 m，基岩高程 65～76 m，最大坝高 97 m（14 坝段）。因初期工程大坝混凝土质量处理需要，19～24 坝段上游面 117.65 m 高程以下加设防渗板，129.0 m 高程以下为 1∶0.25 坝坡，下游面 90.0 m 高程以下为 1∶0.45 的坝坡，基岩高程 72～83 m，21 坝段最大坝底宽度 100 m，最大坝高 90 m。典型断面见图 1.4.5、图 1.4.6。

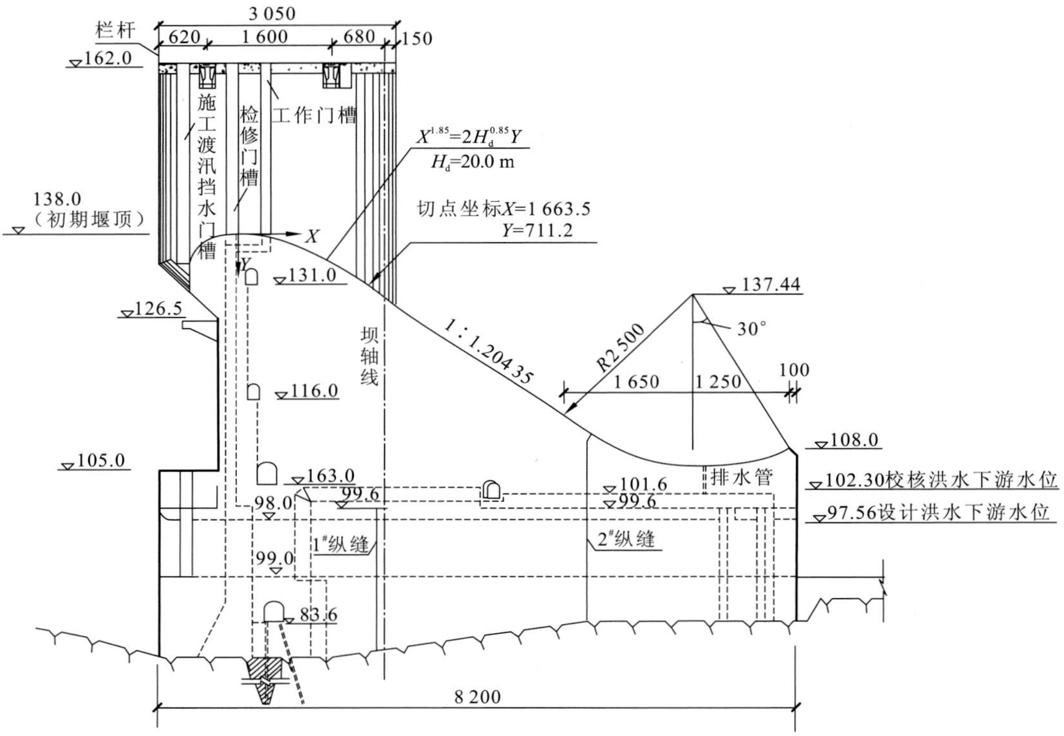

图 1.4.5　表孔溢流坝段（14～17 坝段）断面图（高程单位：m；尺寸单位：cm）

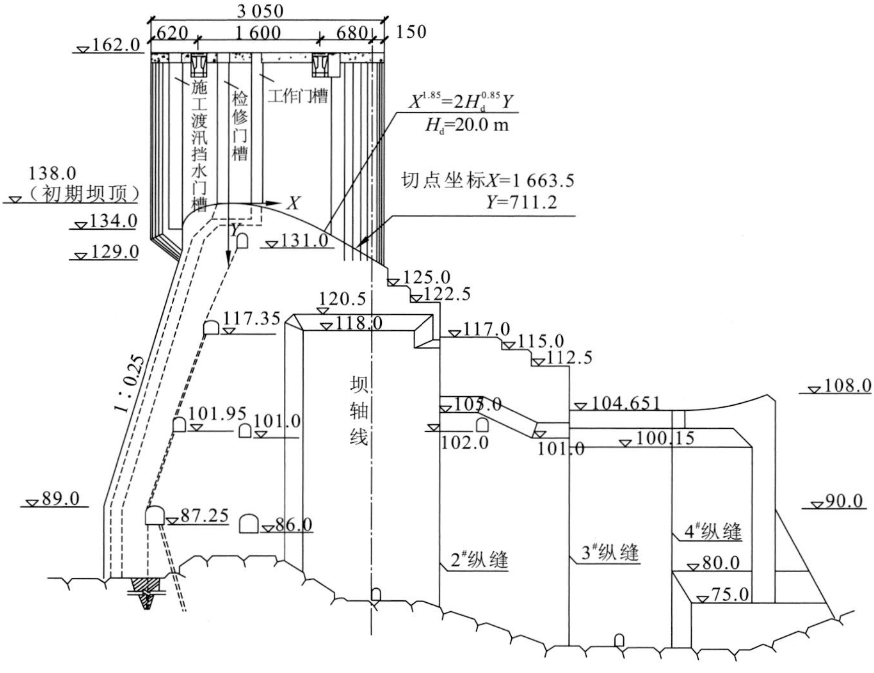

图 1.4.6　表孔溢流坝段（19～24 坝段）断面图（高程单位：m；尺寸单位：cm）

4. 18 坝段

18 坝段为非溢流坝段，是宽缝重力坝，坝段长 24.0 m，由上下游共三个柱状坝块组成，外形呈大台阶状。上游第一坝块宽 29.5 m，在高程 125 m 以上上游面向上游挑出 350 cm，第二坝块宽 29 m，下游第三坝块宽 24 m。为了与上下游混凝土纵向围堰连接，下游坝体在高程 100 m 以下向下游延伸 6 m，坝体底宽 88.5 m。为便于后期大坝加高，每个坝块下游的垂直面预留有榫槽。坝顶设有存放闸门的门库，尺寸为 9.8 m×9.1 m（长×宽），库底高程 148.0 m；坝顶上游侧布置宽 6 m 的防汛变电站和调度房。典型断面见图 1.4.7。

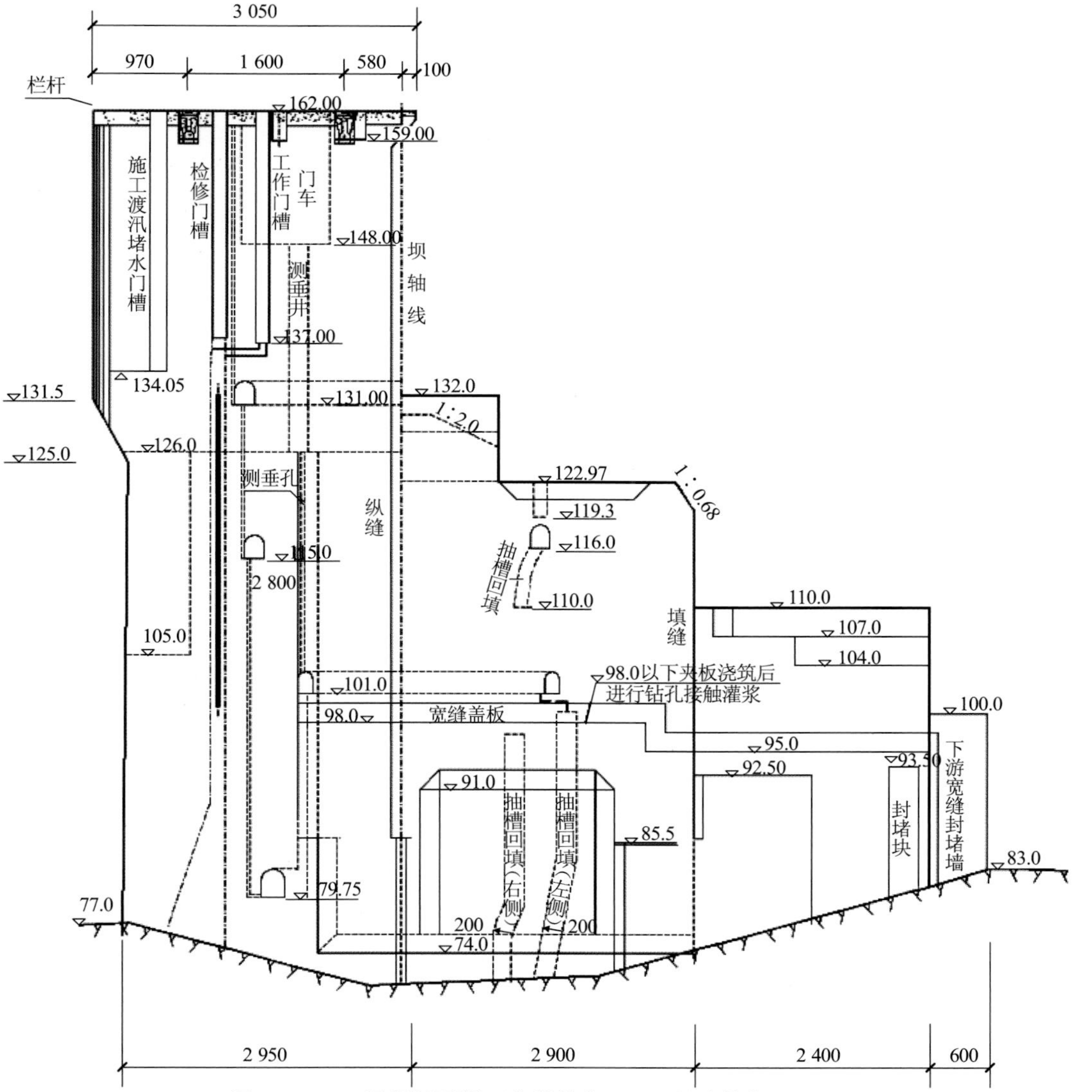

图 1.4.7　18 坝段断面图（高程单位：m；尺寸单位：cm）

5. 深孔坝段

深孔坝段位于河床右侧，共 6 个坝段，编号为 8～13，每个坝段长 24.0 m，坝顶宽度 30 m。其中，12、13 坝段为宽缝重力坝，8～11 坝段因基础处理未设宽缝。每个坝段布置 2 个深孔，共 12 孔，其中右侧 1 号孔已改建成 2×20 MW 的自备防汛电厂的进水口，现存 11 孔，可供各级洪水泄洪时运用，兼有排沙及放空水库降低库水位之用。

泄洪深孔采用压力短管后接明流的布置形式，深孔进口底高程 113 m，压力管段长 8.22 m，为矩形平底喇叭形进口，进口尺寸 6.8 m×8.0 m（宽×高），压力段出口孔口尺寸 5.0 m×6.0 m（宽×高），与进口处断面积之比为 0.55；压力管段出口紧接明流段，明流溢流面采用平缓抛物线，方程为 $X=15.5Y^{0.5}$，下接半径为 26.78 m 挑流反弧，挑流坎高程 108.0 m，挑角 30°；压力短管出口设置弧形工作门，流道按后期体形设计。

深孔坝段坝顶宽度 30 m。各坝段上游面及下游面挑流坎以下均为垂直面，下游面在 140.00～165.00 m 高程之间为 1∶0.70 的坝坡。8～10 坝段坝底宽 74.5 m；11～13 坝段兼顾初期工程导流底孔布置需要，于 100.6 m 高程以下向上游延伸 8.0 m，坝底宽为 82.5 m，深孔坝段基岩高程 75～98 m，10 坝段最大坝高 87 m。典型断面见图 1.4.8。

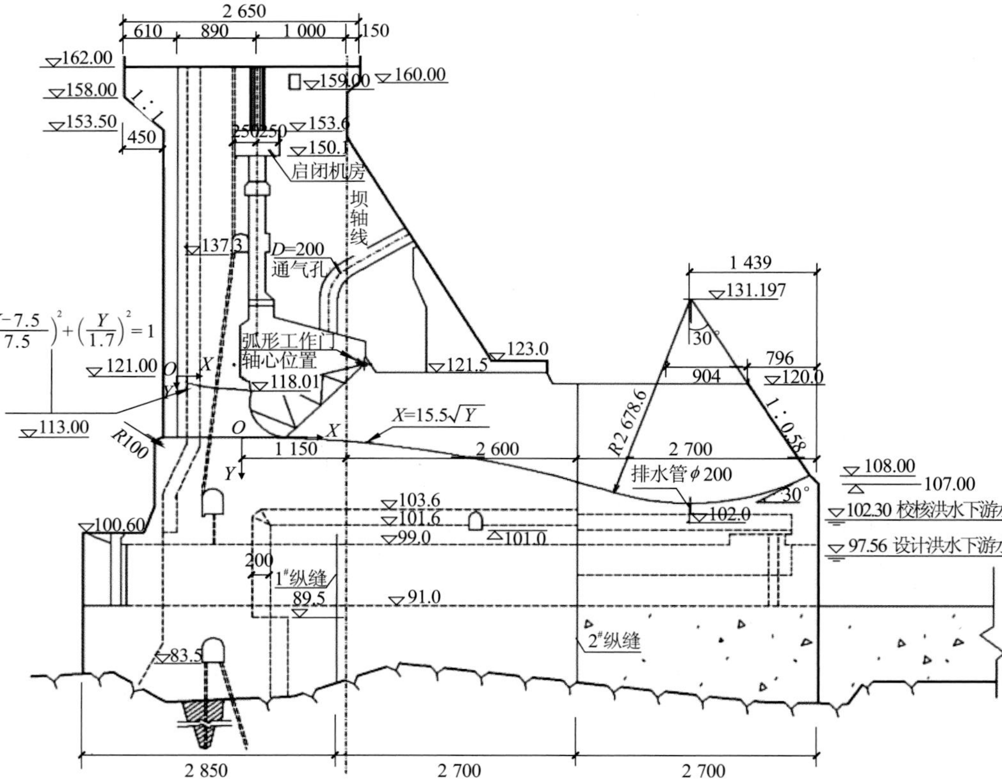

图 1.4.8 深孔坝段断面图（高程单位：m；尺寸单位：cm）

6. 右岸联结坝段

自右13坝段至7坝段为右岸联结坝段，共21个坝段，长339 m。右13坝段与初期工程右岸土石坝联结，插入土石坝内。其中，3坝段由“3左”和“3右”两个坝段组成，垂直升船机在此通过。

7～2坝段坝轴线为直线，与河床坝轴线一致；1～右3坝段坝轴线为弧线，向上游转弯60°；右4～右9为直线；右10～右12又以弧线向下游转弯48°，各坝段长度为14～20 m。右岸联结坝段坝顶宽度一般为10～14 m；7坝段坝顶设有门库，故6、7两个坝段坝顶加宽至20 m。

7～右12坝段上游面均为垂直面；下游坝面按各坝段稳定、应力要求设计，2～7坝段在高程123以上为1∶0.80坝坡，高程123 m为利用坝体兼作施工栈桥的平台，1～右3坝段下游坡度为1∶0.67，右4～右12坝段坡度为1∶0.75，右13坝段因受土压力较大，上下游及右侧面均为斜坡。典型断面见图1.4.9。

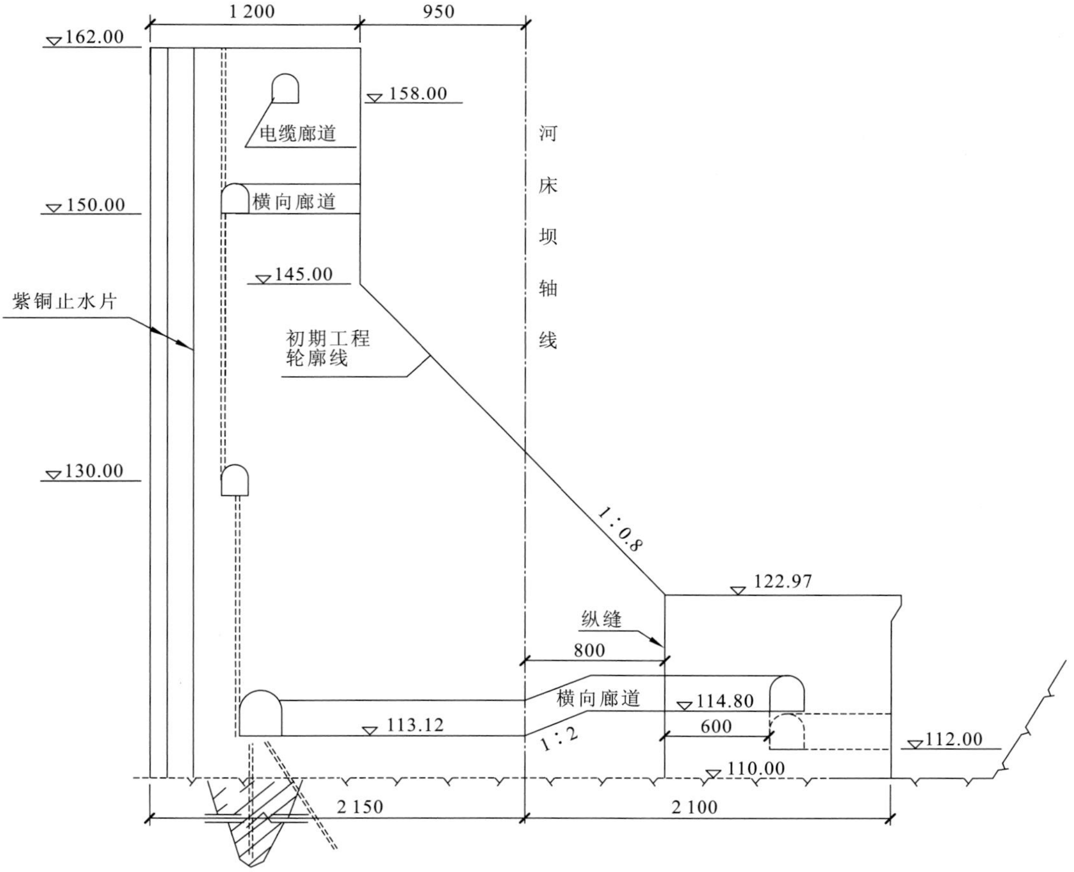

图1.4.9 右岸联结坝段断面图（高程单位：m；尺寸单位：cm）

7. 土石坝

左岸土石坝长 1 223 m，最大坝高 56 m（按保坝洪水位加高后为 59 m），为黏土心墙及黏土斜墙土石混合坝。左岸土石坝与 40～42 混凝土坝段上游面相接，40～42 坝段上游面设置四道长 3.0 m 的刚性短刺墙，以延长土石坝心墙与混凝土坝接触面的渗径。

右岸土石坝联结右岸混凝土坝右端的“右 13”坝段，坝长 130 m，为黏土心墙土石混合坝。

8. 通航建筑物

通航建筑物位于右岸，所在坝段编号为 3 左、3 右，通航设施采用垂直升船机过坝，下游设斜面升船机联结下游航道，两升船机之间以中间渠道相连，可以通过 150 t 级驳船，包括上、下游导航建筑物在内，通航建筑物全长 1 110 m。

1.5 大坝加高工程概况

丹江口大坝加高工程为 I 等大（1）型工程，工程任务为以防洪、供水为主，结合发电、航运等综合利用。水库正常蓄水位 170 m，死水位 150 m，校核洪水位 174.35 m，总库容 319.5 亿 m^3。电站装机容量 900 MW，通航建筑物可通过 300 t 级驳船。挡水建筑物的设计标准为 1 000 年一遇洪水，校核标准为可能最大洪水（10 000 年一遇洪水加大 20%）。大坝地震设计烈度为 7 度。

丹江口大坝加高工程是在丹江口水利枢纽初期工程基础上的改扩建工程，包括初期工程混凝土裂缝等缺陷的检查与处理、混凝土坝的培厚加高、左岸土石坝的培厚加高及延长、新建右岸土石坝、董营副坝及左岸土石坝副坝、改扩建升船机及相关金结机电设备的更新改造等。

1.5.1 大坝加高工程布置

丹江口大坝加高工程挡水建筑物由河床及岸边的混凝土坝和两岸土石坝所组成，总长 3 442 m，其中，混凝土坝段平面布置同初期工程。此外，在上游库边离陶岔渠首直线距离约 3.5 km 处布置有董营副坝；在左坝头穿铁路处离左岸土石坝坝头 200 m 左右设有左坝头副坝，两副坝均为均质土坝。大坝加高工程总体布置参见图 1.5.1。

混凝土坝仍为 58 个坝段，长 1 141 m，自右向左分别为：右岸联结坝段（右 13～7 坝段）、深孔坝段（8～13 坝段）、溢流坝段（14～24 坝段）、厂房坝段（25～32 坝段）和左岸联结坝段（33～44 坝段）。除右 10～右 13 坝段外，其余坝段均需在下游坝面加厚坝体断面和加高坝顶，坝顶高程 176.6 m，最大坝高 117 m（厂房坝段 27 坝段）。

右岸土石坝改线新建，全长 877 m，坝顶高程 176.6 m，最大坝高 60 m。其左端与右岸联结混凝土坝右 5、右 6 坝段下游面横缝处正交联结，经约 140 m 直线段后再用圆弧向上游偏转，沿老虎沟上游侧山脊接至张蔡岭。

左岸土石坝在初期工程基础上加高培厚，坝线向左延长了 200 m，全长 1424 m，坝顶高程 176.6 m，最大坝高 71.6 m。其右端与左岸联结混凝土坝 40～42 坝段上游面正交相接，左端与糖梨树岭相接。

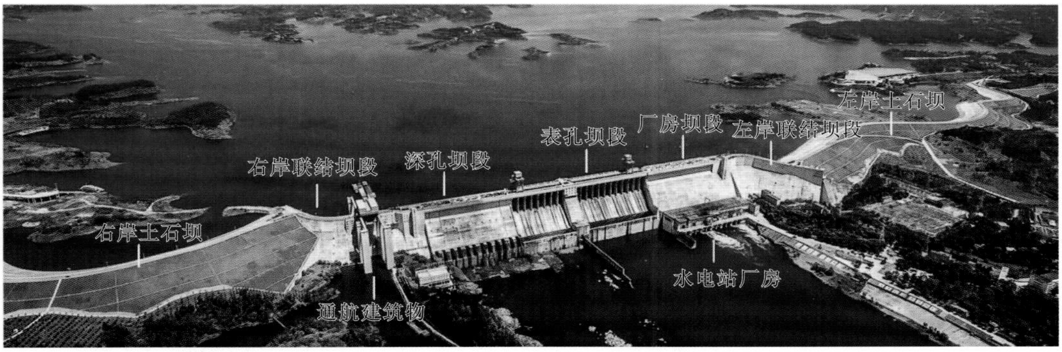

图 1.5.1　丹江口大坝加高工程

1.5.2　混凝土大坝加高设计

丹江口大坝采用后帮式加高方式，这种加高方式是在老坝顶部浇筑混凝土至新坝顶部高程，同时在老坝下游面上浇筑后帮混凝土（加厚）以满足新坝的稳定及应力要求。

1. 右岸联结坝段

右岸混凝土联结坝段包括 7～右 13 坝段，共计 21 个坝段，除右 10～右 13 坝段外，其余均需进行贴坡加厚和坝顶加高，坝顶加高高度 14.6 m。

右岸混凝土联结坝段中 7～2 坝段的坝轴线为直线，与河床坝轴线一致，5 坝段如图 1.5.2 所示；1～右 3 坝段的坝轴线为弧线，向上游转弯 60°；右 4～右 9 坝段为直线；右 10～右 12 坝段又以弧线向下游转弯 48°，各坝段长度 14～20 m。坝顶宽度一般为 10～14 m，7 坝段坝顶设有门库，故 6、7 坝段坝顶加宽至 30 m。右 4～右 7 坝段的下游坡面与新建右岸土石坝正交相接。各坝段上游面均为垂直面。下游面按各坝段稳定、应力要求而定：7～右 1 坝段在高程 152.5 m 以下坝坡为 1：0.85；右 2～右 9 坝段高程 150 m 以下坝坡为 1：0.6，高程 150 m 以上坝坡为 1：0.35，并在右 5～右 6 坝段下游面设置 3 道刚性短齿墙，以便与土石坝黏土心墙结合紧密。右 10～右 13 坝段因大坝加高工程右岸土石坝改线，不须加高。在 2、4～6 四个坝段坝顶下游侧 162.0～176.0 m 高程布置右岸大坝管理房（其中 4 坝段在 162.0 m 高程布置右岸变电所），房屋为混凝土框架结构，与大坝刚性连接。在 6、7 坝段间横缝处设有右岸电梯竖井。

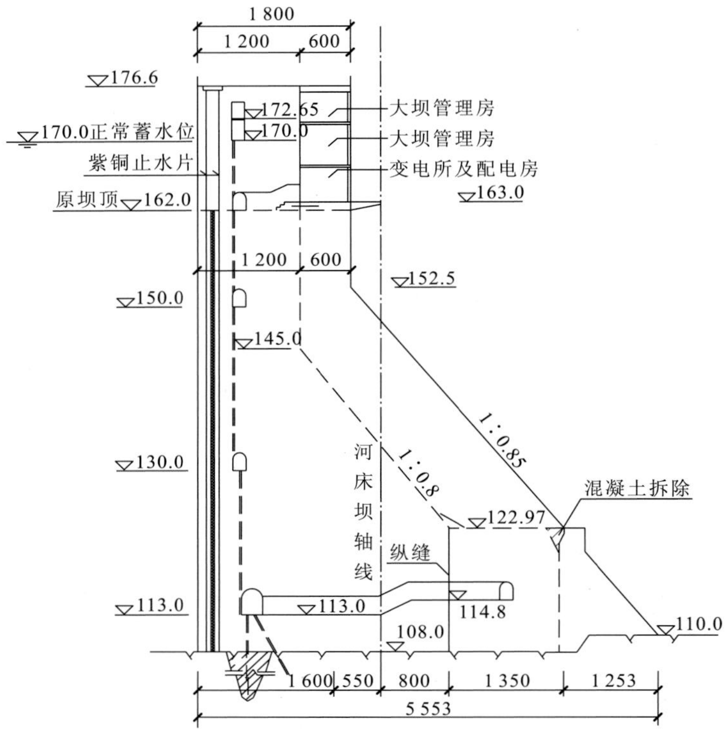

图 1.5.2　右岸联结坝段 5 坝段剖面图（高程单位：m；尺寸单位：cm）

2. 深孔坝段

深孔坝段包括 8～13 坝段，共 6 个坝段，每个坝段长 24.0 m，坝顶宽度 30 m，坝顶高程 176.6 m。每个坝段各设两个泄洪深孔，1 号深孔已改建为自备电站进水孔，现存 11 孔。深孔体型维持初期工程不变，进口底高程 113 m，孔口尺寸 5 m×6 m，可供各级洪水泄洪时运用，兼有排沙及放空水库、降低库水位之用，如图 1.5.3 所示。

各坝段上游面及下游面挑流坎以下均为垂直面，8～10 坝段坝底宽 74.5 m，11～13 坝段由于初期工程导流底孔的进口布置，于 100.6 m 高程以下向上游延伸 8.0 m；大坝加高工程下游面坝坡在 120.00～160.00 m 高程为 1∶0.863。深孔坝段基岩高程 98～75 m，最大坝高 102 m（10 坝段）。

3. 表孔溢流坝段

溢流坝段包括 14～17 坝段和 19～24 坝段，共 10 个坝段，每个坝段长 24.0 m。14～17 坝段（图 1.5.4）和 19～24 坝段每坝段设置两个 8.5 m 宽的溢流表孔，共计 20 孔，堰顶高程 152.0 m，堰面采用 WES 曲线，即 $X^{1.85}=2H_d^{0.85}Y$（H_d=20.0 m），在曲线下游接 1∶1 的斜坡，然后接半径为 25 m 的反弧，反弧末端鼻坎高程 115 m，鼻坎挑角 26.14°。堰顶上游采用半径为 10.0 m、4.0 m 的双圆弧与上游坝面相接。堰顶以上闸墩高 24.6 m，厚 3.5 m，长 30.5 m。

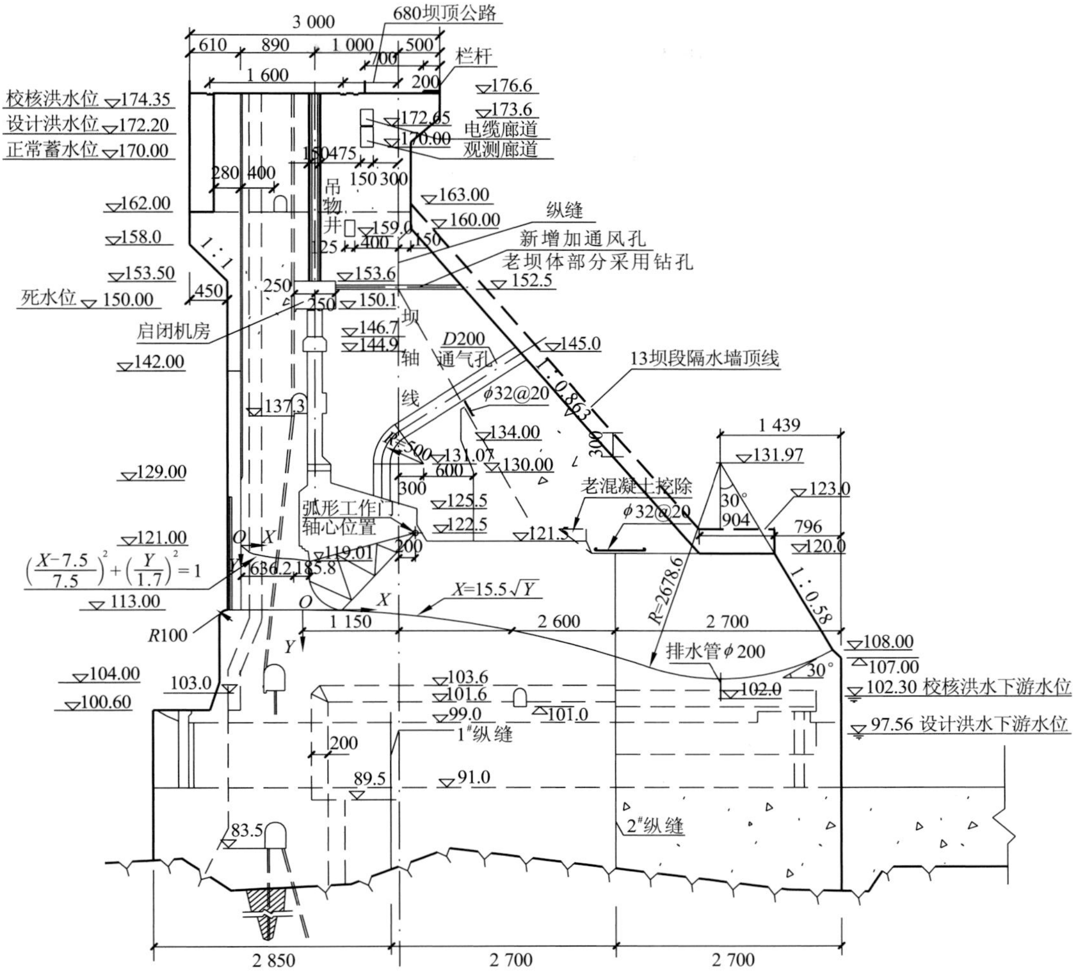

图 1.5.3　深孔坝段剖面图（高程单位：m；尺寸单位：cm）

14～17 坝段因初期工程导流底孔的布置要求，上游坝面及下游挑流坎下部坝面均为垂直面，坝底宽 74.5 m，计入导流底孔进口长 8.0 m，共计底宽 82.5 m，基岩高程 65～76 m，最大坝高 113.0 m（14 坝段）。19～24 坝段因初期工程混凝土质量问题，上游面 117.65 m 高程以下加做防渗板，129.0 m 高程以下为 1∶0.25 坝坡，下游面 90.0 m 高程以下为 1∶0.45 的坝坡，最大坝底宽度为 100 m（21 坝段），基岩高程 72～83 m，最大坝高 105 m（21 坝段）。

溢流坝段加高后闸墩高达 24.6～35.06 m，厚度只有 3.5 m，长度 30 m。为确保闸墩安全，将每个坝段的两个闸墩在顶部与墩顶梁板连成刚性 Π 形框架，与相邻坝段采用简支梁连接。加高堰面与闸墩接触部位采用预留宽槽二期混凝土施工，确保闸墩侧面与新浇溢流面堰体混凝土结合成整体进行受力。

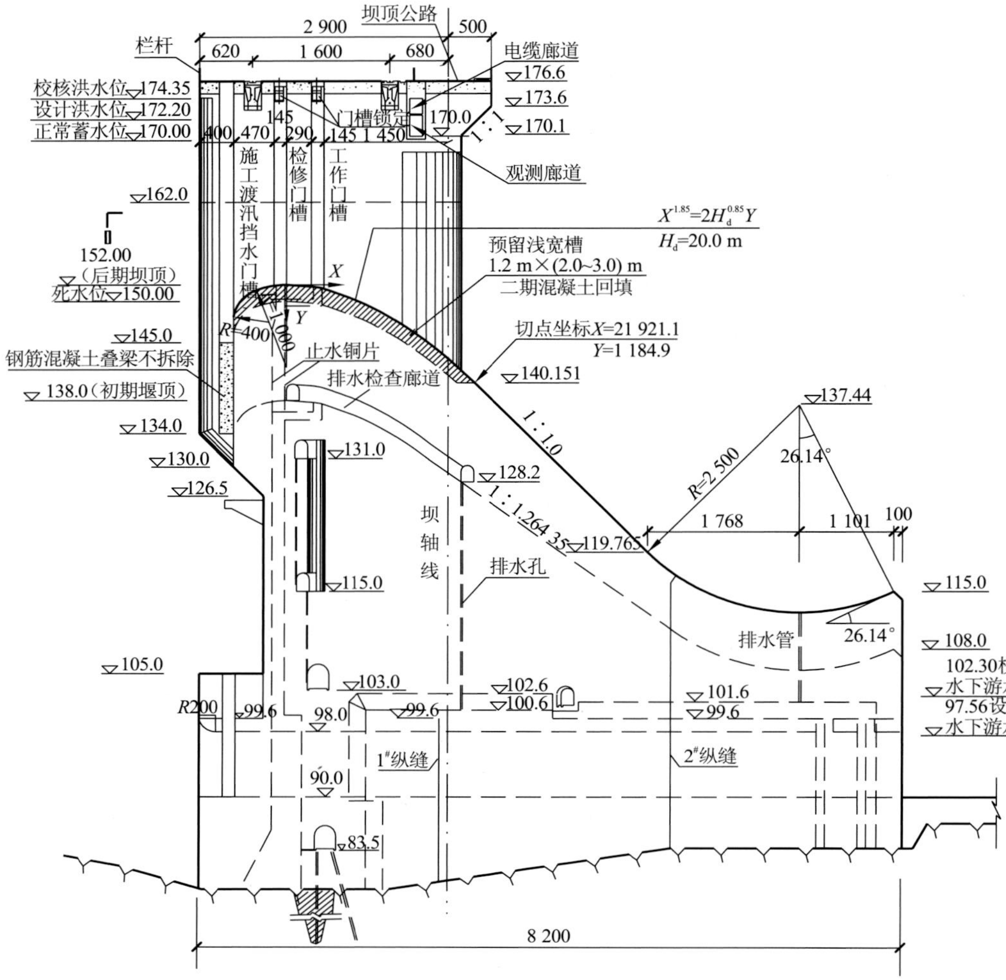

图 1.5.4　溢流坝段（14～17 坝段）剖面图（高程单位：m；尺寸单位：cm）

4. 18 坝段

18 坝段为非溢流坝段，坝段长 24.0 m，坝顶由 162 m 高程加高至 176.6 m，加高 14.6 m，坝顶宽度 32.5 m，见图 1.5.5。下游坝坡 1∶0.8，折坡点高程 159.5 m，下接 123 m 平台；其两侧所有门槽在原位相应加高；坝顶设置溢流坝闸门门库，尺寸为 9.1 m×9.8 m；坝顶下游侧设有三层大坝专用房，房顶部为坝顶公路，为安装变压器需要，下游面高程 162 m 处设有转运平台，宽 4 m。为满足大坝专用房交通要求，在门库右侧设专用交通楼梯间，底部与门库相通。

5. 厂房坝段

厂房坝段包括 25～32 坝段，共 8 个坝段，坝顶宽度 30 m，坝顶高程 176.6 m。其中

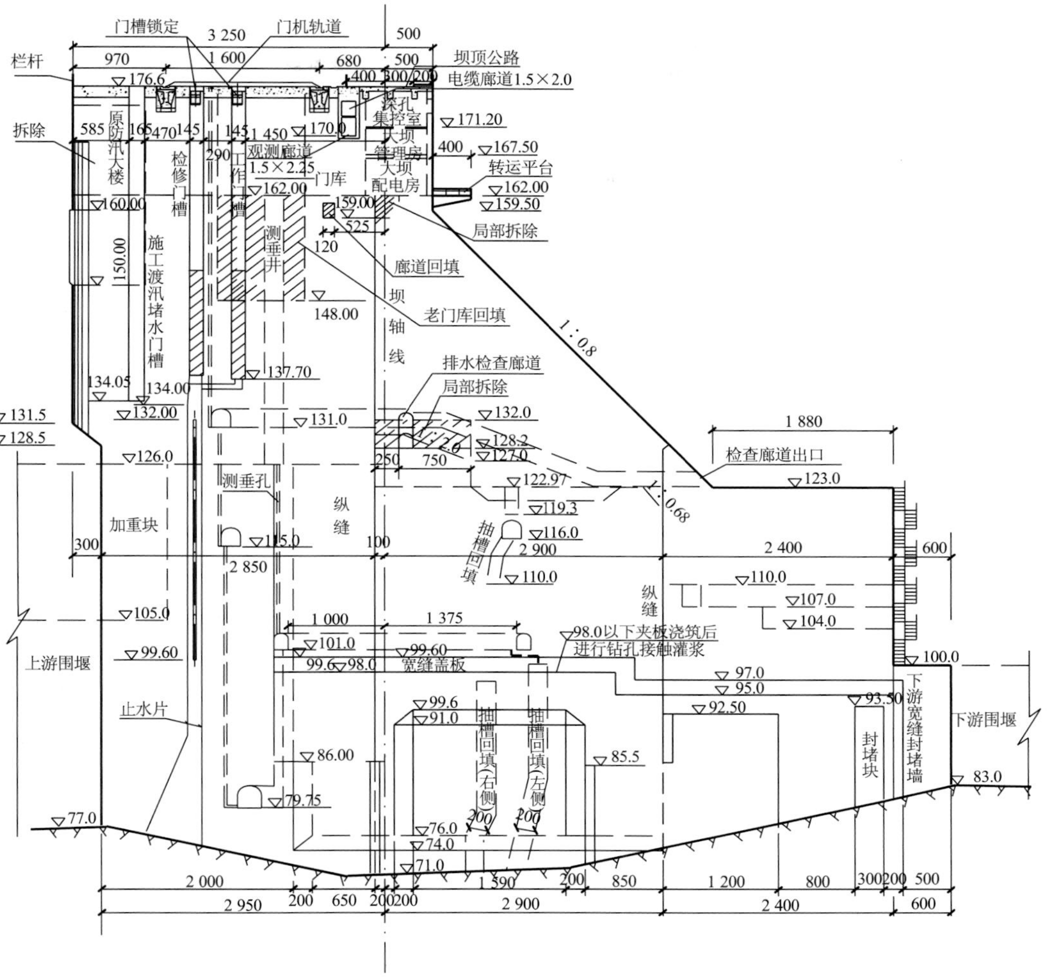

图 1.5.5　18 坝段剖面图（高程单位：m；尺寸单位：cm）

25 坝段为联结坝段，长 12 m，见图 1.5.6；32 坝段为厂房安装场坝段，长 24 m；26～31 坝段为水电站引水坝段，各坝段长 23 m，水电站引水管维持初期工程不变，各坝段埋设直径为 7.5 m 的引水钢管一条，进水口底高程 115 m。

上游面高程 123.0 m 以上为垂直面，115.0～123.0 m 高程进口两侧墩墙为过渡坡段 1∶0.625，进口底板以下设 6 m 高的垂直面。109 m 高程以下为上游防渗板，高程 91～109 m 为 1∶0.53 坝坡，高程 91 m 以下改陡为 1∶0.15。下游面 25～31 坝段在 159.5 m 高程以上为垂直面，159.5～102 m 高程的厂坝平台为 1∶0.687 的坝坡，32 坝段在 154.0 m 高程以上为垂直面，154.0～102 m 高程的厂坝平台为 1∶0.687 的坝坡；厂坝平台后的下游面为垂直面，与坝后厂房相接。基岩高程 74～86 m，其中 27 坝段位于顺流向坝基深槽中，坝底向下游加宽 5.0 m，坝底宽达 105 m，5 坝块基岩最低高程约 60 m，为混凝土坝最低点，此处最大坝高 117 m。在 32 和 33 两坝段横缝处设有左岸电梯井。

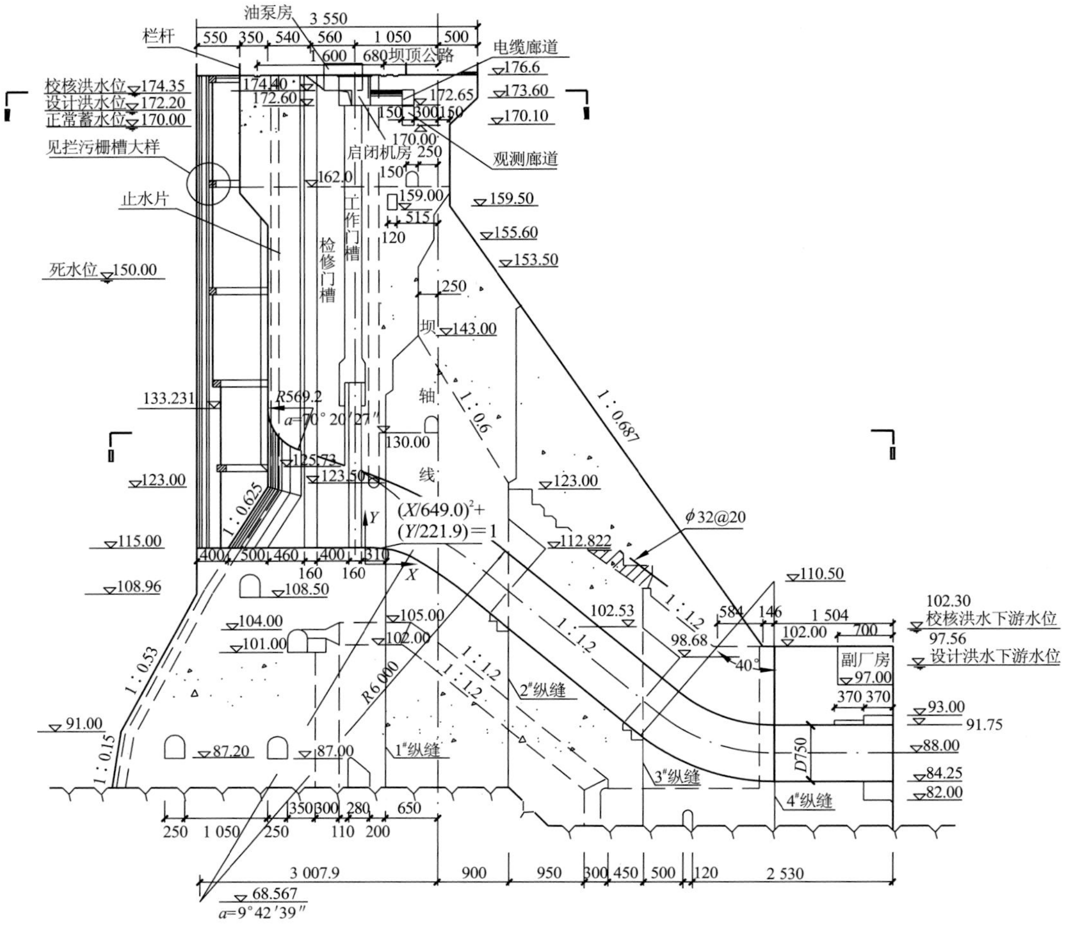

图 1.5.6　厂房坝段剖面图（高程单位：m；尺寸单位：cm）

a 为进水流道弧段对应中心角

6. 左岸联结坝段

左岸混凝土联结坝段 33～44 坝段（图 1.5.7）均采用贴坡加厚和加高的方式进行加高，坝顶加高高度 14.6 m，须拆除下游坡面突出的 123.0 m 平台。左岸混凝土联结坝段（33～44）因左岸片岩基础软弱，故左岸混凝土联结坝段坝轴线向下游转折，避开片岩基础，坝线转弯部分为 33～37 坝段，转角为 50°，迎水面转弯半径约 100 m，左岸土石坝在 41、42 坝段上游面与其正交联结。

各坝段长 17.0～21.74 m 不等。坝顶宽度 33 坝段为 30.5 m，34～37 坝段为 11.23～30.5 m，38～43 坝段为 10 m，44 坝段为 14.65 m。左岸混凝土联结坝段建基面基岩高程 97～110 m，最大坝高 80 m（33 坝段）。

33～36 坝段上游面为垂直面，37～39 坝段上游面为垂直面渐变至 1∶0.25 坝坡的扭曲面，40～44 坝段上游面则全部为 1∶0.25 坝坡。同时在 40～42 坝段上游面设置四道

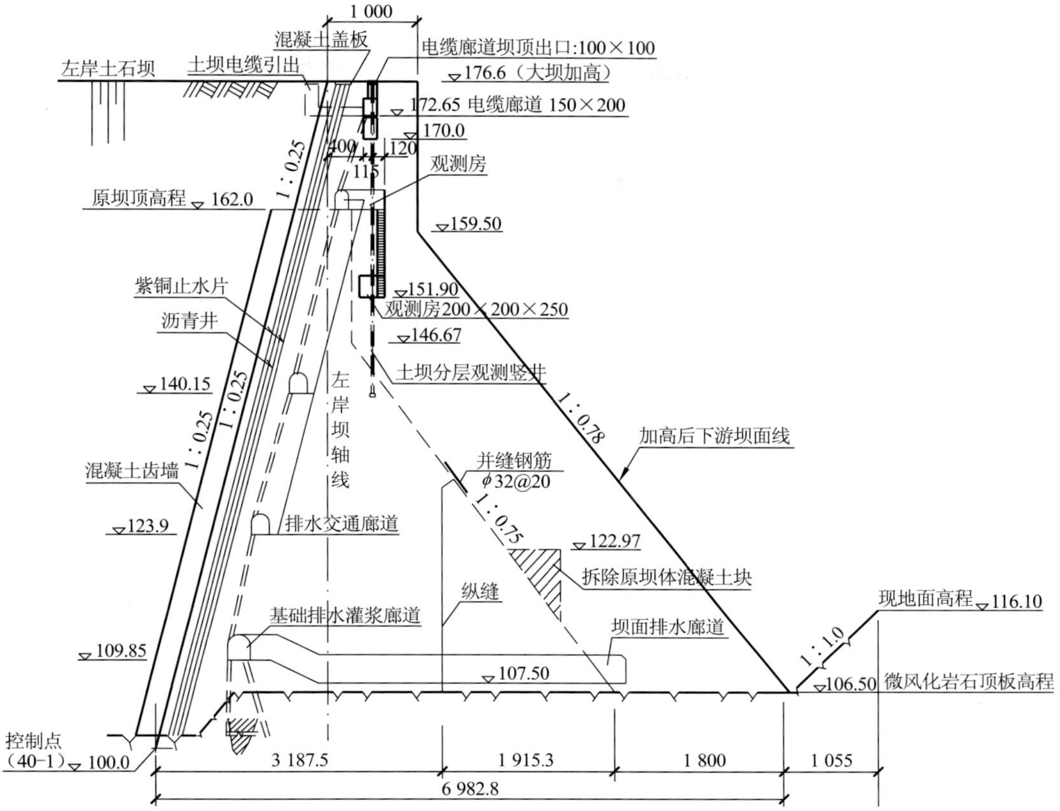

图 1.5.7 左岸联混凝土联结坝段（41 坝段）剖面图（高程单位：m；尺寸单位：cm）

长 3.0 m 的刚性短齿墙，以延长土石坝心墙与混凝土接触面的渗径。

由于左岸混凝土联结坝段平面投影非直线分布，下游坝面起坡点和坝坡为横缝交汇线坡度进行控制，33 坝段在 102～154.0 m 高程平台之间的坝坡为 1∶0.687；34 坝段右侧横缝线在 102～154.0 m 高程平台之间的坝坡为 1∶0.976；34～38 坝段间的横缝交汇线的坝坡在 158.8 m 高程以下的为 1∶0.78；38～42 坝段间的横缝交汇线的坝坡在 158.8 m 高程以下的为 1∶0.78；42 与 43 坝段间的横缝交汇线的坝坡在 157.5 m 高程以下的为 1∶0.72；43 与 44 坝段间的横缝交汇线的坝坡在 155.5 m 高程以下的为 1∶0.66；44 坝段左侧的横缝线在 102～145.0 m 高程平台之间的坝坡为 1∶0.60。

在 35、36 坝段坝顶下游侧 162.0～176.0 m 高程布置左岸大坝管理房，44 坝段在高程 162.0 m 以上布置左岸变电所和管理房，房屋为混凝土框架结构，与大坝刚性连接。

7.渗控设施改造

大坝加高工程混凝土坝坝基帷幕设计防渗标准提高到透水率 $q \leqslant 1$Lu，且所有基础渗控处理工作均需在大坝挡水条件下进行，主要任务如下。

（1）21～31 坝段坝基需进行高水头帷幕补强灌浆。

（2）右 7～右 13 坝段初期工程“排灌型”孔进行封孔。右岸联结混凝土坝段坝基新建一道灌浆帷幕，左、右端分别与 3 坝段、右 5 坝段已建灌浆帷幕连接，并在右 7 坝段左侧横向新建一段灌浆帷幕，两端分别与右 6 坝段、右岸土石坝坝基灌浆帷幕相接。

（3）在左岸联结混凝土坝段 33～42 坝段坝基新建一道灌浆帷幕，其两端分别与 32 坝段和左岸土石坝坝基已建灌浆帷幕连接。

（4）右岸联结混凝土坝段帷幕底线高程 78～110 m，左岸联结混凝土坝段高程 57～86 m，帷幕深度均达到了透水率 $q \leqslant 1$ Lu 的相对不透水岩体。

1.5.3 通航建筑物

丹江口水利枢纽工程通航建筑物布置在右岸三级阶地、二级阶地和马家湾河漫滩的沿江狭长地区，采用垂直升船机与斜面升船机两级联合运行的形式，线路总长约 1 100 m。垂直升船机与斜面升船机之间采用可供错船的中间渠道连接。丹江口大坝加高工程中，通航建筑物由初期工程的 150 t 级规模扩建为 300 t 级规模，按一次过坝 300 t 级分节驳和 300 t 级汽车专用驳设计，过坝方式及总体布置不变，承船厢尺寸干运为 34 m×10.6 m，湿运为 28 m×10.6 m×1.4 m，年最大单向通过能力为 140 万 t。

丹江口通航建筑物由上游浮式导航防浪堤、移动式垂直升船机、中间渠道、斜面升船机和下游引航道等部分组成，垂直升船机布置如图 1.5.8 所示。扩建后垂直升船机的支墩和斜面升船机的斜坡道为Ⅱ级建筑物，导航、靠船建筑物及其他附属设施为Ⅲ级建筑物。

上游浮式防浪导航浮堤可适应上游高程 145.0～170.0 m 的水位变幅，由 2 条钢筋混凝土浮堤和 1 条钢结构小浮堤组成。原上游浮式防浪导航浮堤的规模和形式已考虑后期扩建的需要，仅将浮堤导槽相应提高，以适应库水位的抬高和变化。

垂直升船机最大提升高度 62 m，由承重结构、桥式提升机、提升架和电气设备等组成。原承重结构中的 1 号～10 号支墩需进行加高改造，11 号和 12 号支墩取消，改造后承重结构由 10 个钢筋混凝土支墩和 8 根钢梁组成 4 孔栈桥，沿升船机中心线对称布置。各支墩中心线间距沿水流向依次为 35.5 m、37.5 m、17.5 m 和 33.0 m，垂直水流方向净距离为 21.9 m。1 号、2 号支墩直接在原支墩高程 164.10 m 以上加高到 189.50 m；3 号～6 号支墩在原支墩高程 167.45 m 以下外包混凝土 0.5～2.5 m，167.45 m 以上加高到 185.90 m；7 号、8 号支墩在原支墩高程 168.90 m 以下外包混凝土 0.5～2.15 m，168.90 m 以上加高到 185.90 m；9 号、10 号支墩 168.90 m 以上加高至 185.90 m。1 号、2 号支墩位于坝前水库，9 号、10 号支墩在 3 坝段前沿，7 号、8 号支墩在 3 坝段坝坡，3 号～6 号支墩在 3 号坝段下游。上游疏散楼梯在 9 号、10 号支墩侧面，下游疏散楼梯设在 5 号支墩侧面。钢栈桥总长 121.96 m，轨顶中心距为 26.0 m，轨顶高程 189.67 m。垂直升船机的提升机构为多钢丝绳多吊点的卷扬机构，4 个吊点分布左右两侧，每侧 2 个。吊点横向间距 19.6 m，纵向间距 21 m。每个吊点由 4 组倍率为 8 的动滑轮组成，钢丝绳直径为ϕ34 mm。提升机最大提升力为 8 900 kN（含吊具），最大提升高度为 62 m，升降速度为 5 m/min，水平运行距离为 93.0 m，平均速度为 30 m/min。垂直升船机变电所及调度室布置在 4 坝段下游侧。

中间渠道位于 3 坝段下游，由 1#、2#挡水墙、老虎沟土坝、斜面升船机驼峰、绳道结构、山体和曹家小沟土堤形成挡水线，中部设 45 m 长的靠船墩，可供船只在渠道水域内调度进出之用。中间渠道底高程 118.7 m，通航水位为 121.7～122.5 m。

斜面升船机布置与原布置相同，为适应 300t 级 V 级航道水深要求，以及斜架车运行条件的变化，上下游斜坡道均进行延长，驼峰室、绳道、机房等拆除重建。斜面升船机的最大提升高度是 35.5 m。斜坡道全长 427.98 m，坡度 1∶7。以驼峰室中心线分界，上段长 95.69 m，伸入中间渠道中，设高低轨各 2 条；下段长 332.29 m，设有轨距 8.5 m 的轨道，末端高程 78.38 m；驼峰顶高程 123.65 m，平段长 6.4 m。驼峰平面尺寸 10.9 m×12.2 m，底高程 115.50 m，顶高程 123.65 m。峰室位于斜坡道上下两驼峰之间，斜架车由下游坡面运行到上游坡面通过驼峰时，以高轮接替低轨，前高轮在高轨、后高轮在低轨上滚动，始终保持船厢的水平工况。斜架车由 4 根ϕ64 mm 钢丝绳经峰室顶和底部的ϕ3 000 mm 转向滑轮，由绳道引至机房内的提升卷扬机上，斜坡道每隔 15 m 左右设一组 4ϕ600 mm 的托轮，使钢丝绳具有良好的运转状态。

下游引航道为适应 300 t 级 V 级航道水深要求，底高程清淤降至 86.30 m。

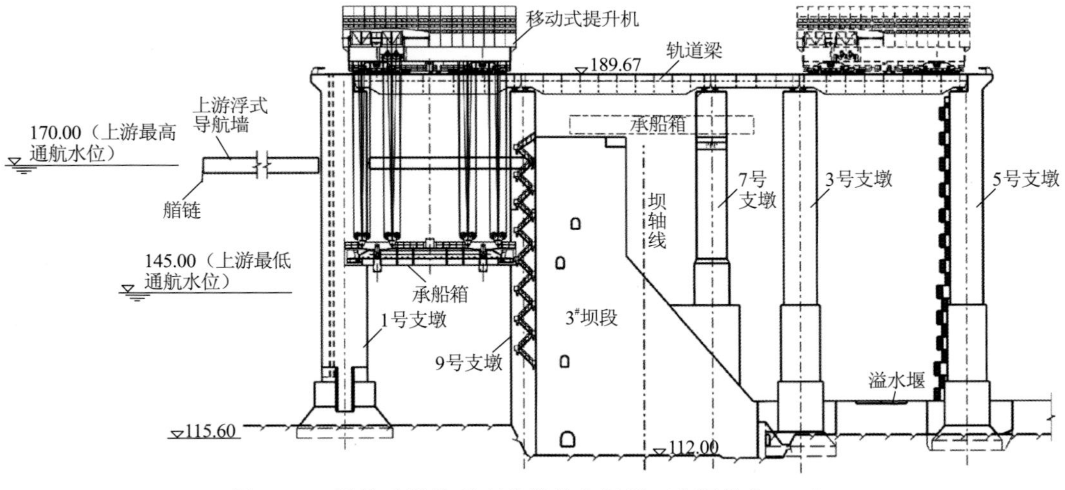

图 1.5.8 通航建筑物垂直升船机布置图（高程单位：m）

1.5.4 新建右岸土石坝

右岸土石坝为改线新建黏土心墙土石坝，左端与右岸混凝土坝在右 5、右 6 坝段横缝处正交，直线段跨张家沟后，根据地形向上游转弯，与张蔡岭高地相接，坝线长 877 m。右岸土石坝上游坝坡 1∶2.5～1∶2.25，下游坝坡 1∶2.25～1∶2.0，坝顶宽 10 m，最大坝高 60 m，坝顶高程 176.6 m，防浪墙顶高程 178.15 m（图 1.5.9）。

坝体防渗采用黏土心墙，心墙顶高程 176.1 m，宽度 3 m，上下游坡比采用 1∶0.2。坝基防渗采用灌浆帷幕。

右岸土石坝左端下游靠近右岸混凝土坝附近的局部地段由于地势较低，下游坝坡坡脚将伸入升船机的中间渠道内，为此在坡脚建混凝土挡土墙，挡土墙高 30.75 m，长 97.94 m。

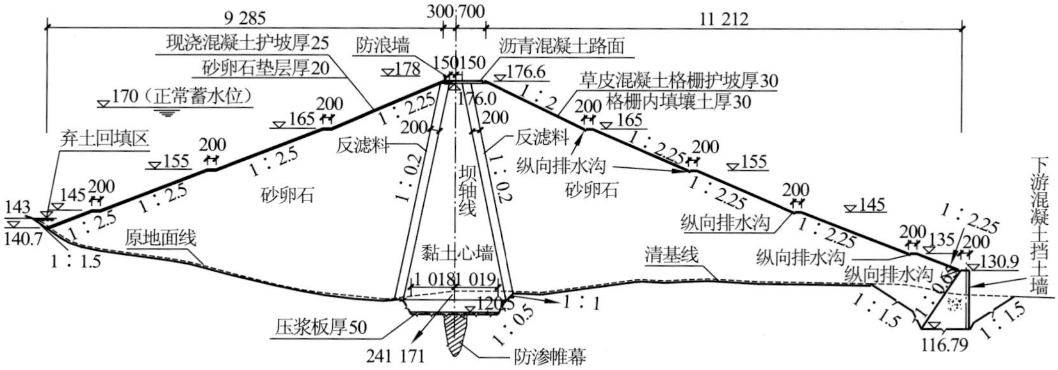

图 1.5.9　新建右岸土石坝结构剖面图（高程单位：m；尺寸单位：cm）

1.5.5　加高左岸土石坝

初期工程左岸土石坝工程已经过加固处理，其防渗体均能满足后期运用水头要求，加高工程需沿上游坝坡方向顺延，加高坝顶和扩大下游坝体，并向左端延长 200 m。左岸土石坝上游坡比 1∶2.25，下游坡比 1∶2.50～1∶2.0。坝顶宽 10 m，最大坝高 70.6 m 坝顶高程 176.6 m，防浪墙顶高程 178.15 m（图 1.5.10）。

左岸土石坝延长段坝体防渗采用黏土心墙，坝基防渗采用灌浆帷幕。左岸土石坝其

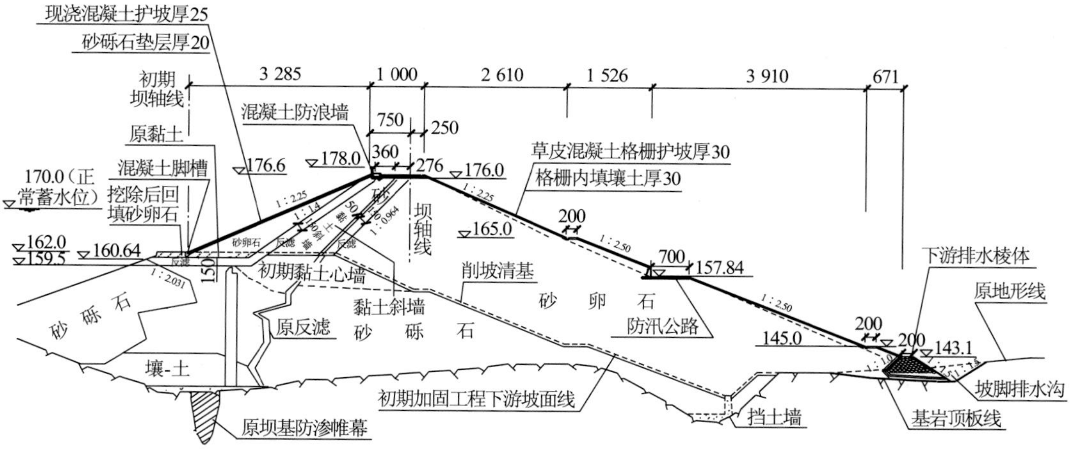

图 1.5.10　左岸土石坝结构剖面图（高程单位：m；尺寸单位：cm）

余段坝体防渗均采用黏土斜墙，是利用初期工程黏土斜墙进行上延加高，坝基防渗采用初期工程的灌浆帷幕。

为避免左联土石坝加高后的下游坡体越过初期工程的下游挡土墙落入开关站，需将初期工程的下游挡土墙加高和延长，加高后的下游混凝土挡土墙最大墙高 50 m，总长 80 m。

1.5.6 新建库区副坝

1. 董营副坝

在库区左岸离陶岔渠首约 10 km 处布置有董营副坝，为均质土坝，坝长 265 m，最大坝高约 3 m，上游边坡 1∶2.75，下游边坡 1∶2.5。董营副坝标准断面顶宽 7 m，坝顶高程 178.0 m。上游采用干砌石护坡，下游采用草皮护坡，如图 1.5.11 所示。

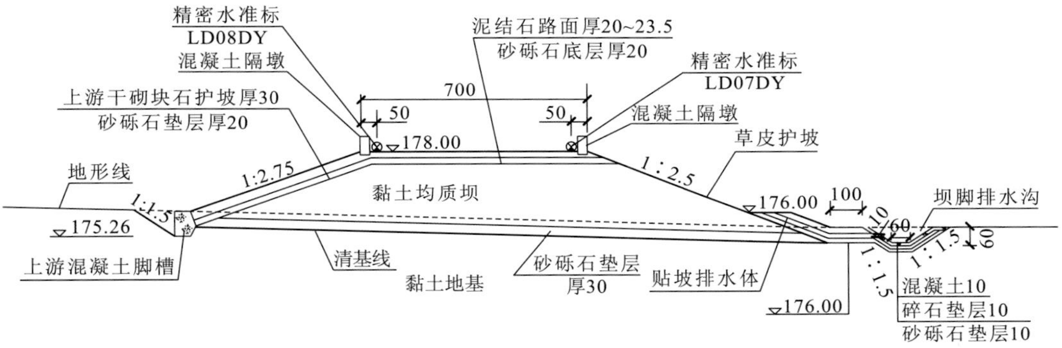

图 1.5.11 董营副坝结构剖面图（高程单位：m；尺寸单位：cm）

2. 左坝头副坝

左坝头副坝结构剖面图，如图 1.5.12 所示。

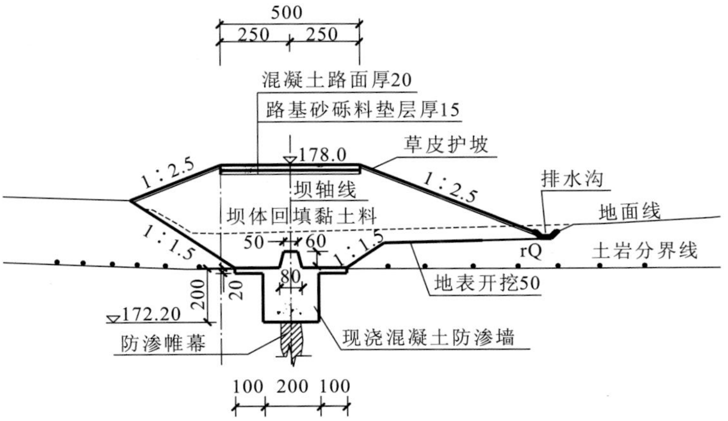

图 1.5.12 左坝头副坝结构剖面图（高程单位：m；尺寸单位：cm）

左坝头副坝位于距左岸土石坝左坝头 200 m 穿铁路处，为均质土坝，坝长 190 m，最大坝高约 6.4 m，上下游边坡按照 1∶2.5 控制。左坝头副坝标准断面顶宽 5 m，坝顶高程 178.0 m。坝基防渗采用混凝土防渗墙接灌浆帷幕。上游采用混凝土预制块护坡，下游采用草皮护坡。

1.6 大坝加高工程关键技术及难题

丹江口大坝加高是在初期工程使用的条件下进行加高施工，其加高工程规模、技术难度在国外少见，在国内尚属首例，因大坝加高工程的设计施工无专门的技术规定和成熟可供借鉴的经验，在丹江口地区的气候环境、施工条件下，实施大坝加高工程存在诸多需要研究的关键技术问题[3-5]。

1. 新老混凝土结合研究

丹江口大坝加高整体方案上可分为四种情况：河床坝段下游贴坡及坝顶加高、两岸联结坝段下游面建基面以上贴坡及坝顶加高、表孔闸墩间溢流面加高和闸墩墩顶加高。无论哪种情况，新浇混凝土原材料、新浇坝体结构尺寸、结合面的处理措施、大坝运行环境温度条件、新浇混凝土的浇筑方式、施工期间的温控及保温措施等与新老混凝土结合面的结合状态及其结合状态的发展过程关系密切。而加高工程新浇混凝土与老坝混凝土之间的结合状态直接关系到新老坝体结构设计的力学模型、计算方法、坝体结构受力条件、结构设计标准等一系列问题。

在新老混凝土结合方面，如何根据老坝混凝土现状、结构特性、加高时的坝体温度、施工条件和大坝受力要求等，采取合理的工程措施，解决新老坝体联合受力问题，确保加高后的新老坝体安全运行是丹江口大坝加高工程设计必须解决的首要问题。

2. 加高工程抗震研究

大量研究成果表明，在年季节性气温的重复作用下，不能保证丹江口大坝加高工程的所有新老混凝土结合面始终处于结合状态；从整体而言，加高工程的坝体结构为具有一定嵌固作用的块体组合结构，与一次建成大坝工程纵横缝设置形成的块体有较大差别，在地震动力作用下，大坝的动力响应特征、新老混凝土结合面结合状态的发展、结合面构造措施是否会遭到破坏，初期大坝裂缝的发展状态、处理措施是否会遭到破坏、抗震安全性评价及抗震措施有效性等重大技术问题均无同类工程经验。因此，加高工程的抗震研究是大坝加高工程必须解决的关键技术问题。

3. 大坝基础渗控设施耐久性与高水头帷幕补强灌浆技术

丹江口大坝初期工程于 1958 年 9 月兴建动工，1972 年 9 月完成基础处理工程。初期工程中，由于当时的灌浆工艺水平有限，帷幕灌浆最大峰值灌浆压力为 3 MPa，压力值偏低，对防渗帷幕的密实性不利；特别是部分帷幕在蓄水情况下进行灌浆，难以形成密实的幕体。此外，水泥帷幕灌浆开灌水灰比为 10∶1（重量比），浆材较稀。国内外研究成果表明，这种在稀浆、小压力条件下灌注形成的防渗帷幕易产生溶出性侵蚀，耐久性较差。

初期工程中，灌浆材料以水泥浆材为主，在局部普通硅酸盐水泥、磨细水泥灌注未达设计防渗标准的地质缺陷部位进行了丙凝化学浆材灌浆。丹江口水利枢纽是我国最早将丙凝应用于坝基防渗帷幕中的水电工程之一，坝基灌浆帷幕已服役约 40 年。化学灌浆帷幕的耐久性一直是工程界关注和担心的问题。

防渗帷幕服役过程中，受高水头长期作用，并受坝基复杂地质条件与水环境的影响，可能出现渗透、溶蚀等破坏现象。同时，大坝加高使得防渗帷幕运行的环境发生较大改变，可能降低帷幕的有效性和耐久性，产生大坝运行的安全隐患。

因此，为确保帷幕的防渗性能和耐久性符合大坝加高后的运行要求，有必要通过全面而深入的检测及相应的试验研究，对长期服役帷幕的现状防渗性能和耐久性做出科学的鉴定与评价，以指导帷幕补强灌浆方案设计。

大坝加高工程施工期间，河床坝段帷幕补强灌浆在水库蓄水情况下完成，最大水头达 60 m，如何合理选择灌浆材料、参数、灌浆工艺和灌浆压力，确保帷幕灌浆的质量和耐久性要求，对保证大坝加高工程的安全具有重要的意义。

4. 初期大坝混凝土缺陷检查与处理

丹江口大坝初期工程加高前已经运行近 40 年，受初期工程建设期间的技术条件限制，坝体内存在一些裂缝及其他混凝土缺陷；在长期环境温度的作用下，原有混凝土缺陷会出现劣化、材料老化等现象。大坝加高后，初期坝顶及下游面混凝土缺陷将被新浇混凝土包裹于内部，其温度环境将发生变化，需要对初期坝体混凝土裂缝在新的环境条件下的稳定性、坝体混凝土内部裂缝的存在对加高工程结构安全性的影响进行分析和评估，并研究处理措施；大坝加高后水库水位抬升，一方面增加了坝体渗压水头，另一方面增强了对上游面裂缝的水力劈裂作用，同样需要就上游水位增加对加高工程安全和耐久性的影响进行分析研究，提出相应的处理方案。大坝加高过程中，如何采取相应的工程措施对老坝缺陷进行处理和加固是保证大坝加高工程质量与耐久性的重要组成部分。

第2章

大坝加高重大技术问题研究

2.1 新老混凝土结合规律研究

丹江口大坝加高是在初期工程运行使用的条件下进行加高施工，其加高规模、大坝高度、技术难度在国内外均属少见，因大坝加高工程设计施工无专门的技术规定，也无成熟可供借鉴的经验，而且加高期间继续担负着初期工程的防洪、发电、灌溉等各项任务，所以在丹江口地区气候环境，施工条件下，实施大坝加高工程存在诸多需要研究解决的关键技术问题，为此工程开展了系列现场试验、数值模拟分析和工程施工方案研究，基于此完成了丹江口大坝加高工程设计工作。

2.1.1 新老混凝土结合现场试验

1. 现场试验概况

国内混凝土大坝加高工程不多，且规模不大，可借鉴的工程经验较少。为深入研究水泥材料、施工方法、温控措施、结构措施等因素对大坝新老混凝土结合面的影响，积累丹江口大坝加高工程大规模施工的实际工程经验，1994～1999 年在丹江口大坝上进行了三次结合面现场试验（其试验的混凝土工程量全部为后期加高工程的有效工程量），并配套进行了多项室内试验及温度应力计算[6]。三次现场试验的基本情况见表 2.1.1 及图 2.1.1～图 2.1.4。

表 2.1.1　三次现场试验资料对比表

试验次数	试验时间	试验坝段	试验目的	工程措施	观测仪器
第一次	1994 年 12 月 31 日～1995 年 3 月 4 日	试验部位选在右 5、右 6 坝段下游，试验块混凝土从基岩浇至高程 133 m，共浇筑混凝土 4 552 m^3。同时，进行了室内试件新老混凝土缝面抗剪试验、原位抗剪试验、混凝土芯样力学性能试验等（图 2.1.1）	大坝加高的水泥品种、外加剂等原材料及贴坡部位混凝土的施工工艺等	（1）凿除老混凝土表面的碳化和风化层，一般凿毛深 1.5～2 cm，凿毛后的混凝土面粗糙，出露石子。 （2）混凝土浇筑前，在结合面上铺设 1～2 cm 厚砂浆，采用人工抹铺。 （3）布设锚筋。锚筋与水平面的夹角 12°，水平间距 1.6 m，相邻两排的垂直间距为 2.0 m，呈梅花形布置，均采用 ϕ32 mm II 级螺纹钢筋，每根锚筋总长 3.4 m，其中埋入老混凝土内的长度 2.0 m，锁口锚筋间距 40 cm	试验块共埋设观测仪器 72 支
第二次	1996 年 3 月 17 日～5 月 31 日	试验部位选在右 5 坝段高程 133～162 m，混凝土量 4300 m^3（图 2.1.2）	主要目的是在第一次试验基础上，解决新老混凝土垂直面结合问题	（1）水泥采用葛洲坝水泥厂生产的 425#低热矿渣硅酸盐水泥（改进型），外加剂为 RC-1。 （2）混凝土施工到 4 月中旬以后，加冰拌和，加冰量一般为 30～40 kg/m^3；并从第 7 层开始，每层进行初期通水，通水时间 21～28 天不等，水源取自库区水面以下 5 m，水温 16～22 ℃；尽量安排在夜间和气温较低的时段浇筑。 （3）锚筋埋设和第一次现场试验相同	试验块共埋设观测仪器 66 支
第三次	1998 年 12 月 17 日～1999 年 3 月 24 日	试验部位选在右 6 坝段高程 133～162 m，混凝土量 5113 m^3（图 2.1.3）	主要目的是在第二次现场试验基础上进一步研究、解决垂直面新老混凝土结合问题	（1）混凝土原材料、主要施工机械设备及施工方法与第二次现场试验相同。 （2）在结构上加大贴坡混凝土厚度，加强四周锁口锚筋（锁口锚筋两排，间距 20 cm）。 （3）坝顶设置盖板混凝土，在老坝体顶面下游角，为改善应力状态，要求进行切角处理，切角尺寸为顶宽 0.9 m，高度 3.0 m 等。 （4）施工上采取 8 cm 厚聚乙烯高发泡塑料板加强保温、初期通水冷却 1 个月、12 月～次年 3 月低温季节浇筑混凝土等综合措施	试验块共埋设观测仪器 120 支

2. 三次现场试验资料分析

1）第一次试验

第一次现场试验块建基面高程 117.0～119.0 m，顶部高程 133.0 m，试验块高度 14～16 m，下游面坡度 1∶0.6，底部宽度约 10.0 m，顶部宽度 11.51 m。

（1）室内试验。

现场试验之前，选择葛洲坝水泥厂生产的低热矿渣硅酸盐水泥（改进型）及低热矿渣硅酸盐水泥、略阳水泥厂生产的低热微膨胀水泥、湖南特种水泥厂生产的低热矿渣硅酸盐水泥共三个厂家 4 个水泥品种进行比较全面的室内对比试验，并与抚顺水泥厂生产的低热水泥有关资料对比分析。外加剂主要选用开山屯木钙及山西城南化工厂生产的 RC-1 型减水剂进行比较。

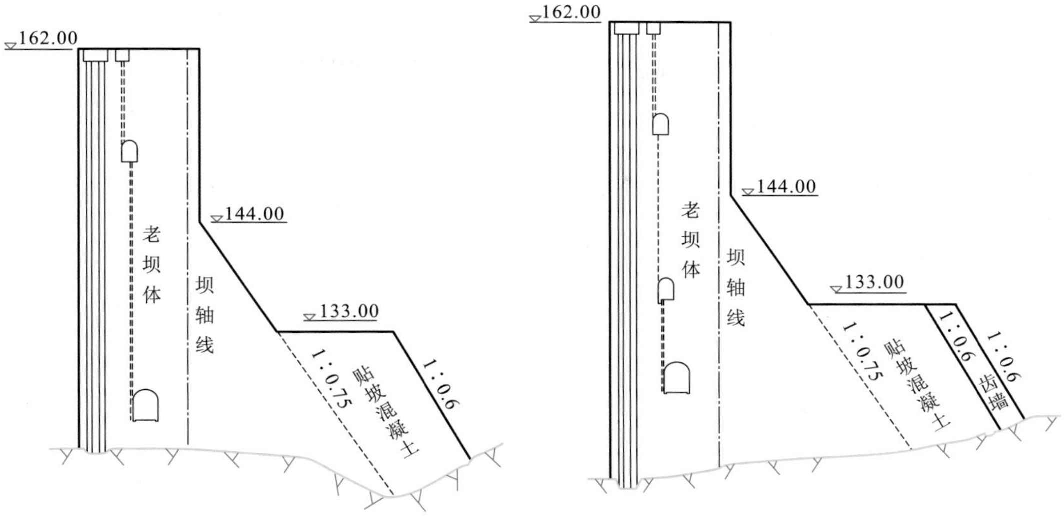

（a）右6坝段　　（b）右5坝段

图 2.1.1　第一次试验贴坡混凝土浇筑范围图（高程单位：m）

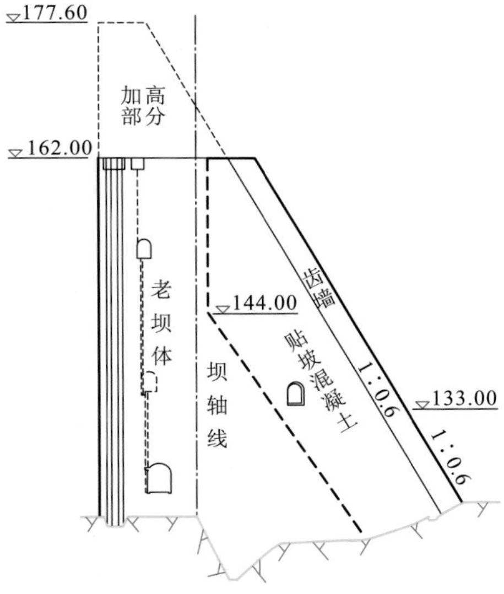

图 2.1.2　第二次试验贴坡混凝土浇筑范围（右 5 坝段）（高程单位：m）

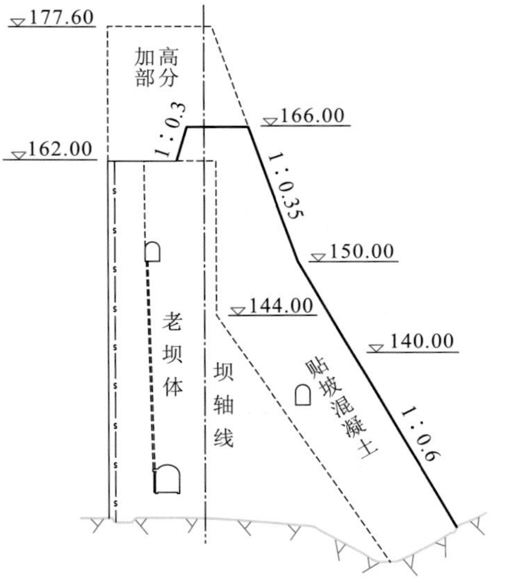

图 2.1.3　第二次试验贴坡混凝土浇筑范围（右 6 坝段）（高程单位：m）

室内试验还做了新老混凝土胶结试验，新老混凝土均为 $R_{90}200^{\#}$，老混凝土面凿毛后，铺不同类型的水泥砂浆，新老混凝土结合面铺砂浆时测试轴拉强度及抗剪强度。

（2）试验块施工。

根据室内试验成果，现场试验选用葛洲坝水泥厂生产的低热矿渣硅酸盐水泥（改进型）（右 5 坝段）和略阳水泥厂生产的低热微膨胀水泥（右 6 坝段）各浇筑一个坝段进行现场对比试验，同时选择开山屯木钙和山西城南化工厂生产的 RC-1 型减水剂进行现

（a）试验块侧面形象

（b）试验块局部形象

（c）试验块整体面貌

图 2.1.4　第三次现场试验

场对比试验，各试验块的上部两层掺 RC-1 型减水剂，下部各层均掺木钙。现场试验用的砂石骨料，结合后期续建工程采用汉江天然砂砾石。

仓内混凝土采取台阶法浇筑，台阶宽 2～3 m，各浇筑层浇筑顺序均从上游新老混凝土结合面开始向下游方向进行。混凝土收仓拆模后，用泡沫塑料板或草袋保温。

（3）仪埋观测。

混凝土施工时，在试验块内埋设测缝计 14 支，钢筋计 10 支，无应力计 8 支，温度计 40 支。

实测混凝土自身体积变形结果表明，除个别仪器外，一般实测值均为膨胀变形且略阳水泥膨胀量大于葛洲坝水泥，但略阳水泥主要是早期膨胀量大，7 天以后基本无膨胀，葛洲坝水泥后期有一定膨胀量。实测混凝土温度结果中，右 5 试验块混凝土最高温度为 28.5 ℃，混凝土水化热温升 20.7 ℃，右 6 试验块混凝土最高温度为 27.9 ℃，混凝土水化热温升 17.7 ℃，混凝土早期最高温度基本上控制在允许的 26～28 ℃。测缝计实测新老混凝土结合面开度见表 2.1.2，实测新老混凝土结合面 1996 年 4 月开始缓慢张开，至 1998 年 8 月张开达 0.88 mm，结合面均已裂开。

表 2.1.2　测缝计实测开度

坝段	仪器编号	埋设高程/m	初始开度/mm	初始开度出现日期（年-月）	结合面	最大开度/mm	最大开度出现日期（年-月）
右 5	J5-1	120.0	稳定	—	新老	—	—
	J5-2	124.0	0.22	1996-07	新老	0.80	1998-07
	J5-3	128.0	0.20	1996-07	新老	0.85	1998-07
	J5-4	132.0	0.28	1997-08	新老	0.57	1998-07
	J5-5	128.0	稳定	—	新老	—	—
右 6	J6-1	120.1	—	—	新老	0.20	1998-06
	J6-3	128.0	0.20	1996-04	新老	0.88	1998-08
	J6-4	132.0	0.21	1996-01	新老	0.24	1997-12
	J6-5	128.0	0.25	1996-01	新老	0.85	1998-06

注：按观测龄期 1500 天统计。

（4）新老混凝土结合原位抗剪试验。

新老混凝土原位抗剪试验采用两种水泥对比，各做一组试件，试验地点选择在大坝右 6—右 7 坝段分叉廊道内。为了模拟大坝加高嵌固方案的实际情况，所有试件全部贴壁竖直浇筑，试验成果见表 2.1.3。

表 2.1.3　新老混凝土结合原位抗剪试验成果

水泥	峰值抗剪强度		残余抗剪强度		摩擦抗剪强度	
	f	c	f'	c'	f''	c''
葛洲坝 425#	1.22	2.51	0.43	1.82	0.64	0.75
略阳 425#	1.74	1.67	0.93	0.30	0.56	0.76

2）第二次试验

第二次现场试验混凝土施工于 1996 年 3 月 17 日～5 月 31 日进行，主要目的是在第一次试验基础上，研究新老混凝土垂直面结合问题。试验块混凝土浇筑完成一定时间内垂直结合面未开裂，但经历一个冬季后垂直面结合部位的顶部及顶部两侧面出现裂缝，裂缝由外至内。经温度应力计算分析，认为裂缝主要由年变化气温引起，施工期温度应力不起主导作用[7-8]。

（1）水泥熟料成分的调整。

鉴于葛洲坝水泥厂生产的低热矿渣硅酸盐水泥（改进型）在第一次现场试验应用时具有缓慢的微膨胀性能，起到了补偿收缩的效果，但混凝土的早期膨胀量和最终膨胀量过小，为此进行如下改进：①适当提高混凝土的早期膨胀量；②将混凝土的最终膨胀量控制在 6×10^{-5}～7×10^{-5} 以内；③膨胀在 2 年内基本趋于稳定。

（2）试验块施工。

试验块施工于 1996 年 2 月 25 日开始准备工作，同时进行老坝面凿毛及锚筋埋设，3 月 17 日开始浇筑混凝土，至 5 月 31 日混凝土全部浇筑完毕，施工历时 97 天。

试块所用的原材料与第一次现场试验基本相同，仅水泥是经过调整后由葛洲坝水泥厂专门生产的低热矿渣硅酸盐水泥（改进型）。外加剂为山西城南化工厂的 RC-1 型减水剂。砂石骨料均为丹江口王家营料场生产的天然砂石料。砂子细度模数为 2.09～2.43。

本次试验块的混凝土均为 $R_{90}200^{\#}$，除少量二级配外，均为三级配。混凝土施工配合比参照第一次现场试验的配合比作了适当调整。

（3）混凝土温控措施。

a. 加冰拌和混凝土。

进入 4 月中旬后，气温比较高，从第 7 层开始，每层混凝土加冰拌和。加冰量随浇筑时的天气情况而定，一般为 30～40 kg/m^3。冰的粒径小于 3 cm，由块冰经碎冰机碎制而成。据实测，每加 10 kg 冰，机口混凝土温度可降低 1 ℃。

b. 通水冷却。

为削减混凝土的水化热温升，降低最低温度，从第 7 层开始，每层进行初期通水冷却。通水持续时间 20～28 天。通水水源取自坝体上游水库库面以下 5 m。气温较高时，在通水的供水箱内加冰块降低水温。根据实测资料统计，混凝土浇筑 2～3 天后，当进口水温为 16～22 ℃时，出口水温一般比进口水温高 4～6 ℃。

c. 其他措施。

除加冰拌和混凝土及通水冷却外，同时还采取加冷水拌和、砂石骨料尽量避开高温时段进料，混凝土安排在夜间和气温相对较低的时段浇筑，对浇筑仓面及时覆盖等措施。

（4）仪埋观测。

试验块共埋设各种仪器 66 支。仪器埋设后，按设计要求，一直持续观测，资料的阶段整理分析截止日期为 1 100 天龄期。

a. 混凝土的自生体积变形。

无应力计埋设位置见表 2.1.4，各支仪器实测混凝土自生体积变化过程见图 2.1.5。N5-5 位于第三层，混凝土浇筑时机口的坍落度为 2.3 cm，90 天的抗压强度为 42.1 MPa；N5-6 和 N5-7 仪器同埋在第五层，混凝土机口的坍落度 2.0 cm，90 天的抗压强度为 38.6 MPa，这两层的混凝土温度较接近，其自生体积变形曲线始终呈正值上升。而 N5-8 和 N5-9 两支仪器同埋于第九层，混凝土机口塌落度为 1.3 cm，90 天的抗压强度为 22.1 MPa，混凝土自生体积变形曲线均是先收缩后回升，至混凝土龄期 1 100 天为止，N5-8 的观测值仍为负值。

混凝土平均膨胀量 150 天为 2.8×10^{-5}，430 天为 3.0×10^{-5}，1 100 天为 33×10^{-6}。

表 2.1.4　无应力计埋设位置　（单位：m）

项目	仪器编号				
	N5-5	N5-6	N5-7	N5-8	N5-9
高程	138.0	138.0	142.0	151.25	151.25
距右侧面距离	7.0	11.0	7.0	7.0	12.0
距老混凝土面距离	5.0	5.0	5.0	5.0	5.0

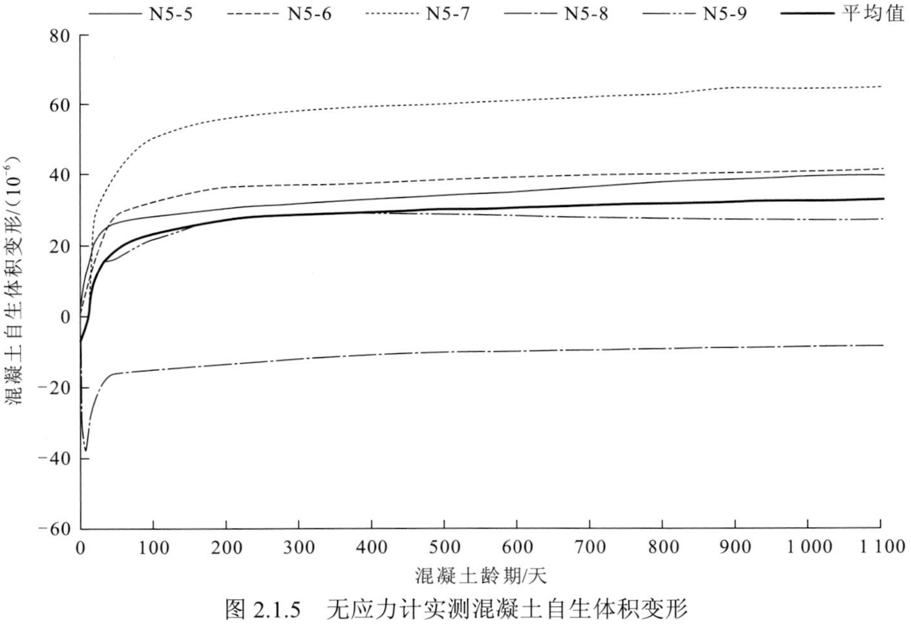

图 2.1.5　无应力计实测混凝土自生体积变形

b. 试验块混凝土的温度。

由于混凝土浇筑时气温较高，且拌和楼不能生产温度较低的预冷混凝土，混凝土浇筑温度较高，除第一层混凝土处，其余各层混凝土早期最高温度均超过 28 ℃。

c. 新老混凝土结合面的开度。

试验块内共埋有 12 支测缝计，2 支裂缝计。各支仪器典型时段的观测结果见表 2.1.5。

混凝土浇筑后，气温上升期，混凝土的温度逐渐上升或处于较高的状态，同时混凝土逐渐膨胀，新老混凝土结合面处于受压或微拉状态，基本闭合。

进入冬季后，试验块内的温度随气温的下降而下降，顶部及两侧面附近由于温度下降幅度和变化梯度较大，新老混凝土结合面处于受拉状态，有的局部被拉开；内部降温幅度及变化梯度较小，新老混凝土结合面仍处于受压和微拉状态，基本闭合，与钻取的芯样观察结果一致。

冬季过后，气温逐渐回升，顶部及两侧面的结合面实测值受拉状态逐渐减小，而内部新老混凝土结合面实测值逐渐由受压变为受拉，到 1997 年 3 月以后，受拉状态加大，致使新老混凝土结合面被拉开。

对测缝计长龄期观测表明，裂缝的闭合随年气温作周期性的变化，但部分变幅呈加剧的趋势。

表 2.1.5　测缝计实测新老混凝土结合面变形情况

仪器编号	埋设位置		埋设日期（年-月-日）	混凝土浇筑温度/℃	最大开度/mm	最大开度出现日期（年-月）	1999 年 1 月伸缩状况/mm
	高程/m	距右侧面距离/m					
J5-10	136.50	7.0	1996-03-23	10.0	0.68	1998-08	0.060
J5-11	144.00	6.9	1996-04-14	13.0	1.24	2001-07	0.220
J5-12	151.25	6.9	1996-05-04	13.0	1.08	1998-07	0.392
J5-13	151.25	13.4	1996-05-04	15.5	0.94	2000-02	0.510
J5-14	151.25	0.8	1996-05-04	15.5	2.30	2001-08	1.360
J5-15	155.25	7.0	1996-05-19	20.0	1.42	2001-07	0.240
J5-16	159.25	7.6	1996-05-26	20.0	1.14	1999-08	0.710
J5-17	159.25	13.4	1996-05-26	20.0	1.05	2000-02	0.820
J5-18	159.25	0.4	1996-05-26	20.0	1.58	2000-03	1.200
J5-19	161.35	7.0	1996-05-31	18.0	0.42	1999-12	0.220
J5-20	161.35	13.4	1996-05-31	18.0	0.79	1996-11	0.480
J5-21	161.35	0.4	1996-05-31	18.0	1.11	2001-12	0.960
K5-1	159.00	7.2	1996-05-26	20.0	0.70	1999-02	0.960
K5-2	161.35	7.55	1996-05-31	18.0	0.55	1997-12	0.540

d. 钢筋计实测应力。

钢筋计与测缝计基本上对应埋设，钢筋计的受力情况与测缝计反映的情况基本一致，至 1997 年 3 月，内部钢筋的拉应力增大。钢筋计实测新老混凝土结合面锚筋应力见表 2.1.6。

表 2.1.6　钢筋计实测新老混凝土结合面锚筋应力

仪器编号	埋设位置		埋设日期（年-月-日）	混凝土浇筑温度/℃	最大拉应力/MPa	最大拉应力出现日期（年-月）	1999 年 1 月应力状况/MPa
	高程/m	距右侧面距离/m					
R5-6	138.00	6.6	1996-03-28	—	243.4	2001-07	19.4
R5-7	144.25	6.5	1996-04-14	16.0	422.4	2001-07	43.2
R5-8	151.25	7.5	1996-05-05	16.0	362.4	2001-07	77.0
R5-9	151.25	12.8	1996-05-05	16.0	321.6	2002-01	172.8
R5-10	151.25	1.2	1996-05-05	16.0	474.2	2000-08	299.7
R5-11	158.25	7.5	1996-05-25	18.0	334.8	2001-07	52.4
R5-12	158.25	13.6	1996-05-25	18.0	218.0	1998-12	198.0
R5-13	158.25	0.2	1996-05-25	18.0	484.3	2001-07	260.1
R5-14	161.35	7.0	1996-05-31	—	145.4	1999-12	91.6
R5-15	161.35	13.6	1996-05-31	—	212.0	1997-01	164.7
R5-16	161.35	0.3	1996-05-31	18.0	184.0	1998.12	123.8

（5）结合面取芯及试验。

试验块经过一个冬季的降温后，于 1997 年 3 月在新老混凝土结合面上钻取了新老混凝土结合面的芯样。芯样孔共布置 5 个，孔径ϕ219 mm，其中布置 2 个垂直孔，在试验块顶部跨缝钻取垂直面新老混凝土结合芯样。由于老坝体下游垂直面施工偏差，使得结合面不在一个平面上，这 2 个孔均未钻到设计深度的结合面。在老坝体顶部布置 3 个斜孔，向下游分 3 个不同高程斜穿新老混凝土垂直结合面。

从芯样的外表观察，除 2 个垂直孔顶部芯样可看到结合面被拉裂外，其余芯样的新老混凝土结合完整、紧密。XY-1 孔的芯样的结合面从顶部向下开裂深度为 4.30 m，XY-2 孔的芯样开裂深度为 3.57 m。从 XY-3 孔的结合面芯样上还发现，在距结合面 2～3 cm 的老混凝土上，平行结合面有一条长约 5 cm 的细小裂缝，这主要是老混凝土面局部凿毛深度不够所致。原先在新老混凝土面上还布置有压水孔，后来被取消，只在芯样孔内注满水，进行了孔内水位变化的观测，除 2 个垂直孔局部有漏水现象外，其余的基本不漏。根据对芯样的观察和试验，从开裂的位置可以判断，结合面顶部（可能还有两侧面）已开裂。

3）第三次试验

试验块顶部高程为 166.0 m，加高后大坝坝体下游面坡度在高程 150.0 m 以上为 1∶0.35，以下为 1∶0.6。新浇块底部宽度 11.51 m，顶部宽度 7.21 m，高程 162.0 m 处新浇坝体宽度 6.26 m（考虑了老坝体切角部分）。在老坝体顶面下游角，为改善应力状态，设计要求进行切角处理，切角尺寸为顶宽 0.9 m，高度 3.0 m。

（1）试验块施工。

a. 坝顶混凝土切角拆除。

采用钻孔爆破，施工时沿坝轴线方向布置两排孔，前排均为装药孔，后排孔沿开挖轮廓线布置，自左至右，双号孔为装药孔，单号孔为防震孔。垂直坝轴线布置四排防震孔，孔深 1～3 m。11 月 14 日到 18 日完成钻孔作业，11 月 22 日进行爆破，爆破一次成功切除混凝土 19 m^3，效果良好。

b. 混凝土施工配合比。

施工初期由于大、中石逊径较大，水泥用量增加至 183～188 kg/m^3，从第 4 层开始，大、中石逊径得到控制，水泥用量调整为 178 kg/m^3。由于砂子级配较差，部分石子超、逊径偏大，用水量较大，水泥用量不能进一步降低。

（2）通水冷却及保温。

每层混凝土浇筑完毕，收仓后即开始通水冷却，通水 30 天，但实际通水冷却效果与计算结果差距较大，通水冷却期间混凝土温度降低很少或基本上未降低，特别是第 8、9 两层混凝土层间间歇时间只有 5 天。混凝土温度主要依靠通水冷却控制，但第 8 层混凝土温度一直呈上升趋势。通水冷却效果差的主要可能是通水水温较高、通水冷却未连续进行（水箱太小，未及时补充抽水）、流量偏小（不同高程水管同时通水时，高程较低水管流量大，高程较高水管流量很小甚至无水）等所致。

施工过程中按设计要求加强试验块混凝土保温工作，试验块右侧面木模板不拆除，并在拆除模板支撑架后覆盖 8 cm 厚聚乙烯高发泡塑料板保温，下游面在模板拆除后立即覆盖 2.4 cm 厚聚乙烯高发泡塑料板。

（3）施工质量控制。

从拌和楼机口取样检测结果可知，由于气温偏高，12 月～次年 2 月浇筑混凝土出机口温度大部分超过 10 ℃，混凝土试件均超强，强度值相差大。主要原因是砂石筛分系统、拌和楼及丰满门机等施工设备均是旧设备，虽经改造，仍难以达到设计要求。

（4）仪埋观测。

试验块共埋设观测仪器 120 支。

a. 温度计实测混凝土温度。

试验块共埋设温度计 40 支，从采集的实测数据中可以得到，实测混凝土早期最高温度 17～27 ℃，控制在 26～28 ℃，但比试验块设计计算结果高，主要是水泥用量大、气温偏高、混凝土浇筑温度偏高、浇筑层层间间歇时间较短、通水冷却效果较差等原因造成。后期混凝土最高温度受外界气温影响，绝大多数仪埋显示混凝土后期最高温度超过早期最高温度，实测后期混凝土最高温度为 23～31 ℃，最低温度约为 6 ℃。

b. 钢筋计实测资料。

试验块共埋设钢筋计 28 支，各层混凝土中钢筋计埋设位置及实测锚筋应力见表 2.1.7。从表中可得，试验块边界部位在低温季节拉应力较大，中间部位高温季节拉应力较大，钢筋计实测最大拉应力 235.74 MPa（R6-18），出现在 2001 年 7 月 25 日。

表 2.1.7　钢筋计实测新老混凝土结合面锚筋应力

仪器编号	埋设位置		埋设日期（年-月-日）	混凝土浇筑温度/℃	最大拉应力/MPa	最大拉应力出现日期（年-月-日）	最大压应力/MPa	最大压应力出现日期（年-月-日）
	高程/m	距右侧面距离/m						
R6-6	133.50	0.8	1998-12-18	12.9	7.66	2000-01-24	25.06	2001-07-10
R6-7	138.75	0.8	1998-12-31	13.0	26.56	2001-12-11	3.50	1998-01-02
R6-8	141.75	0.8	1999-01-11	10.8	25.11	2002-01-25	11.67	1999-08-23
R6-9	144.25	0.8	1999-01-17	11.5	92.70	2001-12-14	5.52	1999-09-13
R6-10	148.75	0.8	1999-01-29	13.2	108.28	2001-12-14	11.29	1999-08-02
R6-11	151.75	0.8	1999-02-05	13.7	114.64	2001-12-14	4.61	1999-08-02
R6-12	156.55	0.8	1999-02-14	16.0	136.28	2001-12-14	4.54	1999-02-14
R6-13	160.80	0.8	1999-03-02	15.2	48.94	2001-12-14	1.43	1999-03-04
R6-15	134.30	7.1	1998-12-19	13.2	158.74	2001-07-25	5.89	1998-12-24
R6-16	144.25	7.1	1999-01-17	11.0	139.20	2001-08-09	4.41	1999-01-30
R6-17	151.75	7.1	1999-02-04	14.2	129.54	2000-08-24	7.08	1999-02-22
R6-18	156.55	7.1	1999-02-14	15.7	235.74	2001-07-25	1.36	1999-02-15
R6-19	160.95	7.1	1999-03-02	15.1	52.43	2001-07-25	3.26	1999-05-04
R6-20	162.20	7.1	1999-03-18	16.4	4.96	2000-07-24	4.34	1999-03-19
R6-21	133.50	13.3	1998-12-18	13.8	92.07	2001-08-09	6.11	1999-04-01
R6-22	138.75	13.3	1998-12-31	13.0	214.77	2001-08-09	5.31	1999-02-15
R6-23	141.75	13.3	1999-01-11	—	—	—	—	—
R6-24	144.25	13.3	1999-01-17	10.7	141.60	2001-08-24	1.53	1999-01-18
R6-25	148.75	13.3	1999-01-29	14.1	217.87	2001-07-25	2.66	1999-01-30
R6-26	151.75	13.3	1999-02-05	12.8	151.93	2001-07-25	4.90	1999-02-05
R6-27	156.55	13.3	1999-02-14	13.6	197.54	2001-07-25	1.71	1999-02-14
R6-28	160.95	13.3	1999-03-02	14.0	61.33	2001-12-14	5.83	1999-03-04
R6-29	162.20	13.3	1999-03-18	15.6	14.35	2001-12-14	5.51	1999-03-19
R6-30	151.75	2.8	1999-02-03	13.4	52.41	2001-04-25	4.30	1999-02-20
R6-31	160.95	2.8	1999-03-02	14.2	2.73	1999-03-11	3.06	1999-05-10
R6-32	162.00	13.3	1999-03-18	12.1	118.05	2001-12-11	5.16	1999-03-29
R6-33	162.00	7.1	1999-03-18	12.9	90.29	2001-12-11	3.10	1999-04-05

c. 测缝计实测资料。

试验块共埋设测缝计 33 支，观测新老混凝土结合面变形情况。各层混凝土中测缝计实测新老混凝土结合面变形情况见表 2.1.8，从表 2.1.8 中可以看出，新老混凝土结合面开度多为 0.2～0.7 mm，其中 J6-25 最大开度达 1.170 mm，出现时间为 2001 年 9 月 11 日。

表 2.1.8 测缝计实测新老混凝土结合面变形

仪器编号	埋设位置		埋设日期（年-月-日）	混凝土浇筑温度/℃	最大开度/mm	最大开度出现日期	最大收缩量/mm	最大收缩出现日期（年-月-日）
	高程/m	距右侧面距离/m						
J6-7	134.0	0.8	1998-12-18	12.4	0.411	2000-07-24	—	—
J6-8	139.0	0.8	1998-12-31	6.8	0.147	1999-08-10	—	—
J6-9	142.0	0.8	1999-01-11	9.9	0.179	2000-07-24	0.018	1999-01-11
J6-10	144.0	0.8	1999-01-17	11.6	0.215	2002-01-10	0.011	1999-01-23
J6-11	148.5	0.8	1999-01-29	14.2	0.287	2001-12-24	0.024	1999-08-02
J6-12	151.5	0.8	1999-02-04	13.1	0.592	2001-12-24	—	—
J6-13	156.3	0.8	1999-02-14	14.8	0.339	2001-03-26	0.078	1999-02-14
J6-14	160.8	0.8	1999-03-02	14.4	0.204	2000-08-09	0.010	1999-03-09
J6-15	134.0	7.1	1998-12-18	12.1	0.137	2001-08-24	0.096	1999-02-18
J6-16	139.0	7.1	1998-12-31	11.6	0.963	2001-08-24	0.023	1999-01-01
J6-17	142.0	7.1	1999-01-11	10.1	0.316	2000-09-25	0.024	1999-01-11
J6-18	144.0	7.1	1999-01-17	11.0	0.460	2001-08-09	0.009	1999-01-17
J6-19	148.5	7.1	1999-01-29	14.4	0.744	2001-08-24	0.070	1999-03-23
J6-20	151.5	7.1	1999-02-04	14.0	0.745	2001-08-09	0.035	1999-02-04
J6-21	156.3	7.1	1999-02-14	15.9	0.595	2001-07-25	0.119	1999-04-26
J6-22	158.5	7.1	1999-02-24	14.3	0.486	2001-07-25	0.020	1999-04-16
J6-23	160.8	7.1	1999-03-02	14.3	0.138	2001-07-25	0.067	1999-03-16
J6-24	134.0	13.3	1998-12-18	12.2	0.442	2001-09-11	0.106	1999-05-24
J6-25	139.0	13.3	1998-12-31	11.2	1.170	2001-09-11	—	—
J6-26	142.0	13.3	1999-01-11	10.0	0.914	2001-09-11	0.017	1999-05-24
J6-27	144.0	13.3	1999-01-17	9.8	0.589	2001-08-24	0.015	1999-01-17
J6-28	148.5	13.3	1999-01-29	13.1	0.737	2001-08-24	0.057	1999-01-29
J6-29	151.5	13.3	1999-02-04	12.6	0.478	2001-08-24	0.051	1999-02-04
J6-30	156.3	13.3	1999-02-14	13.2	0.393	2002-02-10	0.052	1999-02-14
J6-31	160.8	13.3	1999-03-02	13.2	0.349	2001-12-24	0.016	1999-03-15
J6-32	134.0	2.8	1998-12-18	12.0	0.160	2000-09-25	0.069	1999-11-01
J6-33	139.0	2.8	1998-12-31	12.2	0.376	2001-08-24	0.049	1998-12-31
J6-34	142.0	2.8	1999-01-11	10.2	0.090	2000-09-25	0.015	1999-01-11
J6-35	144.0	2.8	1999-01-17	11.5	0.204	2000-09-25	0.015	1999-01-17
J6-36	148.5	2.8	1999-01-29	14.6	0.303	2001-08-24	—	—
J6-37	151.5	2.8	1999-02-04	15.7	0.183	2002-04-10	0.033	1999-02-05
J6-38	156.3	2.8	1999-02-14	15.5	0.524	2001-07-25	0.034	1999-02-14
J6-39	160.8	2.8	1999-03-02	13.9	0.252	2000-09-25	0.060	1999-03-03

d. 应变计及无应力计实测资料。

试验块共埋设应变计 4 支，无应力计 9 支，用于观测试验块混凝土温度应力及混凝土自生体积变形，应变计实测变形见表 2.1.9，无应力计实测混凝土自生体积变形见表表 2.1.10。从表 2.1.10 可知，大部分混凝土自生体积变形开始表现为收缩，到后期有所膨胀，但膨胀量不大，最大为 2.504×10^{-5}（N6-12），且有起伏现象。

表 2.1.9　应变计实测变形量

仪器编号	埋设位置			埋设日期（年-月-日）	混凝土浇筑温度/℃	最大伸张量/10^{-6}	最大伸张量出现日期（年-月-日）	最大收缩量/10^{-6}	最大收缩出现日期（年-月-日）
	高程/m	距右侧面距离/m	距老坝下游面距离/m						
S6-1	151.75	0.8	0.1	1999-02-04	14.4	121.27	2001-07-25	21.48	1999-02-05
S6-2	160.95	0.8	0.1	1999-03-02	18.8	57.56	2001-03-08	7.45	1999-03-04
S6-3	151.75	7.1	0.1	1999-02-04	13.6	—	—	75.43	1999-06-28
S6-4	160.95	7.1	0.1	1999-03-03	22.6	57.27	2000-08-09	12.89	1999-04-26

表 2.1.10　无应力计实测混凝土膨胀量

仪器编号	埋设位置		埋设日期（年-月-日）	混凝土浇筑温度/℃	最大膨胀量/10^{-6}	最大膨胀量出现日期（年-月-日）	最大收缩量/10^{-6}	最大收缩出现日期（年-月-日）
	高程/m	距右侧面距离/m						
N6-5	139.0	7.4	1998-12-31	12.8	4.07	1999-08-16	11.60	1999-06-14
N6-6	142.0	7.1	1999-01-12	10.8	9.98	2000-08-09	9.30	1999-02-06
N6-7	146.5	7.1	1999-01-24	12.3	17.47	2000-07-10	5.25	1999-03-23
N6-8	152.0	7.1	1999-02-05	12.2	2.29	2000-07-24	19.64	1999-02-21
N6-9	156.5	7.1	1999-02-14	18.9	9.50	2002-03-25	13.85	1999-03-14
N6-10	152.0	0.8	1999-02-04	14.1	9.91	2000-07-10	9.82	1999-03-14
N6-11	160.95	0.8	1999-03-02	19.2	—	—	26.00	1999-06-28
N6-12	152.0	7.1	1999-02-04	13.9	25.04	2000-08-09	12.95	1999-02-20
N6-13	160.95	7.1	1999-03-02	20.0	2.58	2000-07-24	16.63	1999-12-31

e. 裂缝计实测资料。

在试验块盖板混凝土中埋设 6 支裂缝计，观测盖板混凝土是否会沿坝体下游新老混凝土结合处开裂。裂缝计实测资料见表 2.1.11，从该表可看出，裂缝计实测开度为 0.080～0.255 mm，表明盖顶左侧混凝土局部可能开裂。

表 2.1.11 裂缝计实测新老混凝土结合面变形

仪器编号	埋设位置		埋设日期（年-月-日）	混凝土浇筑温度/℃	最大开度/mm	最大开度出现日期（年-月-日）	最大收缩量/mm	最大收缩出现日期（年-月-日）
	高程/m	距右侧面距离/m						
K6-1	162.5	0.8	1999-03-18	16.8	0.139	2000-10-09	0.057	1999-03-19
K6-2	164.3	0.8	1999-03-25	12.0	0.004	1999-03-25	0.338	1999-05-04
K6-3	162.5	7.1	1999-03-18	13.9	0.184	2000-07-10	0.082	1999-03-19
K6-4	164.3	7.1	1999-03-24	11.7	—	—	0.099	1999-04-13
K6-5	162.5	13.3	1999-03-18	17.0	0.255	2001-02-09	0.049	1999-03-19
K6-6	164.3	13.3	1999-03-24	11.4	0.080	2000-09-25	0.069	1999-04-25

（5）钻孔取芯试验。

为了直观了解垂直面和斜面上新老混凝土结合情况，于 2001 年 4 月 6 日至 5 月 15 日在右 6 坝段进行钻孔取芯工作，芯样钻孔共计 9 孔，其中斜孔 6 个，垂直孔 3 个，总进尺 138 m，采用ϕ168 mm 岩芯钻、金刚钻头钻取。

从钻出的 9 孔结合面芯样来看，结合部位强度偏低或已开裂，出现断裂现象，几乎没有取出完整的结合面芯样，进行注水试验时漏水量较大，无法进行压水试验，从本次取芯和注水试验结果来看，新老混凝土结合面仍然存在脱开的现象。

3. 试验成果

丹江口水利枢纽后期续建工程中，混凝土坝贴坡加厚带来的新老混凝土结合是该工程关键技术难题之一。丹江口大坝加高结合面现场试验，研究了水泥材料、施工方法、温控措施等措施对大坝加高结合面的作用和影响。通过研究分析，对结合面存在的主要问题有了一个更为直接的认识，同时也为增加新老混凝土的结合质量、提高大坝的整体性提供一些可供选择的研究思路。主要有以下结论。

（1）通过现场试验及前期的仿真计算发现，由于丹江口地区年气温变化较大，即使采取有效的温控措施、宽槽回填浇筑和锚筋等措施，也很难保证新老混凝土结合面不发生开裂现象。经过反复地研究和比较，对结合面的设计要求由不允许开裂到允许开裂，但必须控制其开裂深度和宽度，以保证大坝的整体性和安全性。需要进一步加深对新老混凝土结合面工程措施的研究，综合考虑安全性、经济性和可实施条件，对工程措施进行优选，提出满足整体性、受力安全及抗震安全的可行工程措施。

（2）从现场试验埋设的仪器观测资料及钻孔取芯、注水试验结果看，三次试验新老混凝土结合面均有不同程度开裂，最大拉应力出现在试验块温度准稳定期，主要是由于年气温变化引起。

（3）试验块浇筑后约一年，内部温度即呈准稳定状态，内部温度应力状态与温度场一样，随气温变幅呈周期性变化。夏季内部受拉，周边受压，冬季则相反，内部受压，周边受拉。夏季内部最大拉应力 1.0～1.2 MPa，冬季周边最大拉应力约 2.3～2.5 MPa。

（4）根据两种水泥比选结果认为葛洲坝 425#低热矿渣硅酸盐水泥（改进型）优于略

阳 425#低热微膨胀水泥，因此贴坡混凝土宜采用具有微膨胀性的低热水泥，施工期在新老混凝土结合面产生一定的预压应力，将对后期拉应力产生一定的补偿作用。

（5）贴坡混凝土施工过程中，应采取有效措施凿除老混凝土碳化层，确保新老混凝土结合质量。混凝土浇筑宜在一个低温季节完成，采取初期通水冷却等措施将早期混凝土最高温度控制在 26～28 ℃，并尽快降低混凝土温度。施工过程中要做好保温工作。

（6）由于试验块施工受施工机械设备等限制，混凝土施工质量控制难度大，混凝土匀质性较差，且试验块侧面、顶面均暴露于空气中，温度条件也较差。大坝加高实际施工中，施工条件将有较大改善，有利于提高新老混凝土的结合质量。

2.1.2　后帮有限结合加高方式

1. 大坝加高方式

根据国内外大坝加高的资料统计，大坝加高通常采用的方式主要有后帮整体式、后帮分离式、前帮整体式、前帮加后帮式、预应力锚索加高式和坝顶直接加高式 6 种，如图 2.1.6～图 2.1.11，其中后帮整体式最普遍。

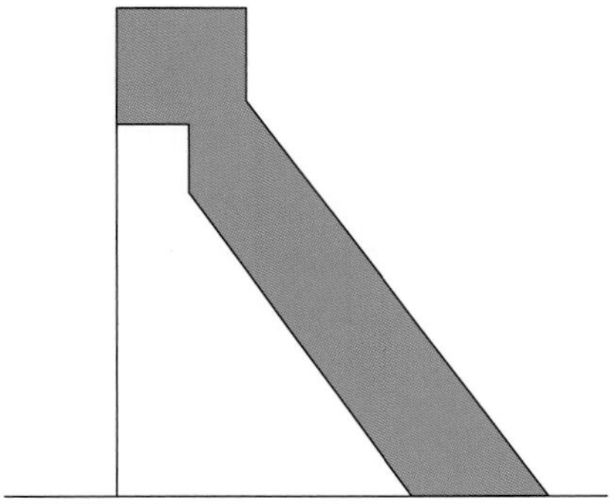

图 2.1.6　后帮整体式

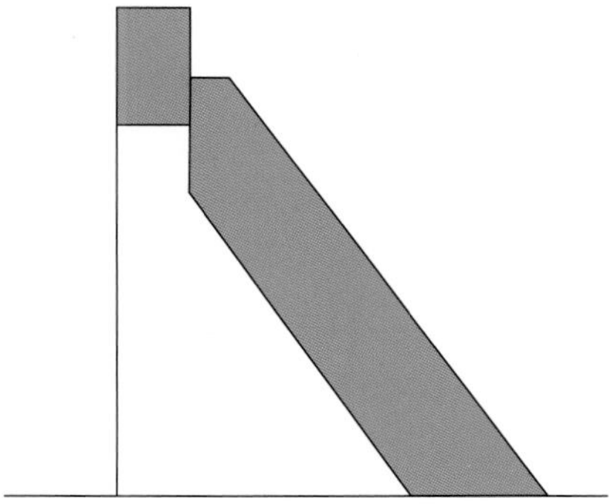

图 2.1.7　后帮分离式

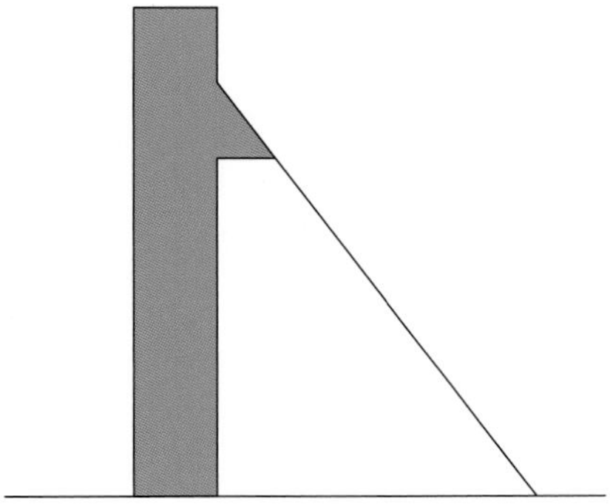

图 2.1.8　前帮整体式

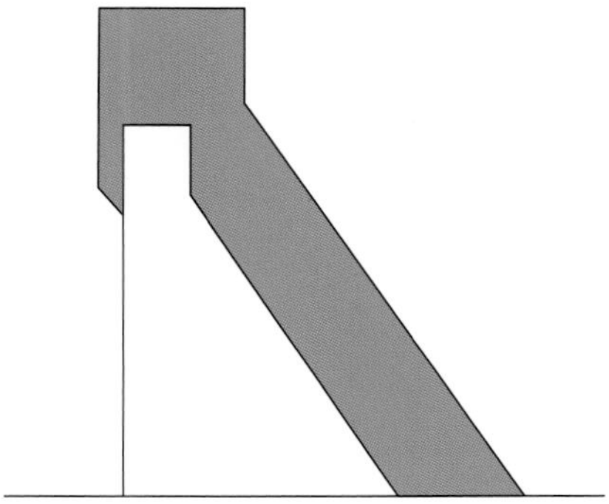

图 2.1.9　前帮加后帮式

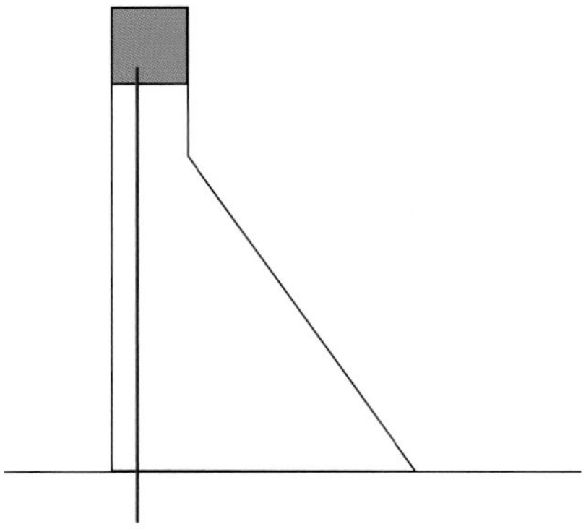

图 2.1.10　预应力锚索加高式

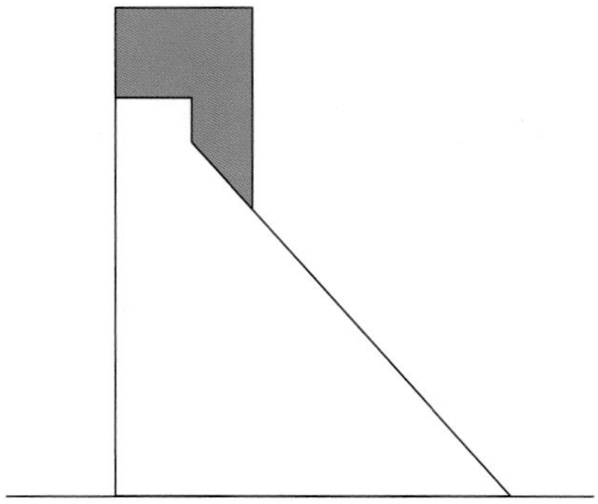

图 2.1.11　坝顶直接加高式

后帮整体式加高是在老坝顶部浇筑混凝土至新坝顶部高程，同时在老坝下游面上浇筑后帮混凝土（加厚）以满足新坝的稳定要求。本方式要求新老混凝土牢固地黏结在一起，使全部结构起整体作用。设计时要求新老混凝土的结合面与第一主应力迹线平行，而与第二主应力迹线垂直，使结合面处于受压状态而剪应力最小或等于零。

为了使新老混凝土黏结牢固，一般浇筑混凝土前先将老坝下游面凿毛以增加其粗糙度，或将下游面在第一期施工时做成台阶形或锯齿状，例如瑞士的大狄克桑斯坝（The Grand Dixence Dam）、西班牙的伊拉比亚坝就是这样处理的。后帮整体式加高应用最广，现今高混凝土重力坝多采用这种方式进行加高，例如委内瑞拉的古里坝（Guri Dam），瑞士的大狄克桑斯坝，日本的王泊坝、川上坝、新中野坝等，均获得成功。

丹江口大坝加高工程为后帮贴坡式加高，大坝坝顶加高 14.6 m，丹江口大坝所在地年气温变化幅度处在较高水平，坝后贴坡厚度 5～14 m 相对较薄，加高后新老坝体结合面应力状态复杂，这主要由于年气温变化在坝体内的影响深度刚好与丹江口大坝坝后贴坡厚度基本相当，新老坝体结合面处在影响深度范围内或在影响深度附近，结合面工作环境条件相对较差。

2. 温变作用是影响新老混凝土结合状态的最重要因素

对于丹江口大坝加高工程，在垂直于下游坝面方向切取剖面，计算气温年变化引起的正应力，如图 2.1.12 所示。在新老混凝土结合面，冬季侧面（靠近横缝）为拉应力，

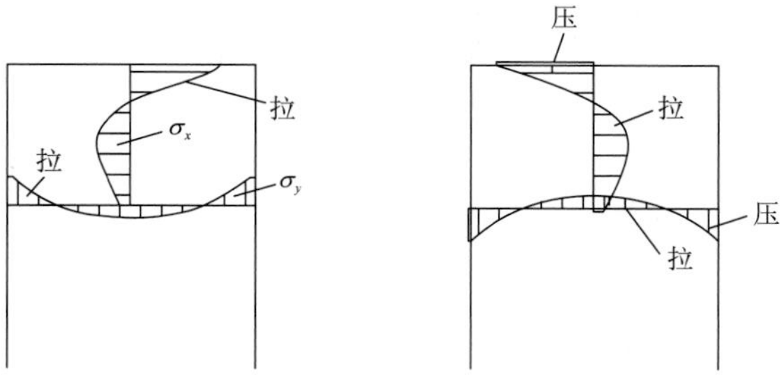

（a）冬季　　（b）夏季

图 2.1.12　气温年变化引起的正应力

σ_x 为顺坡向结合面正应力；σ_y 为水平向结合面正应力

内部为压应力；夏季相反，侧面为压应力，内部为拉应力。

年季节性气温变化对混凝土温度场的影响深度一般可达十几米，这种深度正好与加高坝后贴坡混凝土的厚度相近。周期性气温变化，会在结合面法向引起重复性拉压作用。由于以下几个方面的联合作用，新老混凝土难以始终处于结合状态。

（1）由于新浇混凝土温度在固化过程中始终处于变化状态，新浇混凝土达到稳定状态时，其稳定温度不可避免地与结合部位的老坝体温度存在温度差，新老混凝土存在初始约束应力；

（2）结合面新老混凝土的变形模量存在明显差异，使结合面存在局部应力集中现象；

（3）结合面上的法向应力随着季节的变化周期性变化，局部区域结合面拉压应力将发生往复变化，在重复拉压应力作用下，不可避免地引起材料疲劳劣化效应，导致结合强度下降。

（4）当结合面初始应力与季节性温度应力的叠加效应大于新老混凝土结合强度时，结合面开裂。

（5）在加高大坝的后期运行期内，结合面开裂面积将逐渐发展，在运行多年后，开裂的区域趋于稳定，而部分已开裂区域随着季节的变化呈现周期性的开合变化。

3. 后帮有限结合重力坝加高设计理念

不同的重力坝加高方式主要表现为新老坝体传力方式不同。后帮分离式部分结合面可以滑动，新老坝体间可传递法向力，不传递拉应力和剪应力，分离式新老坝体结构整体性差，所需加高混凝土较多，造价相对高昂。目前重力坝加高较多采用后帮整体式，新老坝体结合面固结联合承载。丹江口水库大坝加高工程贴坡混凝土厚度约 5～14 m，相对较薄，受温度荷载影响较大。现场原位试验和仿真分析成果表明。

（1）在大气环境温度荷载作用下，结合面开裂难以避免，结合面总是有一部分紧密黏合，一部分张开，还有一部分随着年温度变化处于模糊接触或脱开状态。

（2）结合面应力及开合状态随季节温度作周期性变化，夏季内部受拉，周边受压，冬季则相反，内部受压，周边受拉。

（3）结合面的开合状态对大坝应力状态有着直接影响，甚至影响到大坝结构安全。

大坝加高的设计和施工无规程规范可依，如何保证重力坝加高在结合面开裂的状态下，新老坝体仍能有效联合承载，是丹江口大坝加高工程面临的一个关键技术难题。基于丹江口大坝加高新老混凝土结合的研究分析，突破传统重力坝后帮整体加高混凝土结合面不允许开裂的设计原则，改变其结合面完全固结传力方式（图 2.1.13），提出了后帮有限结合重力坝加高结构新理念（图 2.1.14）。在新老坝体结合面设置限位传力榫槽，允许结合面有限开裂以释放温度荷载，采用动态开裂面榫槽传剪与有限结合面传压传剪相结合的传力方式，以系统工程措施实现结合面有限开裂，保证新老坝体联合承载。

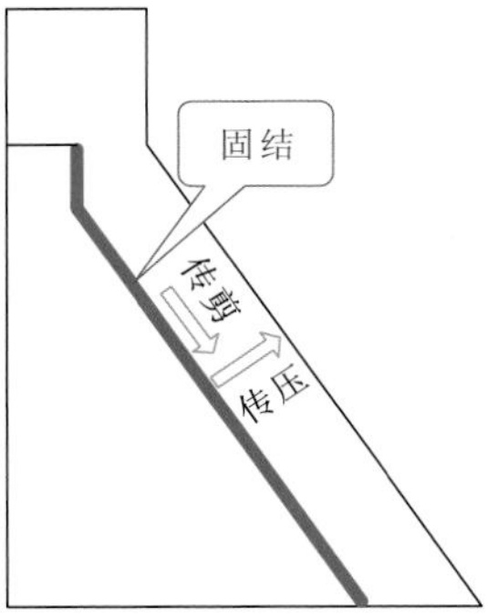

图 2.1.13　后帮整体式加高示意图

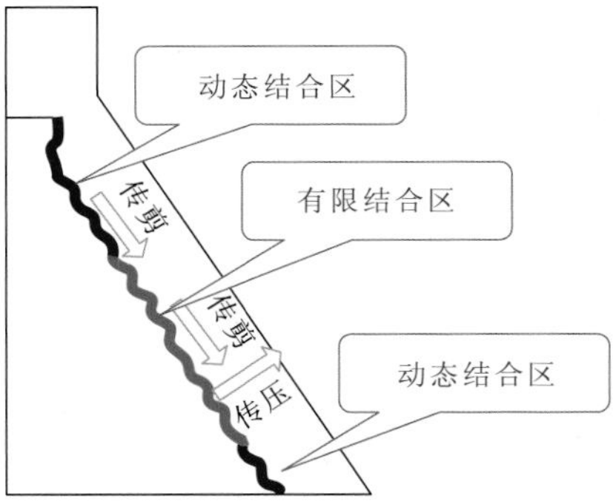

图 2.1.14　后帮有限结合式加高示意图

在对以传统材料力学和弹性力学为基础的重力坝静态设计理论适应性研究基础上，提出了以考虑瞬态温度场和新老坝体动态结合为基础的后帮有限结合重力坝加高结构动态设计新方法。

1）将动态温度荷载引入重力坝加高设计

传统重力坝设计主要考虑大坝自重、静水压力、扬压力等荷载，并未考虑温度荷载。对于大体积混凝土来说，温度影响深度在一定范围之内，且有坝体纵缝削弱了温度影响，同时材料力学方法计算坝踵应力时，本身就具有一定的安全余度，所以不考虑温度荷载传统重力坝设计方法也能满足大坝安全要求。

对于加高重力坝，特别是有限贴坡厚度加高重力坝，温度荷载的影响不容忽视，温度荷载改变了坝体的应力状态，坝体截面应力由基本线性变为曲线分布形式（图 2.1.15），且处于一个随季节动态变化状态，同时温度荷载造成结合面开裂，改变了坝体整个结构状态，所以必须考虑温度荷载。

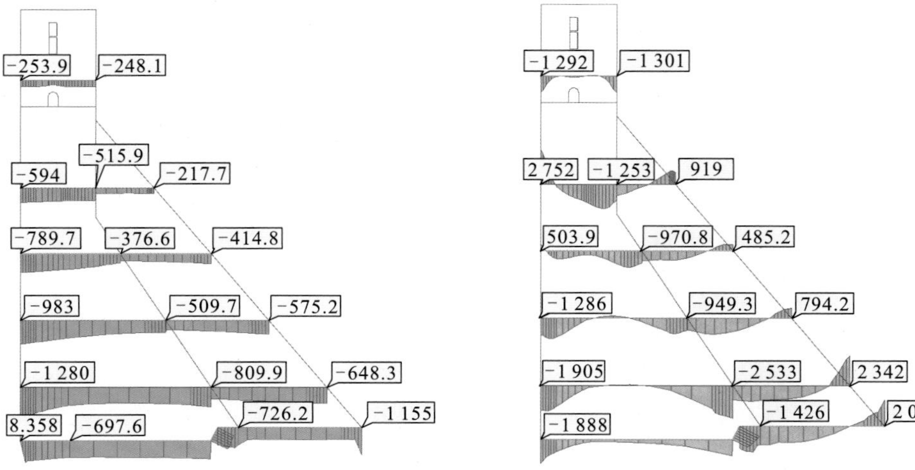

（a）不计温度荷载，线弹性，竖向应力　　（b）引入温度荷载，线弹性，竖向应力（冬季）

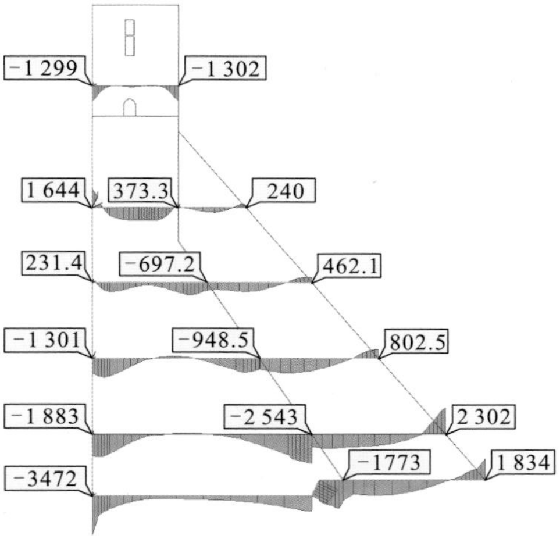

（c）引入温度荷载，非线性，竖向应力（冬季）

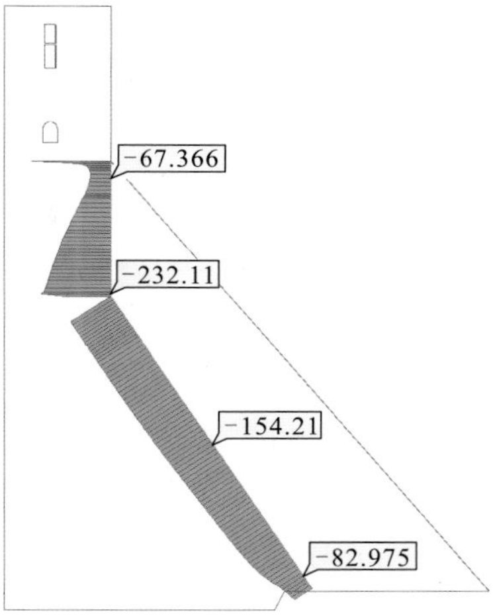

（d）不计温度荷载，线弹性，结合面法向力

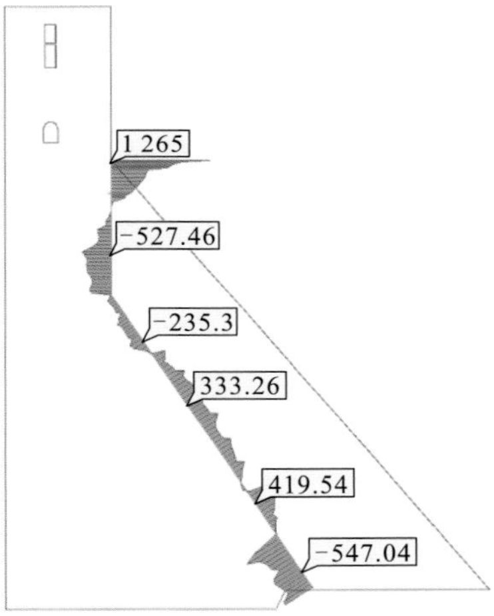

（e）引入温度荷载，线弹性，结合面法向力（冬季）

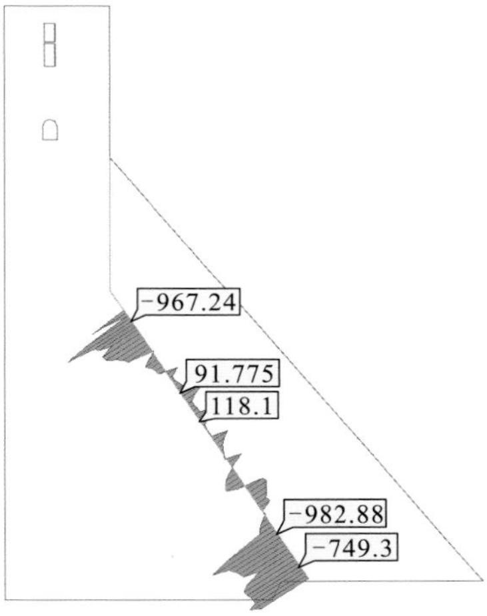

（f）引入温度荷载，非线性，结合面法向力（冬季）

图 2.1.15　不同设计理论方法下坝体应力分布图（单位：kPa）

（a）表示的是不计温度荷载，考虑结合面线弹性接触，坝体的竖向应力；（b）表示的是引入温度荷载，考虑结合面线弹性接触，坝体的竖向应力；（c）表示的是引入温度荷载，考虑结合面非线性接触，坝体的竖向应力；（d）表示的是不计温度荷载，考虑结合面线弹性接触，结合面的法向应力；（e）表示的是引入温度荷载，考虑结合面线弹性接触，结合面的法向应力；（f）表示的是引入温度荷载，考虑结合面非线性接触，结合面的法向应力

2）考虑结合面动态结合非线性接触问题

丹江口大坝现场试验及仿真分析表明，在大气环境下，结合面完全固结难以实现，缝面削弱了新老坝体整体性，其开合状态对新老坝体的应力状态产生了很大的影响（图 2.1.15），坝体应力已不满足传统材料力学法中坝体作为连续弹性体的假定，同时截面上的正应力 σ_y 也不能满足直线分布假定，所以加高重力坝设计必须考虑新老混凝土结合面的非线性接触问题。

基于以上分析，丹江口大坝加高工程已超出了传统的重力坝设计理论假定条件，传统的材料力学法和弹性力学法难以求解描述加高重力坝的真实应力状态，基于此，提出了考虑瞬态温度场和新老坝体动态结合非线性接触的重力坝“后帮有限结合”加高结构设计新理念。

3）重力坝加高结构动态设计方法

外界气温条件、坝前水温条件及新老混凝土结合面的开合状态，都是一个动态变化过程，对大坝结构应力都会产生直接影响，加高重力坝设计实际为时程下的动态过程。采用考虑结合面非线性接触、瞬态温度场和徐变应力有限元分析方法对重力坝加高进行全过程仿真模拟，以广义莫尔-库仑准则来描述接触面上的摩擦效应。

以丹江口大坝右 1 坝段为例，通过分析坝踵竖向应力的时程曲线（图 2.1.16），得到施工期和运行期的坝体状态的典型时刻，施工期典型时刻为 2009 年 9 月 5 日和 2010 年 3 月 19 日，图 2.1.17 和图 2.1.18 为 2010 年 3 月 19 日典型时刻坝体应力状态和结合面

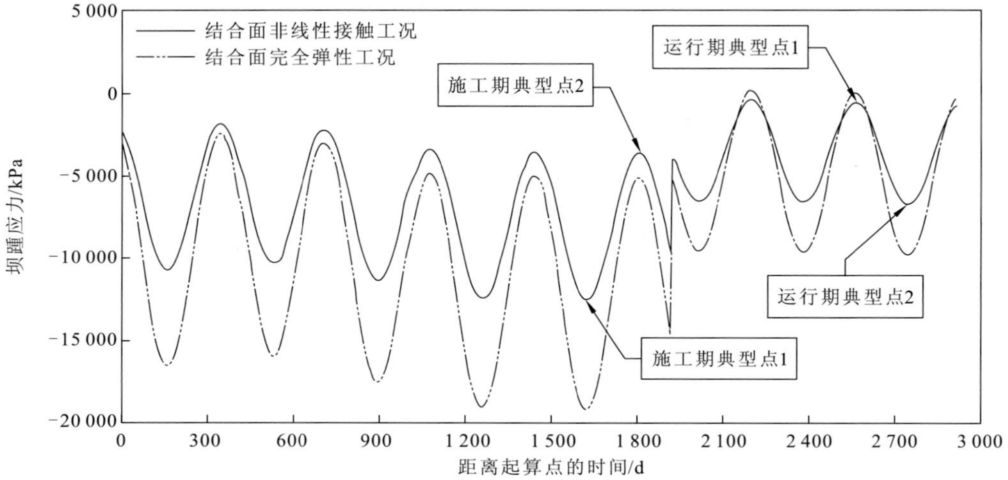

图 2.1.16　右 1 坝段坝踵竖向应力时程图

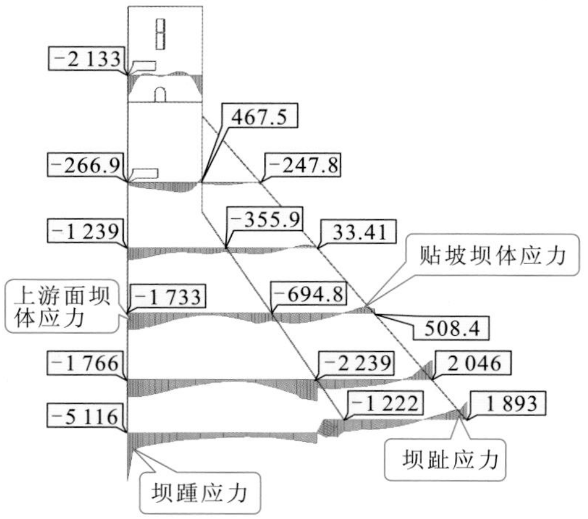

图 2.1.17　典型时刻坝体应力图（单位：kPa）

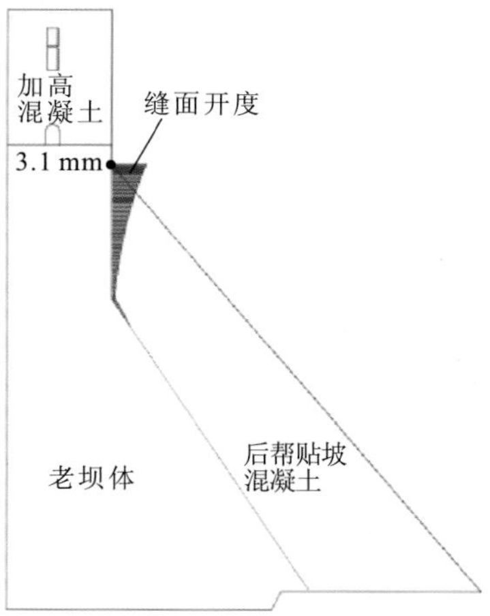

图 2.1.18　典型时刻结合面张开图

开合状态图，以此对加高坝体进行综合分析、评价，以动态过程完成了在温度荷载下考虑非线接触问题的丹江口大坝加高工程设计。

后帮有限结合大坝加高要求有效传递荷载，两者共同受力，适当调整榫槽的传力面，可达到使接触面完全传递荷载的目的，具体做法是：①采用有限元方法计算坝体应力；②求出新老结合面部位的坝体横截面内主应力；③设置榫槽面的法向尽量与界面内主应力方向一致。

2.1.3　新老混凝土结合数值分析研究

以丹江口大坝加高工程中 2 坝段、7 坝段和 27 坝段为例，分析新老坝体结合面的结合状态。

1. 计算条件

1）浇筑进度

如图 2.1.19 为三个典型坝段的实际浇筑进度曲线。

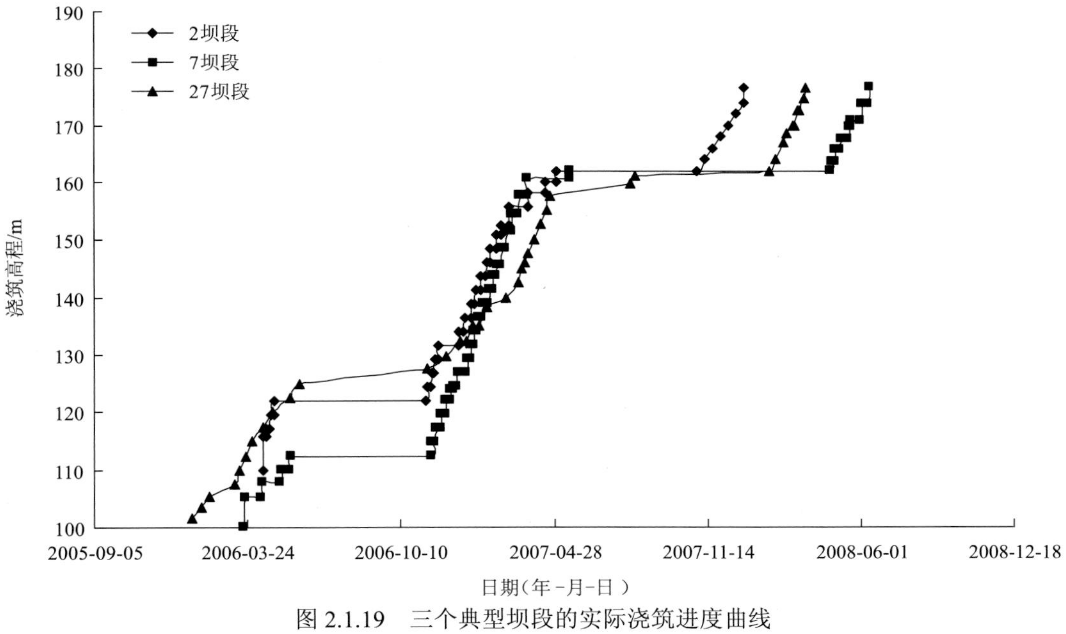

图 2.1.19　三个典型坝段的实际浇筑进度曲线

2）自重与泥沙压力

模拟计算中，新老坝体混凝土容重均取 24.5 kN/m^3。

根据实测成果，初期大坝坝前泥沙淤积高程 116.0 m，泥沙浮容重采用 5.0 kN/m^3。

3）大坝的蓄水过程

施工期限制水位为 152.0 m，加高完工后开始蓄水，水位每天上升 0.20 m，运行期上游正常蓄水位 170 m，设计洪水位 172.2 m；运行年内库水位变化过程如图 2.1.20 所示，计算周期至浇筑完工后 10 年；下游水位低于建基面。

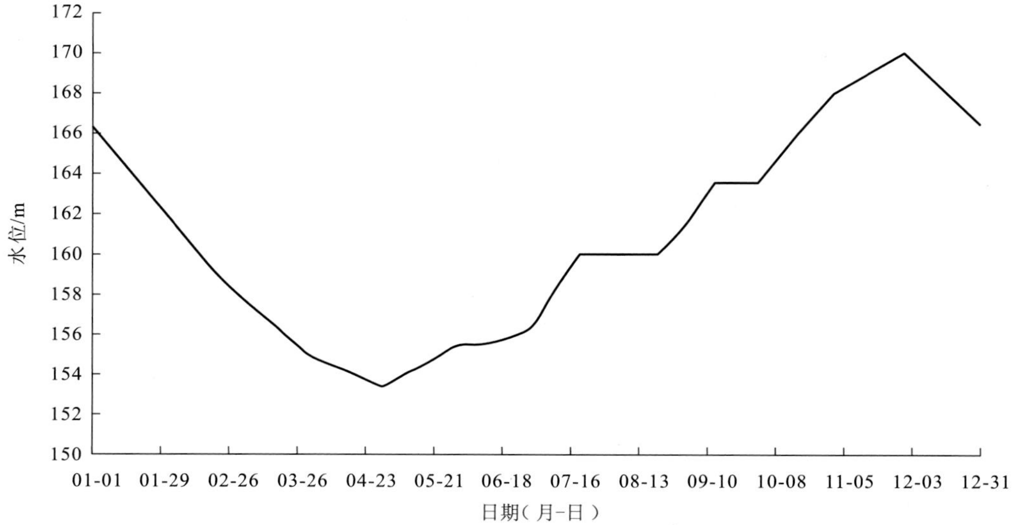

图 2.1.20　大坝加高后库水位变化过程曲线

4）坝体温度边界与约束条件

温度计算边界条件包括基础顶面散热；坝体及基础上游与水的接触为水温，按第一类边界条件计算；下游与大气的接触为气温，按第三类边界条件计算；基础四周及底部绝热；坝体两侧面绝热。位移约束包括基础除上部边界外均为法向约束，上部边界自由；坝体侧面为法向约束，上下游面和顶面自由。

坝体温度边界条件见图 2.1.21；位移约束条件见图 2.1.22。

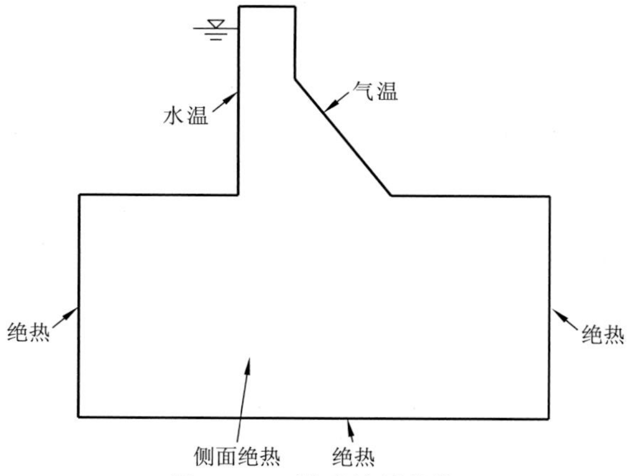

图 2.1.21　温度边界条件

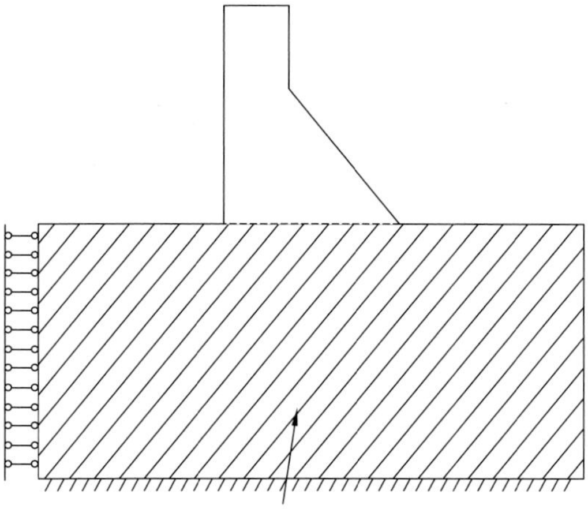

图 2.1.22　位移约束条件

5）气象条件

坝址多年平均气温 16.8 ℃，年变幅 14.5 ℃，极端最高气温 41.5 ℃，发生于 1966 年 7 月，极端最低气温-13.4 ℃，发生于 1977 年 1 月。坝址附近多年平均风速 2.0 m/s，最大风速 20 m/s，发生于 1964 年 5 月。丹江口水库气温见表 2.1.12。

表 2.1.12　丹江口水库气温

项目	月份											
	1	2	3	4	5	6	7	8	9	10	11	12
气温/℃	2.30	4.11	9.05	16.8	22.6	27.5	29.3	27.5	22.6	16.8	9.1	4.11

任意时刻的气温为

$$T(\tau) = 15.8 + 13.5 \cdot \sin[\omega(\tau + 198)]$$

式中：$\omega = 2\pi / 365$；τ 为计算时刻（以 11 月 1 日为原点），天。

6）日照效应

日照将引起坝体表面温度上升，经分析，年平均温度增量如下：坝顶水平面 4 ℃，下游坝面 3 ℃，上游坝面（阴面）0 ℃。

7）水温

丹江口水库库区表面水温的多年平均值为 18.2 ℃，年变幅 11.0 ℃，随着水深的增加，两者相应减小；水温变化也随水深的增加而滞后。其值见表 2.1.13。

表 2.1.13　不同水深的库水温变化

项目	距库区表面的深度/m							
	0	10	20	30	40	45	50	60
多年平均水温/℃	18.2	17.3	16.0	14.2	11.7	10.1	9.6	9.0

续表

项目	距库区表面的深度/m							
	0	10	20	30	40	45	50	60
水温变幅/℃	11.0	10.7	9.0	7.5	6.2	5.5	5.2	4.8
滞后时间/天	20	25	30	55	80	110	—	—

8）材料热力学参数

混凝土原材料及配合比如下。

水泥品种：葛洲坝水泥厂生产的 $425^{\#}$低热水泥。

骨料：江汉天然砂石料。

粉煤灰：暂按不掺灰进行计算。

混凝土标号：R90200#，三级配。

R90200#混凝土的配合比见表 2.1.14，一般部位采用三级配，钢筋较多的部位采用二级配。

表 2.1.14　混凝土配合比

混凝土标号	级配	水	水泥	砂率	配合比（水：水泥：砂：石子）	外加剂	
						RC-1/%	DH9/‰
$R_{90}200^{\#}$	三	103	178	24	0.58：1：2.89：9.09	0.15	0.07
$R_{90}200^{\#}$	二	135	233	21	0.57：1：2.67：5.90	0.15	0.07

热学性能参数上，水泥水化热为

$$Q(t) = 64.472t / (t + 1.068)$$

式中：$Q(t)$为水泥水化热；t 为混凝土龄期。

参照水泥水化热公式及表 2.1.4 所示的配合比，拟合出两种级配的混凝土的绝热温升。

二级配混凝土：

$$\theta(\tau) = 26.6\left(1 - \mathrm{e}^{-0.699\tau^{0.532}}\right)$$

三级配混凝土：

$$\theta(\tau) = 20.4\left(1 - \mathrm{e}^{-0.699\tau^{0.532}}\right)$$

基岩、混凝土的其他热学性能参数见表 2.1.15。

表 2.1.15　基岩、混凝土的热学性能参数

项目	导热系数/[kJ/（m·h·℃）]	导温系数/（m^2/h）	比热容/[kJ/（kg·℃）]	线胀系数/（10^{-6}/℃）	容重/（10 kN/m^3）	泊松比
基岩	9.828	0.005 1	0.971	10	2 753	0.367
老混凝土	9.828	0.004 17	0.963	10	2 498	0.167
新混凝土	9.828	0.004 223	0.963	10	2 498	0.167

裸露混凝土表面的放热系数 β=70 kJ/（$m^2 \cdot h \cdot ℃$）。

下游坝面保温采用聚苯乙烯泡沫塑料板，导热系数 λ=0.140 kJ/（$m \cdot h \cdot ℃$），板厚为 3 cm 时，β=6.68 kJ/（$m^2 \cdot h \cdot ℃$），板厚为 5 cm 时，β=2.69 kJ/（$m^2 \cdot h \cdot ℃$）。

水平浇筑层面保温采用聚乙烯泡沫塑料外包帆布，帆布上涂防水胶水，3 cm 聚乙烯保温被的 β=6.77 kJ/（$m^2 \cdot h \cdot ℃$）（已考虑潮湿影响）。

结合面强度为抗拉强度 1.0 MPa、黏聚力 1.0 MPa 和摩擦系数 1.0，缝的破坏以莫尔-库仑强度准则为标准进行判断。

2. 计算方法

1）温度场

在混凝土坝仿真分析中，温度是基本作用荷载，均匀、各向同性固体的温度场满足微分方程：

$$\frac{\partial^2 T}{\partial x^2}+\frac{\partial^2 T}{\partial y^2}+\frac{\partial^2 T}{\partial z^2}+\frac{1}{a}\left(\frac{\partial \theta}{\partial \tau}-\frac{\partial T}{\partial \tau}\right)=0 \tag{2.1.1}$$

边界条件是

$$T=\bar{T} \tag{2.1.2}$$

$$-\lambda\frac{\partial T}{\partial n}=q \tag{2.1.3}$$

$$-\lambda\frac{\partial T}{\partial n}=\beta\left(T-T_a\right) \tag{2.1.4}$$

式中：T 为温度，℃；τ 为时间，h；λ 为导热系数，kJ/($m \cdot h \cdot ℃$)；a 为导温系数，$a=\lambda/c\rho$，m^2/h；ρ 为密度，kg/m^3，c 为比热容，kJ/（$kg \cdot ℃$）；θ 为绝热温升，℃；$\bar{T}=\bar{T}(\tau)$ 为 C_1 边界上的给定温度，℃；n 为边界面法向；$q=q(\tau)$ 为 C_2 边界上的给定热流，kJ/（$m^2 \cdot h$）；β 为 C_3 边界上表面放热系数，kJ/（$m^2 \cdot h \cdot ℃$）；T_a 为边界温度，自然对流条件下 T_a 为外界环境温度，强迫对流条件下 T_a 为边界层的绝热壁温度。

微分方程式（2.1.1）属于抛物线形的微分方程。式（2.1.1）中第一部分是由 x、y、z 方向流入微元体的热量；第二部分是微元体内热源产生的热量；最后一部分是微元体升温需要的热量。微分方程表明：微元体内升温所需的热量应与传入微元体的热量及微元体内热源产生的热量相平衡，即能量的守恒。

瞬态温度场的求解就是在 $T=T_0(x,y,z)$ 的初始条件下求得满足瞬态热传导方程及边界条件的温度场函数 $T(x,y,z,\tau)$。

如果边界上的 $\bar{T}(\tau)$、$q(\tau)$、T_a 及 θ 不随时间变化，则经过一定时间的热交换后，物体内的温度场将不随时间变化，即 $\frac{\partial T}{\partial \tau}=0$，瞬态热传导方程退化为稳态的热传导方程，$T$ 只与坐标有关。

根据最小位能原理，热传导微分方程式（2.1.1）可以转换为，在 $\tau=0$ 时给定初始温度$T_0(x,y,z)$，在边界C_1上满足给定边界条件$\overline{T}(\tau)$的泛函式（2.1.4）的极值问题。

$$I(T)=\iiint_R\left\{\frac{1}{2}\left[\left(\frac{\partial T}{\partial x}\right)^2+\left(\frac{\partial T}{\partial y}\right)^2+\left(\frac{\partial T}{\partial z}\right)^2\right]+\frac{1}{a}\left(\frac{\partial T}{\partial \tau}-\frac{\partial \theta}{\partial \tau}\right)T\right\}\mathrm{d}x\mathrm{d}y\mathrm{d}z$$
$$+\iint_{C_2}\overline{q}T\mathrm{d}s+\iint_{C_3}\left(\frac{\overline{\beta}}{2}T^2-\overline{\beta}T_aT\right)\mathrm{d}s \tag{2.1.5}$$

其中，R 为计算域，$\overline{\beta}=\beta/\lambda$，$\overline{q}=q/\lambda$，$\theta=\theta_0(1-\mathrm{e}^{-m_1\tau^{m_2}})$，$\theta_0$为混凝土最终的绝热温升，$m_1$和$m_2$为混凝土绝热温升系数。

2）应力场

（1）温度应力。

把温度变化产生的线应变看作物体的初应变，计算时引入温度引起的变形ε_0，进而求得相应的初应变引起的等效结点温度荷载P_{ε_0}，然后按通常的求解应力的方法求得由温度变化引起的结点位移，然后求得温度应力σ。单元 e 的等效结点温度荷载$P_{\varepsilon_0}^e$为

$$P_{\varepsilon_0}^e=\iiint \boldsymbol{B}^{\mathrm{T}}\boldsymbol{D}\varepsilon_0\mathrm{d}R \tag{2.1.6}$$

式中：$\boldsymbol{B}$ 为应变与位移的转换矩阵；$\boldsymbol{D}$ 为弹性矩阵。

可以将温度变形引起的等效结点荷载P_{ε_0}与其他荷载项加在一起，求得包括温度应力在内的总应力。计算应力的应力-应变关系中包括初应变项：

$$\sigma=\boldsymbol{D}(\varepsilon-\varepsilon_0) \tag{2.1.7}$$

式中：ε为总应变。

（2）仿真应力。

混凝土是弹性徐变体，在仿真计算过程中需要考虑混凝土的徐变影响。混凝土的徐变柔度为

$$J(t,\tau)=\frac{1}{E(\tau)}+C(t,\tau) \tag{2.1.8}$$

式中：$E(\tau)$为混凝土瞬时弹性模量；$C(t,\tau)$为混凝土徐变度。

用增量法求解，将时间τ划分成一系列时间段：$\Delta\tau_1,\Delta\tau_2,\cdots,\Delta\tau_n$，在时段$\Delta\tau_n$内产生的应变增量为

$$\Delta\boldsymbol{\varepsilon}_n=\boldsymbol{\varepsilon}_n(\tau_n)-\boldsymbol{\varepsilon}_n(\tau_{n-1})=\Delta\boldsymbol{\varepsilon}_n^{\mathrm{e}}+\Delta\boldsymbol{\varepsilon}_n^{\mathrm{c}}+\Delta\boldsymbol{\varepsilon}_n^{\mathrm{T}}+\Delta\boldsymbol{\varepsilon}_n^{0}+\Delta\boldsymbol{\varepsilon}_n^{\mathrm{s}} \tag{2.1.9}$$

式中：$\Delta\boldsymbol{\varepsilon}_n^{\mathrm{e}}$为弹性应变增量；$\Delta\boldsymbol{\varepsilon}_n^{\mathrm{c}}$为徐变应变增量；$\Delta\boldsymbol{\varepsilon}_n^{\mathrm{T}}$为温度应变增量；$\Delta\boldsymbol{\varepsilon}_n^{0}$为自生体积变形增量；$\Delta\boldsymbol{\varepsilon}_n^{\mathrm{s}}$为干缩应变增量。

混凝土的徐变不仅与当前的应力状态有关，还与应力历史有关，计算中需要记录应力的历史。为了提高计算的精度与效率，徐变度采用指数形式：

$$C(t,\tau)=\sum_{s=1}\psi_s(\tau)\left[1-\mathrm{e}^{-r_s(t-\tau)}\right] \tag{2.1.10}$$

式中：ψ_s为混凝土徐变函数；r_s为材料系数。

假设在每一个时段$\Delta\tau_i$中，应力呈线性变化，即应力对时间的导数为常数（图 2.1.23）。

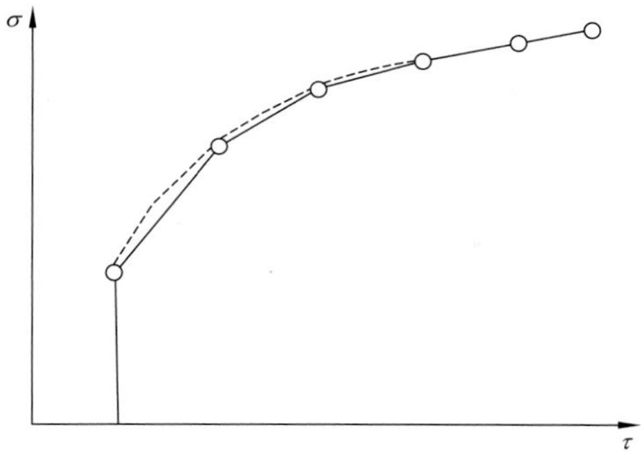

图 2.1.23　应力增量示意图

弹性应变增量 $\Delta\boldsymbol{\varepsilon}_n^{\mathrm{e}}$ 为

$$\Delta\boldsymbol{\varepsilon}_n^{\mathrm{e}}=\frac{1}{E\left(\overline{\tau}_n\right)}\boldsymbol{Q}\Delta\boldsymbol{\sigma}_n \tag{2.1.11}$$

式中：$E\left(\overline{\tau}_n\right)$ 为中点龄期 $\overline{\tau}_n=\left(\tau_{n-1}+\tau_n\right)/2=\tau_{n-1}+0.5\Delta\tau_n$ 的弹性模量；

$$\boldsymbol{Q}=\begin{bmatrix}1 & -\mu & -\mu & 0 & 0 & 0\\ & 1 & -\mu & 0 & 0 & 0\\ & & 1 & 0 & 0 & 0\\ & \text{对} & & 2(1+\mu) & 0 & 0\\ & & \text{称} & & 2(1+\mu) & 0\\ & & & & & 2(1+\mu)\end{bmatrix} \tag{2.1.12}$$

式中：μ 为泊松比。

徐变应变增量为

$$\Delta\boldsymbol{\varepsilon}_n^{\mathrm{c}}=\boldsymbol{\eta}_n+C\left(\tau_n,\overline{\tau}_n\right)\boldsymbol{Q}\Delta\boldsymbol{\sigma}_n \tag{2.1.13}$$

$$\boldsymbol{\eta}_n=\sum_s(1-\mathrm{e}^{-r_s\Delta\tau_n})\boldsymbol{\omega}_{sn} \tag{2.1.14}$$

$$\boldsymbol{\omega}_{sn}=\boldsymbol{\omega}_{s,n-1}\mathrm{e}^{-r_s\Delta\tau_{n-1}}+\boldsymbol{Q}\Delta\boldsymbol{\sigma}_{n-1}\psi_s(\overline{\tau}_{n-1})\mathrm{e}^{-0.5r_s\Delta\tau_{n-1}} \tag{2.1.15}$$

应力增量与应变增量关系为

$$\Delta\boldsymbol{\sigma}_n=\overline{\boldsymbol{D}}_n(\Delta\boldsymbol{\varepsilon}_n-\boldsymbol{\eta}_n-\Delta\boldsymbol{\varepsilon}_n^{\mathrm{T}}-\Delta\boldsymbol{\varepsilon}_n^{0}-\Delta\boldsymbol{\varepsilon}_n^{\mathrm{s}}) \tag{2.1.16}$$

其中，

$$\overline{\boldsymbol{D}}_n=\overline{E}_n\boldsymbol{Q}^{-1} \tag{2.1.17}$$

$$\overline{E}_n=\frac{E\left(\overline{\tau}_n\right)}{1+E\left(\overline{\tau}_n\right)C\left(\tau_n,\overline{\tau}_n\right)} \tag{2.1.18}$$

单元的结点力增量为

$$\Delta\boldsymbol{F}^e=\iiint\boldsymbol{B}^{\mathrm{T}}\Delta\boldsymbol{\sigma}\mathrm{d}x\mathrm{d}y\mathrm{d}z \tag{2.1.19}$$

式中：$\boldsymbol{B}$ 为应变与位移的转换矩阵。把式（2.1.16）代入式（2.1.19），得

$$\Delta\boldsymbol{F}^{\mathrm{e}}=\boldsymbol{k}^{\mathrm{e}}\Delta\boldsymbol{\delta}_n^{\mathrm{e}}-\iiint\boldsymbol{B}^{\mathrm{T}}\overline{\boldsymbol{D}_n}(\boldsymbol{\eta}_n+\Delta\boldsymbol{\varepsilon}_n^{\mathrm{T}}+\Delta\boldsymbol{\varepsilon}_n^{0}+\Delta\boldsymbol{\varepsilon}_n^{\mathrm{s}})\mathrm{d}x\mathrm{d}y\mathrm{d}z \tag{2.1.20}$$

式中：$\Delta\boldsymbol{\delta}_n^{\mathrm{e}}$ 为位移增量。

单元刚度矩阵为

$$\boldsymbol{K}^{\mathrm{e}}=\iiint\boldsymbol{B}^{\mathrm{T}}\overline{\boldsymbol{D}_n}\boldsymbol{B}\mathrm{d}x\mathrm{d}y\mathrm{d}z \tag{2.1.21}$$

由（2.1.21）可得非应变变形引起的单元结点力增量为

$$\Delta\boldsymbol{P}_{ne}^{\mathrm{c}}=\iiint\boldsymbol{B}^{\mathrm{T}}\overline{\boldsymbol{D}}_n\boldsymbol{\eta}_n\mathrm{d}x\mathrm{d}y\mathrm{d}z \tag{2.1.22}$$

$$\Delta\boldsymbol{P}_{ne}^{\mathrm{t}}=\iiint\boldsymbol{B}^{\mathrm{T}}\overline{\boldsymbol{D}}_n\Delta\boldsymbol{\varepsilon}_n^{\mathrm{T}}\mathrm{d}x\mathrm{d}y\mathrm{d}z \tag{2.1.23}$$

$$\Delta\boldsymbol{P}_{ne}^{0}=\iiint\boldsymbol{B}^{\mathrm{T}}\overline{\boldsymbol{D}}_n\Delta\boldsymbol{\varepsilon}_n^{0}\mathrm{d}x\mathrm{d}y\mathrm{d}z \tag{2.1.24}$$

$$\Delta\boldsymbol{P}_{ne}^{\mathrm{s}}=\iiint\boldsymbol{B}^{\mathrm{T}}\overline{\boldsymbol{D}}_n\Delta\boldsymbol{\varepsilon}_n^{\mathrm{s}}\mathrm{d}x\mathrm{d}y\mathrm{d}z \tag{2.1.25}$$

式中：$\Delta\boldsymbol{P}_{ne}^{\mathrm{c}}$ 为徐变引起的单元结点荷载增量；$\Delta\boldsymbol{P}_{ne}^{\mathrm{t}}$ 为温度引起的单元结点荷载增量；$\Delta\boldsymbol{P}_{ne}^{0}$ 为自生体积变形引起的单元结点荷载增量；$\Delta\boldsymbol{P}_{ne}^{\mathrm{s}}$ 为干缩引起的单元结点荷载增量。

进行整体的单元集成，可得整体平衡方程：

$$\boldsymbol{K}\Delta\boldsymbol{\delta}_n=\Delta\boldsymbol{P}_n^{\mathrm{l}}+\Delta\boldsymbol{P}_n^{\mathrm{c}}+\Delta\boldsymbol{P}_n^{\mathrm{t}}+\Delta\boldsymbol{P}_n^{0}+\Delta\boldsymbol{P}_n^{\mathrm{s}} \tag{2.1.26}$$

式中：$\boldsymbol{K}$ 为刚度矩阵；$\Delta\boldsymbol{P}_n^{\mathrm{l}}$ 为外荷载引起的结点荷载增量；$\Delta\boldsymbol{P}_n^{\mathrm{c}}$ 为徐变引起的结点荷载增量；$\Delta\boldsymbol{P}_n^{\mathrm{t}}$ 为温度引起的结点荷载增量；$\Delta\boldsymbol{P}_n^{0}$ 为自生体积变形引起的结点荷载增量；$\Delta\boldsymbol{P}_n^{\mathrm{s}}$ 为干缩引起的结点荷载增量。

求出各个结点的位移增量 $\Delta\boldsymbol{\delta}_n$ 之后，由式（2.1.26）求得应力增量 $\Delta\boldsymbol{\delta}_n$，累加后得到各个单元 τ_n 时刻的应力：

$$\boldsymbol{\sigma}_n=\sum\Delta\boldsymbol{\sigma}_n \tag{2.1.27}$$

3）结合面开合模拟

丹江口大坝结合面采用榫槽缝面结合，榫槽缝面的本构关系与一般结合缝面有显著区别：一般结合缝面张开即不能传力，闭合传力能力取决于缝面的抗剪参数；榫槽结合缝面张开能够继续传剪，传剪能力取决于榫槽两个面之间的相对关系。新老坝体结合面榫槽接触概化模型如图 2.1.24 所示。

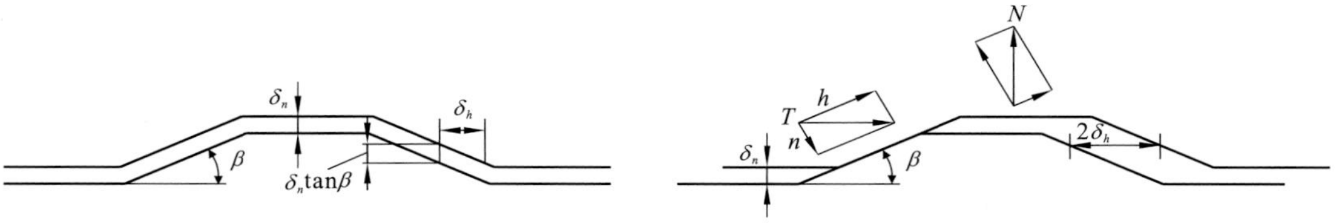

图 2.1.24　榫槽接触概化模型

β为榫槽面夹角；T 为切向力；N 为法向力

结合缝面的累计法向开度为 δ_n，切向位移为 δ_h，则缝的状态有如下三种。

（1）$\delta_n\leqslant 0$，闭合，$\alpha_h=1$，$\alpha_n=1$。

（2）$\delta_n>0$，$|\delta_h|<\delta_n\cot\beta$，张开，$\alpha_h=0$，$\alpha_n=0$。

（3）$\delta_n>0$，$|\delta_h|\geqslant\delta_n\cot\beta$，张开但榫槽侧面接触，$\alpha_h=2.5\xi\sin\beta$，$\alpha_n=\xi\cos\beta$。

其中，α_h 和 α_n 分别为切向和法向刚度修正系数，ξ 为榫槽单边侧面占一个榫槽单元的面积比，则榫槽接触单元弹性矩阵修正如式（2.1.28）所示，再建立相应的平衡方程进行求解。

$$\boldsymbol{D}' = \begin{bmatrix} \alpha_h^x K_s & 0 & 0 \\ 0 & \alpha_h^y K_s & 0 \\ 0 & 0 & \alpha_n K_n \end{bmatrix} \tag{2.1.28}$$

式中：α_h^x、α_h^y 分别为切向刚度在局部坐标下 x、y 方向的修正系数。

3. 结构计算模型

1）2 坝段

坝段宽 15 m，初期坝体底厚（顺水流方向）43.1 m，建基面高程 110 m，下游坝坡 1∶0.80，坝顶高程 162 m，坝顶厚度 12 m；加高后坝顶厚度 18 m，坝底宽 54.1 m，下游坝坡 1∶0.85，坝顶高程 176.6 m。2 坝段初期坝体内存在多条水平裂缝缺陷，水平裂缝高程分别为 143 m 和 154 m，是存在裂缝较多的一个坝段，见图 2.1.25、图 2.1.26。

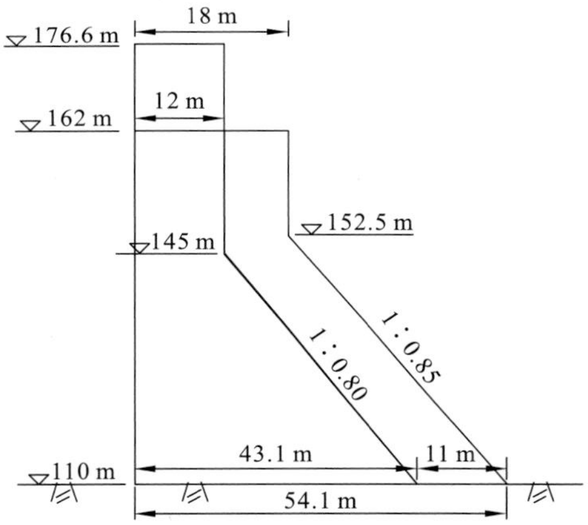

图 2.1.25　2 坝段结构示意图

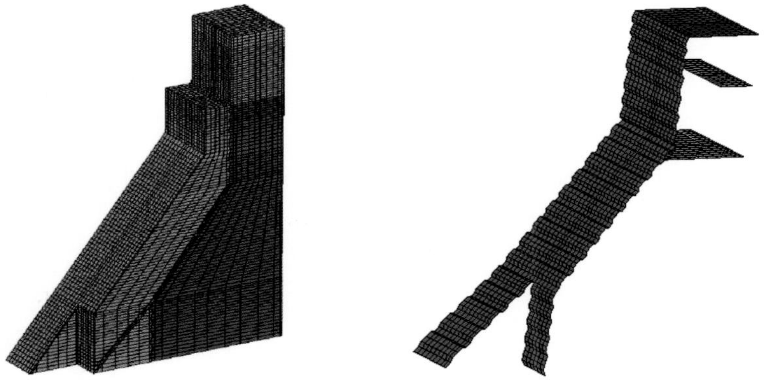

（a）坝体三维有限元模型　（b）新老混凝土结合面有限元模型

图 2.1.26　2 坝段模型示意图

2）7 坝段

7 坝段为非溢流坝段，坝段宽 17 m，初期坝体底厚（顺水流方向）48 m，建基面高程 100 m，下游坝坡 1∶0.80，坝顶高程 162 m，坝顶厚度 16 m；加高后坝顶厚度 26.5 m，坝底厚 62.625 m，下游坝坡 1∶0.85，坝顶高程 176.6 m。7 坝段初期坝体内存在竖向裂缝，见图 2.1.27、图 2.1.28。

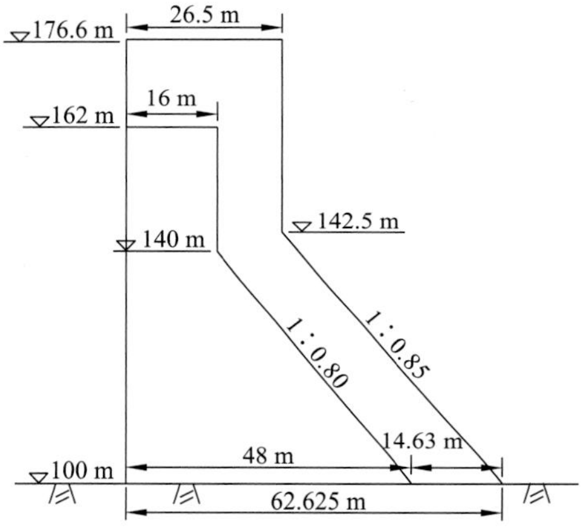

图 2.1.27　7 坝段结构示意图

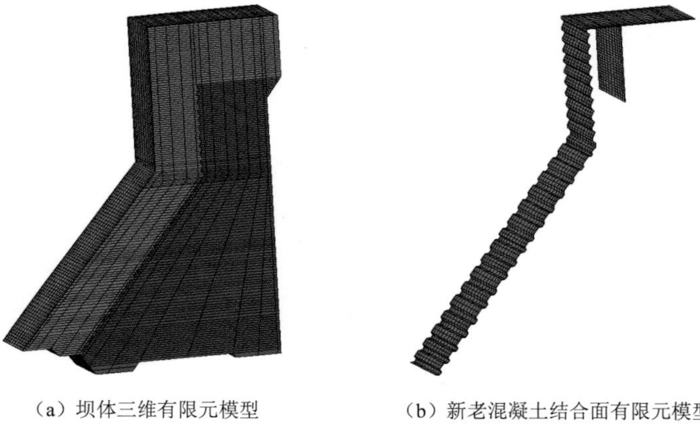

（a）坝体三维有限元模型　　（b）新老混凝土结合面有限元模型

图 2.1.28　7 坝段模型示意图

3）27 坝段

27 坝段为厂房坝段，该坝段体形比较复杂，作为典型坝段进行分析，见图 2.1.29、图 2.1.30。

4. 结合状态分析成果

运用非线性有限元仿真分析方法，模拟各坝段实际浇筑过程、温控措施和蓄水过程，考虑材料热力学参数随时间的变化规律，仿真分析大坝加高过程中不同坝段新老坝体的开裂情况和应力变化情况。

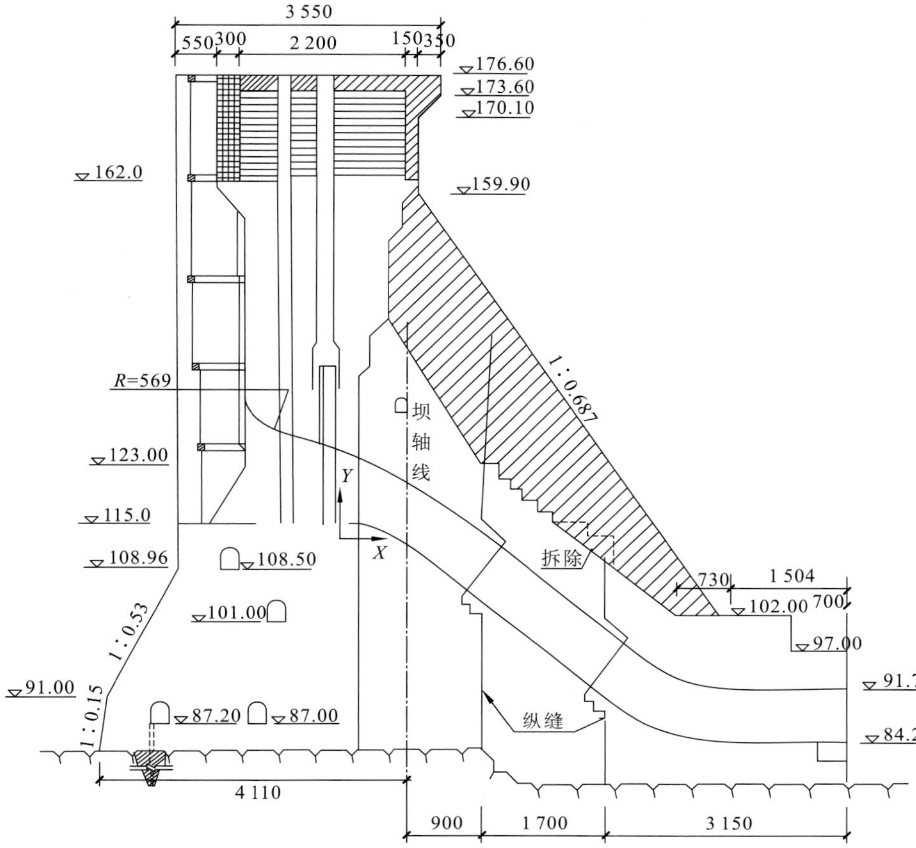

图 2.1.29　27 坝段结构示意图（高程单位：m；尺寸单位：cm）

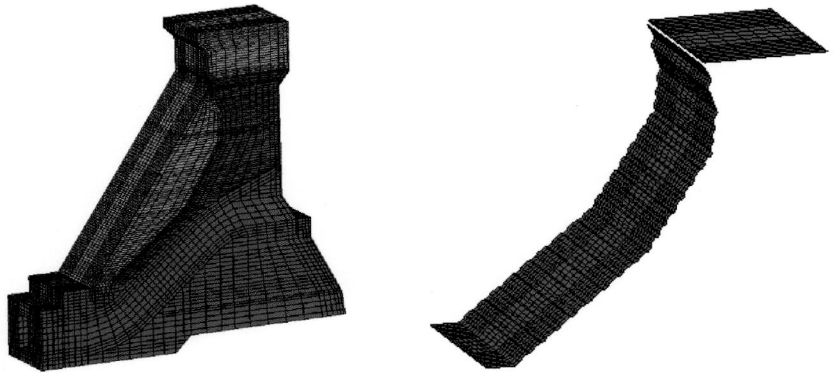

（a）坝体三维有限元模型　　　　（b）新老混凝土结合面有限元模型

图 2.1.30　27 坝段模型示意图

1）2 坝段计算结果

（1）结合面结合状态。

2 坝段在实际施工时，下游面采用 3 cm 厚的聚苯乙烯板进行短期保温，到 2013 年 4 月拆除下游面保温板。经仿真分析得到各年结合面的结合状况，见表 2.1.16、图 2.1.31。

表 2.1.16　2 坝段结合面逐年开裂情况统计　（单位：%）

年份	1 月			7 月		
	张开	未裂	先开后闭	张开	未裂	先开后闭
2009	35.63	52.32	13.05	41.31	52.32	6.37
2010	38.04	51.12	10.84	40.11	50.60	9.29
2011	39.58	49.40	11.02	42.16	49.23	8.61
2012	40.27	48.71	11.02	42.68	48.71	8.61
2013	40.44	48.54	11.02	42.86	48.02	9.12
2014	43.03	45.27	11.70	46.30	43.89	9.81
2015	43.54	41.31	16.15	50.43	39.59	9.98
2016	49.91	37.35	13.74	54.39	35.63	9.98
2017	51.98	33.91	15.11	57.14	33.05	9.81
2018	53.01	31.84	16.15	58.05	31.80	10.15

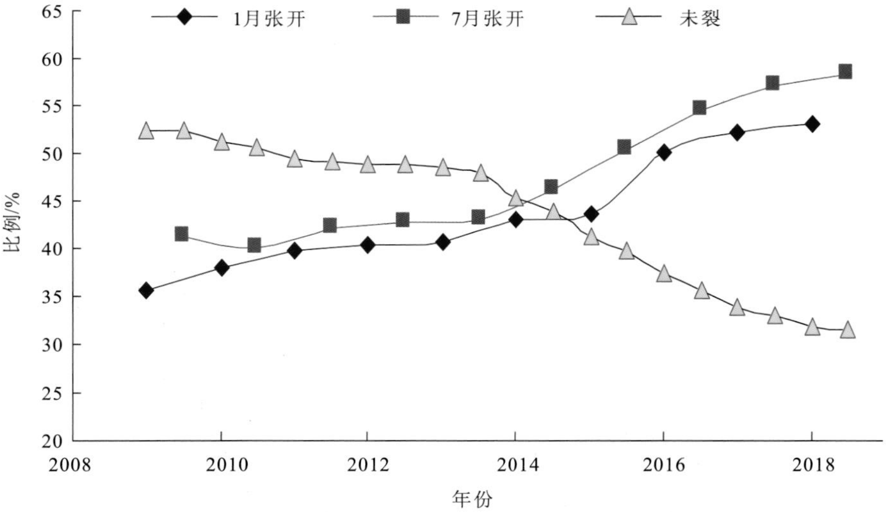

图 2.1.31　2 坝段结合面逐年开裂比例曲线

从表 2.1.16 和图 2.1.31 可以看出，结合面未裂部分的比例持续减小，在 2018 年后趋于收敛，未裂比例缓慢下降。

在 1 月，先裂开后闭合的比例一直高于 7 月，其原因为，高程 145 m 以上结合面夏天为中间张开、两边闭合，冬天正好相反，但冬天中间的先开后接触区域总比夏天两边的先开后接触区域大。

图 2.1.32 为结合面上 1、2 两点对（分别位于新混凝土侧和老混凝土侧）的开度过程线，其中点对 1 位于结合面竖直段的顶端 162 m 高程处，处于坝段中间位置。由

图 2.1.32（a）可以清楚看出，点对 1 的开度明显呈周期性变化规律，在 0.50～0.67 mm 变化，变化幅度仅有 0.17 mm，数值较小，最大开度出现在每年冬天 10、11 月；点对 2 处于 157 m 高程靠边缘处，也呈周期性变化，其开度大小基本在 0.07 mm 和 0.35 mm 之间变化，变化幅度为 0.28 mm，大于点对 1 的变化幅度，最大开度出现在 3 月左右。这两点位置，位于结合面的上部，开度为缝面较大值。点对 1 在 2013 年拆除坝面保温板后结合面开度明显增加，2014 年以来结合面开度大小基本稳定；点对 2 在 2009 年以来结合面开度大小基本稳定。

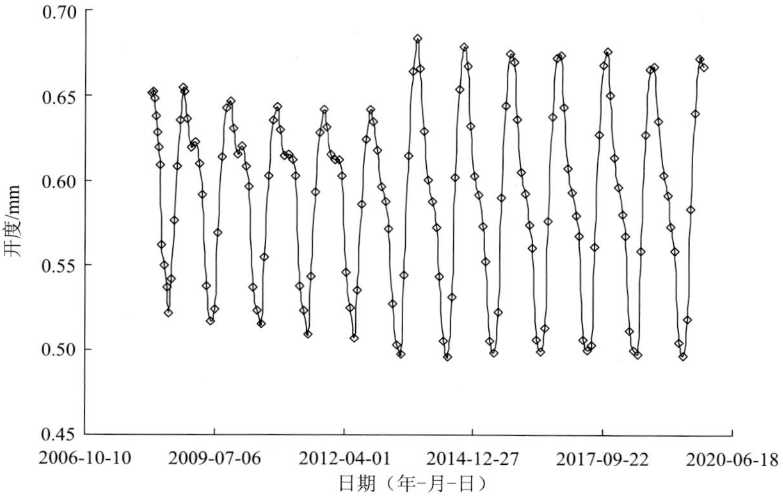

（a）点对1开度过程线

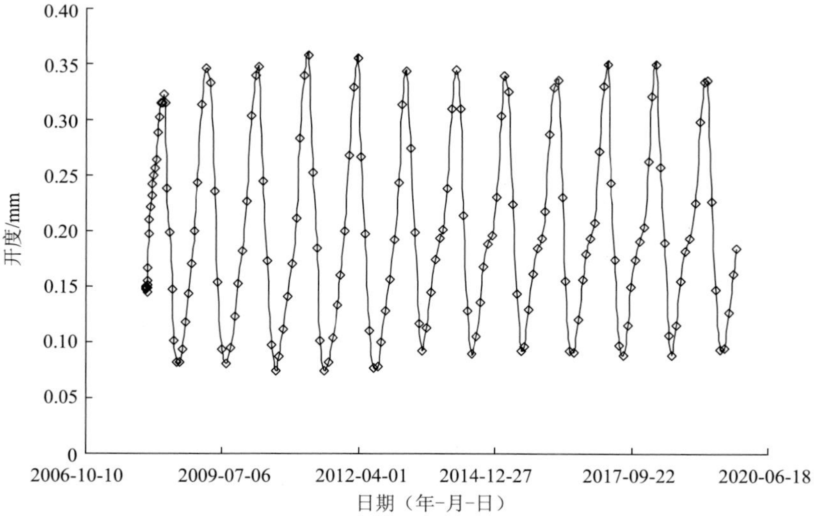

（b）点对2开度过程线

图 2.1.32　各点开度过程线

图 2.1.33 为结合面 2018 年冬季和夏季典型月份开裂范围示意图，从图中可以明显看出，竖直结合面段，即 145 m 高程以上结合面，基本上都脱开了，其原因在于竖直段

新混凝土比较薄（斜坡段平均厚度 10 m 左右），只有 6 m 厚，在 2013 年 4 月拆除保温层后，外界气温的变化更容易影响到结合面的应力状态，此外，竖直段新混凝土不能像斜坡段一样，有一部分自重分量作用在结合面上，减少结合面的开裂。

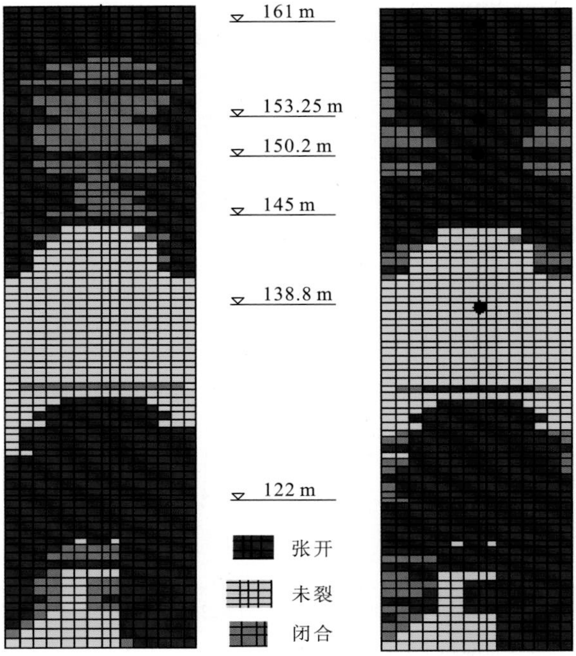

（a）1月　　（b）7月

图 2.1.33　结合面在 2018 年 1 月和 7 月的开裂范围

（2）结合面法向应力。

在丹江口大坝加高时，老坝体经过多年运行已充分冷却，但由于水泥水化热及浇筑温度等，新浇混凝土的温度将超过老坝体的温度，形成新老混凝土坝块之间的温差，这一温差不但会在新混凝土内引起拉应力，甚至裂缝，还将在老坝体的坝踵部位引起拉应力，使坝体应力恶化。在加高后的大坝运行中，年变化气温引起结合面的开合，其影响范围主要在结合面附近，对坝体其他部分应力的影响较小。本节关心的重点是结合面的法向应力。

为了得到结合面法向应力分布，以下给出 156.8 m、152.5 m、147.2 m、142.4 m、137.6 m、131 m、125.6 m 7 个高程的法向应力沿坝段宽度的分布图，时刻为 2010 年冬季，如图 2.1.34～图 2.1.39 所示。图中横坐标为 2 坝段的宽度，纵坐标为结合面法向应力。结合面抗拉强度为 1.0 MPa，若法向最大拉应力超过 1 MPa，则该点开裂，法向应力降为 0。

如图 2.1.34 所示，在 156.8 m 高程处，坝体距左侧横缝 5～10 m 处结合面未开裂，且最大法向拉应力不超过 0.6 MPa。其余各点开裂，法向应力为 0 MPa。

如图 2.1.35 所示，152.5 m 高程除两侧部分开裂外，其余闭合。该高程最大法向拉应力为 0.76 MPa。以上几个高程呈现的整体规律为，随着高程的降低，应力状态趋于良好，中部承受压应力，两侧为拉应力。

如图 2.1.36 所示，147.2 m 高程结合面两侧开裂，各点全部为拉应力，该高程为竖直结合面向斜坡结合面过渡的地带（145 m 高程为转折点），最大法向拉应力为 0.31 MPa。

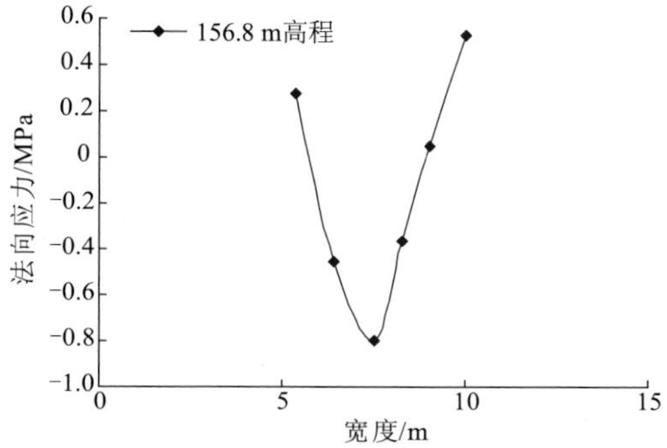

图 2.1.34　2010 年冬季结合面 156.8 m 高程各点法向应力曲线

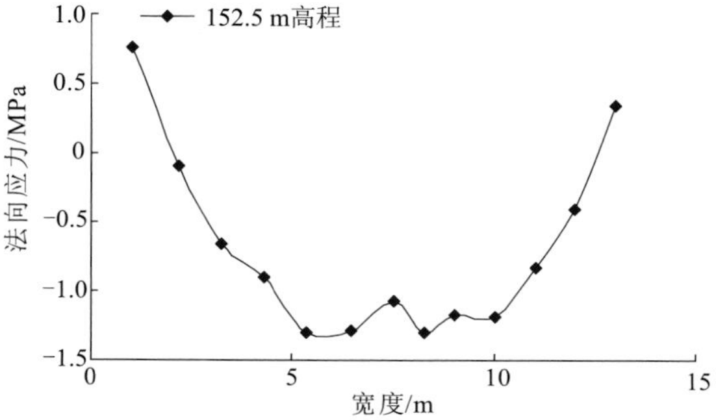

图 2.1.35　2010 年冬季结合面 152.5 m 高程各点法向应力曲线

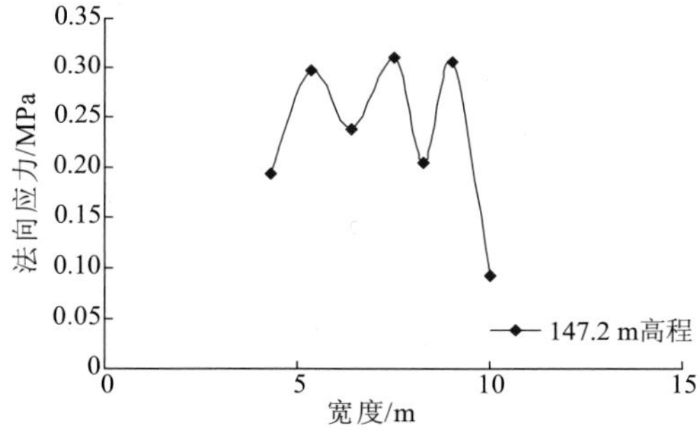

图 2.1.36　2010 年冬季结合面 147.2 m 高程各点法向应力曲线

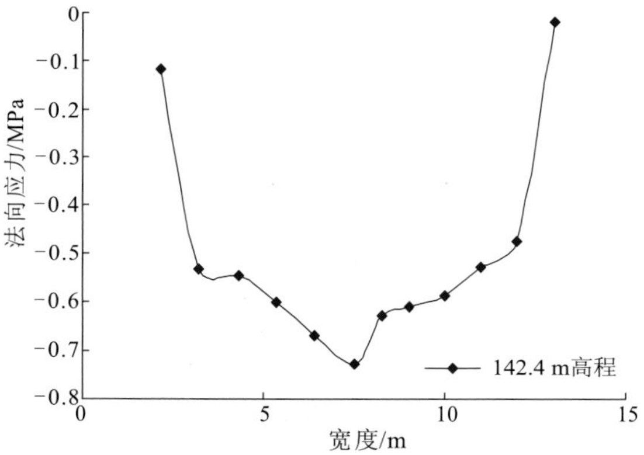

图 2.1.37　2010 年冬季结合面 142.4 m 高程各点法向应力曲线

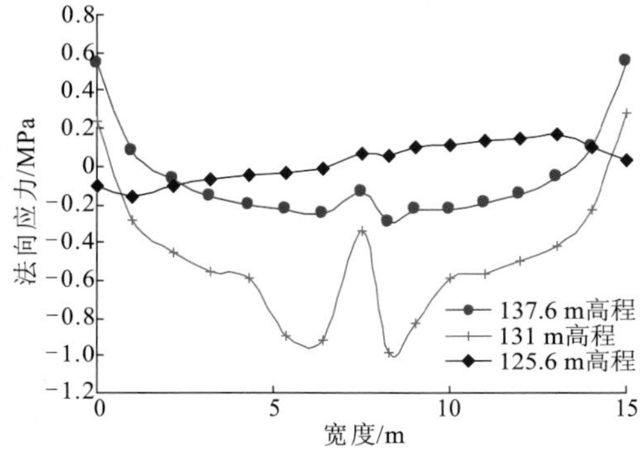

图 2.1.38　2010 年冬季结合面 137.6 m、131 m、125.6 m 高程各点法向应力曲线

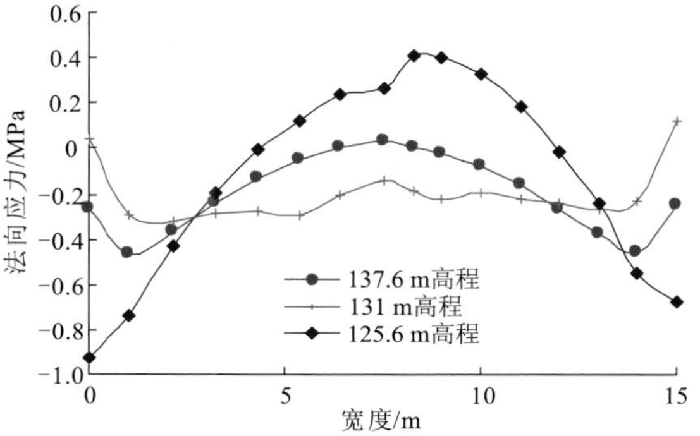

图 2.1.39　2010 年夏季结合面 137.6 m、131 m、125.6 m 高程各点法向应力曲线

如图 2.1.37 所示，在 142.4 m 高程，结合面为斜坡状，受自重压实影响，大部未裂。如图 2.1.38～图 2.1.39 所示，137.6 m、131 m 和 125.6 m 这三个高程处于斜坡结合面中心地带，全部未裂，但坝体边缘最大法向拉应力达 0.6 MPa，且 125.6 m 高程各点大部分为受拉状态。

因此，大坝加高时，不同结合面的开合状态仅对结合面附近范围内的应力有影响，并且结合面附近的应力变化仅在−1.5～1.0 MPa 内，数值较小；对远离结合面的部位如坝踵部位的应力影响很小。

2）7 坝段计算结果

按 7 坝段实际的施工进度及温控措施进行仿真计算，即从 2006 年 3 月开始浇筑，至 2008 年 7 月完成浇筑，开始浇筑时在下游面采用 3 cm 厚的聚苯乙烯保温板进行保温，并且在 2013 年 4 月拆除。7 坝段完工后第十年新老混凝土下游结合面开裂情况如图 2.1.40 所示。

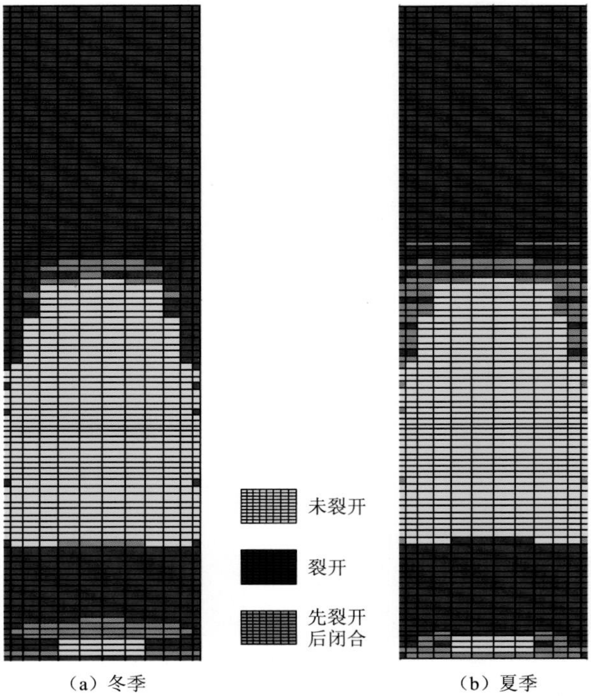

(a) 冬季　　(b) 夏季

图 2.1.40　7 坝段完工后第十年新老混凝土下游结合面开裂状况

当采取短期保温措施时，结合面的未开裂面积约为 31.3%。从图 2.1.40 中可以看出，竖直段接触面全部脱开，而斜坡段由于上部混凝土的重力作用，有部分面积结合完好；冬季与夏季的脱开情况基本一致，只是有一部分张开的单元在夏季又出现闭合，这主要是由夏季混凝土膨胀造成的，而且这些单元集中在拐弯段，即新混凝土竖直段与斜坡段结合的地方。

为研究结合面开裂的原因和应力情况，取缝面上 133.4 m 高程处的一系列特征点，左右岸方向的具体位置如表 2.1.17 和图 2.1.41 所示，将这些点的法向应力沿 Y 方向，即左右岸方向绘成曲线，如图 2.1.42 所示，按弹性力学的规定，拉应力为正。

表 2.1.17　特征点坐标值

坐标	点号						
	1	2	3	4	5	6	7
Y 坐标/m	0	0.66	3.16	8.50	13.84	16.34	17.00

各特征点的法向应力过程线如图 2.1.42 所示，时间从单元浇筑日期开始到两侧单元裂开后止，即从 2007 年 1 月～2009 年 2 月。由图 2.1.42 中过程线可以看到，混凝土中部的缝面点自始至终都是压应力，只是随着季节的变换出现大小变化，中心点（坐标 8.50 m）最为突出，冬季压应力较大，接近 1 MPa，夏季压应力相应减小；两侧点则相反，冬季出现拉应力，当达到一定值时，单元张开，法向应力变为 0，而在夏季混凝土膨胀时，出现压应力。

为说明短期保温措施对结合面法向应力的影响，对 7 坝段无保温和采用实际保温措施进行了计算，两种方案在完工后第十年的夏季和冬季的，结合面特征点的法向应力如图 2.1.43 所示。

由图 2.1.43 可以看出，冬季混凝土轴向收缩，两侧显示出拉应力，内部呈压应力，而夏季相反，外侧缝面呈现明显的压应力增大，而内部压应力大大减小；同时，外侧单元由于冬季处于开裂状态，故应力为 0，而夏季膨胀后受压，压应力达 2.5 MPa 左右，该单元又呈闭合状态；有保温板的结点应力相对于无保温措施的结点应力要小，这是由于保温后混凝土的温度变幅小。

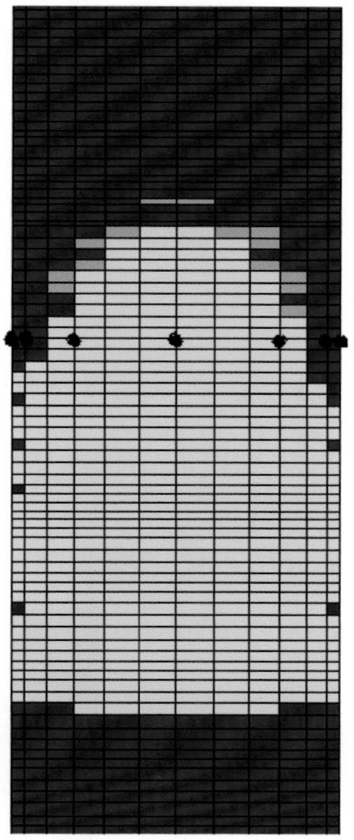

图 2.1.41　7 坝段缝面特征点位置示意图

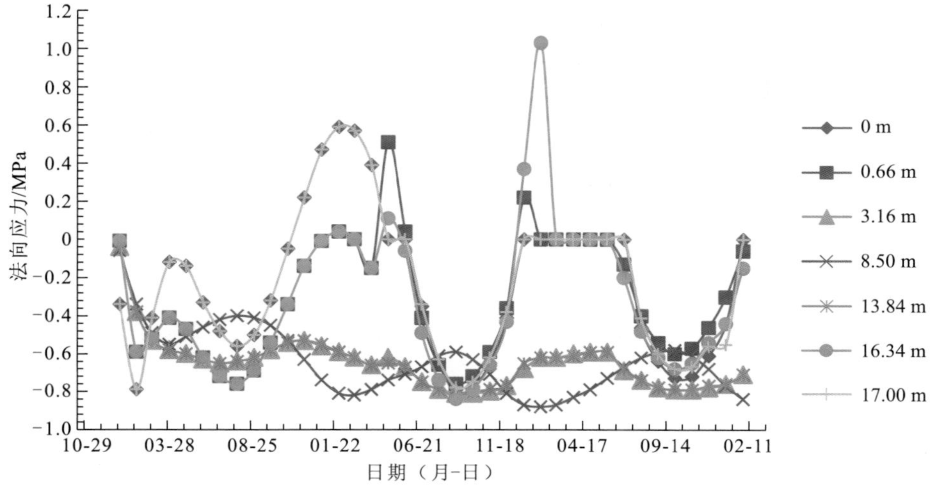

图 2.1.42　7 坝段实际施工方案下 133.4 m 高程缝面特征点法向应力过程线

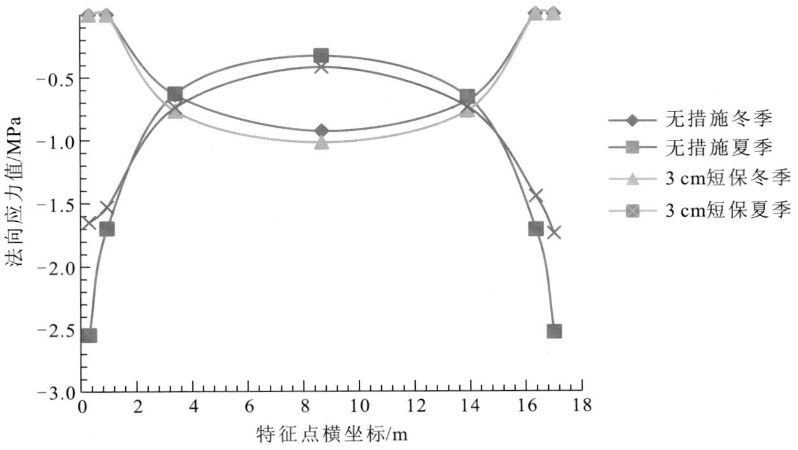

图 2.1.43 7 坝段无保温与短期保温第十年特征点法向应力过程线

3）27 坝段计算结果

27 坝段的结构形状与前两个坝段有较大差别。此坝段完工 10 年后新老混凝土结合面开裂情况如图 2.1.44 所示，可见开裂情况与前面两个坝段近似，但开裂比例较大，未裂部分所占比例约为 20.1%。

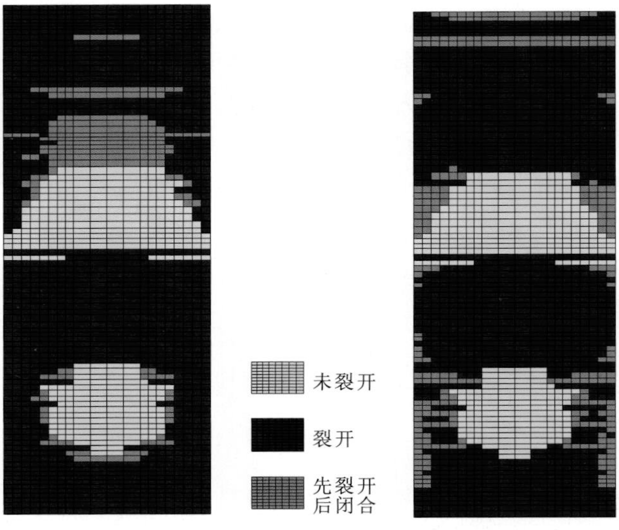

图 2.1.44 27 坝段完工 10 年后新老混凝土结合面开裂情况

27 坝段的应力分布情况与 2 坝段和 7 坝段类似，这里不再详细给出。

由以上分析结果可知，大坝采用以上实施方案加高后，在年变化温度作用下，新老混凝土结合面开裂的可能性较大，随着结合面结合状态的变化，远离结合面的部位如坝踵部位的应力变化很小，结合面附近的应力变化仅在−1.5～1.0 MPa 内，数值不大，对坝体安全性影响较小。

2.2 新老混凝土结合综合处理技术研究

丹江口大坝后帮有限结合式加高允许结构面开裂，但必须采取措施控制新老坝体结合面的结合度和开度，保证限位传力榫槽有效传力和新老坝体联合承载，要从结构措施、温控措施、界面处理等方面，通过综合处理技术予以保证[9]。

2.2.1 结合面结构措施研究

结合面的结构措施是提高新老坝体整体性和联合承载的重要手段，主要采用了限位传力榫槽和分区过缝无黏结锚筋两种结构措施，有效控制结合面的开度和结合度，保证榫槽发挥作用，达到新老坝体联合承载的目的。

1. 限位传力榫槽

为提高新老混凝土坝体在局部脱开状态下变形协调性，结构设计上将结合面设计成榫槽，在榫槽作用下，结合面脱开时，榫槽可约束新老坝体的相对滑移错位，从而将新老坝体的不协调变形限制在一定范围内。榫槽设计基于用有限元方法计算坝体应力状态，根据新老结合面部位的坝体横截面主应力，保持榫槽面的法向尽量与界面主应力方向一致。

1）榫槽形式

通常大坝纵缝预留榫槽的形式为三角形，横缝预留榫槽的形式为梯形，近年来在二滩、小湾等大型水利工程中出现了球面榫槽，本文重点研究三角形榫槽和梯形榫槽。

实际工程中，榫槽的形式和尺寸主要考虑以下因素：①能够传递结合面应力；②不产生由应力集中和表面温度梯度引起的裂缝；③施工方便且不易损坏；④使接缝灌浆浆液流动阻力小；等等。

三角形榫槽的两个面基本垂直，其中一个面和主应力方向近乎垂直，一般单槽总宽度约 100 cm，槽深 30～40 cm，榫槽坡度（垂直水平比）为 1∶1.5～1∶1.2，应不陡于 1∶1.0，榫槽间距考虑浇筑层高通常为 1.5 m，如图 2.2.1 所示。

一般梯形榫槽的单个槽宽 100 cm 左右，槽深 20～40 cm，榫槽坡度（垂直水平比）为 1∶2.0～1∶1.5，槽底宽 15～40 cm，以能安装灌浆盒为宜，如图 2.2.2 所示。

2）榫槽式研究方法及基本条件

根据重力坝坝体断面的特点，加高工程的新老坝体之间一般存在三种结合形式，即水平结合面、垂直结合面及斜坡结合面。

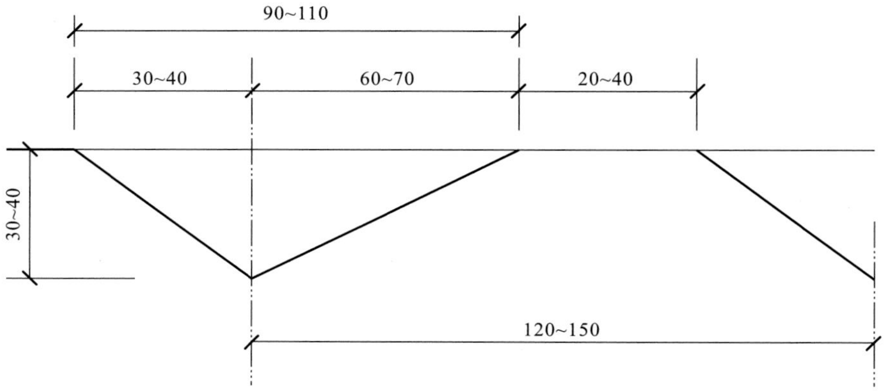

图 2.2.1　三角形榫槽结构示意图（尺寸单位：cm）

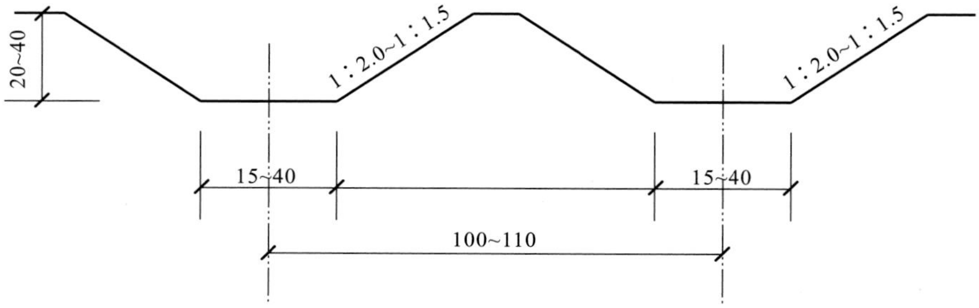

图 2.2.2　梯形榫槽结构示意图（尺寸单位：cm）

采用三维非线性有限元仿真计算方法，考虑现场施工过程，进行温度场、温度应力及接触问题的仿真计算，分析不同的榫槽形式（不设置榫槽、设置梯形榫槽、设置三角形榫槽）对结合面状态及坝体应力的影响。

（1）研究内容。

取典型坝段 2 坝段为研究对象，模拟加高施工过程，分析不同的榫槽形式对接触状态及坝踵应力的影响。该坝段坝体浇筑施工安排见表 2.2.1。

表 2.2.1　2 坝段加高浇筑施工过程

高程/m	开仓/收仓时间（年-月-日　时: 分）	入仓温度/ ℃
基岩面～116.78	2006-04-13　17:50～2006-04-14　08:00	15
116.78～117.2	2006-04-17　14:20～2006-04-18　01:30	10
117.2～119.6	2006-04-22　10:40～2006-04-23　02:30	8
119.6～122.0	2006-04-27　22:40～2006-04-28　23:15	13
122.0～124.3	2006-11-12　1:05～2006-11-13　06:00	8
124.3～126.8	2006-11-18　13:40～2006-11-19　05:00	9
126.8～129.2	2006-11-21　22:00～2006-11-23　06:20	常温

续表

高程/m	开仓/收仓时间（年-月-日　时: 分）	入仓温度/ ℃
129.2～131.6	2006-11-27　20:15～2006-11-28　17:00	常温
131.6～134.0	2006-12-24　15:30～2006-12-25　14:30	常温
134.0～136.4	2006-12-31　14:30～2007-01-11　04:50	常温
136.4～138.8	2007-01-10　00:10～2007-01-10　17:00	常温
138.8～141.2	2007-01-15　21:00～2007-01-16　13:45	常温
141.2～143.6	2007-01-22　24:40～2007-01-23　00:30	常温
143.6～146.0	2007-01-29　04:00～2007-01-30　21:20	常温
146.0～148.4	2007-02-03　22:10～2007-02-04　9:50	常温
148.4～150.8	2007-02-11　05:40～2007-02-12　20:30	常温
150.8～152.5	2007-02-18　14:30～2007-02-18　22:30	常温
152.5～155.6	2007-02-28　21:55～2007-03-12　00:30	常温
155.6～158.0	2007-03-26　06:10～2007-03-26　15:30	常温
158.0～160.0	2007-04-16　23:35～2007-04-17　05:20	常温
160.0～162.0	2007-05-01　20:30～2007-05-20　03:50	常温
162.0～163.6	2008-11-22　20:30	11.2
163.6～165.6	2008-11-30　23:50	10.0
165.6～167.6	2008-12-06　22:35	常温
167.6～170.6	2008-12-13　00:30	常温
170.6～173.6	2008-12-18　23:00	常温
173.6～176.6	2008-12-25　17:50	常温

（2）计算模型。

2 坝段老坝坝顶高程 162 m，建基面高程 110 m，坝轴向宽 15 m，建基面顺水流向长 44 m，老坝坝顶顺水流向长 12 m，加高工程完成后，坝顶高程 176.6 m，建基面顺水流向长 54.125 m，计算模型见图 2.2.3。坐标轴方向：X 轴正向指向下游，Y 轴正向指向左岸，Z 轴正向向上，Z 轴坐标与高程一致。

（3）榫槽结构模型。

三角形榫槽及梯形榫槽的尺寸见图 2.2.4。

新老坝体结合面的计算参数摩擦系数 f、黏聚力 c、抗拉强度 σ_p 分别取 1.0、1.0 MPa、1.0 MPa。通过给定接触单元的计算参数，研究榫槽形式对新老坝体结合面的影响。2 坝段新老坝体不同榫槽形式结合面的模拟模型见图 2.2.5～图 2.2.7。

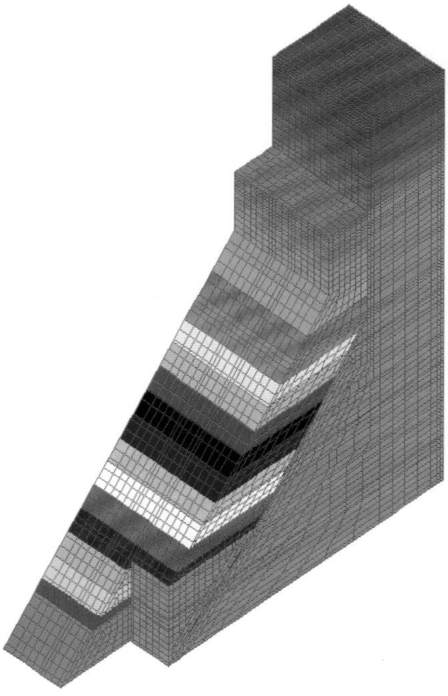

图 2.2.3　计算模型（不含基础部分）

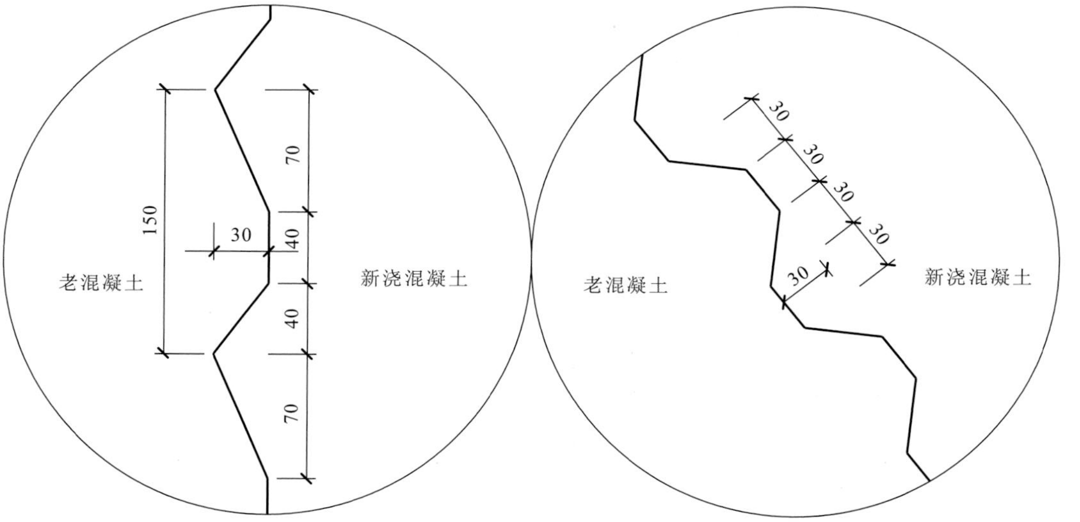

（a）三角形榫槽

（b）梯形榫槽

图 2.2.4　榫槽大样图（尺寸单位：cm）

（4）计算荷载

上游水位：加高前上游水位按 157 m 考虑，加高后上游水位按正常蓄水位 170 m 考虑。

下游水位：下游水位低于建基面。

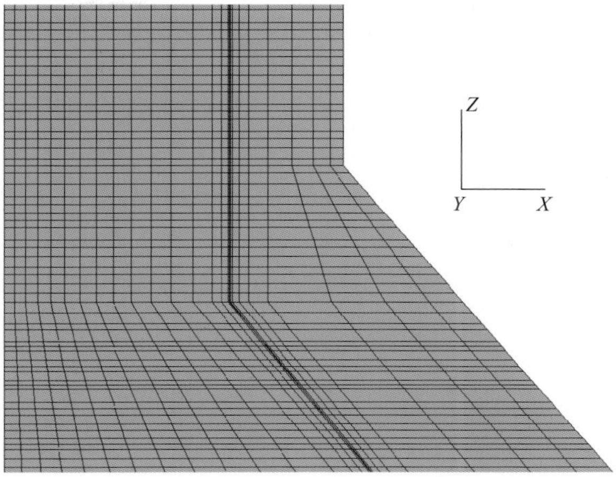

图 2.2.5　2 坝段无榫槽接触单元模型

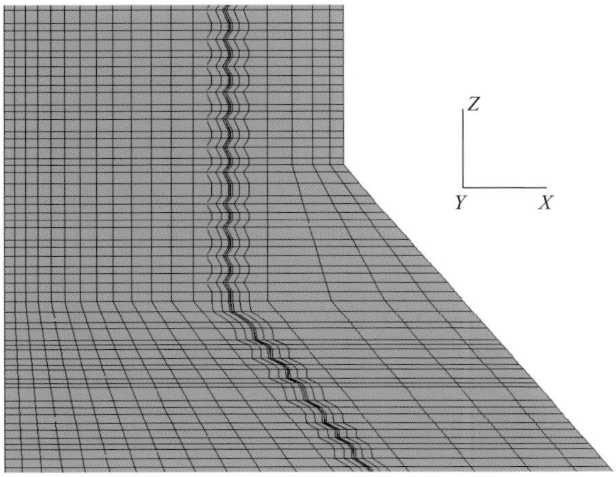

图 2.2.6　2 坝段三角形榫槽接触单元模型

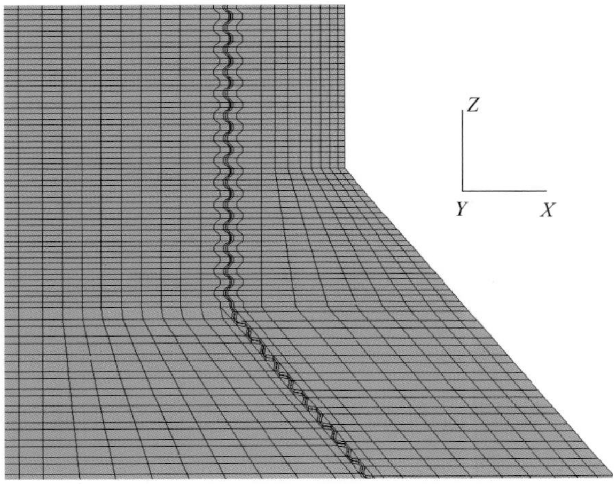

图 2.2.7　2 坝段梯形榫槽接触单元模型

自重：由于缺乏老坝的施工资料，无法准确模拟老坝的结构应力来作为计算的初始条件，故计算分析不考虑老坝自重，仅考虑新浇混凝土自重，即老坝下游贴坡段及老坝坝顶加高部分新浇混凝土的自重。坝踵应力分析时，用应力增量来判断坝踵应力是否恶化。

温度荷载：坝体上游水位以下将水温作为边界条件，坝体两侧面取绝热边界条件，其余将气温作为边界条件，老坝及地基取 17.3 ℃为起算温度，将计算得出的 20 年坝体温度场作为应力计算的初始温度场。模拟大坝加高的施工建造过程，考虑水泥水化热温升，计算大坝各时间段的温度，以各时间段的温差为结构应力计算的温度荷载。

3）榫槽形式研究成果

（1）由有限元计算分析得到，新老坝体结合面设置榫槽后，在不同时刻，结合面上总有某些部分呈接触状态，新老坝体之间能传压和传剪，增强了新老坝体的整体性，减小了坝体位移。

（2）榫槽的设置形式对坝体的应力影响不大，所以可根据增补人工榫槽的施工条件与经济因素综合考虑结合面的榫槽形式。

（3）从缝面传力情况看，缝面设置榫槽效果较好，设置榫槽可以减小坝体位移；在水压力作用下，部分榫槽处于闭合状态，后期坝体与初期坝体能联合受力。

（4）从位移、缝面传力、缝面开度及抗震效果综合考虑，梯形榫槽的效果略好于三角形榫槽，预留榫槽最好采用梯形榫槽，考虑施工和成本因素后，加高施工增加榫槽可采用三角形榫槽。

2. 分区过缝无黏结锚筋

1）锚筋研究内容及方法

自 1912 年德国谢列兹矿最先采用锚筋支护井下巷道以来，锚筋以其结构简单、施工方便、成本低和对工程适应性强等特点，在土木工程中应用广泛。丹江口大坝加高工程主要利用锚筋处理新老混凝土结合面，限制结合面的张开，增强坝体整体性。

根据锚筋的受力特点，采用有限元法对其进行模拟，研究锚筋限制结合面张开的效果、配置数量及其布置方式。

2）结合面锚筋作用的效果研究

采用考虑锚筋与混凝土之间滑移变形的 Hodue 公式模拟锚筋作用；由于老坝体中的锚筋采用了后期植入的方法，且受到温度荷载的反复作用，从保守的计算角度出发，最终锚筋和混凝土之间的残余滑移力为 0，即下降段用直线模拟，如图 2.2.8 所示。

锚筋的计算模型采用理想弹塑性模型，如图 2.2.9 所示，锚筋的屈服应力为 235 MPa。

（1）计算模型和条件

对 4 坝段中间剖面（图 2.2.10）按照平面应变问题建立二维有限元模型（图 2.2.11），基于瞬态温度场和徐变应力有限元法，对丹江口大坝加高工程的温度场与应力场进行有

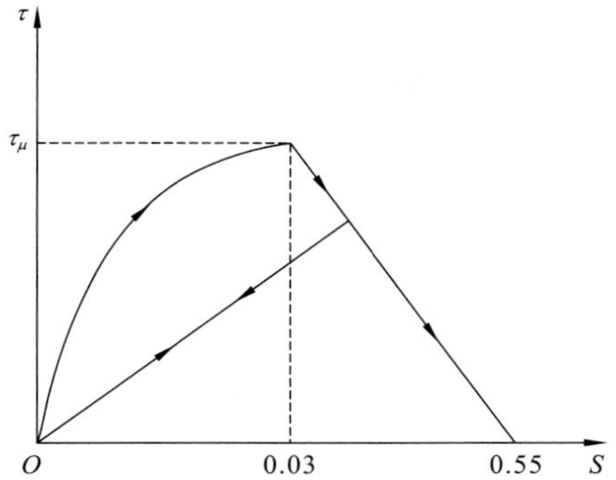

图 2.2.8　锚筋与混凝土之间黏结滑移本构关系

τ 为黏结应力；τ_μ 为最大黏结应力

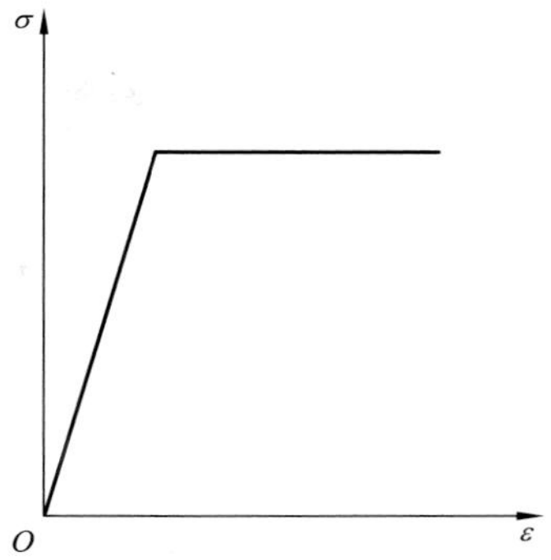

图 2.2.9　锚筋的理想弹塑性模型

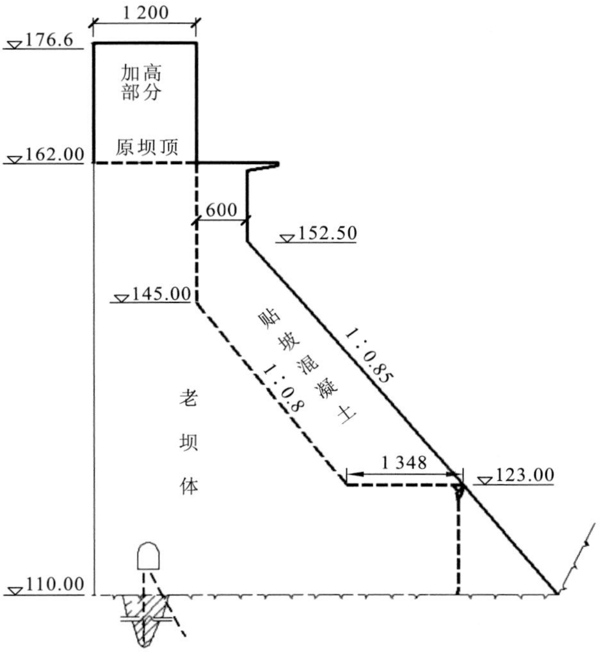

图 2.2.10　丹江口大坝 4 坝段剖面图（高程单位：m；尺寸单位：cm）

限元仿真计算。对老坝体纵向裂缝和新老混凝土结合面的接触问题采用有限元混合法进行模拟，而锚筋采用基于混合坐标系的单弹簧联结单元法进行模拟计算，研究结合面上锚筋的作用效果。计算时间从 2005 年 4 月 1 日开始。

为分析锚筋布置对结合面的影响，主要分析了四种工况。

工况 1：没有布置保温措施和锚筋措施。

工况 2：新浇混凝土表面铺设 4 cm 的泡沫苯板。

工况 3：新浇混凝土表面铺设 4 cm 的泡沫苯板，贴坡混凝土垂直结合面顶部布置 2 排锁口锚筋ϕ32 mm@40 cm，长度为 4.5 m，新老混凝土中各埋入 2.25 m，结合面其他

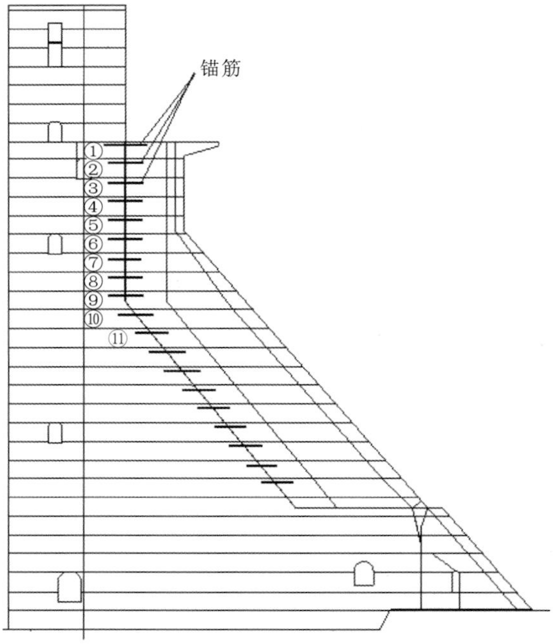

图 2.2.11　丹江口大坝 4 坝段有限元网格图

部位适量布设锚筋ϕ25 mm@2 m×2 m。

工况 4：新浇混凝土表面铺设 4 cm 的泡沫苯板，贴坡混凝土垂直结合面顶部布置锁口锚筋，布置方式与工况 3 相同，结合面其他部位布设锚筋ϕ25 mm@1 m×1 m。

（2）有限元计算成果分析

表 2.2.2 给出了四种工况下，结合面的开裂情况。图 2.2.12 给出了新老混凝土结合面顶点在有无锚筋情况下开度的变化曲线。图 2.2.13 给出了工况 3 下结合面锚筋应力图。

表 2.2.2　结合面开裂情况表

工况	开裂高程/m	开裂深度/m	最大开度/mm
1	143.7	18.3	9.56
2	148.1	14.9	4.99
3	155.7	6.3	1.78
4	157.6	4.4	1.31

从表 2.2.2、图 2.2.12、图 2.2.13 中可以得出如下结论。

（1）结合面锚筋的施加对裂缝的深度和宽度都有所限制。在结合面裂缝端点向上一定范围内，锚筋对限制结合面的张开产生了一定的作用。缝面开度越大，锚筋中间部位的滑移量越大，产生的拉应力越大；进一步向裂缝端点靠近时，锚筋与混凝土的滑移量逐渐变小，锚筋拉应力有一个逐渐变小的过程。处于未开裂区的锚筋，对结合面的张开基本不起作用。

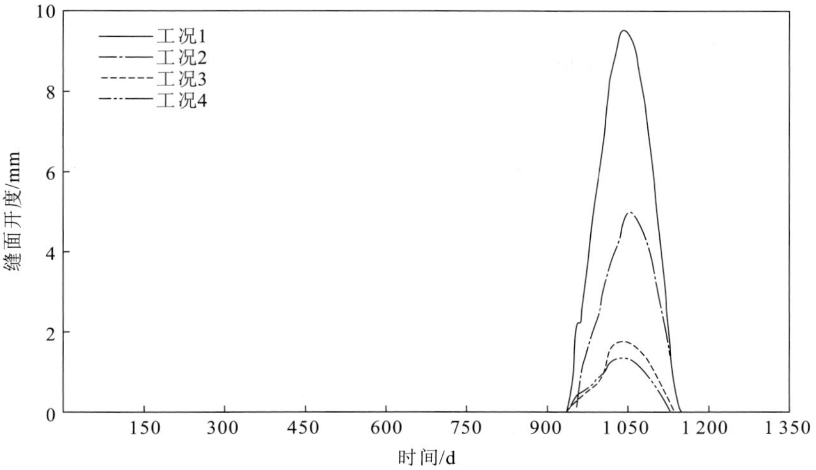

图 2.2.12　新老混凝土结合面顶点在无锚杆情况下开度的变化曲线

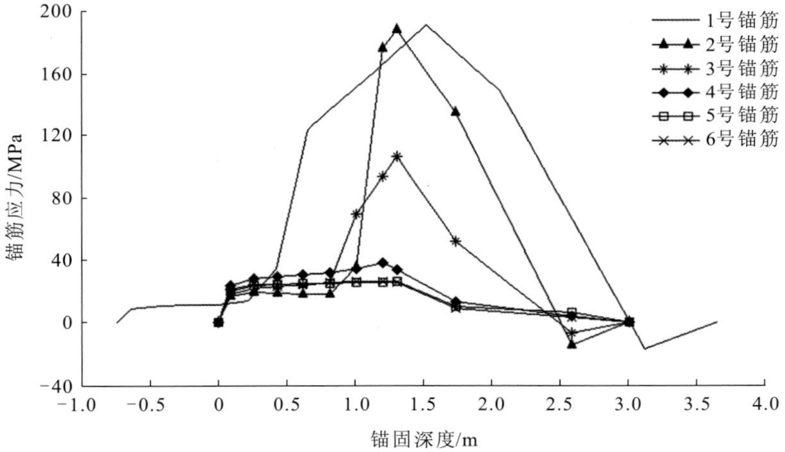

图 2.2.13　工况 3 下结合面锚筋应力图

（2）在结合面裂缝的顶部，锚筋滑移量较大，产生了 191.0 MPa 的拉应力，如果开度继续增加，锚筋则有可能发生屈服或从混凝土中拔出，为充分利用锚筋在屈服阶段的变形特性，结合面的锚筋宜采用 I 级热轧钢筋并在结合面交界设置一定长度的自由段。

（3）因为只有结合面裂缝端点以上一定范围的锚筋对结合面的张开起作用，而结合面张开深度很难通过计算定量精确分析，所以从经济的角度出发，结合面布置锚筋时不宜太密，但在容易开裂的部位，布置锚筋的密度、直径、长度需要加强。

2.2.2　结合面处理措施研究

丹江口水利枢纽初期工程 1973 年底投入正常运行，大坝加高时已经历了近 40 年的运行，坝体表面混凝土出现了不同程度的老化，主要表现在混凝土建筑物老裂缝的发展和新裂缝的产生、混凝土表面碳化深度的增加，以及其他一些裂缝症状，其老化程度与大坝安全有着密切的关系[10]。

在对大坝加高时，老坝体往往已经运行多年，其新老混凝土结合面为一个施工冷缝，强度一般低于整体浇筑的混凝土，增加新老混凝土结合面结合程度的最直接方法就是增加结合抗拉强度。国内外在进行大坝加高时，一般都要对结合面进行凿毛处理，去除老坝体表面的老化薄弱层，选择合理的界面剂以增强新老混凝土结合面的抗拉强度。

1. 坝体混凝土老化检测

1）丹江口水库大坝坝体表面老化情况

1985 年 10 月水利部丹江口水利枢纽管理局对大坝混凝土的碳化程度进行了全面检查，1991 年 4 月丹江口大坝第一次安全鉴定时的评价为：坝体混凝土碳化轻微。混凝土表面的碳化深度以 1960 年以前浇筑的基础廊道最深，1960 年以后浇筑的混凝土碳化程度较轻。

1998 年对丹江口大坝 16 坝段（2 孔）、29 坝段（1 孔）和 37 坝段（1 孔）4 个钻孔的老混凝土芯样进行了抗碳化性能试验，芯样直径为 195 mm。

为给第二次大坝安全鉴定提供必要的资料，2002 年 3 月对丹江口大坝主要建筑物的混凝土碳化深度进行了检测，每个部位布置 10 个测点，检测结果见表 2.2.3。第二次安全鉴定对老混凝土碳化的全面检测，也是在丹江口大坝加高施工前的最后一次检测，其检测结果对最初确定丹江口大坝加高新老混凝土结合面碳化层的凿除深度起到了关键作用[11-12]。

表 2.2.3　坝顶与下游面混凝土碳化深度检测结果

部位	碳化深度/mm		
	最大值	最小值	平均值
坝顶表面（右 3 坝段）	10	8	9
坝顶表面（右 5 坝段）	10	1.2	6
下游面（4～7 坝段）	10	0.5	3
下游面（18 坝段）	32	20	26
下游面（溢流坝段）	8	2.5	4
下游面（厂房坝段）	30	1	7
下游面（左岸联结坝段）	16	1	4.5

碳化深度检测结果表明：坝顶与下游面由于长期暴露在空气中，混凝土表面有一定程度的碳化，平均碳化深度一般为 3～10 mm；个别点由于混凝土表面疏松，碳化深度较大，达到 30 mm 左右；18 坝段下游面混凝土的碳化深度较大，平均达到 26 mm；上游面水位变化区暴露在空气中的时间较短，碳化程度轻微；比较 1985 年 10 月水利部丹江口水利枢纽管理局对大坝混凝土碳化深度的检测结果和 1991 年第一次大坝安全鉴定

时关于大坝混凝土碳化程度的评价，经过近 10 年运用后，大坝混凝土的碳化程度没有根本变化，碳化发展趋势缓慢。下游面在加高时只要按正常厚度凿除表面混凝土，就不会留下碳化层。

2）丹江口大坝结合面裂缝老化情况

为查清丹江口大坝裂缝缝面的混凝土碳化情况，在坝顶选取代表性裂缝进行裂缝缝面碳化深度试验。试验结果作为丹江口大坝老混凝土坝顶裂缝及缺陷处理的依据。

坝顶选 3 条 III 类以上代表性裂缝，进行裂缝面碳化深度检查。原则上，每条裂缝至少检查 3 个点，分别位于裂缝长度的三分点附近和裂缝宽度最大处，试验中每条裂缝的测试点数目及位置根据其宽度和走向等情况略有调整。

坝顶裂缝试验方法为骑缝钻孔取芯、沿裂缝面劈裂后涂酚酞试剂检测碳化深度，再将试件沿垂直裂缝面劈裂后检测沿垂直缝面方向的碳化深度，钻孔取芯深度 10～30 cm，直径 10 cm，见图 2.2.14。

图 2.2.14　坝顶裂缝钻孔取芯

根据试验设计要求，分别在坝顶 18D-3 裂缝、27D-5 裂缝、25D-17 裂缝的三分点及裂缝最大宽度处骑缝钻孔取芯，芯样碳化情况见图 2.2.15～图 2.2.17。从芯样碳化情况来看，坝顶裂缝较宽，芯样表面较密实，内部有少量气孔。18 坝段裂缝宽度和芯样沿缝深的碳化深度分别为 1.0～5.0 mm 和 7～10 mm，垂直缝面的碳化深度与沿缝深的碳化深度接近；25 坝段裂缝宽度和芯样沿缝深的碳化深度分别为 1.0～2.5 mm 和 3～4 mm，垂直缝面的碳化深度与沿缝深的碳化深度接近；27 坝段裂缝宽度为 1.0～2.0 mm，芯样全碳化，即沿缝深的碳化深度 180～200 mm，但垂直缝面的碳化深度很小。

2. 结合面处理

总结国内外的工程经验，为使新老混凝土结合得更好，消除结合面的应力集中现象，必须对老坝体进行一部分拆除工作，至少要将其坝面凿毛。一般是先将可能风化和老化

图 2.2.15　坝顶裂缝碳化深度试验（18D-3）

图 2.2.16　坝顶裂缝碳化深度试验（27D-5）

图 2.2.17　坝顶裂缝碳化深度试验（25D-17）

的坝面铲除一部分，使之露出粗骨料，从而得到一个粗糙的表面。但是这种处理方法往往不能满足要求（除非工程规模小、应力很低的坝），对于一些应力较大的重要部位还要将老坝体拆除一部分，使新老坝体结合面的形状对应力的传递更为有利。

拆除时，一般不能用大量炸药进行爆破，通常采用预裂法，限制拆除的范围，更好地保护拆除后留下的坝体。当需要拆除的部分比较小时，采用深凿毛的办法来完成。经过拆除或凿毛的结合面，用高压水清洗（必要时用风镐打毛），再浇筑混凝土。

在对老坝体进行凿毛或者部分拆除后，另外一个提高新老混凝土结合面抗拉强度的重要措施就是在结合面的老混凝土面上设置界面胶结材料，以提高结合面的胶结强度。众多试验表明：老混凝土经过表面粗糙处理后涂刷界面剂，可改善结合面的微观结构，提高黏结性能，提高幅度随界面材料不同可为 8%～60%。

1）结合面凿毛

对结合面进行一定程度的加糙处理，可使结合面表面积增加，同时界面粗糙将增加骨料间的机械咬合力。老混凝土结合面处理后，其粗糙度是一个十分重要的参数，也是混凝土微观结构及其他复杂因素的一个综合反映。

凿毛深度的确定取决于老坝面混凝土碳化深度和表面一般细小裂缝深度，要求将损坏的、松动的、碳（风）化的坝面混凝土铲除，露出坚固的粗骨料，对一般细小裂缝进行凿除。

为避免对老结合面产生破坏，一般采用风镐人工控制凿毛深度。根据丹江口大坝顶面和下游面碳化深度的检测结果，考虑对一般细小裂缝进行凿除处理，垂直面凿毛深度 30～50 mm，斜坡面和水平面凿毛深度 20～30 mm。

2）结合面裂缝处理

丹江口大坝经过多年的运行，在坝体的顶面与下游面存在较多裂缝，加高前要对这些裂缝进行处理。结合面老混凝土裂缝处理的主要原则如下。

（1）I 类裂缝一般不处理。

（2）II 类裂缝视所在部位和裂缝的产状情况浅层化灌或仅缝口封闭。

（3）III、IV 类裂缝需进行灌浆处理。

（4）在所有进行灌浆处理的裂缝处，大坝加高混凝土内需设置ϕ25～36 mm 并缝钢筋。

3）局部拆除

为减小结合面应力集中，拆除初期坝体下游突出部位或局部坝体改善结合面应力。对于老坝体应力集中部位，混凝土损伤程度较高、老化程度较大的部位也要适当增加凿除范围和深度。

3. 结合面界面剂材料比选

混凝土界面剂的主要功能是增强新老混凝土界面的黏结能力，在新老混凝土黏结界面填充柔性密封材料（如水泥浆等）、聚合物材料（如环氧砂浆等），不但可以提高新老混凝土之间的黏结性能，减小黏结面的收缩，而且对黏结面可以起到防水、防潮的作用。不同的界面剂对黏结性能的改善程度不同，本节着重介绍工程中常用的水泥砂浆及净浆材料，进行结合面的抗剪强度，轴拉强度和抗渗性能研究。

1）试验工况

共进行了四种工况的试验，试验主要检测胶结材料的抗剪强度和轴拉强度，四种工况如下。

工况 1：300#老混凝土与 200#新混凝土胶结，胶结材料为水泥砂浆。

工况 2：300#老混凝土与 200#新混凝土胶结，胶结材料为水泥净浆。

工况 3：200#老混凝土与 200#新混凝土胶结，胶结材料为水泥砂浆。

工况 4：200#老混凝土与 200#新混凝土胶结，胶结材料为水泥净浆。

2）试验成果

四种工况下胶结面抗剪和轴拉强度试验结果见表 2.2.4～表 2.2.8，胶结体抗渗性能试验成果见表 2.2.9。

表 2.2.4　300#老混凝土与 200#新混凝土胶结的抗剪强度　（单位：MPa）

编号	水泥品种及标号	胶结面	龄期		
			14 天	28 天	90 天
1	425#低热矿渣硅酸盐水泥	砂浆	2.08 2.10 平均2.03 1.92	2.97 2.80 平均2.92 3.00	3.74 2.79 平均3.27 3.28
2	425#低热微膨胀水泥	砂浆	3.08 3.49 平均3.37 3.53	3.64 3.76 平均3.64 3.51	3.66 3.67 平均3.66 3.64
3	425#低热矿渣硅酸盐水泥	砂浆	2.56 2.54 平均2.53 2.49	3.27 3.72 平均3.45 3.36	3.39 3.71 平均3.62 3.76
4	425#低热矿渣硅酸盐水泥	净浆	2.49 2.31 平均2.67 3.20	3.65 3.14 平均3.46 3.60	3.65 3.13 平均3.70 4.33

注：编号 1 和编号 2 均为胶结面砂浆终凝的浇新混凝土，编号 3 为胶结面砂浆铺完后立即浇新混凝土，编号 4 为胶结净浆铺完后立即浇新混凝土。

表 2.2.5　200$^{\#}$老混凝土与 200$^{\#}$新混凝土胶结的抗剪强度　（单位：MPa）

编号	水泥品种及标号	胶结面	14 天	28 天	90 天
1	425$^{\#}$低热矿渣硅酸盐水泥	砂浆	2.58 2.33 3.16 平均2.69	2.71 3.43 2.95 平均3.03	3.22 3.11 3.48 平均3.27
2	425$^{\#}$低热微膨胀水泥	砂浆	2.91 3.16 3.96 平均3.34	3.78 3.64 3.71 平均3.71	3.91 3.51 3.99 平均3.80
3	425$^{\#}$低热矿渣硅酸盐水泥	净浆	3.15 2.73 2.62 平均2.83	3.47 3.41 3.21 平均3.36	4.09 4.13 3.47 平均3.90
4	425$^{\#}$低热微膨胀水泥	净浆	3.29 3.44 3.25 平均3.33	3.81 3.72 3.70 平均3.74	3.87 4.27 4.71 平均4.28

表 2.2.6　300$^{\#}$老混凝土与 200$^{\#}$新混凝土胶结的轴拉强度　（单位：MPa）

编号	水泥品种及标号	胶结面	14 天	28 天	90 天
1	425$^{\#}$低热矿渣硅酸盐水泥	砂浆	1.56 1.50 1.69 平均1.58	1.98 1.82 2.01 平均1.94	2.02 2.42 2.22 平均2.22
2	425$^{\#}$低热微膨胀水泥	砂浆	2.08 2.00 2.47 平均2.18	2.38 2.47 2.50 平均2.45	2.67 2.50 2.59 平均2.59
3	425$^{\#}$低热矿渣硅酸盐水泥	砂浆	2.02 1.85 1.95 平均1.94	2.20 2.45 2.10 平均2.25	2.52 2.52 1.86 平均2.30
4	425$^{\#}$低热矿渣硅酸盐水泥	净浆	1.56 1.92 1.60 平均1.69	1.95 1.80 1.85 平均1.87	1.94 1.97 2.22 平均2.04

注：编号 1 和编号 2 均为胶结面砂浆终凝的浇新混凝土，编号 3 为胶结面砂浆铺完后立即浇新混凝土，编号 4 为胶结净浆铺完后立即浇新混凝土。

表 2.2.7　300$^{\#}$老混凝土与 200$^{\#}$新混凝土轴拉强度　（单位：MPa）

编号	水泥品种及标号	胶结面	14 天	28 天	90 天
1	425$^{\#}$低热矿渣硅酸盐水泥	砂浆	1.66 1.55 1.45 平均1.55	1.87 1.55 1.45 平均1.62	2.00 2.35 2.30 平均2.22
2	425$^{\#}$低热微膨胀水泥	砂浆	2.00 2.06 2.20 平均2.09	2.20 2.30 2.25 平均2.25	2.43 2.36 2.43 平均2.41

表 2.2.8 200#老混凝土与 200#新混凝土轴拉强度 （单位：MPa）

编号	水泥品种及标号	胶结面	14 天	28 天	90 天
1	425#低热矿渣硅酸盐水泥	净浆	1.35 1.41 平均1.45 1.58	1.64 1.80 平均1.80 1.95	2.15 2.80 平均2.32 2.00
2	425#低热微膨胀水泥	净浆	1.58 2.09 平均1.70 1.43	1.96 2.04 平均2.22 2.68	2.58 2.38 平均2.56 2.71

表 2.2.9 抗渗试验结果

编号	老混凝土/新混凝土	胶结面	实测抗渗标号	渗水高度/cm	备注
1	300#/200#	砂浆	S8	2	沿胶结面劈，测得渗水高度
2	200#/200#	砂浆	S8	3	
3	200#/200#	砂浆	S8	5	

由上述成果可见：

（1）胶结面材料铺完后立即浇新混凝土要好于胶结面材料终凝时浇新混凝土，抗剪强度高 0.5 MPa 左右；轴拉强度提高程度相对较小，90 天后轴拉强度基本相等。

（2）胶结材料为砂浆的抗剪强度比净浆略小，约 0.1 MPa，但轴拉强度略大，约 0.1 MPa。

（3）胶结材料采用低热微膨胀水泥时，结合面的胶结性能明显提高，特别是前期的效果更为明显，90 天龄期后抗剪强度提高 0.3～0.8 MPa，轴拉强度提高 0.2～0.4 MPa。

2.2.3 加高混凝土浇筑温控措施研究

目前，混凝土坝温控防裂虽然有了一套相对成熟的技术措施，但对于大坝加高加固工程来说，不仅要考虑新浇混凝土的温控防裂，还要考虑新老混凝土结合面的温控防裂，所以对温控措施还要做进一步研究，最大限度地减小温度荷载对坝体产生的不利影响。

1. 温度控制标准

在《混凝土重力坝设计规范》（SL 319—2018）中温度控制标准的基础上，总结国内外大坝施工的混凝土温度控制的经验，对丹江口大坝加高工程拟定了以下温度控制标准。

1）上下层温差标准

坝体加高部位上下层温差标准采用 15～17 ℃，贴坡部位适当加严。

2）基础允许温差标准

基础允许温差见表 2.2.10。

表 2.2.10　基础允许温差　（单位：℃）

部位	浇筑块长边长			
	16 m 以下	17～20 m	21～30 m	31～40 m
0～0.2*L*	22	21～19	19～17	16～14
0.2～0.4*L*	24	23～21	21～19	19～16

注：*L* 表示浇筑块长边的长度。

3）防止表面裂缝温控标准

（1）混凝土表面保护标准

新浇混凝土遇日平均气温在 2～3 天内连续下降 6～8 ℃时，对基础强约束区及特殊要求结构部位龄期 3 天以上、一般部位龄期在 5 天以上的混凝土，进行表面保护。中、后期混凝土视不同部位和浇筑季节，结合中、后期通水情况，采取合适的表面保护措施。

（2）坝体最高温度控制标准

均匀上升的柱状浇筑块，各月坝体最高温度控制见表 2.2.11。

表 2.2.11　坝体控制最高温度　（单位：℃）

部位	12 月～次年 2 月	3 月、11 月	4 月、10 月	5 月、9 月	6～8 月
贴坡部位	23	27	28	—	—
加高部位	23	27	31	33	34～36

2. 混凝土浇筑温度

混凝土施工安排在 11 月～次年 4 月，严格控制入仓温度，将混凝土最高温度控制在 26～28 ℃。为保证大坝混凝土最高温升控制标准，考虑混凝土运输过程中温度回升与混凝土浇筑过程中温度回升的影响，混凝土浇筑均安排在温度较低时节，冬季混凝土浇筑温度不会回升（包括温度降低）或回升很小。

1）混凝土运输过程中的温度回升

运输过程中的混凝土温度回升主要是指，高温季节浇筑预冷混凝土时混凝土入仓温度与其出机口温度之差。混凝土运输过程中预冷混凝土温度回升主要与运输机具类型、运输时间和混凝土转运次数等有关。混凝土自卸汽车有 10 t 和 20 t 两种，10 t 和 20 t 的自卸汽车在运送预冷混凝土时温度回升系数参考三峡水利枢纽的实测资料，5 min 温度回升系数分别约为 0.013 和 0.011。门机吊运混凝土的时间约为 3 min，装卸料 1～2 min，混凝土在吊罐中的时间按 5 min 计，则 3 m^3 和 6 m^3 罐的温度回升系数分别约为 0.003 5 和 0.002 5。混凝土装卸和转运的温度回升系数为 0.032，从机口装料到门机取料平台卸料再到仓面卸料，混凝土共转运 3 次，转运温度回升系数为 0.096，则 3 m^3 和 6 m^3 罐的混凝土运输过程中总的温度回升系数约为 0.113 和 0.11。

2）混凝土浇筑过程中的温度回升

对于混凝土浇筑过程中的温度回升，为了求得温度回升率，采用单向差分法进行计算，计算式为

$$T_{n,\tau+\Delta\tau}=T_{n,\tau}\left(1-\frac{2a\Delta\tau}{\delta^2}\right)+\frac{a\Delta\tau}{\delta^2}(T_{n-1,\tau}+T_{n+1,\tau})+\Delta\theta_\tau \tag{2.2.1}$$

式中：$T_{n,\tau+\Delta\tau}$为计算点计算时段的温度；$T_{n,\tau}$为计算点前一时段的温度；a 为混凝土导温系数，取 0.101 35 m^2/d；$\Delta\tau$为计算时段时间步长，取 0.005 d；δ为计算点距，取 0.05 m；$T_{n-1,\tau}$、$T_{n+1,\tau}$为计算点上、下点前一时段的温度；$\Delta\theta_\tau$为计算时段内混凝土的绝热温升。

3. 通水方案研究

1）通水冷却的目的

通水冷却为混凝土坝温度控制的重要措施，其主要目的是削减混凝土浇筑块初期水化热温升，降低混凝土的内部温度，以利于控制混凝土的最高温度和基础温差，减小内外温差；将设有接缝、宽槽的坝体冷却到灌浆温度或封闭温度；改变坝体施工期温度的分布状况。

2）通水冷却管材比选

混凝土浇筑冷却水管一般采用钢管或 PE 冷却管，PE 冷却管是近年来国内外为适应大体积混凝土预埋水管冷却而选中的替代钢管的产品。单纯地从 PE 材料本身来说，其热传导性能很差，导热系数仅为 0.26～0.79 W/（m · K），但由于 PE 冷却管管壁薄，仅为 2.0～2.3 mm，其冷却效果并不比钢管差很多。几种冷却水管布置间距的理论计算结果表明，对于混凝土冷却时间，用 PE 管仅比用钢管长 9%～17%，可通过加大通水量的方式加以解决。

PE 冷却管在强度、抵抗外力冲击和利器割划方面远不如金属管，特别是不宜用于低级配、高流态的混凝土仓面和钢筋过于密集的地方，因此，PE 冷却管的应用有一定的局限性。但从工程使用的要求标准出发，PE 冷却管在抵抗外力冲击、摩擦、挤压以及内水压力和导热性能方面均能满足施工要求，且具有很好的柔性，而且 PE 冷却管具有材料成本低、施工工序简单、铺管灵活快速、能与混凝土浇筑平行作业等众多优点，因此丹江口大坝加高工程大体积混凝土中的冷却水管多采用 PE 冷却管。

3）冷却水管间距选择

设混凝土绝热温升为 $\theta(\tau)=\theta_0 f(\tau)$，其中 θ_0 为最终绝热温升，$f(\tau)$ 为龄期 τ 的函数。在外表面绝热的封闭空间内，由水管冷却和绝热温升产生的混凝土平均温度为

$$T_1(t)=T_w+\left(T_s-T_w\right)e^{-pt}+\theta_0\int_0^t e^{-p(t-\tau)}\frac{\partial f}{\partial \tau}d\tau \tag{2.2.2}$$

式中：T_s 为混凝土初温；T_w 为水温；p 为水管冷却系数。

设 $\theta(\tau)=25\left(1-e^{-40\tau}\right)$，$T_s-T_w=10$ ℃，则外表绝热时，不同水管间距情况下，水冷水化温升 T_1-T_w 随时间的变化见图 2.2.18，图中 $\theta_0=25$ ℃，$T_s-T_w=10$ ℃，p=0.40，由图可见，水管间距对 T_1-T_w 影响十分显著。

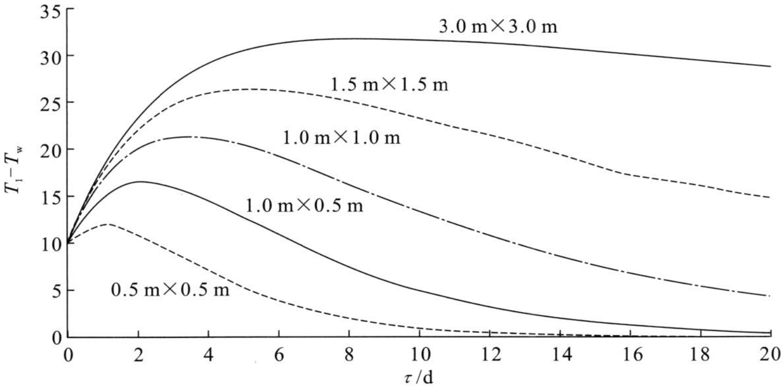

图 2.2.18　外表绝热时水冷水化温升 T_1-T_w 随时间的变化图

4）通水冷却布置与温度控制原则

（1）通水冷却布置。

冷却水管在浇筑混凝土时埋入坝内，通常埋设在每一个浇筑分层面上，也可根据需要埋设在浇筑层内。水管垂直间距一般为 1.5～3.0 m，水平间距一般也为 1.5～3.0 m。冷却水管间距主要取决于：①施工进度安排，即接缝灌浆或宽槽回填时间，时间充裕，间距可大些，否则间距要小；②一期冷却所要削减的水化热温升幅度。满足一期通水冷却要求时（通制冷水），水管间距可按表 2.2.12 初步估算。

表 2.2.12　一期水管通水冷却的效果

水管间距	削减的水化热温升/℃	水管间距	削减的水化热温升/℃
1.0 m×1.5 m	5～7	2.0 m×1.5 m	2～4
1.5 m×1.5 m	3～5	3.0 m×3.0 m	1～3

单根水管长度控制在 200～300 m 一般冷却效果较好。仓面较大时，可用几根长度相近的水管，以使混凝土冷却速度较均匀。水管进出口位置，一般集中布置在坝外、廊道或竖井中，间距 1 m 左右。水管管口应编号，且应妥当保护，以防堵塞。

（2）温度控制原则。

如果单纯从初期水管冷却过程中的温度与应力考虑，似乎变水温冷却较恒水温冷却更优，因为两种冷却方式的混凝土最高温度相同，而变水温冷却产生的混凝土拉应力较小，混凝土温度与应力变化过程见图 2.2.19。

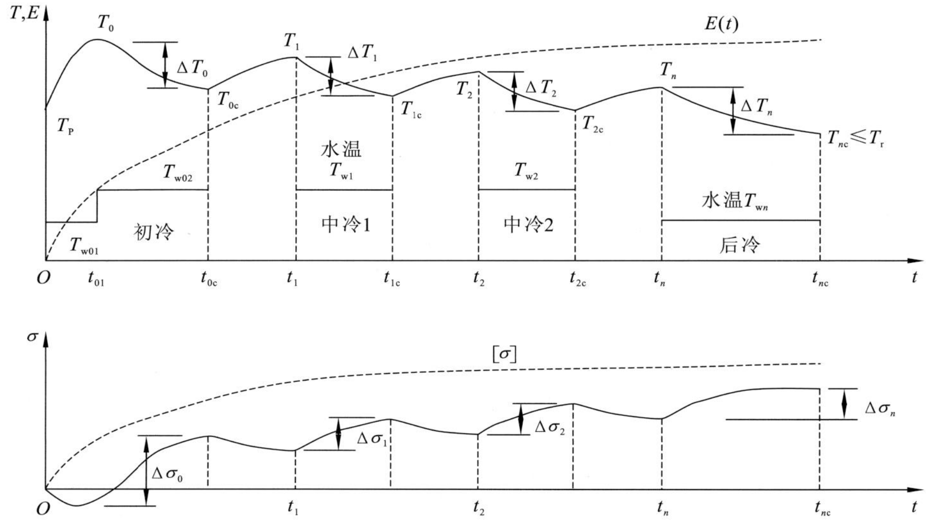

图 2.2.19　混凝土温度与应力变化过程图

T_p为混凝土浇筑温度；T_0为坝体混凝土最高温度；E为混凝土强性模量；σ为混凝土温度应力；T_{w01}，T_{w02}，T_{w1}，T_{w2}，T_{wn}为不同冷却阶段的冷却水温；T_1，T_2，T_n为不同冷却阶段的坝体冷却初始温度；T_{0c}，T_{1c}，T_{2c}，…，T_{nc}为不同冷却阶段的坝体冷终止温度；ΔT_0，ΔT_1，ΔT_2，…，ΔT_n为不同冷却阶段的坝体温降幅度

水管冷却的第一个目的是在坝体接缝灌浆以前把混凝土温度降低到目标温度 T_f，通常为坝体稳定温度或略低（超冷）；第二个目的是降低第一通水冷却阶段混凝土最高温度 $T_0 = T_p + T_r$，其中 T_p 为混凝土浇筑温度，T_r 为混凝土水化热温升，从而降低混凝土总温差 $\Delta T = T_0 - T_r$，以降低温度应力。

过去实际工程中往往规定，初期冷却结束之后必须再过 2～3 个月才能进行后期冷却，由于时间紧迫，往往采用降低水温、加大温差的方式。这种大温差、后冷却、急剧冷却的方式对温控防裂是不利的。传统的混凝土坝温控设计中一般考虑上述两个因素，近年由于浇筑块尺寸加大，在冷却过程中可能产生较大的拉应力，需进一步改进水管冷却方式，以减小温度应力。

改进水管冷却方式主要从以下三个方面进行：①降低混凝土最高温度，主要方法是加密冷却水管、预冷骨料及降低水泥用量等。②改善约束条件，如增加后期水管冷却区高度，并在铅直方向形成一定的温度梯度等。③小温差、早冷却、缓慢冷却。

从丹江口水库水温变化曲线可以看出，12 月下旬～次年 3 月中旬，水库表层水温都在 10 ℃以下；1 月初～5 月中旬，30 m 深处库水温都在 10 ℃以下；1 月下旬～8 月中旬，60 m 深处库水温都在 10 ℃以下。因此，在 12 月下旬～次年 5 月贴坡混凝土施工期间，初期通水可采用库水，水温取 10 ℃进行计算；10～12 月中旬，库水温都在 10 ℃以上，分别取库水及 8～10 ℃制冷水进行分析。

经验表明，高温季节浇筑混凝土，控制混凝土的最高温度 $T_p + T_r$ 是比较困难的，但如适当延长水管冷却时间，加密水管间距，在 20～30d 时间内，可以使混凝土温度达到控制标准要求。

4. 混凝土浇筑层厚

1）计算模型

丹江口大坝初期工程于 1973 年底建成，考虑到大坝已经运行多年，坝体混凝土已达到稳定温度，故以老坝稳定温度为初始温度，计算 20 年后的瞬时温度场，并作为仿真计算时混凝土的初始温度。

混凝土表面温度取气温加太阳辐射热，新浇混凝土放热系数 β 未保温时取 15 W/（m^2·℃）；新浇混凝土上游面保温时放热系数 β 取 2～3 W/（m^2·℃），下游面保温时放热系数 β 取 2 W/（m^2·℃），上下游面老混凝土放热系数 β 取 15 W/（m^2·℃）。贴坡混凝土温度计算有限元计算网格如图 2.2.20 所示。

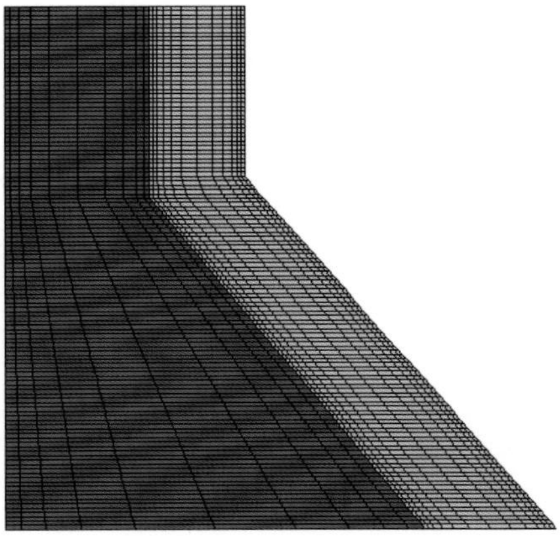

图 2.2.20　贴坡混凝土温度计算有限元计算网格

2）计算方案

为了加快施工进度，提高了混凝土浇筑层厚，共拟定了三个计算方案。

方案一：全部采用 2 m 浇筑层厚，考虑不同间歇期、冷却方式和混凝土标号。

方案二：全部采用 3 m 浇筑层厚；考虑不同间歇期、冷却方式和混凝土标号。

方案三：10 月、11 月和 4 月采用 2 m 浇筑层厚，12 月～次年 3 月采用 3 m 浇筑层厚。按实际施工进度编排进行了仿真分析，同时对 2.5 m 浇筑层厚和胶凝材料增加 10%分别进行了简要计算分析。

3）温度场仿真计算结果

（1）老坝体稳定温度场。

丹江口水库表面水温的多年平均值为 18.2 ℃，年变幅为 11.0 ℃；库水深 32.0 m 处水温的多年平均值和年变幅分别为 13.7 ℃、7.2 ℃；库水深 60.0 m 以下水温的多年平均值和年变幅分别为 9.0 ℃、4.8 ℃。根据气象条件和水库水温等情况，计算了原大坝的稳定温度场，大坝内部稳定温度场介于 14～15 ℃，其温度场分布如图 2.2.21 和图 2.2.22 所示。

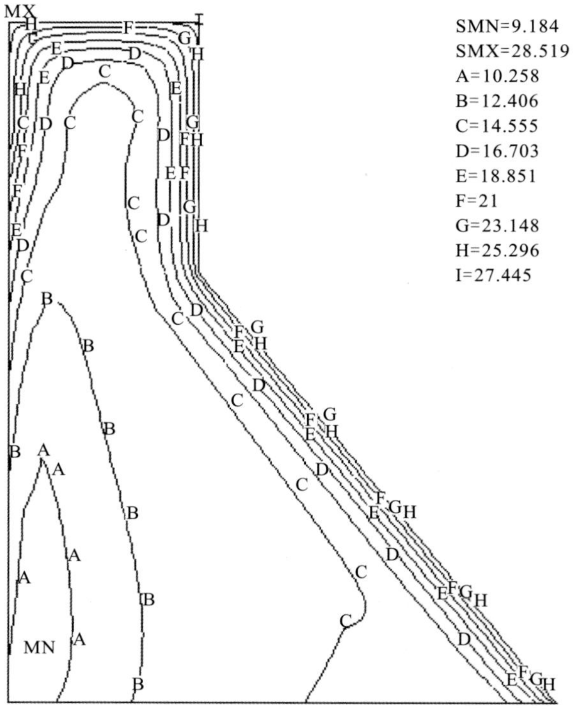

图 2.2.21　老坝体稳定温度场（2005 年 7 月）（单位：℃）

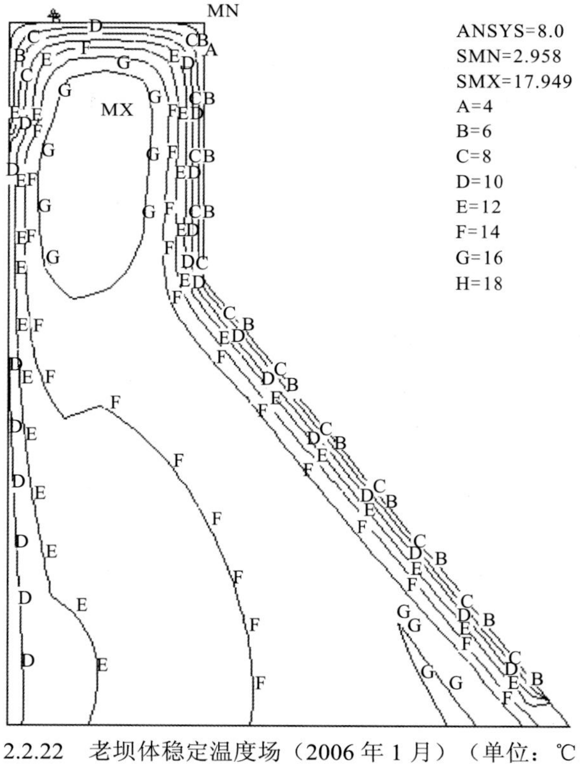

图 2.2.22　老坝体稳定温度场（2006 年 1 月）（单位：℃）

（2）方案一（2 m 浇筑层厚）。

贴坡混凝土浇筑层厚取 2.0 m，水管间距为 2.0 m×1.5 m（垂直间距×水平间距）。$R_{90}250^{\#}$和 $R_{90}200^{\#}$混凝土不同冷却方式各月浇筑块的早期最高温度分别见表 2.2.13 和表 2.2.14。

表 2.2.13　方案一水管间距为 2.0 m×1.5 m 时 $R_{90}250^{\#}$混凝土的早期最高温度　（单位：℃）

月份	浇筑温度	最高温度控制标准	温度控制措施	层间间歇时间			
				7 天	9 天	11 天	13 天
12～次年 2	10	23	自然冷却	26.3～27.4	24.6～25.7	23.7～24.8	22.8～23.9
			初期通 8～10 ℃水冷却	20.8～21.9	20.6～21.6	20.5～21.3	20.4～21.1
3、11	14	27	自然冷却	29.6～31.1	27.4～29.3	26.6～28.5	25.7～27.2
			初期通 8～10 ℃水冷却	25.0～26.0	24.7～25.7	24.5～25.4	24.3～25.2
4、10	14	贴坡 28，加高 31	自然冷却	32.2～33.4	30.9～32.1	30.0～31.2	29.2～30.3
			初期通 8～10 ℃水冷却	27.1～28.4	26.7～28.1	26.4～27.8	26.1～27.6

表 2.2.14　方案一水管间距为 2.0 m×1.5 m 时 $R_{90}200^{\#}$混凝土的早期最高温度　（单位：℃）

月份	浇筑温度	最高温度控制标准	温度控制措施	层间间歇时间			
				7 天	9 天	11 天	13 天
12～次年 2	10	23	自然冷却	25.5～26.6	23.9～25.0	22.9～24.0	22.3～23.4
			初期通 8～10 ℃水冷却	20.2～21.3	20.0～21.0	19.8～20.8	19.7～20.6
3、11	14	27	自然冷却	28.8～30.3	26.6～28.5	25.8～27.5	25.1～26.6
			初期通 8～10 ℃水冷却	24.3～25.4	24.0～25.1	23.8～24.8	23.7～24.5
4、10	14	贴坡 28，加高 31	自然冷却	31.4～32.6	30.1～31.3	29.2～30.3	28.5～29.4
			初期通 8～10 ℃水冷却	26.1～27.9	25.9～27.6	25.7～27.4	25.5～27.3

由于混凝土早期最高温度一般出现在第 3～5 天，这一时段连续通水和间歇通水两种通水冷却方案混凝土早期的最高温度相同，其最高温度包络线也基本相同，贴坡混凝土最高温度包络线如图 2.2.23 所示。

（3）方案二（3 m 浇筑层厚）。

贴坡混凝土浇筑层厚取 3.0 m，水管间距为 1.5 m×2.0 m（垂直间距×水平间距），对自然冷却和通 8～10 ℃水冷却情况分别进行温度计算，$R_{90}250^{\#}$和 $R_{90}200^{\#}$混凝土不同冷却方式各月浇筑块的早期最高温度见表 2.2.15～表 2.2.16。

连续通水和间歇通水两种通水冷却方案混凝土的早期最高温度相同，其最高温度包络线也基本相同，贴坡混凝土最高温度包络线如图 2.2.24 所示。

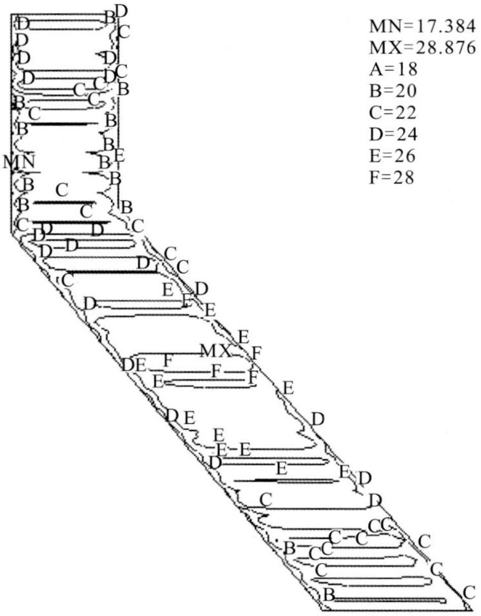

图 2.2.23　方案一贴坡混凝土最高温度包络线图（单位：℃）

表 2.2.15　方案二水管间距为 1.5 m×2.0 m 时 $R_{90}250^{\#}$混凝土的早期最高温度　（单位：℃）

月份	浇筑温度	最高温度控制标准	温度控制措施	层间间歇时间			
				7 天	10 天	13 天	15 天
12～次年 2	10	23	自然冷却	27.3～29.4	25.6～27.7	24.3～26.3	23.5～25.1
			初期通 8～10 ℃水冷却	22.4～23.1	22.2～22.9	22.1～22.8	22.0～22.7
3、11	14	27	自然冷却	30.1～32.1	28.6～30.6	27.8～29.2	27.4～28.5
			初期通 8～10 ℃水冷却	26.2～27.2	26.1～27.0	26.0～26.9	25.9～26.8
4、10	14	贴坡 28，加高 31	自然冷却	32.6～34.3	31.1～32.6	30.4～31.9	30.0～31.4
			初期通 8～10 ℃水冷却	28.1～29.2	27.9～28.9	27.8～28.7	27.7～28.5

表 2.2.16　方案二水管间距为 1.5 m×2.0 m 时 $R_{90}200^{\#}$混凝土的早期最高温度　（单位：℃）

月份	浇筑温度	最高温度控制标准	温度控制措施	层间间歇时间			
				7 天	10 天	13 天	15 天
12～次年 2	10	23	自然冷却	26.3～28.5	24.8～26.5	23.6～25.3	22.7～24.3
			初期通 8～10 ℃水冷却	21.7～22.5	21.5～22.3	21.4～22.1	21.3～22.0
3、11	14	27	自然冷却	29.2～31.2	27.5～29.4	27.0～28.4	26.6～27.8
			初期通 8～10 ℃水冷却	25.6～26.5	25.4～26.3	25.3～26.2	25.2～26.1
4、10	14	贴坡 28，加高 31	自然冷却	31.7～33.4	30.3～31.8	29.6～31.1	29.3～30.6
			初期通 8～10 ℃水冷却	27.2～28.3	27.1～28.0	27.0～27.8	26.9～27.7

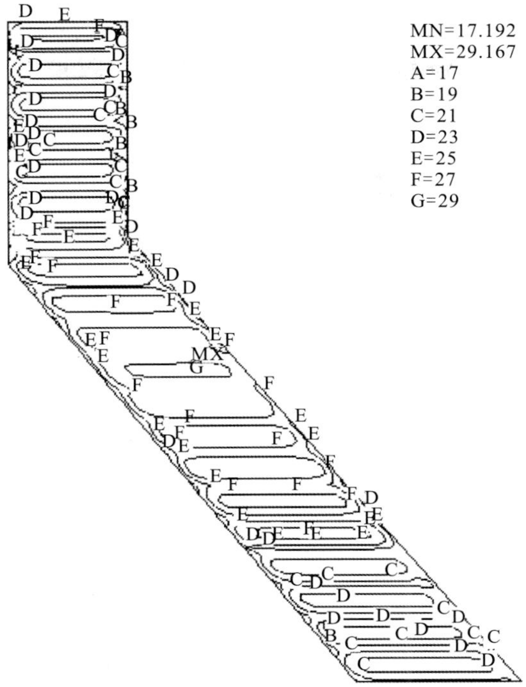

图 2.2.24　方案二贴坡混凝土最高温度包络线图（单位：℃）

适当调减 $R_{90}250^{\#}$部位的混凝土 3 月和 11 月的浇筑温度采用 12 ℃，水管间距采用 1.5 m×2.0 m，其他条件不变，计算结果见表 2.2.17。3 月和 11 月的浇筑温度采用 12 ℃后，混凝土的早期最高温度都满足设计允许的最高温度 27 ℃。最高温度比采用浇筑温度 14 ℃时低 0.2～1.1 ℃。

表 2.2.17　方案二水管间距为 1.5 m×2.0 m 时 $R_{90}250^{\#}$混凝土的早期最高温度（浇筑温度 12 ℃）

（单位：℃）

月份	浇筑温度	最高温度控制标准	温度控制措施	层间间歇时间			
				7 天	10 天	13 天	15 天
3、11	12	27	自然冷却	28.4～30.3	26.7～28.6	25.9～27.2	25.8～26.7
			初期通 8～10 ℃水冷却	24.8～25.7	24.5～25.4	24.6～25.1	24.5～25.0

对于 4 月和 10 月浇筑的 $R_{90}250^{\#}$部位的混凝土，冷却水管间距采用 1.5 m×1.5 m 时混凝土的早期最高温度超过设计允许值，因此加密水管间距至 1.25 m×1.5 m，其他条件不变，计算结果见表 2.2.18。加密水管间距后，混凝土短间歇期最高温度达到了 28.4 ℃，仍略超过设计允许的 28 ℃。

表 2.2.18　方案二水管间距为 1.25 m×1.5 m 时 $R_{90}250^{\#}$混凝土的早期最高温度　（单位：℃）

月份	浇筑温度	最高温度控制标准	温度控制措施	层间间歇时间			
				7 天	10 天	13 天	15 天
4、10	14	贴坡 28 加高 31	初期通 8～10 ℃水冷却	27.6～28.4	27.4～28.3	27.3～28.1	27.1～27.8

由于 10～12 月中旬库水温高于 10 ℃，考虑到施工中可能通库水进行初期冷却，选取 60 m 深处低温库水（水温 13～14 ℃）进行冷却，水管间距 1.5×1.5 m，其他条件不变，则 10～12 月混凝土早期最高温度如表 2.2.19。R_{90}250#混凝土 10 月份早期最高温度超过设计允许最高温度，R_{90}200#混凝土 10 月短间歇期也超过设计允许的 28 ℃。其他月份均满足设计允许的最高温度标准。

表 2.2.19　方案二 10～12 月中旬通库水混凝土的早期最高温度　　（单位：℃）

混凝土标号	月份	浇筑温度	温度控制措施	层间间歇时间			
				7 天	10 天	13 天	15 天
$R_{90}250^{\#}$	10	14	通 13～14 ℃水冷却	27.7～28.8	27.5～28.6	27.3～28.4	27.2～28.2
	11	14	通 13～14 ℃水冷却	25.8～27.0	26.1～26.8	26.0～26.6	25.9～26.5
	12	14	通 13～14 ℃水冷却	22.4～23.1	22.3～22.9	22.1～22.8	22.0～22.7
$R_{90}200^{\#}$	10	14	通 13～14 ℃水冷却	27.2～28.1	27.1～27.9	27.0～27.8	26.9～27.7
	11	14	通 13～14 ℃水冷却	25.6～26.5	25.4～26.3	25.3～26.2	25.2～26.1
	12	14	通 13～14 ℃水冷却	21.9～22.5	21.7～22.4	21.5～22.3	21.5～22.1

11 月混凝土自然入仓，水管间距为 1.5 m×1.5 m，初期通 8～10 ℃水冷却，$R_{90}250^{\#}$ 和 $R_{90}200^{\#}$混凝土的早期浇筑层平均最高温度都超过了设计允许的 27 ℃。计算结果如图 2.2.25 所示。

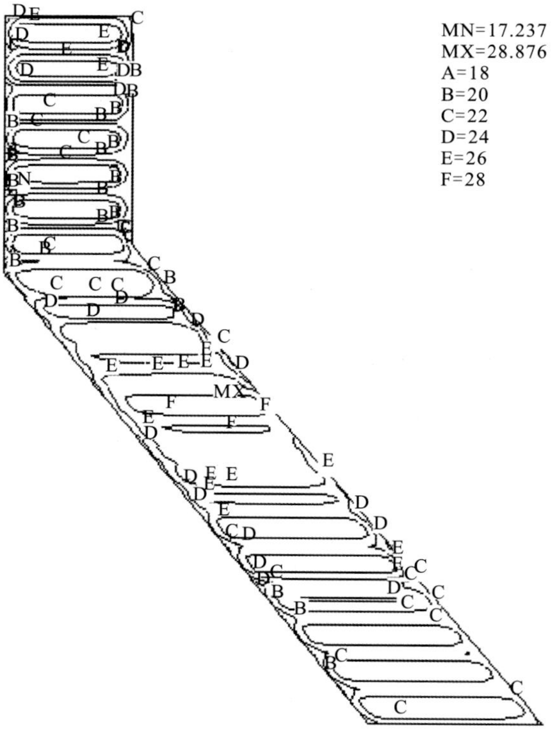

图 2.2.25　11 月贴坡混凝土自然入仓最高温度包络线图（单位：℃）

（4）方案三（2.5 m 浇筑层厚）。

考虑到在施工中出于浇筑能力和接缝灌浆分区等各种原因，可能采用 2.5 m 浇筑层厚，对 2.5 m 浇筑层厚也进行了温度计算。2.5 m 浇筑层厚水管间距采用 1.25 m×2.0 m（竖直间距×水平间距），其他条件与 3 m 浇筑层厚相同。$R_{90}250^{\#}$混凝土和 $R_{90}200^{\#}$混凝土不同冷却方式的早期最高温度如表 2.2.20 和表 2.2.21 所示。

表 2.2.20　方案三水管间距为 1.25 m×2.0 m 时 $R_{90}250^{\#}$混凝土的早期最高温度　（单位：℃）

月份	浇筑温度	最高温度控制标准	温度控制措施	层间间歇时间			
				7 天	10 天	13 天	15 天
12～次年 2	10	23	自然冷却	26.5～28.2	26.5～26.6	23.3～25.2	22.8～24.0
			初期通 8～10 ℃水冷却	21.2～22.1	21.1～21.8	21.0～21.6	20.9～21.5
3、11	14	27	自然冷却	29.8～31.3	27.6～29.6	26.8～28.2	26.3～27.4
			初期通 8～10 ℃水冷却	25.1～26.2	24.9～25.8	24.7～25.5	24.6～25.4
4、10	14	贴坡 28，加高 31	自然冷却	32.4～33.9	30.8～31.7	29.7～31.0	28.9～30.4
			初期通 8～10 ℃水冷却	27.5～28.6	27.0～28.1	26.6～27.8	26.3～27.6

表 2.2.21　方案三水管间距为 1.25 m×2.0 m 时 $R_{90}200^{\#}$混凝土的早期最高温度　（单位：℃）

月份	浇筑温度	最高温度控制标准	温度控制措施	层间间歇时间			
				7 天	10 天	13 天	15 天
12～次年 2	10	23	自然冷却	25.8～27.3	24.2～25.8	23.1～24.5	22.5～23.7
			初期通 8～10 ℃水冷却	20.6～21.5	20.5～21.3	20.4～21.1	20.3～20.9
3、11	14	27	自然冷却	29.1～30.5	27.6～28.9	26.4～27.6	25.6～26.7
			初期通 8～10 ℃水冷却	24.6～25.6	24.3～25.3	24.1～25.0	24.0～24.8
4、10	14	贴坡 28，加高 31	自然冷却	31.5～32.9	30.2～31.6	29.0～30.4	28.3～29.6
			初期通 8～10 ℃水冷却	26.7～28.1	26.4～27.8	26.2～27.5	26.1～27.3

（5）胶凝材料用量增加 10%、3 m 浇筑层厚施工期的最高温度。

各种因素可能影响施工配合比的调整，从而导致胶凝材料的增加或减少，研究针对胶凝材料的增加进行了温度计算，考虑胶凝材料增加 10%。对不同水管布置形式和不同混凝土标号进行计算，不同水管布置形式，不同混凝土标号的早期最高温度见表 2.2.22～表 2.2.25。

表 2.2.22　方案三水管间距为 1.5 m×2.0 m 时 $R_{90}250^{\#}$混凝土的早期最高温度　（单位：℃）

月份	浇筑温度	最高温度控制标准	温度控制措施	层间间歇时间			
				7 天	10 天	13 天	15 天
12～次年 2	10	23	自然冷却	28.6～31.2	27.4～29.5	26.1～27.9	24.9～26.5
			初期通 8～10 ℃水冷却	23.8～24.5	23.5～24.3	23.4～24.1	23.3～24.0

续表

月份	浇筑温度	最高温度控制标准	温度控制措施	层间间歇时间			
				7天	10天	13天	15天
3、11	14	27	自然冷却	32.0～34.0	30.4～32.4	29.6～31.0	28.8～30.0
			初期通8～10 ℃水冷却	27.6～28.6	27.5～28.4	27.4～28.2	27.3～28.1
4、10	14	贴坡28，加高31	自然冷却	34.5～36.2	32.9～34.3	32.1～33.5	31.5～32.9
			初期通8～10 ℃水冷却	29.2～30.4	29.1～30.1	29.0～29.9	28.9～29.7

表2.2.23　方案三水管间距为1.5 m×2.0 m时 $R_{90}200^{\#}$混凝土的早期最高温度　（单位：℃）

月份	浇筑温度	最高温度控制标准	温度控制措施	层间间歇时间			
				7天	10天	13天	15天
12～次年2	10	23	自然冷却	28.1～30.3	26.4～28.1	25.1～26.8	24.1～25.8
			初期通8～10 ℃水冷却	23.0～23.8	22.8～23.6	22.7～23.4	22.6～23.3
3、11	14	27	自然冷却	31.0～33.0	29.1～31.0	28.5～29.9	28.1～29.2
			初期通8～10 ℃水冷却	26.8～27.8	26.7～27.6	26.6～27.5	26.5～27.4
4、10	14	贴坡28，加高31	自然冷却	33.5～35.2	31.9～33.4	31.1～32.6	30.7～32.1
			初期通8～10 ℃水冷却	28.4～29.7	28.3～29.4	28.2～29.2	28.1～29.0

表2.2.24　方案三水管间距为1.5 m×1.5 m时 $R_{90}250^{\#}$混凝土的早期最高温度　（单位：℃）

月份	浇筑温度	最高温度控制标准	温度控制措施	层间间歇时间			
				7天	10天	13天	15天
12～次年2	10	23	自然冷却	28.6～31.2	27.4～29.5	26.1～27.9	24.9～26.5
			初期通8～10 ℃水冷却	23.4～24.1	23.2～23.9	23.1～23.8	23.0～23.7
3、11	14	27	自然冷却	32.0～34.0	30.4～32.4	29.6～31.0	28.8～30.0
			初期通8～10 ℃水冷却	27.2～28.0	27.1～27.8	27.0～27.7	26.9～27.6
4、10	14	贴坡28，加高31	自然冷却	34.5～36.2	32.9～34.3	32.1～33.5	31.5～32.9
			初期通8～10 ℃水冷却	28.5～29.7	28.4～29.4	28.3～29.2	28.2～29.1

表2.2.25　方案三水管间距为1.5 m×1.5 m时 $R_{90}200^{\#}$混凝土的早期最高温度　（单位：℃）

月份	浇筑温度	最高温度控制标准	温度控制措施	层间间歇时间			
				7天	10天	13天	15天
12～次年2	10	23	自然冷却	28.1～30.3	26.4～28.1	25.1～26.8	24.1～25.8
			初期通8～10 ℃水冷却	22.7～23.4	22.5～23.2	22.4～23.1	22.3～23.0
3、11	14	27	自然冷却	31.0～33.0	29.1～31.0	28.5～29.9	28.1～29.2
			初期通8～10 ℃水冷却	26.4～27.3	26.3～27.2	26.2～27.1	26.1～27.0
4、10	14	贴坡28，加高31	自然冷却	33.5～35.2	31.9～33.4	31.1～32.6	30.7～32.1
			初期通8～10 ℃水冷却	27.9～29.0	27.8～28.7	27.7～28.5	27.6～28.4

4）成果小结

从仿真计算结果可以得到如下结论。

（1）方案一（全部采用 2 m 浇筑层厚）和方案三（10 月、11 月、4 月采用 2 m 浇筑层厚，12 月～次年 3 月采用 3 m 浇筑层厚）采取一定的温控措施后，$R_{90}250^{\#}$和 $R_{90}200^{\#}$两种标号的混凝土的早期最高温度基本满足设计要求。

（2）方案二（全部采用 3 m 浇筑层厚）$R_{90}250^{\#}$混凝土 11 月～次年 3 月的早期最高温度基本满足设计允许的最高温度值，其余月份在采取可能的温控措施之后，混凝土的最高温度仍有可能超过设计最高允许值；$R_{90}200^{\#}$混凝土在采取一定的温控措施后，基本能满足设计允许最高温度的要求。

（3）三种计算方案根据实际进度编排的混凝土的早期最高温度如表 2.2.26 所示。

表 2.2.26　三种计算方案的计算结果对比　（单位：℃）

混凝土种类	浇筑月份	浇筑温度	方案一	方案二	方案三	设计要求
$R_{90}250^{\#}$	12～次年 2	10	20.5～21.6	21.8～22.4	21.7～22.3	23
	3	14	24.5～25.4	25.7～26.4	25.6～26.3	27
	4	14	26.4～27.8	27.2～28.2	26.1～27.6	28
$R_{90}200^{\#}$	10、4	14	25.7～27.4	26.4～27.2	25.7～27.3	28
	11、3	14	23.8～24.8	25.0～25.7	26.0～26.9	27
	12～次年 2	10	19.8～22.1	21.2～21.8	21.1～21.7	23

注：2 m 浇筑层厚水管间距为 2.0 m×1.5 m（垂直间距×水平间距），3 m 层水管间距为 1.5 m×1.5 m（垂直间距×水平间距）。

（4）采用 2.5 m 浇筑层厚、水管布置形式为 1.25 m×2.0 m、初期通 8～10 ℃水冷却和采用 3 m 浇筑层厚、水管布置形式为 1.5 m×1.5 m、初期通 8～10 ℃水冷却相比，混凝土的早期温度相差不大。

（5）$R_{90}250^{\#}$部位的混凝土 3 月和 11 月的浇筑温度采用 12 ℃，3 m 浇筑层厚混凝土的早期最高温度都满足设计允许的最高温度 27 ℃，混凝土的早期最高温度比采用浇筑温度 14 ℃约低 0.2～1.1 ℃。

（6）从胶凝材料增加 10%的温度计算结果看，胶凝材料增加 10%后，采用 3 m 浇筑层厚，$R_{90}250^{\#}$部位的混凝土的早期最高温度都超过设计的最高允许值；$R_{90}200^{\#}$部位的混凝土在水管布置形式采用 1.5 m×2.0 m、通 8～10 ℃水冷却时也超过设计的最高允许值，如水管布置形式采用 1.5 m×1.5 m、通 8～10 ℃水冷却在 11 月～次年 2 月基本能满足设计允许的最高温度限制条件，但其他月份不能满足。

综上所述，对于 $R_{90}200^{\#}$部位的混凝土，10 月～次年 4 月可以采用 3 m 浇筑层厚进行浇筑，但要通 8～10 ℃的水冷却，水管间距需采用 1.5 m×1.5 m；对于 $R_{90}250^{\#}$部位的混凝土水管间距采用 1.5 m×1.5 m，通 8～10 ℃的水冷却，11 月～次年 3 月基本可以采用 3 m 浇筑层厚，但是 3 月和 11 月建议采用预冷混凝土进行浇筑（浇筑温度 12 ℃），4

月和 10 月不能采用 3 m 浇筑层厚。

5. 保温措施研究

温度应力来自温差，用保温措施控制混凝土裂缝的出现，主要是为了缩小混凝土内外温差，延缓收缩和散热时间，减小坝体混凝土的温度年变幅。保温措施使混凝土在缓慢地散热过程更为均匀，减小结构内外温差，同时可降低变形发展的速度，充分发挥材料的徐变松弛特性，有效削减约束力，不仅可以减小混凝土表面裂缝，还可减小新老混凝土结合面上的拉应力，减少裂开面积，防止因内外温差过大、超过允许界限而出现温度裂缝，改善坝体应力。目前，一般采用控制混凝土表面放热系数的方法来确定保温措施，气温变化时混凝土拉应力随保温等效放热系数的减低而减小。

坝下游面保温考虑两种情况：一种是短期保温，在坝体加高全部完工并经过一个冬天后的 5 月初拆除保温措施；第二种是长期保温，即永不拆除下游面的保温措施。

1）短暂保温措施

美国早在 20 世纪 50 年代就开始重视混凝土表面保温。底特律坝和平顶岩坝用泡沫塑料板或纸板保温，索墩坝顶面采用砂层保温。日本不少工程将泡沫塑料板加聚氯乙烯薄膜作为表面保温和养护材料。国内 1961 年后才开始重视施工期如何防止气温骤降引起表面裂缝。当时主要采用草袋和草帘保温，但它们易燃烧，易引起火灾，不耐用，而且一受潮就腐烂，不是理想的保温材料。在东北地区桓仁、白山曾使用过木丝板，太平哨大坝喷涂过水泥、膨胀珍珠岩，这些材料虽有一定的保温作用，但受潮后保温作用锐减，还有木丝板掩盖混凝土表面的缺陷和不易拆除等问题。20 世纪 80 年代后，泡沫塑料成为主要的保温材料，主要有聚苯乙烯泡沫塑料板、保温被、聚乙烯气垫薄膜、聚乙烯泡沫塑料板等。

紧水滩拱坝和观音阁碾压混凝土重力坝都将聚苯乙烯泡沫塑料作为保温材料。响水混凝土薄拱坝将聚苯乙烯泡沫塑料粘贴在坝体下游面保温。实测资料表明：当气温为 −18.6～−18 ℃时，聚苯乙烯泡沫塑料保护下的初期混凝土的表面温度为−3～−1 ℃。葛洲坝于 1983 年试用了三种保温被：弹性聚氨酯被、棉被和矿渣棉被，这三种保温被的保温效果不错，但受潮后保温作用下降。东江拱坝从 1984 年开始采用保温被，保温被的面料为尼龙防水编织布，芯料为闭孔型聚苯乙烯泡沫塑料碎粒，吸水性小，导热系数低，容重约为 30 kg/m^3，芯料铺填均匀后，缝合成被。

多年来，大坝工程的保温防裂一般采用泡沫塑料板或纸板，或者采用泡沫塑料板加聚氯乙烯薄膜及聚苯乙烯泡沫塑料板、保温被、聚乙烯气垫薄膜、聚乙烯泡沫塑料板等。

2）永久保温措施

鉴于保温措施对减小大坝温度荷载的有效性，随着材料科学的发展，对大坝采取永久保温措施越来越被重视。目前，国内生产的较为适合用于坝体大面积保温的材料主要有三种，即聚苯乙烯板、珍珠岩发泡保温涂料和聚氨酯。三种材料的施工方法为：①采用聚苯乙烯板保温材料，人工涂刷黏结剂+人工粘贴聚苯乙烯板+防水涂料；②采用珍珠岩发泡保温涂料，人工涂抹珍珠岩发泡保温涂料；③采用聚氨酯保温材料，机械喷涂聚氨酯。新疆石门子碾压混凝土拱坝是我国第一座喷涂聚氨酯进行永久保温的大坝，三峡三期工程混凝土将聚苯乙烯板作为永久暴露面的保温材料，拉西瓦大坝上下游坝面采用外挂式挤塑聚苯乙烯板永久保温，基础约束区保温板厚 15 cm，非基础约束区保温板厚 5 cm．孔口曲面采用喷涂弹性材料永久保温。

3）丹江口大坝保温措施研究

以 7 坝段为研究对象，研究了短期保温和长期保温对结合面的影响，同时也分析了保温板厚度对结合面的影响，计算模型为图 2.1.18 中贴坡厚度为 10.5 m 的模型，计算方案及计算结果如表 2.2.27~表 2.2.29 所示，短期保温为施工开始至 2013 年 3 月，长期保温为永久保温，保温板采用 3 cm、5 cm 厚聚乙烯泡沫板，四种工况的开裂图如图 2.2.26～图 2.2.29 所示。

表 2.2.27　保温措施计算方案

项目	工况			
	1	2	3	4
保温板厚度/cm	3	5	3	5
保温时间	短期	短期	长期	长期

表 2.2.28 为不同工况即不同保温措施下，坝体加高完工后第十年冬季开裂情况对比。表 2.2.29 为不同工况下坝体加高完工后第十年夏季开裂情况对比。图 2.2.30 和图 2.2.31 分别为对应于表 2.2.28 和表 2.2.29 的不同保温措施下的开裂面积比。

表 2.2.28　不同保温措施下完工后第十年冬季开裂面积比　（单位：%）

项目	工况				
	无保温	1	2	3	4
开裂	77.68	63.84	63.84	62.02	62.83
未开裂	17.98	31.31	31.31	32.93	33.33
曾开裂现闭合	4.34	4.85	4.85	5.05	3.84

表 2.2.29　不同保温措施下完工后第十年夏季开裂面积比　（单位：%）

项目	工况				
	无保温	1	2	3	4
开裂	73.94	61.11	61.01	60.4	60.61
未开裂	17.98	31.31	31.31	32.93	33.33
曾开裂现闭合	8.08	7.58	7.68	6.67	6.06

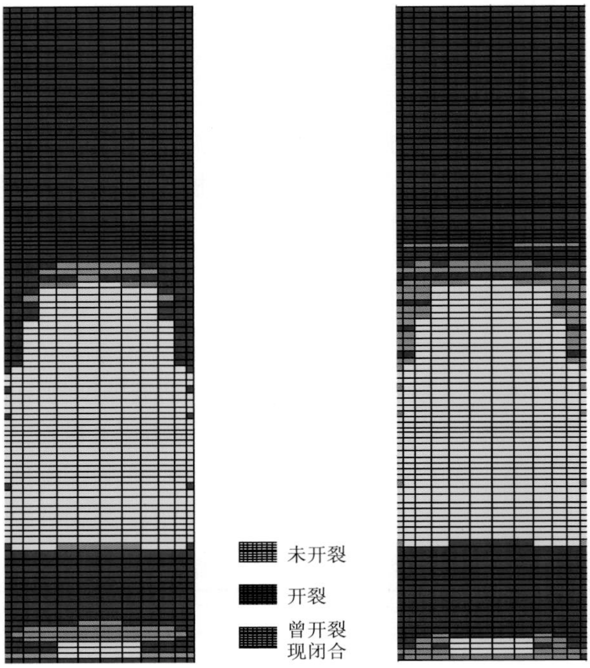

（a）冬季　　（b）夏季

图 2.2.26　工况 1 完工后第十年缝面开裂图

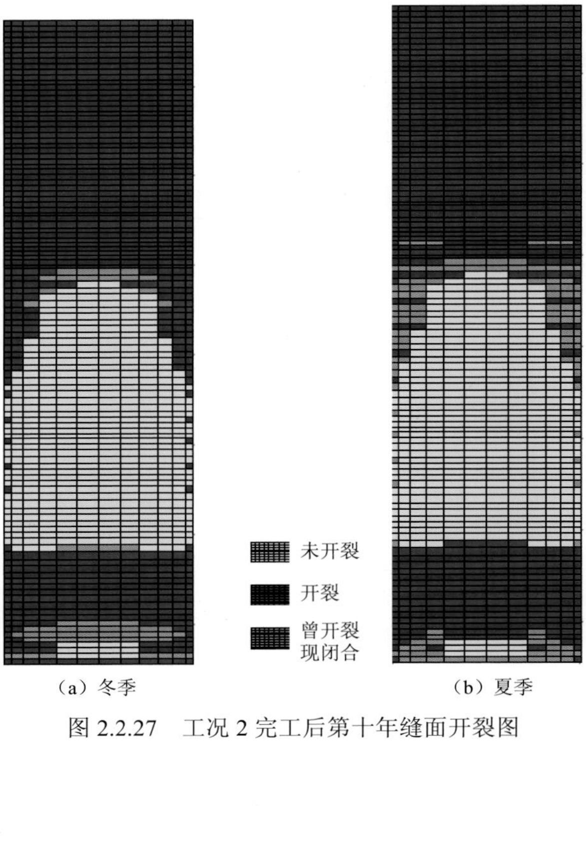

（a）冬季　　（b）夏季

图 2.2.27　工况 2 完工后第十年缝面开裂图

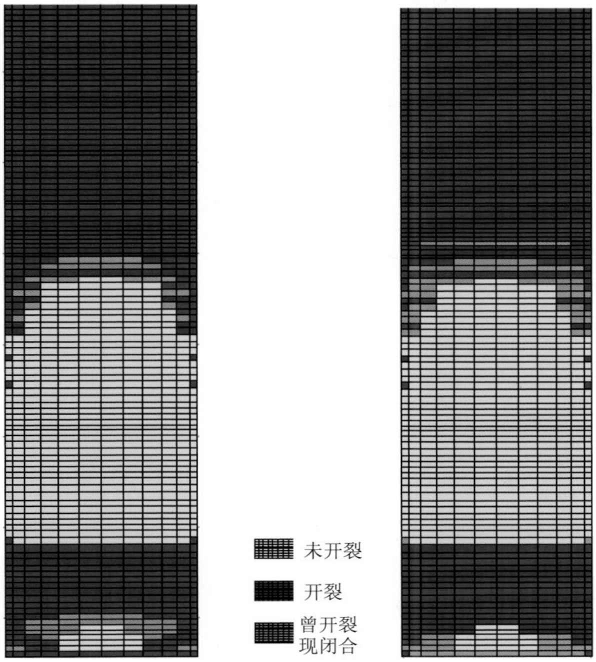

（a）冬季　　（b）夏季

图 2.2.28　工况 3 完工后第十年缝面开裂图

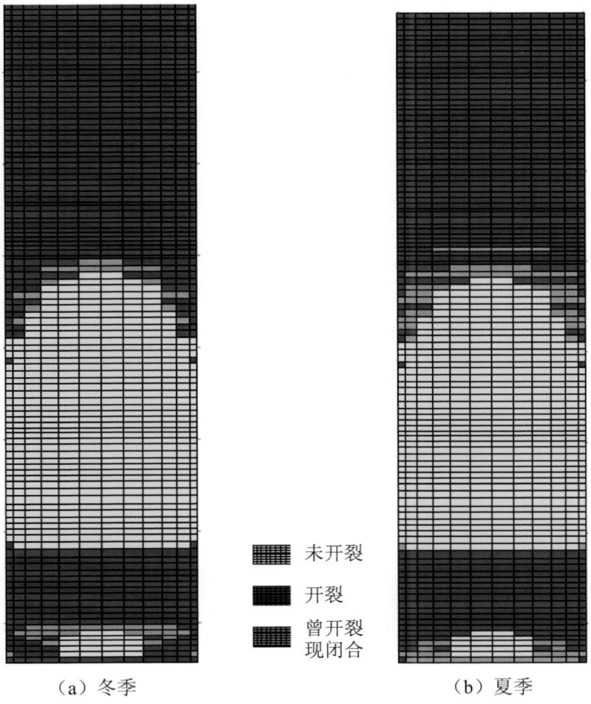

（a）冬季　　（b）夏季

图 2.2.29　工况 4 完工后第十年缝面开裂图

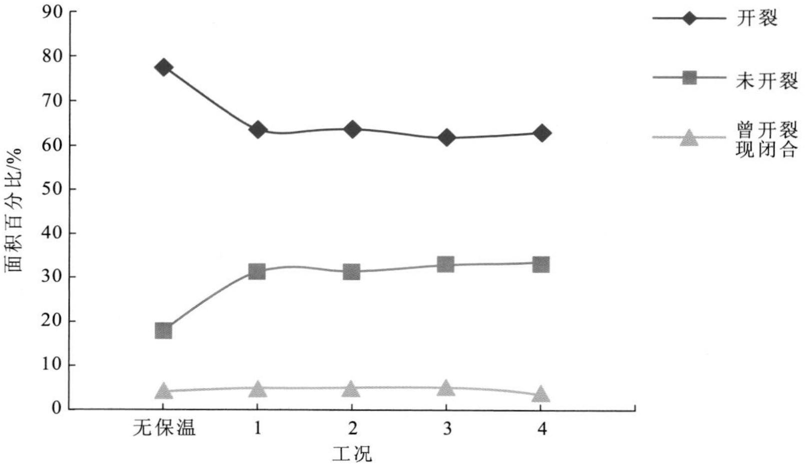

图 2.2.30　不同保温措施下完工后第十年冬季开裂面积比

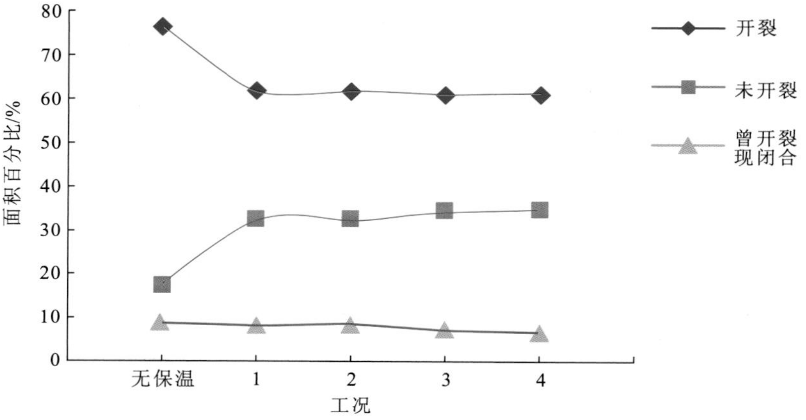

图 2.2.31　不同保温措施下完工后第十年夏季开裂面积比

由以上分析结果可知：

（1）采取保温措施后，闭合面积由未保温的 18%上升到保温以后的 31%以上，说明下游面采取保温措施后，新老混凝土脱开面积大大减小。

（2）3 cm 与 5 cm 厚保温板的保温效果相差不大，从短期保温结果来看，结果几乎一致，5 cm 厚的保温板长期保温的闭合面积比 3 cm 厚的闭合面积大 1%左右，增加的保温作用不是很明显。保温板 3 cm 厚与 5 cm 厚，以及短期保温与长期保温效果相差不大。

2.3　大坝抗震安全问题研究

重力坝加高所形成的新老混凝土间的层间结合是结构薄弱部位，其层间接触面的结合状态和力学指标存在很大的不确定性。已有研究分析结果表明，丹江口大坝加高后，运行期在年季节性气温变化作用下，新老混凝土结合面必然出现开裂现象。新老混凝土结合面的开裂必然降低大坝的整体刚度，对大坝抗震性能可能带来不利影响。老坝顶部与新坝形成的结合面恰位于重力坝动力响应较大的抗震薄弱区域，加之部分老坝中存在裂缝缺陷，在强烈地震作用下，这些接触缝面可能在局部进一步张开、滑移，使大坝产生损伤，影响大坝的抗震安全。因此，以丹江口大坝加高工程中 1 坝段和 17 溢流坝段为代表，进行大坝加高非线性地震波动反应分析，深入评价大坝加高对大坝动态反应和抗震安全的影响。

2.3.1 研究方法及模型

1. 近场波动数值模拟的解耦方法

1）集中质量显式有限元的内点计算方法

集中质量显式有限元的实质是从当前时刻的结点运动方程推求下一时刻结点的运动，它不需要进行刚度阵、质量阵、阻尼阵的总装，其右端项只需在单元一级水平上根据每个单元对有效荷载向量的贡献累加而成，这样整个计算基本上在单元一级水平上进行，因此就只需要很小的高速存储区，计算效率较高。尤其当一系列单元的刚度阵、质量阵、阻尼阵相同时，就不需要重复计算，效率更高。

现对 t 时刻建立运动平衡方程：

$$\boldsymbol{M}\ddot{\boldsymbol{u}}_t + \boldsymbol{C}\dot{\boldsymbol{u}}_t + \boldsymbol{F}_t = \boldsymbol{R}_t \tag{2.3.1}$$

式中：$\boldsymbol{M}$ 为质量阵；$\boldsymbol{C}$ 为阻尼阵；$\ddot{\boldsymbol{u}}_t$、$\dot{\boldsymbol{u}}_t$ 为 t 时刻单元结点处介质的运动加速度和速度；$\boldsymbol{F}_t$、$\boldsymbol{R}_t$ 分别为 t 时刻的恢复力和外荷载。

对于运动平衡方程式（2.3.1），利用中心差分可将速度及加速度离散化为

$$\dot{\boldsymbol{u}}_t = \frac{1}{2\Delta t}(\boldsymbol{u}_{t+\Delta t} - \boldsymbol{u}_{t-\Delta t}) \tag{2.3.2}$$

$$\ddot{\boldsymbol{u}}_t = \frac{1}{\Delta t^2}(\boldsymbol{u}_{t+\Delta t} - 2\boldsymbol{u}_t + \boldsymbol{u}_{t-\Delta t}) \tag{2.3.3}$$

可以得到

$$\ddot{\boldsymbol{u}}_t = \frac{2}{\Delta t^2}(\boldsymbol{u}_{t+\Delta t} - \boldsymbol{u}_t) - \frac{2}{\Delta t}\dot{\boldsymbol{u}}_t \tag{2.3.4}$$

将式（2.3.4）代入式（2.3.1）可推导出：

$$\boldsymbol{u}_{t+\Delta t} = \frac{1}{2}\Delta t^2 \boldsymbol{M}^{-1}(\boldsymbol{R}_t - \boldsymbol{F}_t) + \boldsymbol{u}_t + \left(\Delta t\boldsymbol{I} - \frac{1}{2}\Delta t^2 \boldsymbol{M}^{-1}\boldsymbol{C}\right)\dot{\boldsymbol{u}}_t \tag{2.3.5}$$

式中：$\boldsymbol{u}_t$ 为 t 时刻单元结点处介质的运动位移；$\boldsymbol{I}$ 为与 $\boldsymbol{K}$ 同阶的单位方阵。

基于 Newmark 常平均加速度法的基本思想，可建立速度反应计算的递推式：

$$\dot{\boldsymbol{u}}_{t+\Delta t} = -\dot{\boldsymbol{u}}_t + \frac{2}{\Delta t}(\boldsymbol{u}_{t+\Delta t} - \boldsymbol{u}_t) \tag{2.3.6}$$

式（2.3.5）与式（2.3.6）组成一个求解有限自由度有阻尼体系动力方程式（2.3.1）的自起步显式差分格式。反应的加速度可确定如下：

$$\ddot{\boldsymbol{u}}_{t+\Delta t} = -\ddot{\boldsymbol{u}}_t + \frac{2}{\Delta t}(\dot{\boldsymbol{u}}_{t+\Delta t} - \dot{\boldsymbol{u}}_t) \tag{2.3.7}$$

2）人工边界点的计算原理

由于地基是半无限体，有限元分析中必须将感兴趣的部分人为地切割出来进行离散化，切割面上的离散结点就称为人工边界点。人工边界实际上在原连续介质中并不存在，因此，设置的人工边界要反映波动能量在原无限连续介质中的辐射现象，必须保证波动从切割区内部穿过人工边界时无反射效应。

通过直接在边界上模拟波动从有限模型的内部穿过人工边界向外透射的过程，推导离散的局部人工边界条件式，为

$$u_0^{p+1} = \sum_{j=1}^{N}(-1)^{j+1}\mathrm{C}_j^N u_j^{p+1-j} \tag{2.3.8}$$

式中：N 为透射阶数；u_0^{p+1} 为人工边界结点在 $(p+1)\Delta t$ 时刻的位移，p 为时间参数；u_j^{p+1-j} 为计算点 $x=-jc_a\Delta t$ 在 $(p+1-j)\Delta t$ 时刻的位移，j 为累加参数；C_j^N 为二项式系数，即

$$\mathrm{C}_j^n = \frac{N!}{(N-j)!\,j!} \tag{2.3.9}$$

2. 坝体接触缝面数值模拟的动接触力模型

对缝面接触问题，如图 2.3.1 所示，设介质中存在任意缝面 S，S 两侧界面分别称为 S^+、S^-，在初始时刻，S^+、S^-相互重合，如缝面光滑变化，其法向矢量 $\boldsymbol{n}$ 和切向矢量 $\boldsymbol{t}$ 处处存在（$\boldsymbol{n}$ 指向 S^+方向）。在进行结构有限元离散时，要求缝面两侧结点分布相同，这样动接触引起的应力就能以结点对相互作用力的形式出现，配合上面的显式有限元方法，在内点动力计算的逐步积分过程中，直接对缝面上的点对施以边界接触条件，从而求出两点之间的接触力及接触点的真实位移。

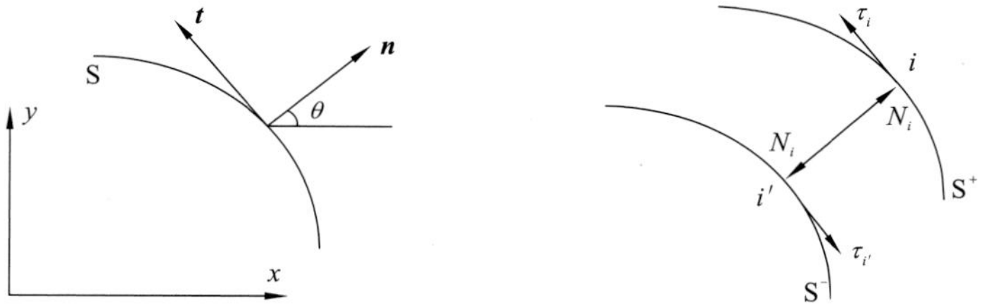

图 2.3.1　横缝及其上下侧

θ 为横缝法向与水平线间夹角

设有接触点对 i 和 i'，其中 i 位于 S^+一侧，i' 位于 S^-一侧。首先对于任一接触点 i，设接触点上受法向接触力 N_i、切向接触力 τ_i 作用，于是式（2.3.5）改写为

$$u_{ij}^{t+\Delta t}=\frac{\Delta t^2}{2m_i}\left(F_{ij}^t+N_{ij}^t+\tau_{ij}^t-\sum_{i=1}^{n_c}\sum_{k=1}^{n}K_{ijlk}u_{ik}^t-\sum_{i=1}^{n}\sum_{k=1}^{n}C_{ijlk}\dot{u}_{ik}^t\right)+u_{ij}^t+\Delta t\dot{u}_{ij}^t \tag{2.3.10}$$

式中：$u_{ij}^{t+\Delta t}$ 为 $t+\Delta t$ 时刻位移；m_i 为质量；F_{ij}^t 为外荷载 F_i 在 j 方向上的分量；N_{ij}^t、τ_{ij}^t 分别为 N_i、τ_i 在方向 j 上的分量；n_e 为单元节点数；n 为节点自由度数；K_{ijlk} 为结点 l 方向 k 对结点 i 方向 j 的刚度系数；C_{ijlk} 为结点 l 方向 k 对结点 i 方向 j 的阻尼系数；u_{ij}^t 为 t 时刻结点 i 方向 j 的位移；$\dot{u}_{ij}^t$ 为 t 时刻结点 i 方向 j 的速度。

由于 N_{ij}^t、τ_{ij}^t 是运动状态的函数，不仅与 t 及 t 以前时刻的运动状态有关，而且与 $t+\Delta t$ 时刻的运动状态有关，故无法由式（2.3.10）直接解出 $u_{ij}^{t+\Delta t}$。

将 $u_{ij}^{t+\Delta t}$ 分为三部分：

$$u_{ij}^{t+\Delta t}=\overline{u}_{ij}^{t+\Delta t}+\Delta u_{ij}^{t+\Delta t}+\Delta v_{ij}^{t+\Delta t} \tag{2.3.11}$$

其中，

$$\overline{u}_{ij}^{t+\Delta t}=\frac{\Delta t^2}{2m_i}\left(F_{ij}^t-\sum_{l=1}^{n_e}\sum_{k=1}^{n}K_{ijlk}u_{lk}^t-\sum_{l=1}^{n_e}\sum_{k=1}^{n}C_{ijlk}\dot{u}_{lk}^t\right)+u_{ij}^t+\Delta t\dot{u}_{ij}^t \tag{2.3.12}$$

可以由前一时刻的运动状态直接得到，令 $M_i=\dfrac{2m_i}{\Delta t^2}$，有：

$$\Delta u_{ij}^{t+\Delta t}=\frac{\Delta t^2}{2m_i}N_{ij}^t=\frac{N_{ij}^t}{M_i} \tag{2.3.13}$$

$$\Delta v_{ij}^{t+\Delta t}=\frac{\Delta t^2}{2m_i}\tau_{ij}^t=\frac{\tau_{ij}^t}{M_i} \tag{2.3.14}$$

由接缝的动接触状态决定。

在接触问题的求解中，以结点对 i 和 i' 为研究对象，下面所有以 i 和 i' 为下标的变量都代表由点 i 和 i' 在各自由度上的分量组成的列向量（M_i 及 $M_{i'}$ 除外）。

1）计算法向接触力及其引起的结点位移

在计算过程中，由式（2.3.12）求得 $\overline{\boldsymbol{u}}_i^{t+\Delta t}$、$\overline{\boldsymbol{u}}_{i'}^{t+\Delta t}$，并由此判断接触是否发生。当

$$\boldsymbol{n}_i^{\mathrm{T}}\left(\overline{\boldsymbol{u}}_{i'}^{t+\Delta t}-\overline{\boldsymbol{u}}_i^{t+\Delta t}\right)\geqslant 0 \tag{2.3.15}$$

不满足时，i 和 i' 不发生接触，法向接触力和切向摩擦力为 0，$\overline{u}_i^{t+\Delta t}$、$\overline{u}_{i'}^{t+\Delta t}$ 即总位移。

当式（2.3.15）成立时，i 和 i' 发生接触，由法向互不侵入条件，有

$$\boldsymbol{n}_i^{\mathrm{T}}\left(\overline{\boldsymbol{u}}_{i'}^{t+\Delta t}+\Delta\boldsymbol{u}_{i'}^{t+\Delta t}+\Delta\boldsymbol{v}_{i'}^{t+\Delta t}-\overline{\boldsymbol{u}}_i^{t+\Delta t}-\Delta\boldsymbol{u}_i^{t+\Delta t}-\Delta\boldsymbol{v}_i^{t+\Delta t}\right)=0 \tag{2.3.16}$$

其中，$\boldsymbol{n}_i{}^{\mathrm{T}}\Delta\boldsymbol{v}_{i'}^{t+\Delta t}=\overline{\boldsymbol{n}}_i{}^{\mathrm{T}}\Delta\boldsymbol{v}_i^{t+\Delta t}=0$，并设 $\Delta_{1i}=\boldsymbol{n}_i{}^{\mathrm{T}}\left(\overline{\boldsymbol{u}}_{i'}^{t+\Delta t}-\overline{\boldsymbol{u}}_i^{t+\Delta t}\right)$，则

$$\boldsymbol{n}_i^{\mathrm{T}}\left(\Delta\boldsymbol{u}_i^{t+\Delta t}-\Delta\boldsymbol{u}_{i'}^{t+\Delta t}\right)=\Delta_{1i} \tag{2.3.17}$$

将式（2.3.13）代入式（2.3.17）得

$$\boldsymbol{N}_i^t=\frac{M_iM_{i'}}{M_i+M_{i'}}\boldsymbol{n}_i\Delta_{1i} \tag{2.3.18}$$

再由式（2.3.13）可计算 $\Delta\boldsymbol{u}_i^{t+\Delta t}$、$\Delta\boldsymbol{u}_{i'}^{t+\Delta t}$。

2）计算切向摩擦力及其引起的位移

当法向计算中判断 i 和 i' 发生接触后，才需要进行切向摩擦力的计算。

在计算过程中，首先假定 i 和 i' 的摩擦状态与上一时步相同，若为静摩擦状态，则 i 和 i' 在切向无相对位移：

$$\boldsymbol{t}_i^{\mathrm{T}}(\overline{\boldsymbol{u}}_{i'}^{t+\Delta t}+\Delta\boldsymbol{u}_{i'}^{t+\Delta t}+\Delta\boldsymbol{v}_{i'}^{t+\Delta t}-\overline{\boldsymbol{u}}_{i}^{t+\Delta t}-\Delta\boldsymbol{u}_{i}^{t+\Delta t}-\Delta\boldsymbol{v}_{i}^{t+\Delta t})=\boldsymbol{t}_i^{\mathrm{T}}(\boldsymbol{u}_{i'}^{t}-\boldsymbol{u}_{i}^{t}) \tag{2.3.19}$$

其中，$\boldsymbol{t}_i^{\mathrm{T}}\Delta\boldsymbol{u}_{i'}^{t+\Delta t}=\boldsymbol{t}_i^{\mathrm{T}}\Delta\boldsymbol{u}_{i}^{t+\Delta t}=0$，并设 $\Delta_{2i}=\boldsymbol{t}_i^{\mathrm{T}}\left[(\overline{\boldsymbol{u}}_{i'}^{t+\Delta t}-\overline{\boldsymbol{u}}_{i}^{t+\Delta t})-(\boldsymbol{u}_{i'}^{t}-\boldsymbol{u}_{i}^{t})\right]$，则

$$\boldsymbol{t}_i^{\mathrm{T}}\left(\Delta\boldsymbol{v}_{i}^{t+\Delta t}-\Delta\boldsymbol{v}_{i'}^{t+\Delta t}\right)=\Delta_{2i} \tag{2.3.20}$$

将式（2.3.14）代入式（2.3.20），于是：

$$\boldsymbol{\tau}_i^{t}=\frac{M_iM_i}{M_i+M_i}\boldsymbol{t}_i\Delta_{2i} \tag{2.3.21}$$

同时，还需判断静摩擦力值是否超过 $\mu_{\mathrm{s}}\left|\boldsymbol{N}_i^{t}\right|$（$\mu_{\mathrm{s}}$ 为静摩擦系数），若超过，则说明 i 与 i' 之间转入动摩擦状态。按照 i 与 i' 之间处于动摩擦状态计算时，有：

$$\left|\boldsymbol{\tau}_i^{2}\right|=\mu\left|\boldsymbol{N}_i^{2}\right| \tag{2.3.22}$$

式中：μ 为动摩擦系数。求得 $\boldsymbol{\tau}_i^{t}$ 后，由式（2.3.14）计算 $\Delta\boldsymbol{v}_{i}^{t+\Delta t}$、$\Delta\boldsymbol{v}_{i'}^{t+\Delta t}$。

按照 i 与 i' 之间处于动摩擦状态计算时，还需检验 i 与 i' 是否符合如下充要条件。

$$\boldsymbol{t}_i^{\mathrm{T}}(\boldsymbol{u}_{i'}^{t+\Delta t}-\boldsymbol{u}_{i}^{t+\Delta t})>\boldsymbol{t}_i^{\mathrm{T}}(\boldsymbol{u}_{i'}^{t}-\boldsymbol{u}_{i}^{t}),\quad \mathrm{sgn}(\Delta_{2i})=1 \tag{2.3.23}$$

$$\boldsymbol{t}_i^{\mathrm{T}}(\boldsymbol{u}_{i'}^{t+\Delta t}-\boldsymbol{u}_{i}^{t+\Delta t})<\boldsymbol{t}_i^{\mathrm{T}}(\boldsymbol{u}_{i'}^{t}-\boldsymbol{u}_{i}^{t}),\quad \mathrm{sgn}(\Delta_{2i})=-1 \tag{2.3.24}$$

若式（2.3.23）和式（14.5.24）不成立，则结点对进入静摩擦状态，按式（2.3.21）重新计算 $\boldsymbol{\tau}_i^{t}$。

3）缝间设置钢筋的情况

在一般情况下，接触面处在张开状态，即 $\Delta_{1i}<0$ 时，相应的接触力为 0，但在接触面间配有抗拉钢筋的情况下，当 $\Delta_{1i}<0$ 时，钢筋开始受拉工作，同样有

$$\boldsymbol{n}_i^{\mathrm{T}}(\boldsymbol{u}_{i}^{t+\Delta t}-\boldsymbol{u}_{i}^{t+\Delta t})=\frac{\boldsymbol{n}_i^{\mathrm{T}}\boldsymbol{N}_i^{t}}{K_s} \tag{2.3.25}$$

式中：$\boldsymbol{N}_i^{t}$ 为 i 点对应钢筋承受的拉力；K_s 为 i 点对应钢筋的抗拉刚度，$K_s=\dfrac{E_sA_s}{l_s}$，E_s 为钢筋的弹性模量，A_s 为 i 点所代表的钢筋面积，l_s 为 i 和 i' 点对间钢筋的自由长度。

相应地，式（2.3.17）也修正为

$$\boldsymbol{n}_i^{\mathrm{T}}(\Delta\boldsymbol{u}_{i}^{t+\Delta t}-\Delta\boldsymbol{u}_{i}^{t+\Delta t})+\frac{\boldsymbol{n}_i^{\mathrm{T}}\boldsymbol{N}_i^{t}}{K_s}=\Delta_{1i} \tag{2.3.26}$$

于是，钢筋承受拉力的计算式为

$$\boldsymbol{N}_i^{t}=\boldsymbol{n}_i\Delta_{1i}\frac{1}{\dfrac{(M_i+M_i)}{M_iM_i}+\dfrac{1}{K_i}} \tag{2.3.27}$$

2.3.2　右联 1 坝段

1. 计算条件

建立 1 坝段二维有限元模型，考虑 143 m 高程的裂缝和新老混凝土结合面，如图 2.3.2 所示，共设 4 条缝面，其中 143 m 高程裂缝的初始强度为 0，摩擦系数 f=0.65，水平向新老混凝土结合面的初始抗拉强度为 1 MPa，所有新老混凝土结合面的抗剪参数均为 f=1.0，c=1.0 MPa。缝初始开度的数值分别按较优方案和较不利方案计算，工况 1、工况 2，如图 2.3.3 所示。

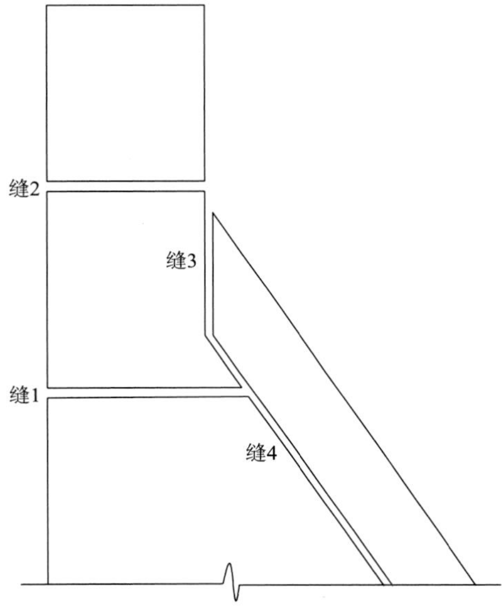

图 2.3.2　1 坝段裂缝位置图

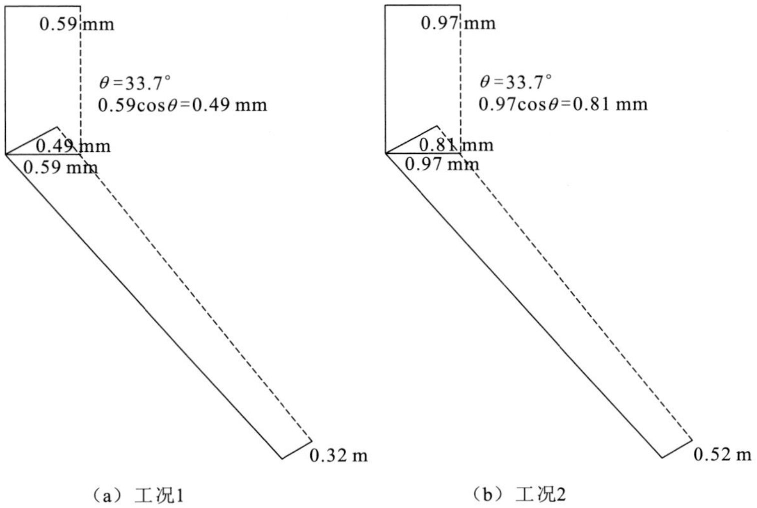

图 2.3.3　工况 1、工况 2 假定缝 3、缝 4 考虑温度荷载后的张开情况

2. 大坝混凝土与基岩的物理力学参数

表 2.3.1 为大坝混凝土与基岩的物理力学参数。现行抗震规范规定，混凝土的动态弹性模量和动态强度较静态时提高 30%。混凝土的抗拉强度取其抗压强度的 10%。

表 2.3.1　混凝土与基岩的物理力学参数

材料分区	材料标号	强度等级	静态弹性模量 /GPa	静态抗压强度标准值 /MPa	泊松比	重力密度 /（kN/m^3）
I	$R_{90}300^{\#}$	C22.4	48.0	20.4	0.167	24.0
II	$R_{90}150^{\#}$	C10.3	18.0	10.1		
III	$R_{90}200^{\#}$	C15.2	22.0	14.6		
	基岩		21.0	—	0.220	27.0

坝基面抗剪断强度参数的标准值：1 坝段为坝体混凝土与坝基接触面的抗剪断摩擦系数 $f_k'=0.73$，坝体混凝土与坝基接触面的抗剪断黏聚力 $c_k'=0.57$ MPa；厂房 27 坝段为 $f_k'=0.69$，$c_k'=0.54$ MPa。

新老混凝土结合面的抗剪断强度指标，f_k'、c_k' 分别为 0.82 和 0.70 MPa。结合面抗拉强度的标准值为 0.81 MPa。

地震波模拟时，将标准反应谱经拟合生成的人工加速度时程，反演到深部人工边界处，按照波动分析方法和程序的要求，转换成位移波，取入射波为地震动输入，同时在顺河向和竖向施加。

3. 计算步骤

静动力计算过程分为以下三个步骤。

（1）坝体考虑一期混凝土及所含缝 1，荷载包括一期水、砂荷载及一期混凝土自重，进行静力计算。

（2）坝体考虑一期和二期混凝土及 4 条缝面（图 2.3.2），新增的荷载包括二期水荷载及二期混凝土自重，进行静力计算。

（3）坝体考虑一期和二期混凝土及 4 条缝面，在第（2）步计算稳定后，将缝 3、缝 4 的法向和切向接触力作为节点荷载施加于缝面节点上，按图 2.3.3 所示的工况 1 和工况 2 设置缝 3、缝 4 初始开度，输入地震波，进行动力计算。动力计算中材料的弹性模量、强度考虑为静态的 1.3 倍。

4. 计算成果及分析

成果分析中以工况 1 为主要工况。表 2.3.2 为坝体应力反应主要结果，图 2.3.4 为上游坝顶顺河向和竖向位移时程，图 2.3.5 为缝 1 上游侧结点对开度时程，图 2.3.6 为缝 1 下游侧结点对开度时程，图 2.3.7 为缝 2 上游侧结点对开度时程，图 2.3.8 为缝 2 下游侧结点对开度时程，图 2.3.9 为缝 3 顶部结点对开度时程，图 2.3.10 为缝 3 底部结点对开度时程，图 2.3.11 为缝 1 上游侧最大张开时刻的张开度分布。

从图 2.3.4 位移时程及图 2.3.9、图 2.3.10 缝 3 的开度时程可判断，坝体一期混凝土中的水平裂缝缝 1 上部的坝体在地震过程中向上游发生了 2 mm 左右的残余滑移，而缝 2 两侧的一期混凝土与二期混凝土之间并无相对滑移，说明由于缝 1 无初始抗拉强度，缝间抗剪强度也较低，在地震过程中缝面两侧发生滑移。缝 1 在地震过程中的开裂情况也较为严重，最大开度达到近 3.3 mm，缝 1 的止水处理需要予以关注。

图 2.3.7、图 2.3.8 表明，缝 2 上下游侧在地震过程中有张开的现象。在不考虑坝内 4 条分缝的整体计算中，这一部位的最大应力仅 0.24 MPa，未超过缝 2 新老混凝土界面的抗拉强度 1 MPa，说明由于缝 1、缝 3、缝 4 的存在（动力阶段缝 1 发生的滑移和缝 3 由温度荷载产生的初始开度），加高后的坝体头部无法得到贴坡混凝土的有效支撑，成为有较大高度的独立悬臂体，故在缝 2 位置产生较大的拉应力，新老混凝土界面部分被拉开。这一计算结果表明，对于大坝加高工程，尤其是在丹江口大坝一期混凝土坝体存

表 2.3.2　1#坝段坝体应力反应主要结果　（单位：MPa）

工况		最大主应力	最小主应力
静态		0.02（老坝顶部）	−2.88（老坝坝踵）
静动综合	工况 1	1.72（坝底二期混凝土上游端）	−5.96（老坝裂缝下游侧上方）
	工况 2	1.90（坝底二期混凝土上游端）	−5.93（老坝裂缝下游侧上方）

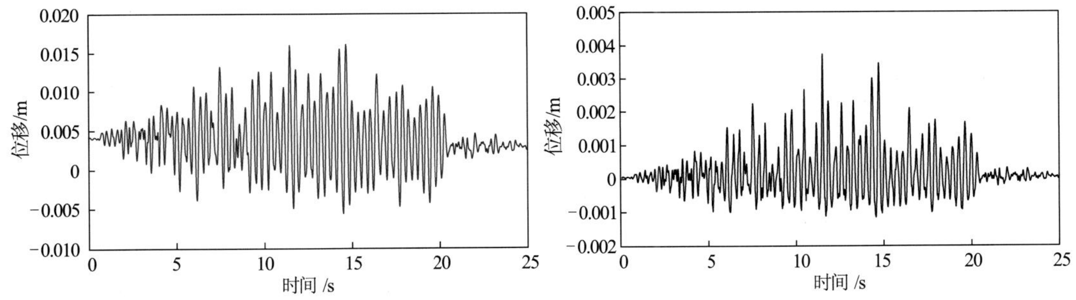

（a）顺河向　（b）竖向

图 2.3.4　上游坝顶位移时程（工况 1）

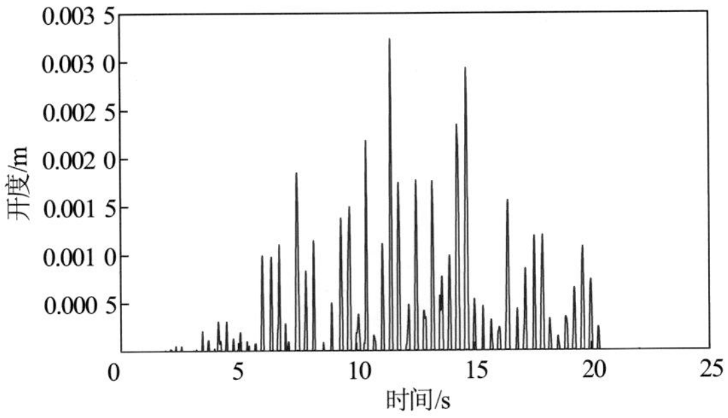

图 2.3.5　缝 1 上游侧结点对开度时程（工况 1）

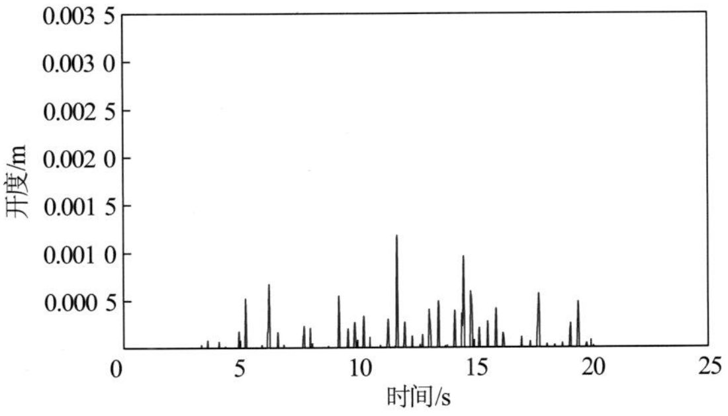

图 2.3.6　缝 1 下游侧结点对开度时程（工况 1）

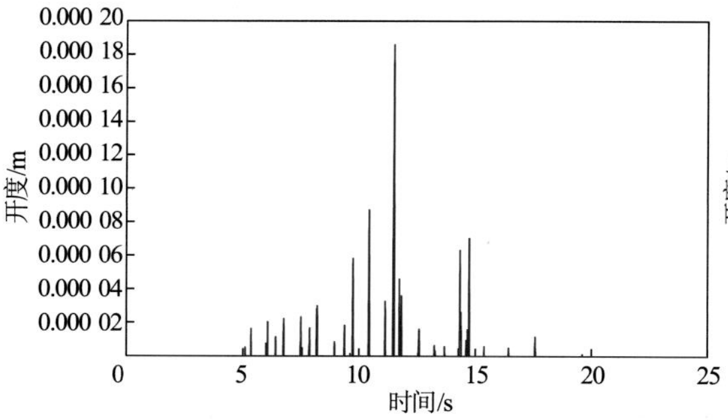

图 2.3.7　缝 2 上游侧结点对开度时程（工况 1）

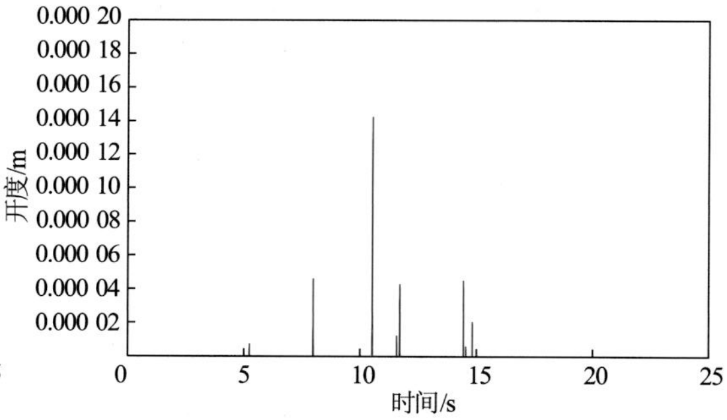

图 2.3.8　缝 2 下游侧结点对开度时程（工况 1）

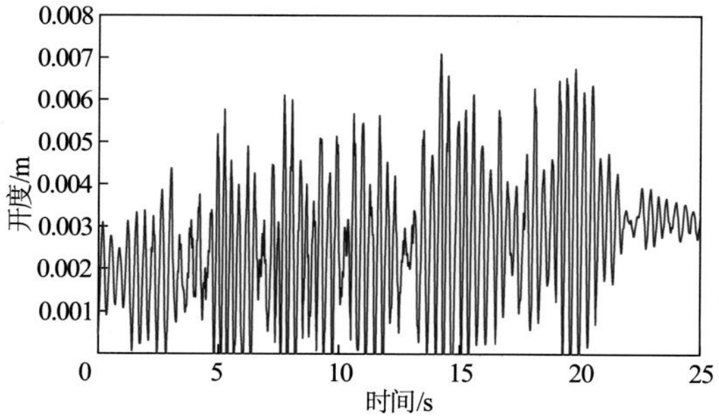

图 2.3.9　缝 3 顶部结点对开度时程（工况 1）

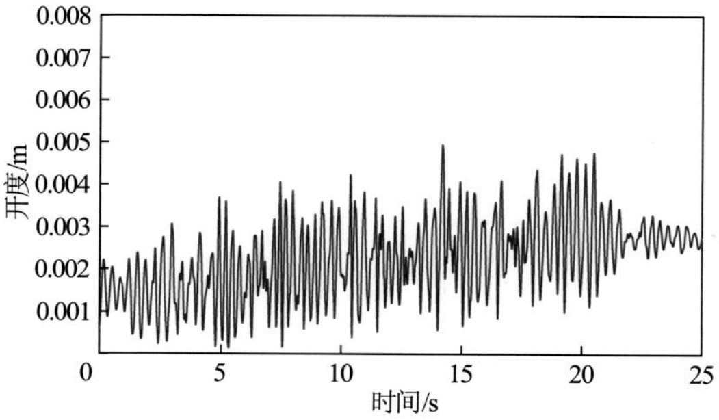

图 2.3.10　缝 3 底部结点对开度时程（工况 1）

在断裂面和温度效应，使贴坡部位二期混凝土与一期坝体分离的基础上，水平新老混凝土界面在地震过程中的受力情况将有所恶化，可能发生开裂。

图 2.3.9、图 2.3.10 表明，新老混凝土结合面竖直段缝 3 顶部在地震过程中的最大张开度达 7 mm，震后残余开度近 3 mm，也应引起重视。

从坝体应力分布情况来看，坝体的静态拉应力水平并不高，最大主拉应力仅 0.02 MPa。静态最小主应力−2.88 MPa 出现在老坝坝踵。对于工况 1，坝体的静动综合最大主应力 1.72 MPa 发生在坝底二期混凝土上游端，这是由于动力阶段考虑缝 3 和缝 4 的初始张开度，贴坡部位的二期混凝土坝体成为独立悬臂梁，在地震动过程中必然在根部产生较大的拉应力，但由于一期坝体的存在，悬臂梁向上游侧的运动受到阻挡，而向下游侧的运动则是自由的，所以在悬臂梁的上游侧根部产生较大的动态拉应力。坝体的静动综合最小主应力−5.96 MPa 发生在老坝裂缝下游侧上方，这是由于缝 1 已经完全断开，在地震过程中，缝 1 的张开较为严重，如图 2.3.11 中某些时刻甚至出现该高程截面大部分都已张开，只有下游侧两结点对压紧的情况，这时必然在该部位产生大的压应力。工况 2 的计算结果与工况 1 较为接近，由于初始开度更大，其静动综合最大主应力数值较工况 1 略大，达到 1.90 MPa。

总之，对于丹江口大坝加高工程的 1 坝段，其坝体静动综合应力均在混凝土强度容许范围内，坝体在一期混凝土的水平缝则可能在设计地震输入的过程中发生少量向上游侧的滑移，总地来说，大坝整体安全基本有保证，但应加强新浇贴坡混凝土与老混凝土部分的联系，从而减少老坝体水平缝的局部滑移，进而保证大坝的整体性。

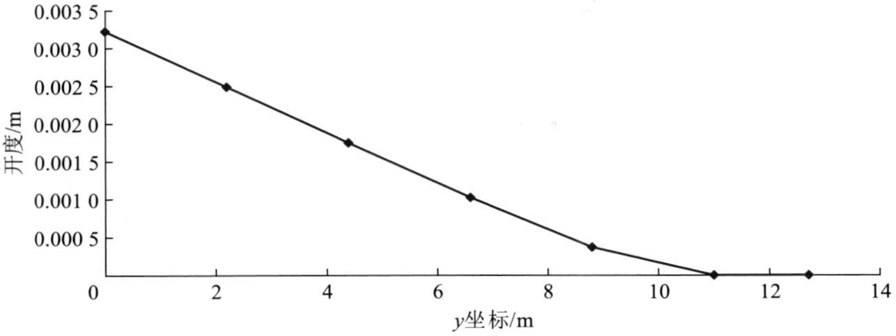

图 2.3.11　缝 1 上游侧最大张开时刻的开度分布

2.3.3　溢流坝段(17 坝段)

1.计算条件

1）坝体尺寸

17 坝段坝体结构见图 2.3.12。坝体建基面高程 79～99 m，坝底顺水流向长 82 m，单块坝宽 24 m。加高前溢流堰顶高程 138 m，墩顶高程 162 m；加高后堰顶高程 152 m，墩顶高程 176.6 m。

计算考虑的非线性接触缝面包括新浇溢流堰体与老闸墩之间的结合面，以及假定老闸墩在 138.0 m 和 152.0 m 高程存在的水平弱面。

2）大坝混凝土与基岩的物理力学参数

基岩按各向同性均质岩体考虑，材料参数如下。

老混凝土：弹性模量 35 GPa，泊松比 0.167，重度 24.5 kN/m^3。

新混凝土：弹性模量 25.5 GPa，泊松比 0.167，重度 24.5 kN/m^3。

基岩：弹性模量 21 GPa，泊松比 0.367。

锚筋：弹性模量 210 GPa。

老闸墩水平缝接触面参数：摩擦系数 f=0.65，按不利情况考虑，黏聚力 c=0.0 MPa，法向抗拉强度 σ_p=0.0 MPa。新老混凝土结合面参数：摩擦系数 f=1.00，黏聚力 c=1.5 MPa，法向抗拉强度 σ_p=1.5 MPa。

3）静态荷载

计算中考虑施工期作用于坝体的上下游水压力、淤沙压力、坝体自重和坝底扬压力。

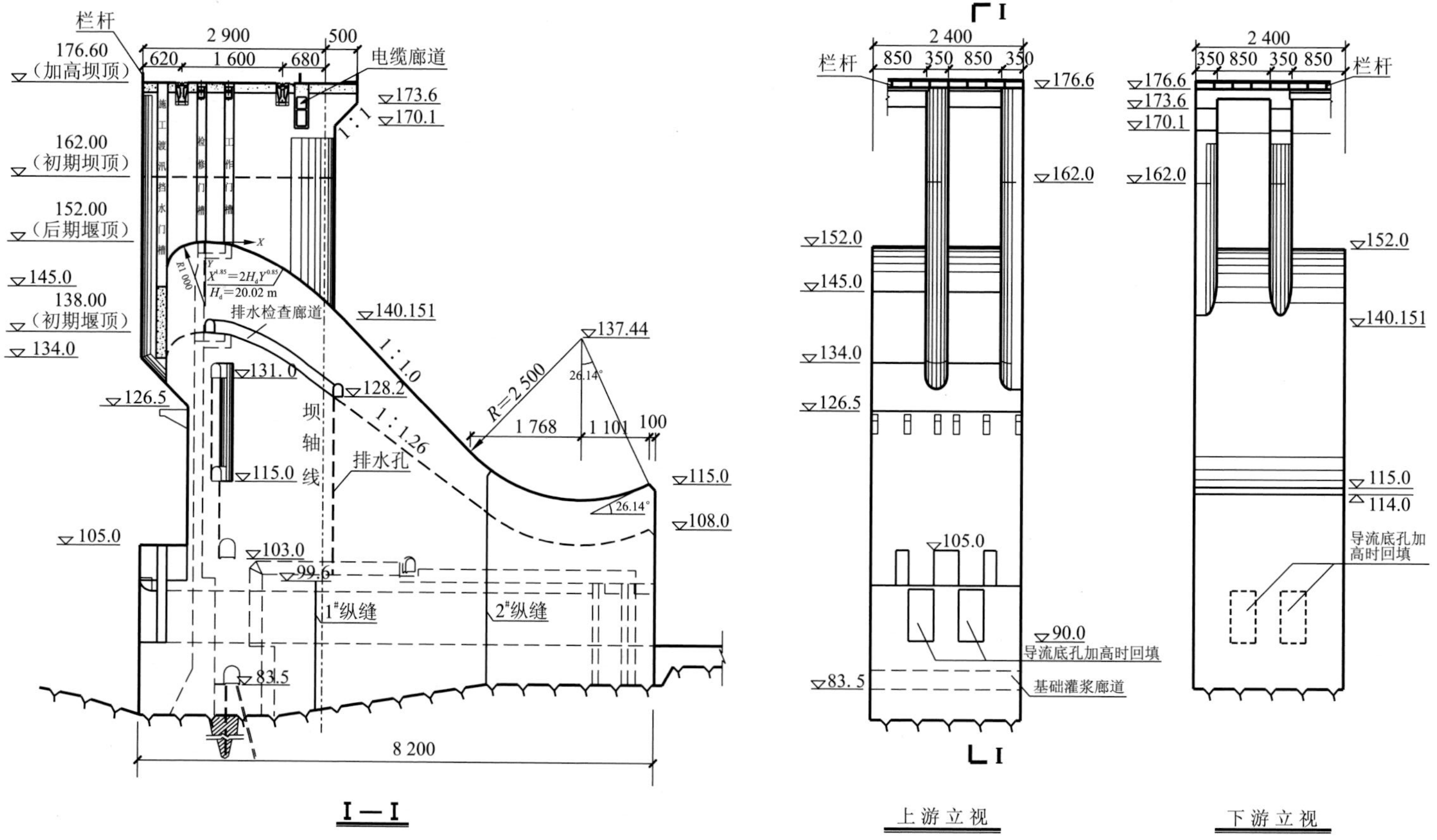

图2.3.12　17坝段坝体结果图（高程单位：m；尺寸单位：cm）

4）地震荷载

计算采用的大坝基岩的水平峰值加速度为 0.12 g（g 为重力加速度，取 9.8 m/s^2），竖向为 0.08 g。加速度反应谱取抗震规范规定的标准设计反应谱，并据此拟合人工地震波。

5）计算工况

计算中分别考虑新浇堰体与老闸墩之间结合紧密和施加静荷载之后存在 0.3 mm 缝隙两种状况。因此，将工况 1、工况 2 分别对应新浇堰体与老闸墩之间存在和不存在初始缝隙的情况。

2. 有限元建模

坝体及近域地基的有限元网格包括了横河向 284 m、顺河向 384 m 及竖向坝底以下 135.75 m 的范围。含人工透射边界区及接触边界双结点在内，结点总数为 68 857 个，单元总数为 43 170 个。

图 2.3.13 为坝体有限元网格，深色部分为二期加高的混凝土，图 2.3.14 为大坝分缝示意图，图 2.3.15 为大坝–地基系统有限元网格。

在坝体缝面中，缝 1 为 138 m 高程老闸墩上的水平缝，缝 2 为 152 m 高程老闸墩上水平缝，缝 3 为 162 m 高程闸墩新老混凝土间的水平缝，缝 4 为新浇堰体与老闸墩间新老混凝土的竖向缝，缝 5 为新浇堰体与老堰面间的缝面。

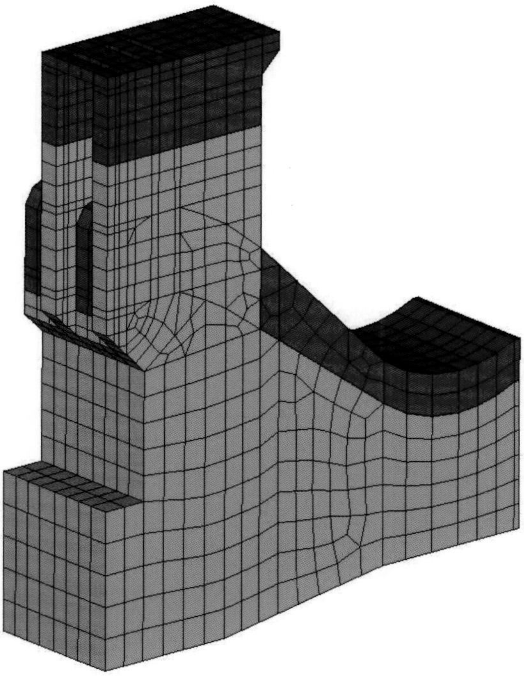

图 2.3.13　坝体有限元网格

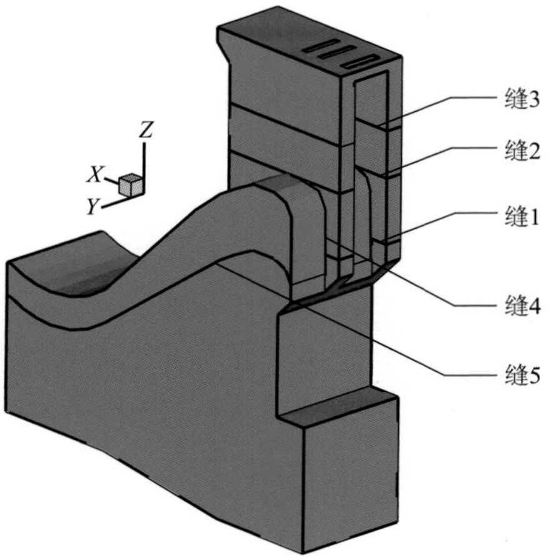

图 2.3.14　大坝分缝示意图

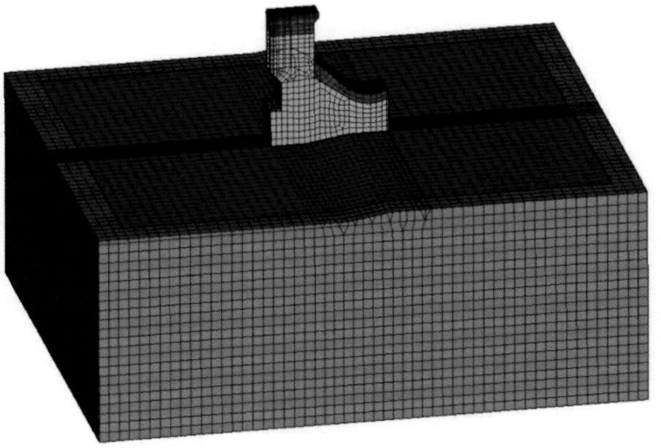

图 2.3.15　大坝-地基系统有限元网格

为加强闸墩与溢流堰的联系，设计在新堰面以下布置一排锚筋ϕ25 mm@20 m，布置在距墩头 4～31.5 m。钻孔植筋无黏结长度取为 1.0 m。对于这些锚筋的作用，在缝面接触力模型中进行考虑。另外，对于闸墩上竖向锚索产生的预应力以集中荷载形式进行了模拟。

3.计算成果及分析

1）应力分析

表 2.3.3 则列出坝体正常蓄水位静态及两种工况下设计地震作用下静动综合主应力极值及其出现位置。

表 2.3.3　坝体应力极值及出现位置　（单位：MPa）

工况		最大主拉应力		最大主压应力	
		数值	部位	数值	部位
静态		0.622	坝踵	-1.902	坝趾
静动综合	工况 1	6.997	坝踵	-20.44	坝趾
	工况 2	6.578	坝踵	-20.38	坝趾

从坝体应力计算结果来看，静态荷载作用下，坝体应力较小，除坝踵部位 0.622 MPa 左右的拉应力外，溢流坝段在静态荷载作用下大体处于受压状态。在地震作用下，坝体在坝踵部位产生了近 7 MPa 的拉应力，在坝趾部位也有较大的局部拉应力出现，但范围均较小，坝体底部较大的动态拉应力体现了重力坝近似悬臂梁的工作特点，同时考虑横河向地震动输入，也使坝体根部的动态拉应力有所增加，这还与应力结果后处理时，采用结点应力绘制应力云图，致使应力集中较为显著有一定的关系。另外，两种工况静动力计算的应力结果差别不大，表明老闸墩与新浇岩体间是否存在缝隙，对坝体应力影响

不大。究其原因，这一缝隙存在与否影响较大的应当是横河向的地震作用效应，而老混凝土部分坝体的坝段间能够相互结合，而考虑到横河向存在约束，横河向地震作用效应大为减弱，所以两种工况差别不大。

2）位移及接触面滑移计算成果分析

图 2.3.16 给出了工况 1 坝顶中部结点相对坝踵的顺河向和竖向位移时程，图 2.3.17 给出了工况 2 坝顶中部结点相对坝踵的顺河向和竖向位移时程。

图 2.3.18、图 2.3.19 分别为缝 1 和缝 2 上游侧结点对顺河向滑移时程在工况 1 和工况 2 条件下的比较。

由图 2.3.16 可见，工况 1（即新浇堰体混凝土与旧闸墩间结合紧密）坝顶在震后出现超过 2 cm 的残余位移。对于工况 2（即新浇堰体混凝土与旧闸墩间存在 0.3 mm 的初始间隙），此时坝顶却未出现残余的顺河向位移。由图 2.3.18 和图 2.3.19 可见，工况 1 上部闸墩沿缝 1 发生了 2 cm 左右的顺河向滑移，这与工况 1 在 152 m 高程的老闸墩上的水平裂缝（缝 1）成为堰面与闸墩交界的显著削弱面有关，此时缝 1 以下的闸墩部分与新浇堰体紧密接触，其结合面具有一定的强度，致使缝 1 上下两侧的刚度差过于悬殊，所以地震动过程中缝 1 以上的闸墩出现了 2 cm 左右的顺河向残余滑移。而对于工况 2，考虑新浇堰体与原有闸墩间在地震动输入前存在 0.3 mm 的缝隙，此时地震中老闸墩基本处于独立工作状况，缝 1 上下两侧刚度无显著变化，所以工况 2 反而没有在同一位置出现过大的顺河向残余滑移。

对于工况 2，其在缝 2（即 138 m 高程的老闸墩上的水平裂缝）发生顺河向残余位移 1 mm 左右，大于工况 1 在缝 2 发生的顺河向残余位移 0.4 mm，对于工况 2，老堰面到老闸墩之间的截面变化的位置和水平裂缝存在的位置，是溢流坝段截面刚度显著削弱的部位，因此其发生顺河向残余滑移的部位在缝 2，但由于缝 2 位置靠下，上部混凝土自重较大，其能够发生的滑移数值就较小。

对于闸墩上新老混凝土间的水平缝面缝 3 和老闸墩与新浇堰体间的缝 4，由于新老混凝土间存在初始抗拉强度，在地震过程中缝面仅部分开裂，故无论是工况 1 还是工况 2，缝 3 上游侧开裂结点的滑移数值均很小，残余滑移的数值就更小。

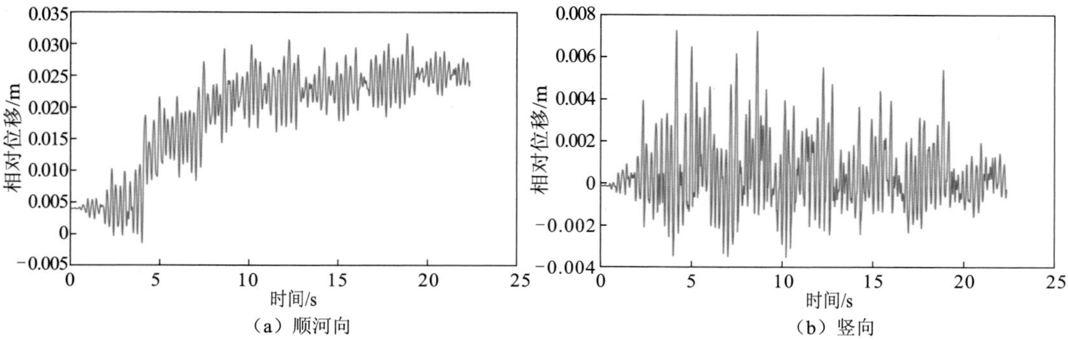

（a）顺河向　（b）竖向

图 2.3.16　坝顶相对位移时程（工况 1）

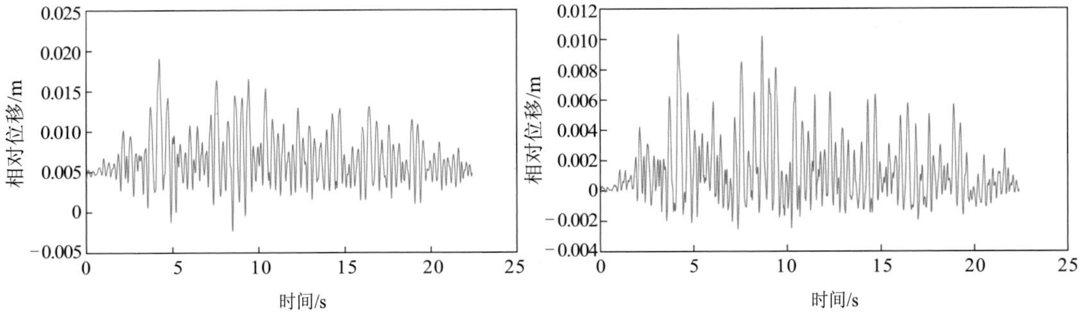

（a）顺河向　　（b）竖向

图 2.3.17　坝顶相对位移时程（工况 2）

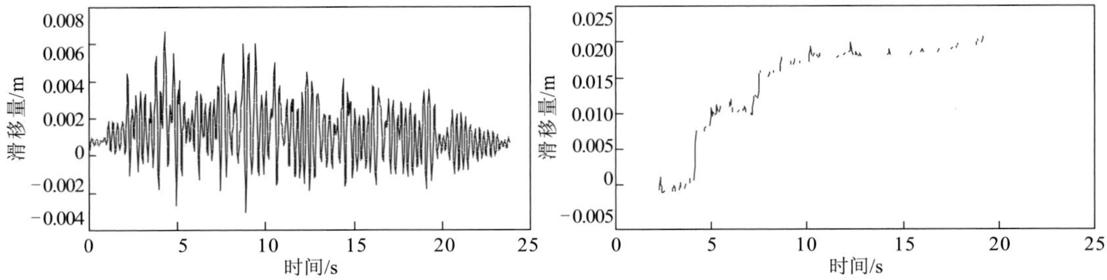

（a）工况1　　（b）工况2

图 2.3.18　缝 1 上游侧结点对顺河向滑移时程

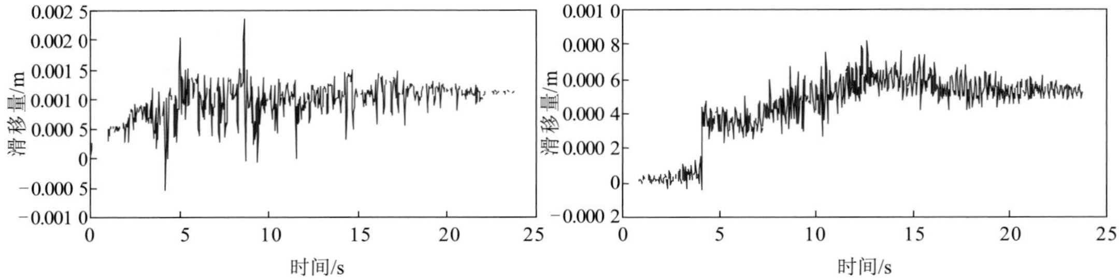

（a）工况1　　（b）工况2

图 2.3.19　缝 2 上游侧结点对顺河向滑移时程

总之，对于丹江口大坝加高工程的 17 坝段，其坝体静动综合压应力在混凝土强度容许的范围内，除坝踵的局部应力集中区域外，坝体静动综合拉应力也基本在混凝土动态抗拉强度范围内，大坝安全基本是有保证的。

2.3.4　抗震安全评价及措施方案

在根据《水工建筑物抗震设计规范》（SL 203—1997）的原则和要求进行大坝动力分析和抗震安全初步评价的基础上，重点开展了大坝加高的非线性动力反应分析方法、理论的扩展及其计算程序的开发，并在考虑丹江口大坝老坝体中存在裂缝，以及新老混凝土结合面不同状态、坝体混凝土动态损伤开裂及模拟溢流坝段闸墩钻孔植筋和堰面锚筋等工程抗震措施的前提下，用非线性有限元方法研究大坝加高后的不同坝段在地震作用下的动力反应，评价大坝的抗震安全性。

1. 抗震安全评价

（1）1 坝段一期混凝土水平向裂缝在地震过程中的开裂情况可能较为严重，其止水处理需要予以关注。水平向新老混凝土结合缝在上下游侧也可能发生一定范围的开裂，表明对于大坝加高工程，尤其是在丹江口大坝一期混凝土坝体存在断裂面和温度效应，使贴坡部位二期混凝土与一期坝体分离的基础上，水平新老混凝土界面在地震过程中的受力情况将有所恶化，可能发生开裂。因此，建议对水平新老混凝土界面采取插筋、设置榫槽等抗震措施，提高其抗拉、抗剪强度，同时建议对各缝面的受力工作性态、受温度荷载后的初始张开分布加大监控力度，确保丹江口大坝的抗震安全。

（2）在 1 坝段坝体静动综合应力反应中，贴坡部位二期混凝土坝体的近上游侧根部将出现近 2 MPa 的拉应力，有可能引起这一部位坝基交界面的开裂，应予以重视。

（3）以 1 坝段为例，即便发生坝体头部断裂的极端情况，在设计地震作用下，头部缝面也未发生滑移，坝体能够保持正常工作。地震荷载增加到设计地震的 10.0 倍，坝体头部可能发生超过 0.5 m 的顺河向滑移，但并不会出现头部翻倒、倾覆的失稳状况。

（4）对于 17 坝段，新浇堰体与老闸墩之间结合紧密和存在 0.3 mm 缝隙两种状况的坝体应力的计算结果差别不大。静态荷载作用下，坝体应力较小，除局部极小范围的应力集中区域外，溢流坝段在静态荷载作用下大体处于受压状态。在地震作用下，在坝踵和坝趾部位有较大的局部拉应力出现，但范围均较小。

（5）17 坝段老闸墩上的水平缝没有初始强度，地震过程中容易发生顺河向的滑移，其中一部分滑移量震后也无法恢复，而滑移较大的部位将出现在坝体刚度突变更显著的位置。因此，在采用加强坝体侧向约束的工程措施时，尽量避免在水平缝面的上下两侧发生坝体刚度的显著削弱。

2. 抗震措施方案

经上述多方面的计算分析研究，对丹江口大坝加高工程的抗震措施方案如下。

（1）在加强新浇混凝土温控，减少开裂的基础上，对新老混凝土界面采取插筋、设置榫槽等抗震措施，提高缝面抗拉、抗剪强度，增强整个坝体联合受力的能力。

（2）对于新老混凝土界面部位，对老混凝土坝体的拐角、突出等尖锐部位予以修匀，改善缝面的受力状况。

（3）溢流坝段老闸墩的水平裂缝对闸墩的工作性态有一定影响，可采用钻孔植筋的方法进行加固，提高缝面的抗拉、抗剪能力。

（4）地震中坝体易损区域主要集中在坝体折坡、坝踵、新老混凝土结合面的尖端附近区域等，应重点对这些部位的变形、开裂情况加强实时监测。

2.4 初期大坝帷幕评价及高水头灌浆技术研究

2.4.1 研究现状

1. 帷幕防渗性能评价研究现状

长期以来，灌浆帷幕的现状防渗性能和耐久性一直以经验评价为主，理论研究少；以定性评价为主，定量评价少；以间接评价为主，直接评价少。

1）以压水检查为主，手段相对单一

以往工程，帷幕现状防渗性能评价的主要手段是钻孔压水检查。若钻孔压水透水率超过设计防渗标准或大于帷幕施工完成后的压水检查透水率，则判定该部位的帷幕现状防渗性能下降。

钻孔压水检查可查明幕体的渗透性能，但无法直观观察孔内幕体及岩体性状，难以推测幕体防渗性能变化的原因。此外，由于检查孔个数有限，钻孔压水仅能掌握检查孔附近幕体的渗透性能，无法推断相邻检查孔之间的幕体性状。

2）以局部幕体检测评价为主，未开展全坝基幕体检测

大坝工程通常布置渗流、渗压监测设施，以掌握坝基渗流状态。以往工程监测发现局部坝基渗流量或渗压力突然增大甚至超过设计值时，对该部位的幕体防渗性能进行重点检测，不能全面掌握坝基防渗帷幕的性状。

2. 帷幕耐久性评价研究现状

大坝加高工程中，除对幕体现状防渗性能不满足加高工程设计防渗标准的部位进行补强灌浆外，还需对耐久性寿命不满足加高工程设计年限的幕体进行补强。

帷幕灌浆从浆材方面区分，主要包括水泥灌浆、化学灌浆、水泥-化学复合灌浆。水泥-化学复合灌浆帷幕的耐久性寿命同时受控于水泥灌浆帷幕和化学灌浆帷幕的耐久性。

1）水泥灌浆帷幕耐久性研究现状

水电工程中广泛采用硅酸盐水泥进行帷幕灌浆，帷幕中的水泥结石主要由水化硅酸钙、氢氧化钙、水化铝酸钙、水化硫铝酸钙等水化物组成。一般情况下，水化物是稳定的，但在坝基渗流场中，上述水化物与渗透水流中的各种离子相互作用、迁移转化，会破坏水泥结石的结构。渗透水流对灌浆帷幕中水泥结石的侵蚀主要有溶出型侵蚀、碳酸型侵蚀、一般酸性侵蚀、硫酸盐侵蚀、镁盐侵蚀等，其本质均为结石中水化物被水侵蚀、水解，造成 CaO 溶出，而使水泥帷幕的防渗性能下降。

目前，研究水泥结石侵蚀类型及应对措施的研究较多，但系统开展水泥灌浆帷幕耐久性寿命研究的成果很少。部分研究通过淋溶试验、渗流场变化推演、水质特征变化预测等手段预测水泥帷幕的耐久性，但往往由于没能考虑与具体溶蚀边界的相似性，又缺乏明确的判别标准，定量性、准确性较差。

2）化学灌浆帷幕耐久性研究现状

目前，国内外相关研究成果很少，且缺乏较完善和公认的分析方法。研究者一般通过大坝渗流、渗压、排水、水质等的长期监测资料来分析帷幕的防渗性能，并根据防渗性能的好坏间接分析化学灌浆帷幕的耐久性，从而给出帷幕局部存在防渗性能衰减的评判结论。1994 年 10 月在南昌举行的第六次全国化学灌浆会议上讨论了丙凝的耐久性问题，也是通过一些采用丙凝灌浆的工程实例的长期运行效果，间接判定其耐久性好坏。

综上所述，目前国内外学术界、工程界在帷幕耐久性寿命方面的研究仅限于对其进行粗略、宏观、定性的评估、判断，尚无系统地使用寿命检测体系与定量的评价方法。同时，高分子化学浆材的耐久性备受关注和质疑，也是其推广应用亟须回答的重要技术问题。

3. 高水头灌浆研究现状

高水头灌浆与一般灌浆存在明显差别，主要存在高压灌浆时大坝稳定、涌水条件下灌浆材料选择及反复待凝条件下快速灌浆等关键技术问题。

1）高水头灌浆大坝稳定研究现状

高水头灌浆一般是在受灌区岩体已经过水泥或水泥-化学浆材灌浆后进行的二次灌浆，可灌性差，一般需采用较高的灌浆压力来提高可灌性；同时，高水头灌浆一般均存在涌水问题，灌浆中通常采用提高灌浆压力的方法来抵抗反向涌水压力、加快灌入浆液的胶结。高水头灌浆施工过程中，为确保灌浆效果，通常采取临时封堵帷幕后排水孔等措施，避免灌入的水泥浆液被大量地下水稀释、带走。

上述加大灌浆压力和分区段临时封堵部分坝基排水孔的相关措施，虽有利于保证灌浆质量，但过高的灌浆压力容易引起基岩抬动变形，封堵坝基排水孔会使坝基扬压力增大，对大坝稳定、安全不利。因此，需对高水头、高灌浆压力、高扬压力（坝基排水孔封堵）情况下的大坝稳定性进行研究，以正确处理好灌浆施工要求与大坝安全的矛盾，做出周密安排，确保大坝安全。

2）高水头灌浆材料研究现状

灌浆实践表明，高水头灌浆时常常存在涌水现象，动水条件下进行水泥灌浆的施工难度大，不仅工期长、投资高，效果一般也较差。高水头化学灌浆时，浆材为真溶液，可灌性较好，灌浆压力较小，通过考虑涌水量对浆液胶凝时间的影响调整浆材配比，浆液对其有效扩散范围内的裂隙进行充填凝固，一般可以达到理想的防渗效果。高水头化学灌浆效果虽好，但费用昂贵，使用范围有限。日本在20世纪70年代使用丙烯酰胺化学浆材进行灌浆，导致了水井水源污染的重大工程事故，引起了世界范围内对化学浆材环境安全问题的重视。随着环境保护意识的增强，特别是对水利工程环境影响特殊性认识的增强，对在水利工程中使用材料的环境安全要求越来越高，新型、无毒、环保的化学浆材还有待进一步研究。

国际上，高水头条件下的岩体灌浆主要以环境安全性能较好的超细水泥灌浆技术为发展方向，欧美等的发达国家的帷幕灌浆通常采用干磨超细水泥，可灌性较高。由于经济成本等问题，我国多采用湿磨细水泥和高标号普通水泥，但在水泥材料颗粒细度和性能研究方面与国外有一定差距，如目前国内湿磨细水泥细度D50小于10 μm，美国和德国的类似材料细度D50小于5 μm，其灌浆防渗效果优于国内。

此外，采用单一的水泥灌浆还是水泥-化学浆材复合灌浆，不仅直接影响灌浆效果，也关乎高水头补强灌浆投资，需结合具体工程地质条件，并开展有关试验，研究确定经济合适的补强灌浆材料及方案。

3）高水头快速灌浆技术研究现状

高水头灌浆时普遍存在钻孔涌水现象，通常认为灌入的水泥浆液在地下水渗流作用下凝结时间加长。因此，目前几乎所有的高水头灌浆工程均采用缩短段长、分段延长待凝（三峡水利工程等以往工程的待凝时间一般为24～48 h）、分段复灌、全孔扫孔等手段进行灌浆，但高水头灌浆后长时间的待凝与复灌，甚至同段反复复灌、待凝、扫孔，直接导致灌浆段次增加、待凝时间延长、扫孔工作量加大，严重影响施工进度。因此，为尽快发挥工程效益，亟待研发出一种能缩短待凝时间，提高灌浆工效的高水头快速灌浆技术。

2.4.2　初期大坝帷幕防渗性能检测与评价

1. 检测与评价工作流程

丹江口大坝加高工程帷幕现状防渗性能的定量评价主要分为历史资料的研读与分析、现场检测及室内试验三个方面，按照设计→施工→运行→资料收集→研读与分析和现场钻孔检查→现场测试→室内试验两条线路进行研究，并通过相互比对、综合分析，确保对防渗帷幕现状防渗性能做出准确、科学的评价。帷幕现状防渗性能定量评价体系见图2.4.1。

2. 历史资料的研读与分析

收集初期工程与防渗帷幕相关的地质、设计、施工资料和工程运行期间渗流、渗压监测资料，了解、掌握地质构造缺陷部位、防渗帷幕质量检查未达标部位及渗流、渗压异常部位的具体地质条件与灌浆施工情况，分析灌浆施工中对帷幕质量和耐久性不利的因素及影响等，据此确定帷幕检测的重点部位及钻孔检查的布置，指导现场检测工作的进行。

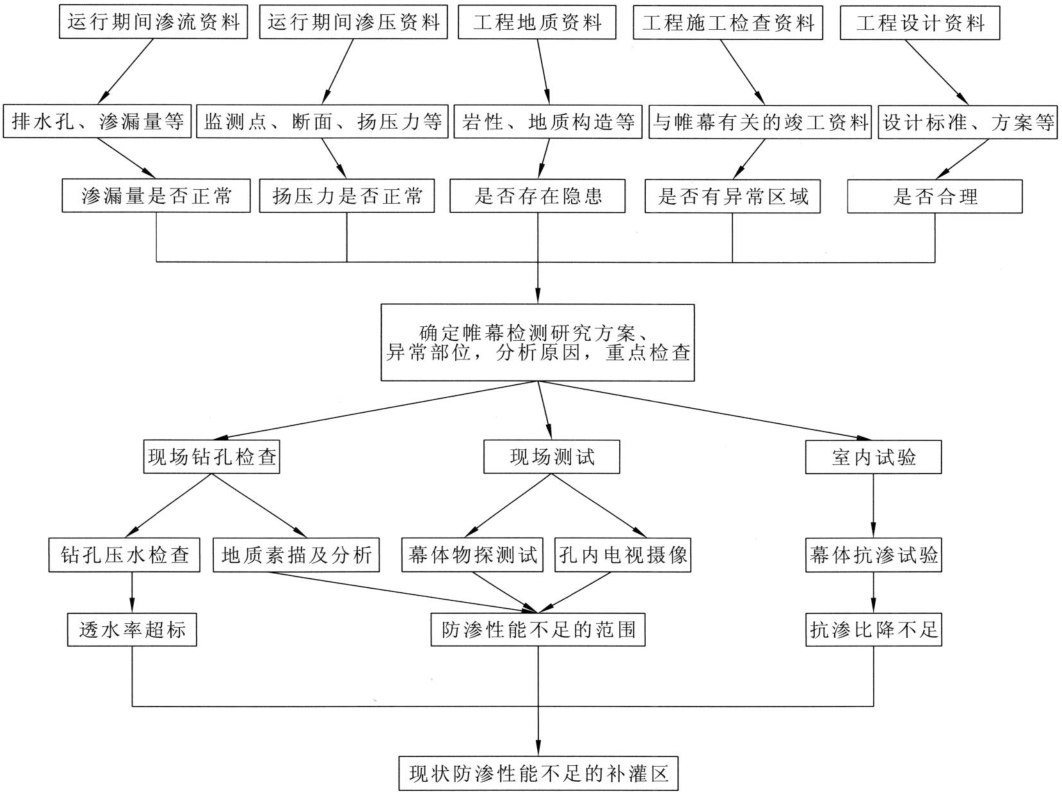

图 2.4.1　帷幕现状防渗性能定量评价体系图

1）初期工程坝基渗控设计、施工资料分析

初期工程灌浆过程中，水泥灌浆吸水回浓普遍，尤以 22、25、27 坝段回浓显著。21～23 坝段和 24～28 坝段等部位采用细水泥灌浆后仍不满足设计防渗标准，说明地质缺陷部位的水泥灌浆效果较差。21～28 坝段浅孔丙凝化学灌浆及 25～28 坝段继续加深丙凝化学灌浆后坝基渗流量减小明显，说明化学灌浆后的帷幕防渗效果较好。

3～18 坝段灌后岩体透水率较小，19～32 坝段灌后岩体透水率超标的孔段略多，主要集中在 21～23、25～28 坝段。其主要原因是，未经丙凝灌注的深部水泥帷幕部分透水率偏大。

2）坝基渗压监测资料统计分析

丹江口水利枢纽混凝土坝段（含左右岸联结坝段）的坝基共布置了 138 个扬压力观测孔，观测孔重点布置在基岩断裂破碎带、软弱夹层及剥离裂隙发育部位。同时，还选择了 10 个重点坝段，在各坝段沿顺水流方向布置 4～7 个测压管，观测坝基全断面的扬压力分布。对近 40 年来的监测资料进行统计分析，发现坝基扬压力分布及其变化具有以下特点和规律。

（1）大部分幕前测压管水位随库水位的变化而变化。幕后测压管水位一般不受库水位影响，仅少数坝段（7、10、20、21、26～28 坝段等）幕后测压管水位随库水有较小幅度的变化，水位变幅值均小于 4 m。

（2）坝基扬压力上游侧高，下游侧低，在坝基防渗帷幕处渗压衰减明显，在坝基排水孔处则形成泄压漏斗，扬压力显著减小。坝趾部位受下游水位或地下水位的影响，扬压力出现一定的回升。

（3）各监测断面上坝基扬压力值均小于设计值，说明已形成的防渗帷幕及排水幕的降压效果较好。

河床 3～32 坝段典型高水位年份帷幕后第一测孔的渗透压力折减系数分布见图 2.4.2。

从图 2.4.2 可以看出：3～32 坝段帷幕后第一测孔的渗透压力折减系数均小于设计值 0.25；扬压力系数相较大的主要是 3～10 坝段与 21 坝段，其中 3～10 坝段主要是由廊道底板高程较高、地下水位较高引起的，而 21 坝段处曾出现渗透压力折减系数的跳变；由于多数坝段坝基排水孔孔口高程低于下游尾水位（高程 89～92 m），通过排水孔降压后的测压管水位大多低于下游水位，出现了渗透压力折减系数“负值现象”，大大减小了坝基浮托力。

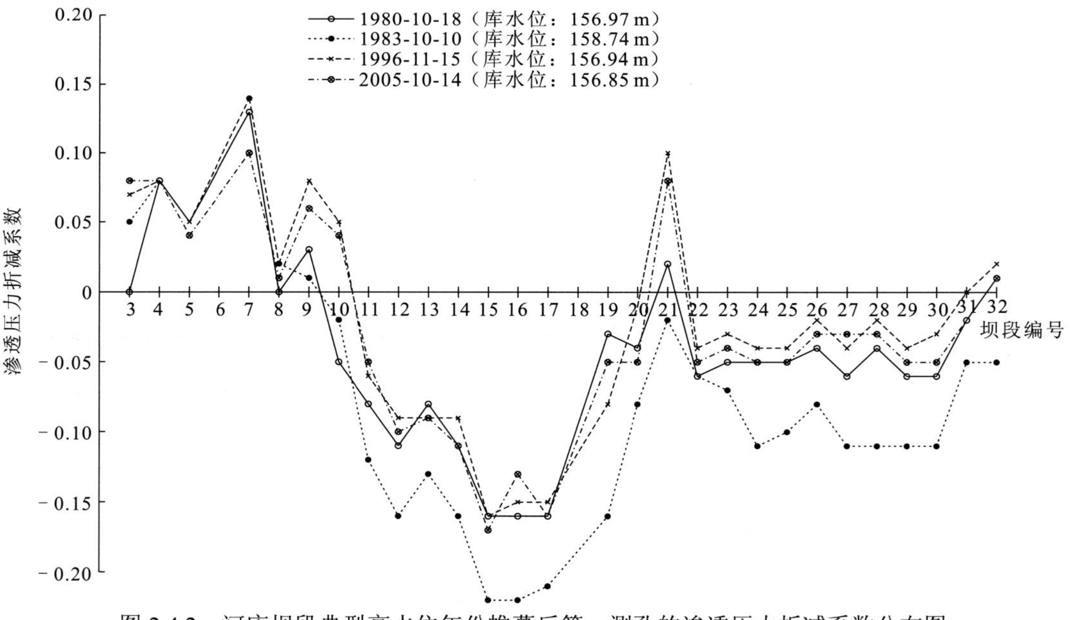

图 2.4.2　河床坝段典型高水位年份帷幕后第一测孔的渗透压力折减系数分布图

3）坝基渗流量监测资料统计分析

坝基渗流量主要利用排水孔进行监测，坝基共布置有 491 个排水孔，从 1977 年底开始对渗流量较大的 19～31 坝段的坝基排水孔进行渗流量监测，而其他坝段因排水孔渗流量基本为零，主要进行孔内水位观测。图 2.4.3 为 19～31 坝段 4 个典型高水位年份渗流量的分布情况。

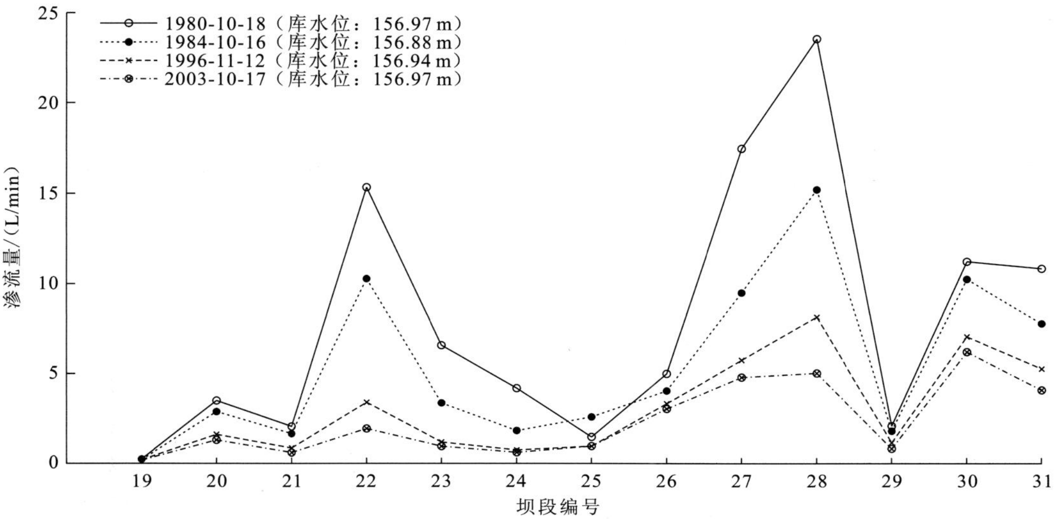

图 2.4.3　防渗板基础灌浆廊道各坝段渗流量变化规律图

从监测结果可以看出：

（1）坝基幕后渗流量普遍较小，幕体防渗性能总体较好。

（2）坝基总渗流量呈逐年减小趋势，其中观测前期变幅比较明显，后期趋于平稳。分析认为，这与水库长时间蓄水运行过程中库内泥沙淤积增加和基岩裂隙封闭有关。此外，经过丙凝灌浆的 21～23 坝段、24～28 坝段等区域的渗流量减小较明显，说明丙凝灌浆的防渗性能优良。

（3）到目前为止，渗流量较大的区域主要位于 30、28、27、31、26、22 坝段（渗流量从大到小排列）等，约占总渗流量的 82%。其他坝段的渗流量较小。分析认为，这与坝基地质条件较差及断层破碎带、集中渗流带发育有关。

通过对丹江口大坝初期工程坝基渗控设计、施工及坝基扬压力和渗流量监测资料的综合分析，确定帷幕检测及耐久性研究的重点部位为断层构造等地质缺陷发育部位、渗流渗压异常部位、变质闪长玢岩区的 21～23 坝段和 25～31 坝段。

3. 现场钻孔检测

现场钻孔检测包括钻孔、取芯、涌水观测、压水试验、物探、孔内电视摄像等多种手段，同时结合初期工程地质、设计、施工资料及运行期间渗流、渗压监测资料，分析、评价原防渗帷幕的现状防渗性能。

1）检查孔布置原则

现场钻孔检测具有直观、准确的特点，对根据历史资料研读与分析确定的重点部位进行钻孔压水检查和测试，是帷幕检测研究的重要内容。检查孔布置原则如下。

（1）一般区域保证每个坝段或 30～40 m 内至少有 1 个检查孔。

（2）对断层构造等地质缺陷部位或进行过补充灌浆的区域，检查孔适当加密，一般按每坝段布置 1～2 个检查孔考虑。

（3）原防渗帷幕检查孔压水检查透水率超标及渗流、渗压异常部位，针对性布置适量检查孔。

（4）在压水检查不满足加高工程设计防渗标准的部位布置补充检查孔，以进一步探明超标区地质情况，并确定超标区范围。

（5）按照资料分析确定的重点，由难到易，推理论证，动态调整和优化，以减少钻孔检查工程量。

2）检查孔布置

根据一般区域保证每个坝段或 40 m 范围内至少有 1 个检查孔，资料收集与分析确定的重点部位加密检查的原则，在 3～32 坝段沿原防渗帷幕轴线布置了 35 个检查孔，孔深一般以原防渗帷幕底线为准。3～18 坝段基础灌浆廊道检查孔的压水试验全部满足大坝加高工程防渗标准（透水率 $q \leqslant 1$ Lu①）；但 19～32 坝段防渗板基础灌浆廊道内的压水检查共有 6 个坝段、8 个孔、21 个段压水检查结果超标。

对坝基工程地质条件、初期工程施工及监测资料分析认为：以变质闪长玢岩为主的 19～32 坝段，初期工程水泥灌后岩体透水率超标孔段较多，主要集中在 21～23、25～28 坝段，后期采用了丙凝补充灌浆，多数裂隙得到了有效灌注，透水率超标孔段明显减少，但受丙凝底线深度限制，21～23、25～28 坝段深部未经丙凝灌注的水泥帷幕仍存在部分透水率偏大的区域。因此，钻孔压水检查仍有部分孔段不满足丹江口大坝加高工程设计防渗标准，且主要位于幕体下部和水泥灌浆区。检查孔压水试验透水率超标孔段具体情况见表 2.4.1。

表 2.4.1　检查孔压水试验透水率超标孔段分布及特征

检查孔号	对应坝段	压水段数	超标段数	透水率超标值/Lu	备注
J-21	22	8	3	1.5，2.72，1.49	主要位于幕体下部，丙凝灌浆区域以下
J-25	25	8	1	1.32	丙凝灌浆区域底部
J-27	27	13	2	2.18，1.18	主要位于幕体下部，丙凝灌浆区域底部
J-28	27	13	1	2.10	位于幕体下部，丙凝灌浆区域以下
J-29	28	14	4	1.26，3.74，1.26，1.02	主要位于幕体下部，丙凝灌浆区域以下
J-30	29	11	2	2.14，2.30	位于幕体下部
J-32	31	9	6	10.55，7.27，6.24，7.02，1.66，1.86	接触段超标，幕体上中部普遍超标，压水时相邻多个排水孔串通
J-34	28	14	2	1.82，6.46	位于幕体下部，丙凝灌浆区域以下
合计	—	90	21	—	—

① 1 Lu=1 L（m · MPa · min）。

3）涌水资料分析

3～18 坝段下游坝基排水孔基本无渗流，所有检查孔的钻孔压水检查均未发生涌水现象。19～32 坝段 18 个检查孔合计 172 段压水检查中，涌水段共计 66 段，占压水试段的 38.4%，全孔最大涌水量为 7.2 L/min，最大涌水压力为 0.30 MPa。钻孔涌水段第二多的是 22、27、28 坝段。22 坝段为裂隙密集带，27、28 坝段主要受 F185、F708 断层影响，为一集中渗流断裂构造带。

从表 2.4.2 可以看出，所有压水检查超标孔段均对应于涌水量较大的部位。分析认为：压水超标部位渗透通道未充填密实，幕体中部分裂隙与库水连通，在高水头作用下形成涌水。压水检查过程中，在 1 MPa 的压水压力作用下，水反向渗入基岩，形成漏水超标。涌水量越大的地方，反向渗漏通道越大，对应的透水率也越大。

表 2.4.2　检查孔压水试验超标孔段吕荣值与涌水量对应关系表

检查孔号	项目	1	2	3	4	5	6	7	8	9	10	合计
J-21	涌水量/（L/min）	0.65	0.3	0.45	0.25	2.4	3.2	2.1	—	—	—	9.35
	透水率/Lu	—	—	—	—	1.5	2.72	1.49	—	—	—	—
J-25	涌水量/（L/min）	0.9	0.4	—	—	—	—	—	—	—	—	1.30
	透水率/Lu	1.32	—	—	—	—	—	—	—	—	—	—
J-27	涌水量/（L/min）	0.2	0.05	1.28	1.35	0.4	0.5	—	—	—	—	3.78
	透水率/Lu	—	—	2.18	1.18	—	—	—	—	—	—	—
J-28	涌水量/（L/min）	0.185	0.3	0.75	0.2	0.6	0.06	0.4	0.8	1.8	0.5	5.60
	透水率/Lu	—	—	—	—	—	—	—	—	2.1	—	—
J-29	涌水量/（L/min）	0.1	0.6	1.2	1.8	1	1.15	0.8	—	—	—	6.65
	透水率/Lu	—	1.26	—	3.74	1.26	1.02	—	—	—	—	—
J-30	涌水量/（L/min）	0.03	0.05	0.05	1	0.8	—	—	—	—	—	1.93
	透水率/Lu	—	—	—	2.14	2.3	—	—	—	—	—	—
J-32	涌水量/（L/min）	—	—	0.26	—	0.06	0.35	0.5	—	—	—	1.17
	透水率/Lu	10.55	7.27	6.24	7.02	—	1.66	1.86	—	—	—	—
J-34	涌水量/（L/min）	0.25	0.45	1.2	2.5	0.5	—	—	—	—	—	4.90
	透水率/Lu	—	—	1.82	6.46	—	—	—	—	—	—	—

3）30、31 坝段透水率分析

钻孔压水检查中 6 段大于 3 Lu 的超标段有 4 段位于 J-32 号孔（31 坝段）水泥灌浆区，电磁波 CT 剖面测试资料和压水检查过程中与下游排水孔的串通情况均表明，上部岩体较为破碎，且渗流监测也有异常，但该部位在初期工程帷幕灌浆质量检查中小于 0.5 Lu，故有必要进行单独的分析。

30、31 坝段发育有 F609 断裂构造带，岩体裂隙短小、细微、密集，初期防渗帷幕施工中采用水泥灌浆，部分裂隙充填情况较差。此外，在长期的高水头作用条件下，上部弱风化岩体及幕体受溶蚀、侵蚀等影响，防渗帷幕有削弱现象。因此压水检查过程中，沿上部破碎岩体或 F609 断裂构造带等形成渗漏，岩体透水率大于大坝加高工程的设计防渗标准。

4. 现场测试

采用孔内电视摄像、声波测试和电磁波 CT 测试等手段进行测试，并与压水试验成果进行对比分析。孔内电视摄像和电磁波 CT 测试工作的重点部位是压水检查超标孔段、断裂构造地质缺陷及丙凝补充灌浆区。

1）孔内电视摄像

孔内电视摄像成果与压水试验、岩心素描等成果一一对应，压水试验超标段主要位于裂隙无充填、不闭合部位。

2）声波测试

声波测试低值区主要位于断裂构造带、集中渗流带、裂隙密集带等地质构造发育区段。

3）电磁波 CT 测试

检查孔电磁波 CT 剖面测试成果表明，除 9、10 坝段岩体和 30～32 坝段浅部岩体的性状较差，对应的电磁波吸收较强外，其余部位的电磁波高吸收区呈零星分布。超标孔段的部分区域（22、30、31 坝段），电磁波 CT 测试与岩体透水性有一定的对应关系，进一步验证了这些区域的帷幕现状防渗性能不足。同时需指出的是，电磁波测试值与岩体完整性、裂隙性状及充填情况等密切相关，而与岩体透水性没有一一对应关系。

5. 水泥结石抗渗性能室内试验

在现场取出的芯样中，选取裂缝被灌浆水泥结石胶结的完整芯样，参照《水工混凝土试验规程》（SL/T 352—2020）进行室内抗渗试验，试验结果表明，各试件抗渗水力坡降离散性较大，测试值在 65～597，平均水力坡降在 300 以上，水泥结石抗渗性能整体较好。

6. 小结

（1）从透水带分布上看，压水检查超标孔段主要位于幕体下部且不连续，整体呈透镜体分布。

（2）所有超标孔段均位于变质闪长玢岩区内，而变质辉长灰绿岩、闪长岩区内所有压水试段全部满足大坝加高工程的设计防渗标准。以变质辉长灰绿岩为主的 3～18 坝段，原防渗帷幕现状防渗效果良好。

（3）19～32 坝段钻孔压水检查过程中普遍存在涌水现象，全孔最大涌水量达 7.2 L/min，最大涌水压力达 0.30 MPa，压水检查超标孔段均对应涌水量较大的区域。从灌浆材料上看，21 段压水检查超标段中，17 段处于水泥灌浆区，1 段处于水泥灌浆与丙凝灌浆结合区，3 段处于丙凝灌浆区。丙凝灌浆区超标孔段仅占全部超标孔段的 15.3%。

（4）从与渗流监测资料的对应关系看，渗流量大的地方多是幕体阻水效应较弱的地方，故压水检查超标部位与渗流量较大的部位基本一致。

（5）综合历史资料、钻孔压水检查、现场测试、室内试验等成果进行分析，确定帷幕现状防渗性能不足的补强灌浆区为左 21～右 22、25、左 26～29、左 30～右 31 等坝段，轴线长度为 133 m，面积约 6500 m^2。

丹江口大坝加高工程混凝土坝 3～32 坝段现状防渗性能不足的部位需进行补强灌浆。

2.4.3　帷幕耐久性寿命研究

1. 耐久性研究工作流程

基于灌浆帷幕耐久性寿命技术现状及问题，分别针对水泥帷幕、化学帷幕耐久性寿命提出解决思路，并提出帷幕耐久性寿命定量评价体系，具体见图 2.4.4。

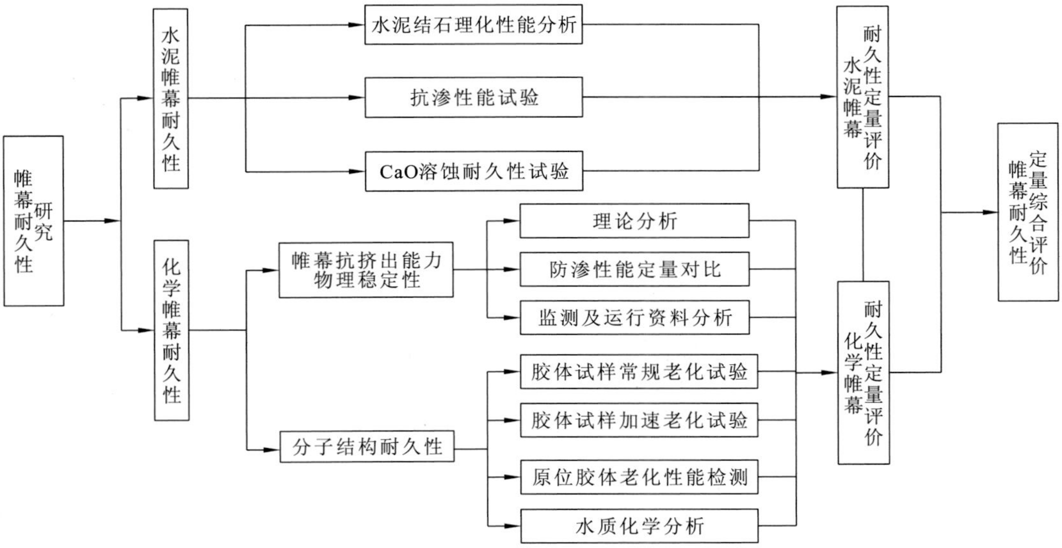

图 2.4.4　帷幕耐久性寿命定量评价体系

2. 水泥帷幕体耐久性寿命研究

通过现场钻孔取芯，获得有代表性的芯样进行室内试验研究，以评价水泥帷幕的防渗效果及耐久性。主要从水泥结石理化性能和溶蚀耐久性试验等方面开展定量研究。

1）化学成分和矿物组成分析

化学成分分析采用 X 射线荧光光谱仪进行，主要分析芯样中 SiO_2、Al_2O_3、Fe_2O_3、MgO、CaO、K_2O、Na_2O 等化学成分的含量，初步判断 CaO 的溶出情况。矿物组成分析采用 X 射线衍射仪进行，了解水泥的水化程度。

从含有水泥结石的芯样中选取六组芯样（J21、J25、J26、J28、J29、J32），取其裂缝中的水泥结石进行了化学成分、X 射线衍射及微观形貌测试分析。化学成分分析结果见表 2.4.3。

表 2.4.3　水泥化学成分分析结果（单位：%）

编号	SiO_2	Al_2O_3	Fe_2O_3	CaO	MgO	K_2O	Na_2O	SO_3	TiO_2	MnO	P_2O_5	烧失量
J21	25.94	5.48	5.83	42.20	2.55	0.77	0.98	0.50	0.29	0.10	0.081	16.09
J25	23.06	6.76	2.21	39.85	5.02	0.34	0.31	1.77	0.30	0.10	0.043	20.07
J26	23.68	4.62	5.36	41.60	2.30	0.24	0.26	1.01	0.29	0.067	0.073	18.96
J28	19.98	3.86	4.77	45.44	1.68	0.071	0.12	0.92	0.25	0.049	0.054	22.14
J29	18.41	3.85	3.60	49.07	1.74	0.26	0.20	1.54	—	0.055	0.039	20.86
J32	48.03	10.21	13.18	15.61	1.50	1.35	3.30	0.28	0.99	0.16	0.51	6.54

结果表明，J32 样品（31 坝段）中 CaO 含量明显偏低，SiO_2 含量较高，CaO/SiO_2 仅为 0.325，且烧失量也较小。这可能是因为渗水逐渐侵蚀 $CaCO_3$ 和 $Ca(OH)_2$，使其变成可溶的 $Ca(HCO_3)_2$ 和 $CaSO_4$，CaO 不断溶出；而水泥水化产物水化硅酸钙凝胶需要在一定的氢氧化钙 $Ca(OH)_2$ 浓度下才能保持稳定，随着溶蚀的不断进行，最终会引起水化硅酸钙凝胶的分解。因此，J32 样品所在 31 坝段的灌浆水泥结石存在较明显的 CaO 溶出现象，反映出该检查孔附近的灌浆帷幕存在渗漏溶蚀现象。其余样品的主要化学成分含量差异不大，CaO 的含量在 39.85%～49.07%。

X 射线衍射分析表明，J32 样品的结石中水化硅酸钙和氢氧化钙这两种水化产物含量较其他样品低，特别是氢氧化钙含量很少。扫描电子显微镜分析结果也显示 J32 样品的水化产物间相互搭接较差，结构较疏松。其余检查孔水泥结石水化产物结构较致密，矿物成分和化学成分未见明显异常。

2）微观结构分析

扫描电子显微镜分析主要观察结石微观形貌，了解浆材胶结情况。

模拟库水作用水头（60 m）和坝基水质环境，测试含水泥结石芯样的渗水量和 CaO 溶出量随时间的变化。试验结果见表 2.4.4 和图 2.4.5。

从表 2.4.4 和图 2.4.5 的结果来看，随试验时间的延长，各试样 CaO 的溶出速率呈下降趋势，试验至 28 天以后，每天新增的 CaO 溶出量已很小。从累计溶出量来看，各试样 CaO 均仅微量溶出，说明水泥结石的抗溶蚀耐久性较好。

表 2.4.4　水泥结石芯样渗透溶蚀试验累计 CaO 溶出量随时间的变化　（单位：mg）

试验编号	芯样编号	取样深度	渗透试验历时					
			3 天	7 天	14 天	21 天	28 天	60 天
3#	J28	35.9～36.3 m	0.56	1.00	1.22	1.45	1.73	2.37
7#	J28	52.8～53.0 m	0.43	0.56	0.64	0.75	0.78	0.86
9#	J28	37.3～37.48 m	0.56	2.03	5.59	8.45	10.63	17.17
10#	J29	14.2～15.3 m	0.24	0.49	0.72	0.94	1.08	1.28
12#	J29	14.2～15.3 m	0.70	3.49	5.05	5.64	5.96	6.95

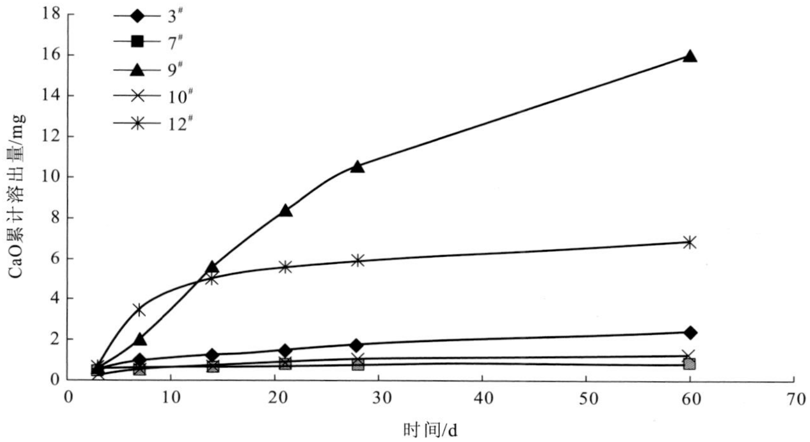

图 2.4.5　试样 CaO 累计溶出量随时间变化

3）抗渗性能

选取水泥结石芯样，参照《水工混凝土试验规程》（SL/T 352—2020）进行抗渗试验，测试芯样的抗渗比降，掌握水泥帷幕的抗渗性能。

4）溶蚀耐久性试验

通过室内溶蚀耐久性试验，研究水泥结石在库水压力作用、坝基水质环境下 CaO 溶出量随时间的变化规律，拟合出两者的函数关系式，进而定量推算水泥结石的耐久性寿命。

国内外已有研究成果认为，防渗混凝土的密实性主要取决于是否产生渗漏及溶蚀。刘斌[13]通过试验发现，CaO 的溶出率（即溶出量和原有内部总量之比）与水泥灌浆结石强度的衰减程度密切相关，当 CaO 的累计溶出率大于 25%时，结石强度将急剧下降。目前在评估指标上，均将 CaO 溶出率达 25%，作为一个极限指标，并由此来估算防渗混凝土的安全运行寿命。据此推论，水泥帷幕的耐久性寿命主要取决于地下渗透水流对灌浆帷幕中水泥结石的侵蚀作用。

渗水对水泥结石的水化物产生侵蚀破坏，使其变成可溶的 $Ca(HCO_3)_2$ 和 $CaSO_4$ 等，本质均是 CaO 的溶出。水泥结石溶蚀耐久性寿命预测方法是根据试验期内不同历时对应的 CaO 的累计溶出率，拟合出两者的函数关系式，再以 CaO 的累计溶出率等于 25%为标准，计算出水泥结石（水泥帷幕）的溶蚀耐久性寿命。

J28 和 J29 检查孔溶蚀试验得出的 CaO 累计溶出率见表 2.4.5，CaO 累计溶出率与溶蚀时间的关系曲线见图 2.4.6、图 2.4.7。

表 2.4.5　灌浆水泥结石芯样渗透溶蚀试验 CaO 的累计溶出率　　（单位：%）

试样编号	芯样编号	取样深度	渗透试验历时					
			3 天	7 天	14 天	21 天	28 天	60 天
3#	J28	35.9～36.3/m	0.004	0.007	0.009	0.010	0.012	0.017
7#	J28	52.8～53.0/m	0.003	0.004	0.004	0.005	0.005	0.006
9#	J28	37.3～37.48/m	0.004	0.014	0.039	0.059	0.075	0.113
10#	J29	14.2～15.3/m	0.006	0.013	0.019	0.024	0.028	0.033
12#	J29	14.2～15.3/m	0.018	0.091	0.131	0.146	0.155	0.180

注：溶出率为试件在某一溶蚀时期通过一定渗水量所溶出的 CaO 占试样内部 CaO 总含量的百分数。

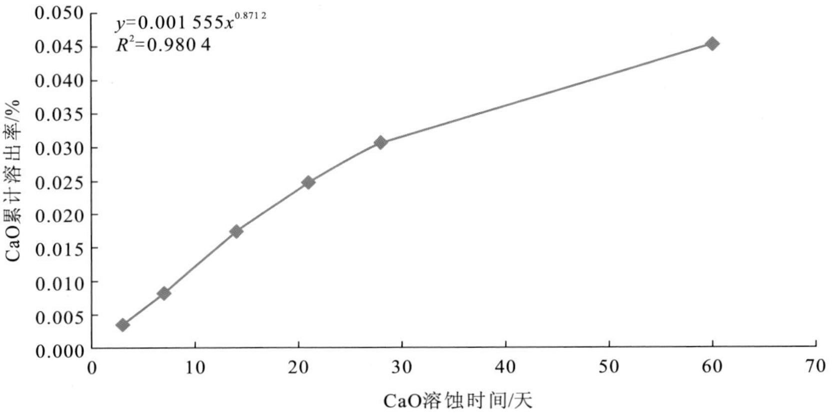

图 2.4.6　J28 检查孔 CaO 累计溶出率 P 与溶蚀时间 t 关系曲线

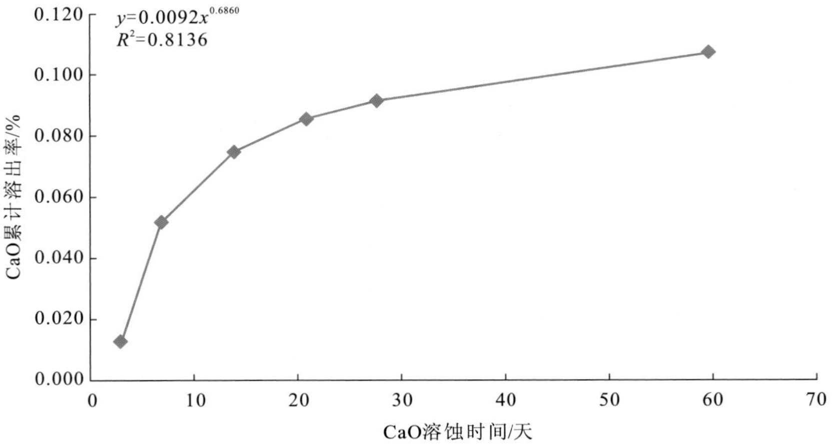

图 2.4.7　J29 检查孔 CaO 累计溶出率与溶蚀时间关系曲线

从图 2.4.6、图 2.4.7 可以看出，曲线拟合函数如下：

$$P=0.001\,555t_1^{0.871\,2} \tag{2.4.1}$$

$$P=0.009\,2t_1^{0.686\,0} \tag{2.4.2}$$

式中：t_1 为 CaO 溶蚀时间，天；P 为 CaO 累计溶出率，%。

将 P=25 代入式（2.4.1），求得 J28 检查孔（27 坝段）水泥结石芯样溶蚀耐久性寿命有 184 年；以 P=25 代入式（2.4.2），求得 J29 检查孔（28 坝段）水泥结石芯样溶蚀耐久性寿命有 278 年。

根据水泥结石芯样化学成分分析结果（表 2.4.3）中的 CaO 含量的不同，比照 J28 检查孔芯样的溶蚀耐久性寿命，可推求出其他检查孔水泥结石芯样的溶蚀耐久性寿命（按直线比例近似推求），见表 2.4.6。

表 2.4.6　水泥结石溶蚀耐久性寿命推求

检查孔号	对应坝段	CaO 含量/%	溶蚀耐久性寿命/年
J21	22	42.20	171
J25	25	39.85	161
J26	26	41.60	168
J28	27	45.44	184
J29	28	49.07	278

从表 2.4.6 可知，上述坝段检查孔水泥结石芯样的溶蚀耐久性寿命均在 160 年以上。考虑水泥帷幕已运行约 40 年，因此，水泥帷幕耐久性寿命还有 100 年以上，满足大坝加高工程的设计要求。

5）水泥灌浆帷幕耐久性综合评价

水泥灌浆帷幕耐久性分为 30、31 坝段和 3～32 坝段（不含 30、31）两部分进行分析。

30、31 坝段钻孔压水检查资料表明：帷幕中上部透水率普遍大于大坝加高工程设计防渗标准（q≤1 Lu），透水率最大值为 10.55 Lu，防渗性能下降明显，且压水沿上部破碎岩体和 F609 断裂构造带等部位与下游坝基排水孔相互串通，形成集中渗漏。室内水泥结石理化性能检测也表明，J32 检查孔（31 坝段）水泥结石中的 CaO 含量仅为 15.61%，远低于其他坝段。因此，以 J32 检查孔为代表的 30、31 坝段水泥灌浆帷幕已发生明显的溶蚀破坏，需要进行补强灌浆。

3～32 坝段（不含 30、31）水泥灌浆帷幕耐久性从钻孔压水检查成果、监测资料、水泥结石理化性能检测成果等进行定性分析，同时结合室内溶蚀耐久性试验进行定量分析。可见，水泥灌浆帷幕的防渗性能没有明显下降。

综上所述，除 30、31 坝段水泥灌浆帷幕已发生明显的溶蚀破坏外，其余坝段水泥灌浆帷幕的耐久性寿命至少还有 100 年，即在 100 年内防渗性能在现状（q≤1 Lu 或 q>1 Lu）基础上不会产生明显破坏。

3. 化学帷幕体耐久性寿命研究

化学帷幕耐久性寿命定量研究主要从物理和化学变化两方面进行分析与研究，即基岩裂隙中化学浆材胶体在高水头作用下的抗挤出能力和化学浆材在坝基地下水化学环境中的分子结构耐久性能，在综合两方面研究成果的基础上定量判断化学帷幕的耐久性寿命。

物理方面主要包括：宏观分析工程地质条件（裂隙）是否有利于抗挤出、压水检查定量对比化学帷幕的防渗性能变化、工程运行期间的检查及监测资料分析等。化学方面主要包括：水质化学分析、化学浆材试样和原位胶体常规及加速老化试验、胶体分子结构的耐久性寿命推求等。

1）抗挤出能力研究

化学浆材胶体强度一般较低，在长期高水头作用下容易发生机械性冲蚀，甚至会出现部分胶体从排水孔等通道中被挤出的现象，从而改变基岩裂隙的被填充程度和坝基的渗流场，使渗流量加大，防渗性能下降。因此，胶体被挤出后，帷幕的渗透性能检测及监测资料中会有直观反映。化学帷幕抗挤出能力分析与研究可以据此开展。

（1）结合工程地质条件初步分析。

有关室内试验研究成果表明，基岩裂隙中丙凝材料的抗挤出能力与裂隙宽度负相关。裂隙越细越长时，丙凝胶体的抗挤出能力越强，而丹江口大坝坝基岩体主要发育细微裂隙，抗挤出能力相比其他工程较强。

（2）压水检查对比。

化学浆材胶体被挤出后，幕体防渗性能会明显降低。因此，帷幕运行一段时间后，通过钻设检查孔的压水试验，掌握化学帷幕的现状防渗性能，与工程初期化学帷幕的压水检查资料进行定量对比，分析帷幕防渗性能衰减的部位与程度，研究化学帷幕的抗挤出能力和耐久性。

初期工程丙凝化学浆材最早在 9～11 坝段断层交汇区帷幕灌浆中使用，灌后检查效果较好。其后陆续在水泥灌浆未达设计防渗标准的部位推广使用，包括 14～16 坝段软弱断裂构造带、21～23 坝段细微裂隙发育区和 25～28 坝段集中渗流带等部位。丙凝灌浆前后岩体透水率比较情况见表 2.4.7。

表 2.4.7　丙凝灌浆前后岩体透水率比较情况

压水部位	项目	段数	岩体透水率								备注
			<0.5 Lu		0.5～1 Lu		1～10 Lu		>10 Lu		
			段数	%	段数	%	段数	%	段数	%	
9～11 坝段	灌前压水	197	189	96	4	2.0	4	2.0	—	—	—
	灌后压水	33	32	97	1	3.0	—	—	—	—	—
21～23 坝段	灌前压水	54	28	51.9	11	20.4	14	25.9	1	1.9	水泥灌后检查孔
	灌后压水	11	9	81.8	2	18.2	—	—	—	—	丙凝灌后检查孔

续表

压水部位	项目	段数	岩体透水率								备注
			<0.5 Lu		0.5～1 Lu		1～10 Lu		>10 Lu		
			段数	%	段数	%	段数	%	段数	%	
25～28坝段	灌前压水	64	17	26.6	13	20.3	30	46.9	4	6.3	水泥灌后检查孔
	灌后压水	35	25	71.4	5	14.3	4	11.4	1	2.9	丙凝灌后检查孔

从表 2.4.7 可以看出：丙凝灌后岩体透水率明显减小，不满足设计防渗标准的孔段明显减少。这表明丙凝化学灌浆在提高基岩防渗性能方面作用明显，然而灌后仍有少量孔段压水检查透水率超标。

为对比分析丙凝帷幕运行 40 多年后防渗性能的变化情况，2008 年在丙凝灌浆部位沿原防渗帷幕轴线共布置了 17 个检查孔，检查孔间距一般在 10～15 m，合计压水 114 段，压水检查揭示的岩体透水率统计情况见表 2.4.8。

结合表 2.4.7、表 2.4.8 可以看出，9～11 坝段、21～23 坝段、25～28 坝段初期工程丙凝灌后透水率小于大坝加高工程设计防渗标准 1 Lu 的比例分别为 100%、100%、85.7%，而 2008 年钻孔压水检查透水率小于 1 Lu 的比例分别为 100%、93.3%、94.7%，表明丙凝灌浆帷幕现状防渗性能未见明显下降。

表 2.4.8　钻孔压水检查岩体透水率

压水部位	检查孔数	段数	岩体透水率						平均值
			<0.5 Lu		0.5～1 Lu		1～3 Lu		
			段数	%	段数	%	段数	%	
9～11 坝段	4	29	23	79.3	6	20.7	—	—	0.34
14～16 坝段	4	13	11	84.6	2	15.4	—	—	0.28
21～23 坝段	3	15	13	86.7	1	6.7	1	6.7	0.41
25～28 坝段	6	57	41	71.9	13	22.8	3	5.3	0.43
合计	17	114	88	77.2	22	19.3	4	3.5	0.39

（3）工程运行期间的检查及监测资料分析。

一是通过定期在灌浆廊道（或平洞）内进行检查，直观观察排水孔和排水沟内是否存在被挤出的化学浆材胶体；二是钻孔取芯（配合孔内电视摄像），直接观察岩体裂隙中化学浆材胶体赋存的完整性；三是通过坝基渗流量、扬压力的监测成果分析，防渗性能的好坏，间接与定性分析化学帷幕的抗挤出能力和耐久性。

2）渗流、渗压监测资料分析

从坝基扬压力的监测成果来看，幕后第一测孔的扬压力系数均小于设计值 0.25。从坝基渗流量的监测成果来看，9～11 坝段、14～16 坝段的坝基排水孔基本无渗流量；21～23 坝段、25～28 坝段坝基排水孔渗流量整体呈逐年减小趋势，总渗流量从前期的

100 L/min 左右减小到目前的 30 L/min 以下。可见，工程运行期间，丙凝灌浆帷幕经受过多次高水头考验，整体性状良好。

3）工程运行期间的相关检查及试验资料

工程运行期间的历次基础廊道巡检未见丙凝胶体挤出，水样室内试验资料反映丙凝没有明显挤出迹象。

综合分析认为，丹江口水库坝基岩体细微裂隙发育，对丙凝胶体的抗挤出较为有利，工程运行期间的相关检查及试验资料反映丙凝没有明显的挤出迹象，渗流、渗压监测资料与压水检查也反映丙凝灌浆帷幕的整体防渗性能未见明显异常，可见丹江口水库坝基丙凝灌浆帷幕的抗挤出能力良好。

4）化学灌浆胶体分子结构耐久性能研究

化学灌浆胶体老化性能分析与研究主要是在采取原位化学浆材胶体的基础上，开展室内胶体老化性能试验，推求胶体分子结构耐久性寿命，并对水质进行化学分析。

（1）原位化学灌浆胶体取样。

化学浆材胶体多填充于细微裂隙中，由于其强度一般较低，在钻孔取样过程中极易随岩体的劈裂而磨蚀。以往工程如三峡水利工程、万安水利工程等在化学灌浆帷幕钻探检查过程中，均难采取到原状化学浆材胶体。丹江口大坝初期化学帷幕原位胶体取样中，通过“短段长、多回次、低钻速、小水量”的钻孔工艺，取得了原位化学浆材胶体。

（2）水质化学分析。

取得了原位化学浆材胶体后，对丹江口水库库水、初期大坝坝基排水孔和压水检查孔水样中水化学组成、pH 和 NH_4^+ 浓度进行比较表明。22、29、30 和 31 坝段的检查孔水 pH 值与库水基本一样。NH_4^+ 离子含量均很少，仅从水样中 NH_4^+ 含量分析未见丙凝灌浆区发生丙凝分解溶出现象。

（3）分析基团变化主要因子及其变化规律。

原设计的配比制备胶体，将其置于制配的不同 pH、不同温度的水溶液中浸泡，采用红外光谱仪定量分析老化前后防渗基团的变化，采用气相色谱仪定量检测防渗基团单体含量的变化，测试浸泡前后防渗基团的变化及浸泡液中防渗基团的单体含量，分析胶体水解的主要影响因素及基本规律。

不同 pH、不同温度下，丙凝胶体试样老化后的质量变化如表 2.4.9 所示，质量变化曲线见图 2.4.8。

表 2.4.9　不同条件下丙凝胶体试样老化后的质量变化（浸泡 28 天）

pH	质量变化百分数/%	
	10 ℃	30 ℃
8	0	0.25
10	0	0.63

续表

pH	质量变化百分数/%	
	10 ℃	30 ℃
12	2.50	6.53
13	7.74	15.96

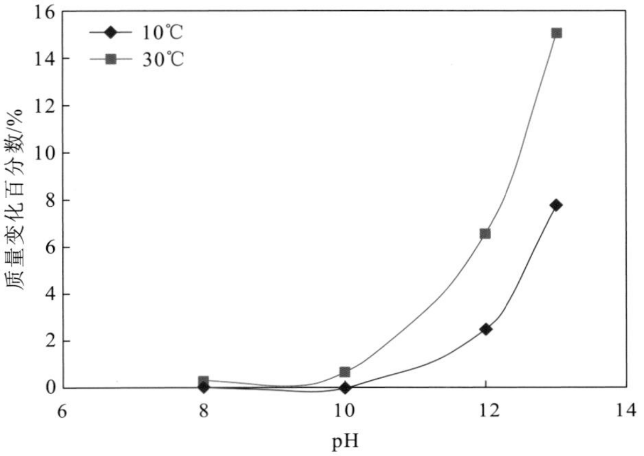

图 2.4.8　不同条件下丙凝胶体试样老化后的质量变化曲线

从表 2.4.9 和图 2.4.8 可以看出，在同一 pH 下，丙凝胶体质量变化百分数随温度升高的而增加；在同一温度下，丙凝胶体质量变化百分数随 pH 升高而增加，说明丙凝胶体的分解与温度和 pH 有一定的线性相关性。

对浸泡在 10 ℃、pH=8 及 30 ℃、pH=13 溶液中老化 28 天的丙凝胶体进行红外光谱分析，并与浸泡前的丙凝胶体进行对比，结果如图 2.4.9 所示，A 为老化前结果，B 为 10 ℃、pH=8 老化 28 天结果，C 为 30 ℃、pH=13 老化 28 天结果。

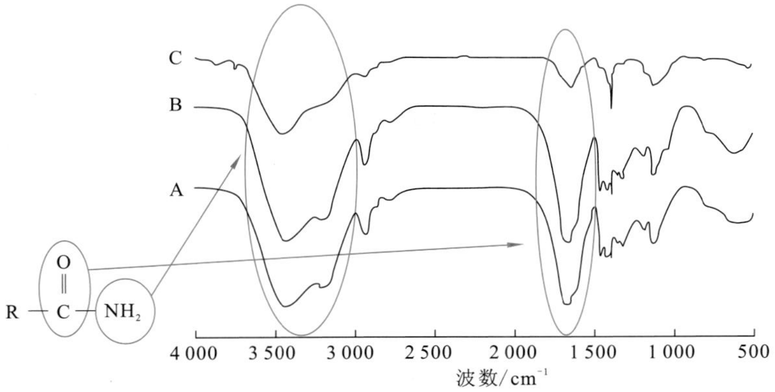

图 2.4.9　丙凝胶体红外光谱图

由图 2.4.9 可知，丙凝胶体在 10 ℃、pH=8 溶液中老化 28 天后，谱图形态（B）及特征吸收峰高度与老化试验前（A）基本相同，表明丙凝胶体支链的酰胺基团未发生水解；丙凝胶体在 30 ℃（高温）、pH=13（强碱）溶液中老化 28 天后，谱图形态（C）及特征吸收峰高度与老化试验前（A）有所差异，表明丙凝胶体支链的部分酰胺基团发生了水解。

对浸泡前后所有浸泡液进行气相色谱检测，均未检测到丙烯酰胺单体。这说明丙凝胶体主链未发生水解。

加速老化试验（在 70 ℃、pH=13 的溶液中浸泡 3 天、7 天、14 天、28 天）前后丙凝胶体的质量变化如图 2.4.10 所示。

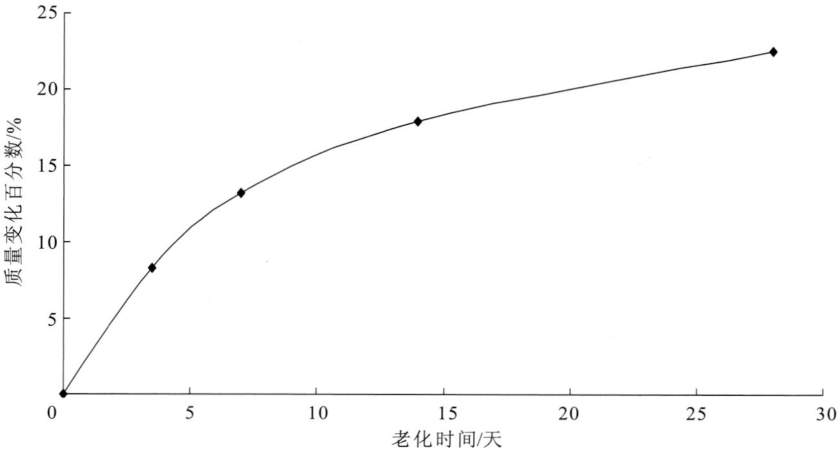

图 2.4.10　加速老化试验前后丙凝胶体的质量变化图

从图 2.4.10 可以看出，加速老化试验后的丙凝胶体质量发生了较大的变化，随浸泡时间的加长，丙凝胶体质量变化百分数增大。

对加速老化试验前和加速浸泡 3.5 天后的丙凝胶体进行了红外光谱分析，如图 2.4.11 所示。A 为老化前，B 为加速老化试验（3.5 天）结果。

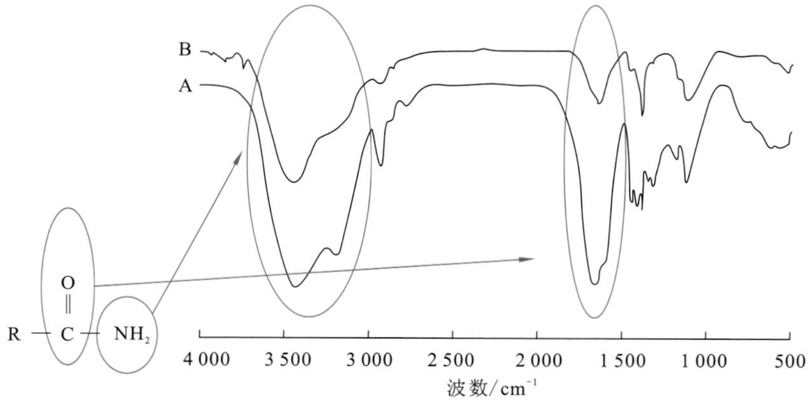

图 2.4.11　丙凝胶体红外光谱图

从图 2.4.11 可以看出，加速老化试验 3.5 天后丙凝胶体支链的酰胺基团已发生水解。

对加速老化试验前后所有浸泡液进行气相色谱检测，均未检测到丙烯酰胺单体，说明丙凝胶体主链未发生水解。

综上所述，丙凝胶体试样的加速老化试验说明：加速老化试验条件下，丙凝胶体支链的酰胺基团发生明显水解，但其主链仍然稳定。

5）建立基团变化时程曲线

根据胶体水解的基本规律，调整试验环境，开展加速老化试验。将制备胶体置于制配的高温、强碱溶液中浸泡不同时间。测试加速老化试验前后防渗基团的变化及浸泡液中防渗基团的单体含量，推求加速老化时间与胶体水解的关系曲线。

等量的新配丙凝胶体和 J25 检查孔原位丙凝胶体的红外光谱图如图 2.4.12 所示，图中 A 为新配丙凝胶体结果，B 为 J25 检查孔原位丙凝胶体结果。

比较红外光谱图中新配丙凝胶体和 J25 检查孔原位丙凝胶体的酰胺基团的特征吸收峰高度，峰高比（即 h_1/h_0）约为 0.85，由于酰胺基团的数目与吸收峰高度成正比，J25 检查孔原位丙凝胶体中约有 15%的酰胺基团发生了水解。

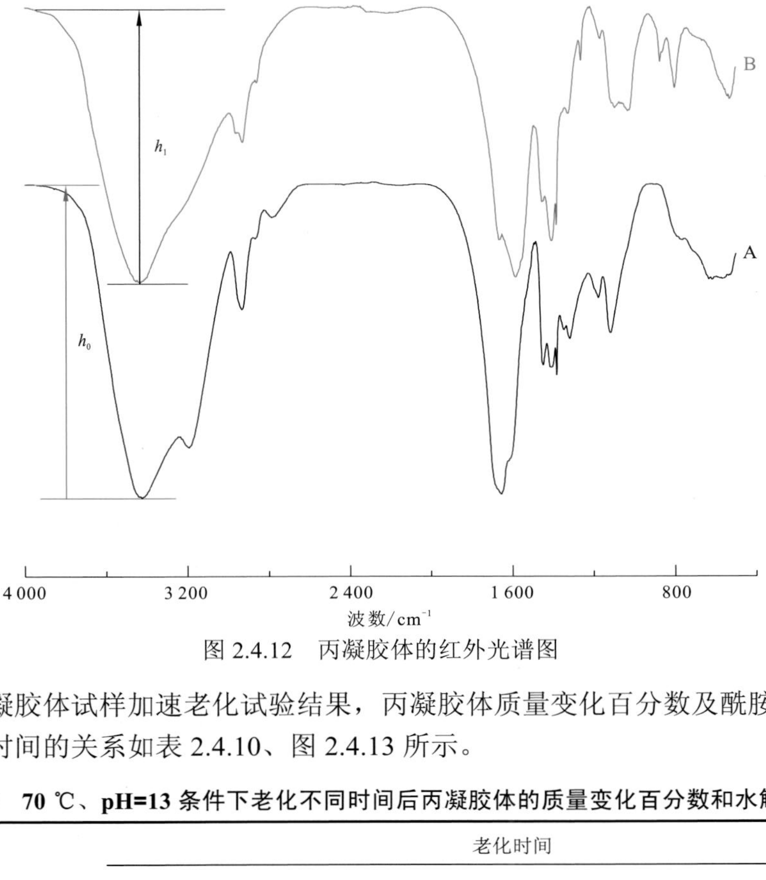

图 2.4.12　丙凝胶体的红外光谱图

根据丙凝胶体试样加速老化试验结果，丙凝胶体质量变化百分数及酰胺基团水解百分数与老化时间的关系如表 2.4.10、图 2.4.13 所示。

表 2.4.10　70 ℃、pH=13 条件下老化不同时间后丙凝胶体的质量变化百分数和水解百分数

参数	老化时间			
	84 h	168 h	336 h	672 h
质量变化百分数/%	8.3	14.2	17.9	22.5
水解百分数/%	25.6	40.7	55.2	69.4

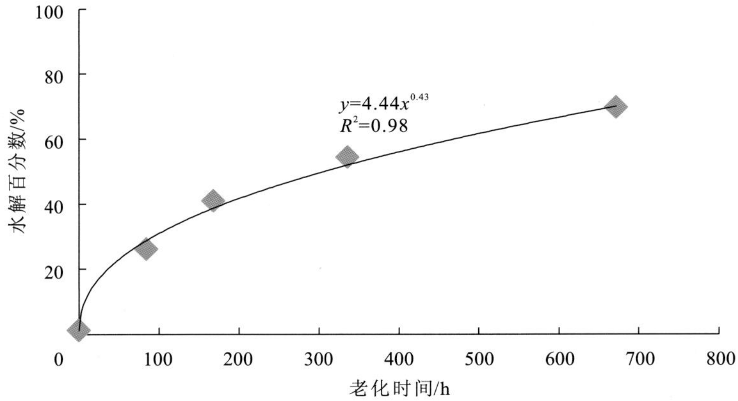

图 2.4.13　加速老化不同时间后丙凝胶体的水解百分数和拟合的函数

丹江口大坝初期工程河床坝段坝基防渗帷幕运行近 40 年，J25 检查孔原位丙凝胶体中约有 15%的酰胺基团发生了水解；根据图 2.4.13 的拟合结果进行推算，当丙凝胶体中的酰胺基团水解 15%时，加速老化时间约为 17 h。据此，将图 2.4.13 拟合结果中的加速老化时间代换为工程运行年限后，建立起丙凝胶体酰胺基团水解百分数与工程运行年限（丙凝帷幕实际老化时间）之间的关系曲线，为

$$x=4.44\times(0.42t_2)^{0.43} \tag{2.4.3}$$

$$t_2=0.0738x^{2.33} \tag{2.4.4}$$

式中：t_2 为丙凝帷幕实际老化时间，年；x 为丙凝胶体酰胺基团的水解百分数，%。

根据式（2.4.3）和式（2.4.4），推求出在原有气候条件和水环境下 J25 检查孔原位丙凝胶体中 30%、60%、100%的酰胺基团水解时的老化时间，如表 2.4.11 所示。

表 2.4.11　丙凝胶体中酰胺基团不同水解百分数时的老化时间

时间	水解百分数			
	15%	30%	60%	100%
加速老化时间/h	17	85	426	1398
实际老化时间/年	40	200	1 000	3290

获取的 J28 检查孔芯样中，原位丙凝胶体的红外光谱图与 J25 检查孔原位丙凝胶体类似，可见河床坝段丙凝灌浆部位原位丙凝胶体的分子结构的耐久性差别不大。

参考已有文献[14]中防渗胶体水解百分数与防渗性能的关系，当酰胺基团水解百分数大于 40%时，丙凝胶体水解迅速，稳定性下降。将水解百分数 x=40（%）代入式（2.4.4）中，推求出在原有气候条件和水环境下，原位丙凝胶体的分子结构的耐久性寿命约为 400 年。

6）帷幕耐久性综合评价

丹江口大坝加高工程坝基岩体细微裂隙发育，对丙凝胶体的抗挤出较为有利，仅局部区域初期存在少量挤出的现象，随着工程运行时间的延长，整体趋于稳定。工程运行期间的监测资料与压水检查也反映丙凝灌浆帷幕的整体防渗性能未见明显异常，可见丙凝灌浆帷幕的抗挤出能力良好，其耐久性分析以丙凝胶体老化性能分析为主，据此推求的丙凝灌浆帷幕耐久性寿命约为 400 年。

研究结论改变了行业内对化学帷幕耐久性能认识不足的现状，即化学帷幕所在岩体条件下有利于胶体抗挤出，且赋存于对胶体老化无明显不利的坝基水环境中，其耐久性能是有充足保证的。

4. 水泥-丙凝帷幕耐久性寿命综合评价

丹江口大坝坝基帷幕是水泥灌注后再进行丙凝灌注形成的水泥-丙凝复合灌浆帷幕。由于水泥结石溶蚀破坏后，将改变丙凝胶体在裂隙中的赋存条件，降低丙凝胶体的抗挤出能力和幕体的整体防渗性能，故水泥-丙凝复合灌浆帷幕耐久性受丙凝帷幕耐久性和水泥结石溶蚀耐久性两方面的共同影响，并取两者中的小值，即 $\min\{t_1, t_2\}$。

丹江口大坝丙凝灌浆帷幕抗挤出性能良好，其耐久性分析以丙凝胶体老化性能分析为主，据此推求的丙凝灌浆帷幕的耐久性寿命约为 400 年。水泥灌浆帷幕的耐久性研究成果表明，除 30、31 坝段水泥灌浆帷幕已发生明显的溶蚀破坏外，其余水泥灌浆帷幕的耐久性寿命在 100 年以上。

综合分析认为，除 30、31 坝段外，其余河床坝段灌浆帷幕的耐久性寿命在 100 年以上，满足大坝加高工程的设计要求。

2.4.4　高水头帷幕灌浆技术研究

丹江口大坝初期工程坝顶高程 162 m，正常蓄水位 157.0 m，大坝加高后坝顶高程加高到 176.6 m，全线加高 14.6 m，正常蓄水位抬高到 170.0 m，水位抬升 13.0 m。丹江口大坝加高工程中，针对初期工程帷幕检测及耐久性研究确定的补灌区，若采用降低水位或放空施工，虽有利于补灌效果，降低施工难度，但将影响水库正常效益的发挥，发电效益损失巨大。因此，帷幕补强灌浆需在水库正常蓄水的高水头及地下动水条件下进行，成幕难度大，且可能存在大坝稳定、安全问题，需要开展高水头帷幕灌浆技术研究。

1. 丹江口大坝坝基帷幕补强灌浆的特点及难点

结合丹江口大坝初期工程河床坝基防渗帷幕检测成果，大坝补强灌浆存在如下特点及难点。

1）特点

（1）帷幕补强灌浆区普遍存在钻孔涌水现象，灌前检查孔全孔最大涌水量达 7.2 L/min，最大涌水压力达 0.30 MPa。

（2）虽然受灌区基岩构造裂隙发育，但多以细微裂隙为主，岩体可灌性差。

（3）河床坝基防渗帷幕在初期工程中已进行过普通水泥、磨细水泥灌浆，部分坝段还进行了丙凝化学浆材补灌，不仅帷幕补强灌浆载体性状复杂化，而且前期施工表明，在这种微裂隙地层中，水泥灌浆的效果并不十分理想。补强灌浆材料的选择将是一项重要工作。

（4）坝基补强灌浆施工中，为确保灌浆效果，需分区段临时封堵部分坝基排水孔，对大坝安全不利。

（5）丹江口大坝加高工程是南水北调中线水源工程，对补强灌浆材料的环保要求极高，有毒化学材料限制使用。

2）难点

（1）高水头作用下帷幕灌浆是在地下水渗流条件下进行的，往往受灌入基岩裂隙或孔隙中的浆液不断被渗流稀释、冲蚀，以及涌水反向挤出等不利因素的影响，灌浆效果通常较差，成幕困难。

（2）由于高水头下灌浆时通常存在钻孔涌水，涌水地层的灌浆通常需要辅以较高的灌浆压力（充分抵抗反向涌水压力）和较长时间的待凝与复灌等特殊手段，甚至还会出现同段反复复灌、待凝的现象。以往工程对涌水孔段的处理，待凝时间一般在 24～48 h，反复复灌、待凝、扫孔工程量巨大，将严重影响施工进度。

（3）在细微裂隙发育及反复灌浆后的地层中灌浆，容易发生吸水回浓的假灌浆现象。首先，可灌性差，灌浆效果难以保证；然后，对灌浆材料细度要求极高；最后，灌浆材料必须符合水源工程的环保要求。

（4）高灌浆压力对帷幕灌浆质量的保证有着重要作用，但过高的灌浆压力容易引起基岩的抬动变形。此外，灌浆过程中，分区段临时封堵坝基排水孔，虽然对灌浆质量有利，但不利于大坝安全，如何正确处理好灌浆施工要求与大坝安全的矛盾，需要进行充分的分析与研究，做出周密安排。

2. 高水头帷幕补强灌浆试验方案

由于帷幕补强灌浆是在水库蓄水的高水头（60～70 m）条件下进行的，且坝基岩体细微裂隙发育，初期工程中又进行过多种材料反复灌浆，在大规模补强灌浆施工前，在现场进行了高水头帷幕补强灌浆试验。

根据试验目的及帷幕补强灌浆区基岩地质构造特点和各部位透水性特征，选定两组帷幕补强灌浆试验区，第一组帷幕补强灌浆试验区选择在 31 坝段（A 区），第二组帷幕补强灌浆试验区选择在 27、28 坝段（B 区）。试验场地的岩性均为变质闪长玢岩。丹江口大坝加高工程高水头帷幕补强灌浆试验孔布置见图 2.4.14。

（1）A 区灌浆试验内容及孔位布置。

A 区分为 A1 与 A2 两个子区。A1 区布置 5 孔（A1-I-1～A1-I-5），I、II 序孔为湿磨细水泥灌浆孔，III 序孔为丙烯酸盐化学浆材帷幕灌浆孔，验证 I、II 序孔湿磨细水泥+III 序孔化学浆材孔内复合灌浆效果。A2 区布置 2 个湿磨细水泥灌浆孔（A2-I-1、A2-II-2），探索加大段长灌浆以加快施工的可行性。针对 A1-I-5 孔及周边水泥浆液扩散试验孔开展湿磨细水泥灌浆水泥浆液扩散及合适孔距研究。

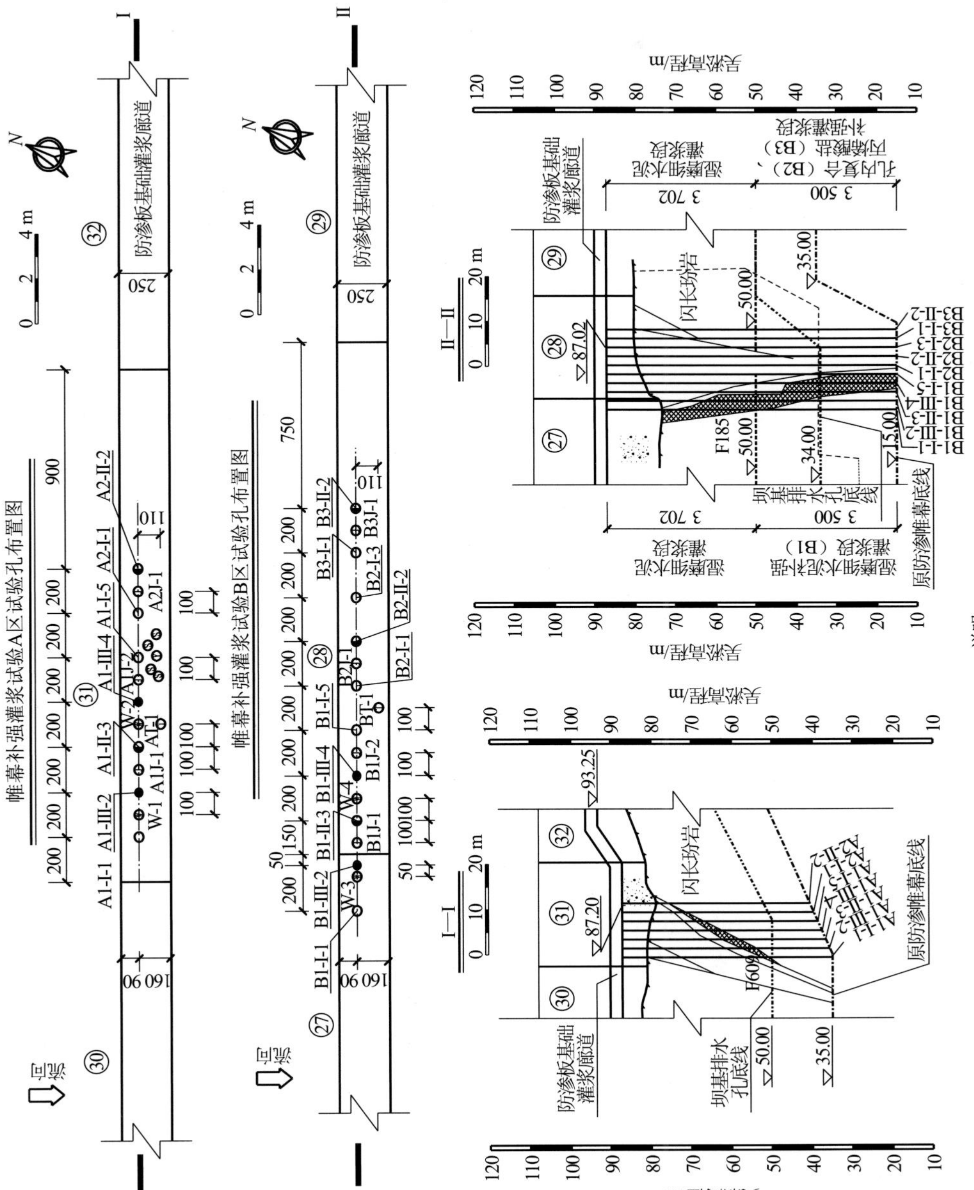

说明：
1.本图为丹江口水库大坝加高工程高水头帷幕补强灌浆试验孔布置图。
2.本图采用吴淞高程系。图中高程以米计，结构尺寸以厘米计，直径以毫米计。

图 2.4.14　高水头帷幕补强灌浆试验孔布置图

（2）B 区灌浆试验内容及孔位布置。

该区分为B1、B2及B3三个子区。B1区布置5个湿磨细水泥灌浆孔（B1-I-1～B1-I-5），B2区布置3个湿磨细水泥与丙烯酸盐化学浆材孔内复合的帷幕灌浆孔（B2-I-1～B2-I-3），B3区布置2个丙烯酸盐化学浆材帷幕灌浆孔（B3-I-1～B3-II-2）。验证、对比单排湿磨细水泥帷幕灌浆、单排孔内复合灌浆、单排化学浆材帷幕灌浆等布置形式的灌浆效果。针对B1区湿磨细水泥灌浆孔中的涌水孔段，比较不同待凝时间处理的效果。

（3）灌浆材料。

经过材料比选并结合技术经济分析及试验方案专家咨询意见，水泥浆材选用湿磨细水泥浆材，化学灌浆材选用新型丙烯酸盐化学浆材。

水泥基材采用普通硅酸盐水泥，强度等级为 42.5 级，采用长江科学院生产的新型GSW 高效水泥湿磨机现场磨制而成。经现场两次取样，平均粒径 D_{50} 分别为 9.73 μm、9.36 μm，比表面积分别为 671.9 m^2/kg、697.2 m^2/kg。湿磨细水泥浆液添加的外加剂为UNF-5 型高效减水剂，掺量为水泥重量的 0.7%。

化学灌浆区域灌浆材料采用北京朗巍时代科技有限责任公司研发生产的新型、环保、无毒的AC-Ⅱ丙烯酸盐化学浆材。

（4）灌浆方法及灌浆压力。

湿磨细水泥灌浆孔采用“小口径孔、孔口封闭、孔内循环、自上而下分段”灌浆法。灌浆压力目标值见表 2.4.12。

表 2.4.12　灌浆分段及相应的灌浆压力目标值表　　（单位：MPa）

灌浆分段	第 1 段	第 2 段	第 3 段	第 4 段及以下各段
灌浆段长/m	2	3	5	5（10 或 5）
目标压力/mPa	2.0	2.5	3.5	4.5

注：表中括号内数值为 A2 区加大段长灌浆试验区的灌浆段长。

化学浆材灌浆孔采用“自上而下分段，孔内阻塞纯压式灌浆法”施工。第 1 段设计灌浆压力为 1.5 MPa，第 2 段及以下各段设计灌浆压力为 2.0 MPa。

孔内复合灌浆是根据灌前透水率选择不同材料进行灌浆，当 $q>2$ Lu 时，采用“小口径孔、孔口封闭、孔内循环、自上而下分段”法进行湿磨细水泥灌浆，灌后进行压水检查，若 $q<1$ Lu，则进行下一段钻灌，若 $q\geqslant1$ Lu，则采用丙烯酸盐化学浆材复灌；当 $q\leqslant2$ Lu 时，采用“自上而下分段，孔内阻塞纯压式灌浆法”进行丙烯酸盐化学浆材灌浆。

若遇涌水现象，压水试验前应测记涌水量和涌水压力，湿磨细水泥帷幕灌浆与丙烯酸盐帷幕灌浆的灌浆压力按设计灌浆压力＋涌水压力控制。

（5）灌浆效果检查方法及控制指标。

帷幕补强灌浆的质量和效果检查，以检查孔压水、基岩透水率，以及耐久性压水试验为主。压水检查合格标准：$q\leqslant1$Lu。

3. 灌浆施工临时封闭排水孔后的坝体稳定分析

选取代表性坝段分别对帷幕补强灌浆施工期临时封堵排水孔和灌浆对大坝稳定影

响进行分析，并在灌浆时采取合适的工艺措施，确保大坝安全。

（1）施工期临时封堵排水孔对大坝稳定的影响分析。

25～31 坝段为帷幕补强灌浆主要区段，选取代表性的厂房 28、31 坝段作为施工期临时封堵排水孔稳定计算坝段。

首先，介绍计算条件。

帷幕补强灌浆施工期间，补灌区大坝已加高至设计高程，但大坝尚未提高蓄水位，大坝稳定计算水位按照初期工程设计洪水时上游 1 000 年一遇设计洪水位 159.80 m，相应下游水位 100.2 m；上游 10 000 年一遇校核洪水为 161.3 m，相应下游水位 102.0 m。

坝基混凝土与基岩间的摩擦系数 25～31 坝段采用 f=0.65。28 坝段计算稳定建基面高程取 75 m，31 坝段计算稳定建基面高程取 80 m。设计基础排水孔的扬压力折减系数：封堵前 0.25；封堵后 0.5。

安全标准：设计工况≥1.1；校核工况≥1.0。

然后，介绍计算方法与荷载组合。

大坝稳定采用摩擦公式：$K_C = f\sum N/\sum H$（其中，K_C 为稳定安全系数，N 为垂直荷载，H 为水平荷载，f 为摩擦系数）。

荷载组合：自重＋上游水压力＋扬压力＋浪压力＋泥沙压力。

计算简图如图 2.4.15～图 2.4.17 所示。

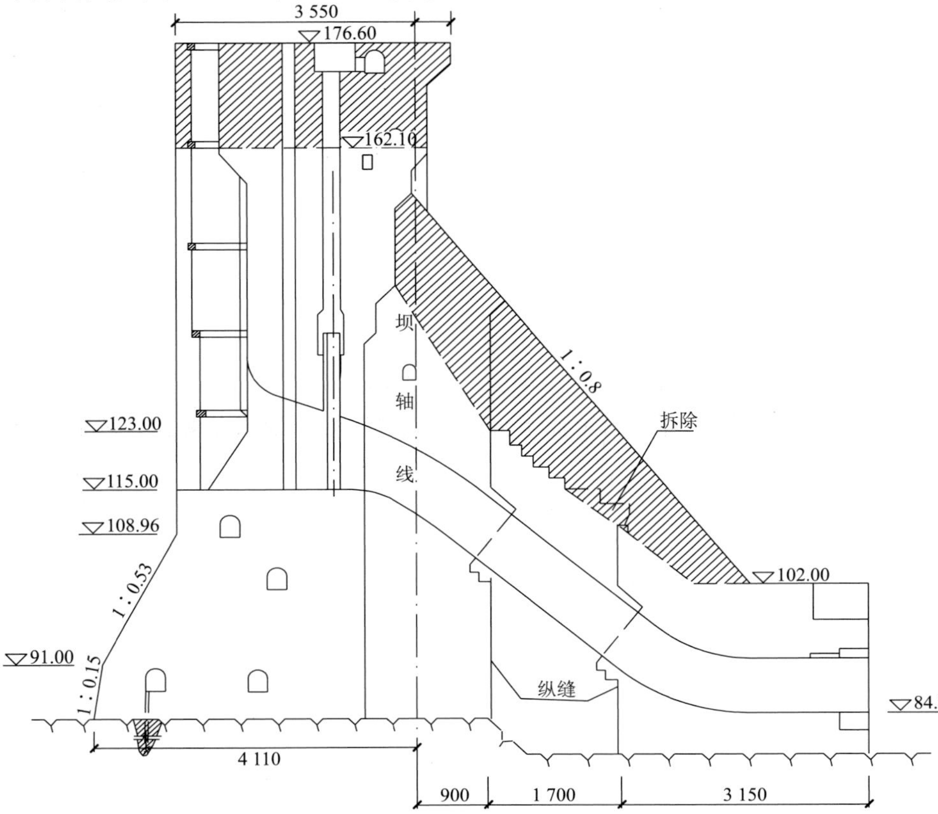

图 2.4.15　厂房坝段典型断面（高程单位：m；尺寸单位：cm）

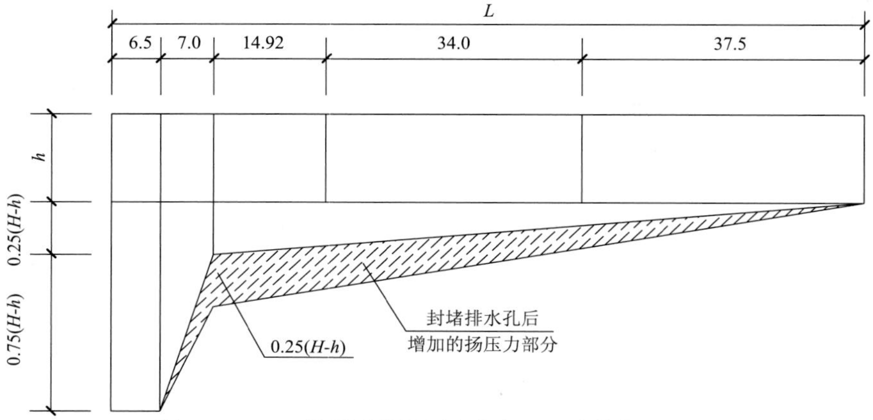

图 2.4.16　28 坝段坝基扬压力分布（尺寸单位：cm）

H 为上游水位；h 为下游水位

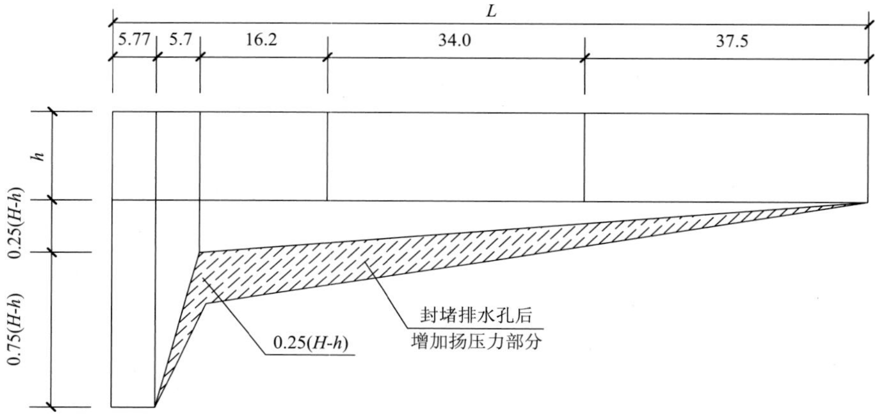

图 2.4.17　31 坝段坝基扬压力分布

最后，介绍计算结果。

初期工程抗滑稳定安全系数 K_C 见表 2.4.13。

表 2.4.13　初期工程抗滑稳定安全系数 K_C

坝段	设计洪水工况	校核洪水工况
28 坝段	1.23	1.16
31 坝段	1.33	1.27

排水孔封堵后，大坝加高完成后增加的垂直荷载＝加高完成后增加坝顶部分重量－增加扬压力，增量见表 2.4.14。

表 2.4.14　排水孔封堵、大坝加高后增加的垂直荷载

坝段	设计洪水工况	校核洪水工况
28 坝段增加的垂直荷载/t	40 821.45	40 896.65
31 坝段增加的垂直荷载/t	40 824.85	40 900.05

按摩擦公式计算得出施工期排水孔封堵前后坝体的抗滑稳定安全系数 K_C，见表 2.4.15。

表 2.4.15　排水孔封堵前后坝体的抗滑稳定安全系数 K_C

坝段		设计洪水工况	校核洪水工况
排水孔封堵前	28 坝段	1.63	1.56
	31 坝段	1.79	1.72
排水孔封堵后	28 坝段	1.52	1.45
	31 坝段	1.66	1.59

计算成果表明：各种工况下大坝抗滑稳定安全系数均远大于设计规范要求。大坝加高后，在帷幕补强灌浆施工期大坝尚未提高蓄水位的情况下，由加高引起的大坝稳定安全度增加值较由排水孔临时封堵引起的大坝稳定安全度降低值大，表明排水孔临时封堵对大坝稳定的影响较小。

（2）灌浆对施工期大坝稳定的影响分析。

丹江口水库帷幕补强灌浆最大灌浆压力：水泥灌浆 4.5 MPa；化学浆材灌浆 2 MPa。结合丹江口水库工程地质条件和灌浆施工控制工艺，灌浆施工对大坝稳定的影响分析如下。

丹江口水库坝基短小、细微裂隙发育，裂隙连通性差。灌浆资料显示，注入量一般较小，浆材在地层裂隙中的扩散范围有限，表明灌浆压力一般局限于局部范围，不会出现坝基大面积受压。

通过施工控制，避免同坝段多孔和多段同时灌浆，以及发现抬动即采取降压措施等，可确保大坝安全。

现场灌浆试验观测表明，在 4.5 MPa 水泥灌浆压力和 2 MPa 化学浆材灌浆压力下，坝基抬动变形均为 0，满足工程要求。

（3）确保大坝稳定的工艺措施。

考虑到高水头帷幕灌浆的特殊性和大坝安全的重要性，灌浆实施过程中，采取了如下措施。

分区段灌浆。分区段间隔进行灌浆，避免同坝段多孔和多段同时灌浆，防止坝基大面积受压。

分区段临时封堵排水孔。分区段灌浆过程中，仅对相应灌浆区段下游侧的排水孔和相邻的少数排水孔进行临时封堵，待该区段灌浆完成后，及时进行排水孔扫孔，并恢复排水孔装置，再依次进行其他区段的排水孔临时封堵和灌浆工作。

严格控制抬动变形。压水、灌浆过程中，一旦发现抬动变形，即采取降压措施，确保大坝安全。

综上所述，总体分析认为，坝基排水孔临时封堵时，结合工艺措施，在 4.5 MPa 水泥灌浆压力和 2 MPa 化学浆材灌浆压力下，大坝不存在稳定安全问题。

4. 高水头帷幕补强灌浆技术及灌浆效果分析

1）涌水孔段不同待凝时间的作用效果研究

高水头下灌浆，涌水是常见的，水泥灌浆后进行待凝是一种有效手段，以往水电工程对涌水孔段采取的待凝时间一般为 24～48 h，但待凝时间过长后，水泥结石强度提高，扫孔时间也相应加长，严重影响施工进度。因此，试验中探索了既保证灌浆质量，又尽可能缩短待凝时间的施工方案，以期达到工程快速施工的目的。

研究针对 B1 区 50 m 高程以下湿磨细水泥灌浆孔段，分区段进行长时间待凝（24 h）、较长时间待凝（12 h 和 6 h）、短时间待凝（3 h）等措施下的效果对比。在不同待凝时间条件下受灌段灌前、灌后的透水率、涌水量、涌水压力情况见表 2.4.16。

分析可见，涌水孔段在湿磨细水泥灌浆、不同待凝时间（3 h、6 h、12 h、24 h）下处理后，涌水孔段透水率和涌水量均有明显减小，但涌水压力仅小幅下降，不同待凝时间的处理效果差别不明显，但均可满足涌水处理的浆液凝结要求。为缩短浆液待凝时间，同时为使待凝时间稳妥可靠，高水头帷幕补强灌浆涌水孔段的待凝时间推荐采用 6h。经试验应用验证，效果较好。

表 2.4.16　不同待凝时间处理效果

待凝时间/h	灌前			灌后			灌前、灌后对比		
	透水率/Lu	涌水量/（L/min）	涌水压力/MPa	透水率/Lu	涌水量/（L/min）	涌水压力/MPa	透水率/%	涌水量/%	涌水压力/%
3	3.44	4.27	0.153	0.66	1.73	0.138	80.81	59.48	9.80
6	1.71	2.93	0.178	0.43	1.08	0.165	74.85	63.14	7.30
12	1.82	2.88	0.147	0.36	0.88	0.143	80.22	69.44	2.72
24	4.69	5.52	0.135	0.73	1.82	0.134	84.43	67.03	0.74

2）不同灌浆形式效果分析

高水头帷幕补强灌浆采用了单排排内复合灌浆（A1）、单排湿磨细水泥灌浆（B1）、单排孔内复合灌浆（B2）、单排丙烯酸盐化学灌浆（B3）等几种形式，综合灌浆成果分析资料，不同灌浆形式下灌前、灌后透水率统计情况见表 2.4.17，涌水统计情况见表 2.4.18。

表 2.4.17　不同灌浆形式灌前、灌后透水率统计表

分区	灌前透水率区间						灌后透水率区间					
	段数	<0.5 Lu	0.5～1 Lu	1～3 Lu	>3 Lu	平均值	段数	<0.5 Lu	0.5～1 Lu	1～3 Lu	>3 Lu	平均值
A1	46	32	9	3	2	0.58	17	16	1	0	0	0.097
B1	39	4	8	15	12	2.64	14	0	12	2	0	0.87
B2	19	11	4	1	3	1.10	7	7	0	0	0	0.093
B3	13	11	0	2	0	0.24	7	7	0	0	0	0.037

表 2.4.18　不同灌浆形式灌前、灌后涌水统计表

分区	灌前涌水情况					灌后涌水情况				
	压水段数	涌水段数	涌水频率/%	平均涌水量/（L/min）	平均涌水压力/MPa	压水段数	涌水段数	涌水频率/%	平均涌水量/（L/min）	平均涌水压力/MPa
A1	46	23	50	0.62	0.04	17	7	41.2	0.28	0.05
B1	39	38	97.4	3.47	0.15	14	14	100	0.71	0.07
B2	21	21	100	1.32	0.11	7	6	85.7	0.39	0.06
B3	14	12	85.7	0.6	0.10	7	0	0	—	—

对表 2.4.17、表 2.4.18 分析可见，B1 区单排湿磨细水泥灌浆（2 m 孔距）虽有一定效果，但可靠度不够，灌后仍存在部分孔段超标的现象，浆液的扩散范围和幕体透水率不能满足设计防渗标准。B2 区单排孔内复合灌浆和 A1 区单排排内复合灌浆均可有效解决丹江口水库坝基帷幕补强灌浆问题，两者都是先用水泥浆材填充大的空隙，减少化学灌浆注入量，相对节省。相对而言，孔内复合灌浆施工程序相对烦琐；排内复合灌浆施工程序相对简单。B3 区单排丙烯酸盐化学灌浆效果最好，但价格相对昂贵。因此，综合技术经济分析和工程实际情况，丹江口水库坝基帷幕补强灌浆施工宜优先采用湿磨细水泥+丙烯酸盐化学浆材的排内复合灌浆方式。

3）加大段长灌浆效果分析

加大段长灌浆效果主要从以下两方面进行分析。

（1）加大段长灌浆对岩体透水率的改善程度。

从 A2 区 5 m、10 m 两种灌浆段长条件下平均注入量和灌浆前后压水试验资料（表 2.4.19）看，5 m、10 m 段长灌浆，分别将岩体灌前透水率 0.30 Lu、0.41 Lu 处理到灌后的 0.28 Lu、0.27 Lu。可见，对灌前透水率较小的孔段，两种段长灌浆对岩体透水率的改善效果基本相当。

表 2.4.19　不同灌浆段长（5 m、10 m）灌浆效果分析表

段长/m	孔深/m	灌前透水率/Lu			平均注入量/（kg/m）			灌后检查孔透水率/Lu
		A2-I-1	A2-II-2	平均值	A2-I-1	A2-II-2	平均值	
5	17.5～22.5	0.19	0.5	0.35	1.49	3.17	2.33	0.32
	32.5～37.5	0.08	0.44	0.26	3.5	2.64	3.07	0.23
	平均值	—	—	0.30	—	—	2.70	0.28
10	22.5～32.5	0.6	0.28	0.44	2.51	1.44	1.98	0.47
	37.5～47.5	0.2	0.57	0.39	2.31	4.13	3.22	0.06
	平均值	—	—	0.41	—	—	2.60	0.27

（2）注入率与泵的排量之间的关系。

透水率小时，起始注入率小，泵的排量可正常升压灌注；透水率大时，起始注入率大，泵的排量可能无法正常升压灌注。对灌浆试验施工资料分析认为，补强灌浆区内透水率小于 1 Lu 的孔段（5 m 段长）的起始注入率基本都在 10 L/min 以下，加大到 10 m 段长灌浆后，泵的排量仍可以满足灌浆需要；透水率大于 1 Lu 的孔段（5 m 段长）的起始注入率部分达到 20～30 L/min，加大到 10 m 段长灌浆后，泵的排量可能不足，不建议加大段长灌浆。

综合上述分析，湿磨细水泥灌浆最大段长采用 10 m，视灌前透水率确定。若相邻 2 段（各 5 m 段长）透水率均在 1 Lu 以上，单独灌注；反之，可采用 10 m 段长合并灌注。

4）补强灌浆幕体耐久性分析

常规压水检查结束后，选取 B1 区 B1J-1 孔和 B1J-2 孔进行灌后耐久性压水试验，验证湿磨细水泥灌浆幕体的渗透稳定性和耐久性；选取 A1 区 A1J-2 孔进行耐久性压水试验，验证湿磨细水泥+丙烯酸盐化学浆材复合灌浆后幕体的渗透稳定性及耐久性。

耐久性压水试验采用纯压方式，压水压力为 1.0 MPa+涌水压力，纯压持续时间不少于 48 h。

试验统计成果见表 2.4.20，根据透水率 1 h 区间平均值绘制耐久性压水过程曲线（图 2.4.18）。

表 2.4.20　帷幕灌浆耐久性压水试验成果

孔号	深度/m	段长/m	起始注入率/（L/min）	最终注入率/（L/min）	最大抬动/μm	透水率/Lu
B1J-1	47～57	10	5.0	4.9	0	0.15～0.92
B1J-2	52～62	10	5.7	2.1	0	0.14～0.57
A1J-2	22～32	10	2.4	0.6	0	0.07～0.31

注：表中透水率数值为 1 h 区间平均值。

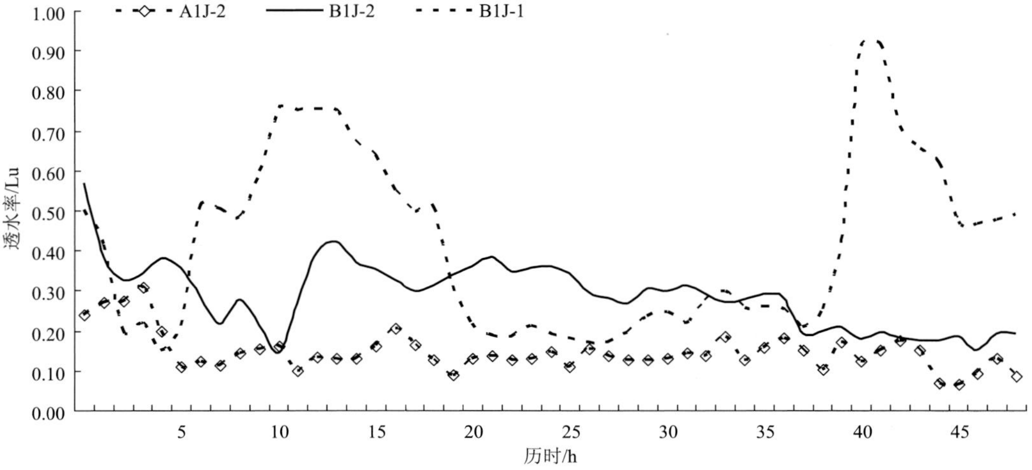

图 2.4.18　耐久性压水过程曲线

从表 2.4.20、图 2.4.18 可见：

（1）湿磨细水泥灌浆区耐久性压水试验成果表明，B1J-1 孔耐久性比 B1J-2 孔略差，两段耐久性压水过程中均产生一定的劈裂，但随着压水历时的延长，透水率均可恢复至低值，且最终注入率较初始注入率相当或降低，耐久性尚好。

（2）湿磨细水泥+丙烯酸盐化学浆材复合灌浆区 A1J-2 孔耐久性压水试验成果表明，整个压水历时过程中，均未产生明显劈裂，且最终注入率较初始注入率降低，透水率稳定在低值区域，耐久性很好。

5. 小结

（1）灌浆压力：经计算分析及现场试验验证，水泥灌浆压力采用 4.5 MPa，化学灌浆压力采用 2 MPa 是合适的，临时封堵排水孔后，结合工艺措施，不影响大坝安全。

（2）灌浆段长：湿磨细水泥灌浆段长一般为 5 m，最大灌浆段长 10 m，视灌前透水率而定。若相邻 2 段（各 5 m 段长）的透水率均在 1 Lu 以上，单独灌注；反之，可采用 10 m 段长合并灌注。

（3）待凝时间：综合考虑涌水孔段不同待凝时间（3 h、6 h、12 h、24 h）的处理工效，湿磨细水泥灌浆中涌水孔段的待凝时间推荐采用 6 h。

（4）灌浆方法：纯湿磨细水泥灌浆（单排，2 m 孔距）灌浆效果有限，纯丙烯酸盐化学灌浆、孔内复合灌浆和排内复合灌浆均可有效解决丹江口水库坝基帷幕补强灌浆问题。综合技术经济分析，帷幕补强灌浆施工采用湿磨细水泥+丙烯酸盐化学浆材的排内复合灌浆方法。

（5）耐久性：湿磨细水泥+丙烯酸盐复合灌浆幕体的耐久性好，可满足要求。

（6）化灌材料：根据水源工程特点及现场试验验证，推荐将新型、无毒、环保的丙烯酸盐化学浆材用于丹江口水库高水头帷幕补强灌浆的施工。

第3章

混凝土大坝加高工程设计

3.1 大坝加高工程设计标准

3.1.1 加高大坝抗滑稳定

丹江口大坝加高工程右岸联结坝段（右 13～右 1 坝段、1～7 坝段）和左岸联结坝段（33～44 坝段）采用了贴坡加高方式，新增了建基面长度，在温度荷载作用下，新增贴坡混凝土坝趾处出现了局部脱开现象，从而减小了实际建基面的长度，降低了黏聚力的作用效果。根据丹江口大坝加高后水荷载增量和温度影响分析，对新增建基面坝段的抗滑稳定抗剪断公式安全系数设计控制指标增加 0.5，最终采取的抗滑稳定抗剪断公式安全系数设计控制指标，见表 3.1.1。

表 3.1.1　大坝抗滑稳定抗剪断公式安全系数设计控制指标

工况	不增加建基面坝段允许值	增加建基面坝段允许值
基本组合	3.0	3.5
特殊组合（1）	2.5	3.0
特殊组合（2）	2.3	2.8

3.1.2 坝体应力控制

现行重力坝技术标准主要控制大坝上游坝面、大坝建基面坝踵和坝趾竖向正应力，相应的计算方法为材料力学法。

在各种荷载组合（地震荷载除外）情况下，大坝建基面所承受的最大垂直正应力应小于坝基容许的压应力；最小垂直正应力考虑温度应力的影响要求有不小于 0.2 MPa 的压应力。

按单一安全系数，根据材料力学原理，采用拟静力法计算地震情况时，允许出现瞬时少量拉应力。按《水工建筑物抗震设计规范》（SL 203—1997），采用动力法验算坝体强度时，坝体抗压、抗拉强度结构系数分别取 2.0 和 0.85。

坝体上游面的最小主压应力 σ（不计入扬压力）应遵守下列规定：

$$\sigma \geqslant 0.25\gamma H$$

式中：γ 为库水的容重，t/m^3；H 为坝面计算点的静水头，m。

3.1.3 新老混凝土结合度控制

初期大坝混凝土与加高大坝混凝土的结合状态允许以下两种情况。

（1）完全结合状态。大坝加高后，在长期运行期间，新老坝体结合面混凝土始终结合在一起，库水位变化时，坝体变形后结合面不发生不协调的错位变形。

（2）有限结合状态。大坝加高后，新老混凝土结合面处于部分脱开状态、部分结合状态，坝体变形时新老坝体仍可在一定程度上相互约束，并传递荷载。根据 2.1 节新老混凝土结合规律研究成果，要求新老混凝土结合面的结合面积与总面积之比不小于 20%。

3.2 混凝土坝加高工程结构计算

3.2.1 荷载组合

计算条件包括三种控制性工况。

基本组合：1 000 年一遇洪水。

特殊组合（1）：10 000 年一遇洪水加大 20%。

特殊组合（2）：正常蓄水位遭遇 7 度地震。

各种运用工况下，大坝上下游水位见表 3.2.1。

表 3.2.1　各种运用情况下大坝上下游水位表

工况	上游水位/m	下游水位/m
设计正常蓄水位	170.00	91.0
设计洪水（1 000 年一遇洪水）	172.20	97.6
校核洪水（10 000 年一遇洪水加大 20%）	174.35	102.2

3.2.2　坝体稳定计算成果

各主要坝段沿建基面抗滑稳定安全系数见表 3.2.2。表 3.2.2 中特殊组合（2）的成果按《水工建筑物抗震设计规范》（SL 203—1997）计算。由表 3.2.3 可知，各坝段的抗滑稳定安全系数均满足设计要求。

表 3.2.2　各主要坝段沿建基面的抗滑稳定安全系数表

坝段编号	工况			坝段编号	工况		
	基本组合	特殊组合（1）	特殊组合（2）		基本组合	特殊组合（1）	特殊组合（2）
右 1	6.89	5.47	5.34	17	3.02	2.82	2.49
右 2	8.62	7.32	6.11	18	3.24	3.08	2.90
右 3	9.35	7.94	6.66	19	3.40	3.30	3.09
右 4	10.40	7.90	5.64	20	3.40	3.30	3.09
右 5	10.40	7.90	5.64	21	4.01	3.84	3.64
右 6	10.40	7.90	5.64	22	4.21	4.08	3.73
右 7	10.40	7.90	5.64	23	3.53	3.39	3.22
右 8	11.66	10.54	8.62	24	4.16	4.01	3.75
右 9	14.74	11.84	9.48	25	4.31	4.12	4.11
右 10	15.65	13.61	10.69	26、27、28	3.56	3.36	3.40
1	4.58	4.30	4.12	29、30、31	3.84	3.61	3.68
2	4.44	4.14	3.98	32	4.55	4.35	4.40
3 左、3 右	4.30	4.00	4.65	33	4.36	4.19	4.14
4、5、6	4.54	4.25	4.09	34	3.91	3.67	4.03
7	3.80	3.60	3.86	35	3.82	3.57	3.93
8	4.61	4.39	4.22	36	3.82	3.59	3.93
9	3.37	3.21	3.01	37	3.83	3.59	3.93
10	3.75	3.58	3.46	38	3.87	3.68	3.93
11	4.07	3.88	3.69	39	4.23	4.04	4.28
12	4.34	4.13	3.91	40	4.10	3.97	4.24
13	4.34	4.13	3.91	41	4.48	4.47	3.81
14	3.47	3.32	2.88	42	4.71	4.69	3.88
15	3.02	2.91	2.63	43	4.98	4.96	3.84
16	3.07	2.99	2.65	44	5.17	5.15	4.11

表 3.2.3　右 7～右 9 坝段的稳定安全系数表

坝段	计算条件	计算成果
右 7	上游水位 145 m，下游面填土	11.74
右 8	上游水位 145 m，下游面填土	13.96
右 9	上游水位 145 m，下游面填土	15.33

在极限死水位 145 m 条件下，右 7～右 9 坝段稳定计算成果见表 3.2.3，表中结果表明各坝段的抗滑稳定安全系数亦满足设计要求。

在右岸联结坝段 4～7 坝段下游有一条 $F1$ 断层，断层走向 325°，倾角 32°，设计中考虑断层裂隙延伸情况，对 1 和 5 坝段沿断层破裂面或裂隙面的深层稳定问题复核。其中，断层复核采用参数 f'=0.55，c'=50 kPa，缓倾角裂隙面参数为 f'=0.65，c'=100 kPa，连通率为 32%。经复核，1 和 5 坝段不会沿裂隙面向下游滑动，稳定安全系数满足设计要求。

3.2.3　材料力学法坝体应力计算

对于坝体结构、大坝基础条件比较复杂的坝段，采用有限单元法进行复核，并根据复核结果采取相应的工程措施。除新浇混凝土温度荷载外，大坝应力分析所考虑的荷载和计算条件与大坝抗滑稳定计算相同。

1. 基本假定

建基面及坝体正应力计算采用材料力学法，不考虑温度荷载，计算假定如下。

（1）水库在蓄水状态下，在下游侧新浇筑加高坝，假定新老混凝土的物理性质没有不同，新老混凝土作为一个整体工作。

（2）施工期在老坝上的荷载由初期坝体承担，不传送给新混凝土。

（3）加高坝坝体新混凝土除自重外在不承受外力的情况下硬化。

（4）施工完毕后水位上升时，新增加的水压等荷载由新老混凝土共同承受。

2. 计算条件

初期工程 8～33 坝段，高程 117 m 以下坝体已按大坝加高工程正常蓄水位 170.0 m 规模的坝体断面设计、施工，建基面正应力计算时初期和后期应力叠加成果与一次建成计算结果基本一致；其余混凝土坝段，初期坝体按初期工程蓄水位规模设计、施工，建基面正应力由初期应力与后期应力叠加得到。

计算中未计温度应力，为尽量减轻加高后混凝土的温度应力及新老混凝土弹性模量差异对坝踵应力的不利影响，要求在非地震情况下两岸坝段坝踵的压应力不小于 0.2 MPa，河床坝段不出现拉应力。

大坝加高工程坝体加高施工期限制库水位，当两岸坝段下游贴坡浇筑时，库水位限定在 152 m 以下，河床坝段混凝土浇筑不受库水位限制，即对库水位无限定要求。

3. 计算成果

各主要坝段沿建基面的坝踵、坝趾正应力（不考虑新浇混凝土温度荷载的影响）见表 3.2.4。

表 3.2.4　各主要坝段沿建基面的坝踵、坝趾正应力表（材料力学法）（单位：MPa）

坝段编号	工况					
	基本组合		特殊组合（1）		特殊组合（2）	
	坝踵	坝趾	坝踵	坝趾	坝踵	坝趾
右 1	0.64	0.69	0.49	0.85	0.34	0.96
右 2	0.68	0.67	0.53	0.88	0.38	0.87
右 3	0.77	0.79	0.55	0.91	0.45	0.96
右 4	0.25	0.82	0.34	0.69	0.31	0.78
右 5	0.25	0.82	0.34	0.69	0.31	0.78
右 6	0.25	0.82	0.34	0.69	0.31	0.78
右 7	0.25	0.82	0.34	0.69	0.31	0.78
右 8	0.42	0.87	0.36	0.83	0.30	0.79
右 9	0.39	0.91	0.32	0.85	0.26	0.81
右 10	0.36	0.94	0.29	0.87	0.24	0.91
1	0.45	0.71	0.32	0.89	0.29	1.04
2	0.56	0.73	0.45	0.83	0.18	0.92
3 左、3 右	0.28	1.56	0.14	1.69	0.41	1.44
4、5、6	0.93	0.95	0.93	0.94	0.84	1.10
7	0.38	0.72	0.22	0.83	0.15	0.87
8	0.88	0.88	0.94	0.83	1.04	0.90
9	0.74	1.42	0.63	1.45	0.70	1.57
10	0.69	1.62	0.57	1.65	0.64	1.78
11	0.46	1.59	0.37	1.60	0.40	1.73
12	0.50	1.77	0.41	1.78	0.44	1.92
13	0.44	1.93	0.35	1.94	0.39	2.09
14	0.32	1.67	0.26	1.67	0.28	1.84
15	0.24	1.98	0.14	2.01	0.02	2.33
16	0.27	2.01	0.17	2.04	−0.01	2.34
17	0.25	2.19	0.15	2.22	−0.06	2.57

续表

坝段编号	工况					
	基本组合		特殊组合（1）		特殊组合（2）	
	坝踵	坝趾	坝踵	坝趾	坝踵	坝趾
18	0.35	2.49	0.22	2.17	0.05	2.37
19	0.64	1.63	0.28	1.93	0.13	2.24
20	0.64	1.63	0.28	1.93	0.13	2.24
21	0.83	1.12	0.75	1.11	0.72	1.32
22	0.72	1.53	0.64	1.53	0.60	1.72
23	0.93	1.44	0.86	1.43	0.84	1.67
24	0.90	1.73	0.83	1.71	0.78	1.94
25	1.02	1.06	0.98	1.02	1.18	0.99
26、27、28	0.20	2.00	0.25	1.97	0.24	2.32
29、30、31	0.46	1.44	0.51	1.39	0.50	1.65
32	0.37	1.80	0.43	1.77	0.41	2.05
33	0.60	1.01	0.52	1.09	0.31	1.05
34	0.23	1.54	0.15	1.70	0.14	1.50
35	0.28	1.57	0.19	1.74	0.17	1.53
36	0.44	1.19	0.34	1.33	0.26	1.16
37	0.31	1.04	0.21	1.15	0.16	1.01
38	0.29	0.88	0.21	0.96	0.12	0.88
39	0.36	0.84	0.30	0.90	0.17	0.84
40	0.30	1.07	0.25	1.11	0.28	0.92
41	0.27	1.09	0.25	1.11	0.29	0.98
42	0.31	0.90	0.26	1.05	0.29	0.97
43	0.33	0.94	0.28	1.07	0.31	0.99
44	0.37	0.98	0.30	1.09	0.34	1.05

注：表中“+”表示压应力，“-”表示拉应力。

表 3.2.4 中除特殊组合（2）外，其他各种工况的正应力均满足规范要求。在考虑地震情况下，7 度地震作用仅有 16、17 坝段出现极小的拉应力，但其拉应力区分布在防渗帷幕上游侧，且地震荷载为瞬时荷载，作用时间短，加上设计采用的扬压力图形在帷幕上游侧已按全水头考虑，地震荷载不会改变扬压力分布，因此对大坝安全不会造成威胁。

重力坝坝体应力计算，选择 34 坝段的最不利断面（高程 159.29 m 处）作为控制性断面。计算结果表明：其上游面（不计扬压力）最小主压应力为 0.27 MPa，大于规范要求的 $0.25\gamma H$（约等于 0.04 MPa）。

3.2.4　平面有限元计算

为研究坝体加高过程中坝体及坝基应力的变化情况，以及施工期温度应力，采用有限元程序[15]对坝体加高进行了计算分析，取 7 坝段进行平面有限元分析。

1. 计算剖面及边界条件

计算剖面采用设计的 7 坝段横剖面，计算中对坝体加高前、加高后，蓄水位达到设计洪水位三种情况进行了计算。

2. 计算所用的物理参数

计算所用的物理参数见表 3.2.5。

表 3.2.5　计算所用的物理参数表

部位	弹性模量/MPa	泊松比	容重/（kN/m^3）
初期大坝混凝土	25 000	0.167	24
加高混凝土	20 000	0.167	24
基岩	21 000	0.220	—

3. 计算过程及工况

首先算得坝体在高程 152 m 的初始水头作用下原结构的初始应力 σ_0，然后加高坝体至 176.6 m，计算后期断面在上游水位为 152 m 时的应力状况，求得 σ_1，最后将水位抬高至 172.2 m，求得设计洪水位作用下的应力 σ_2。

4. 计算成果

三种计算工况及坝踵应力见表 3.2.6。

表 3.2.6　计算工况及相应的坝踵应力表

时段	加高高程	坝踵应力/MPa
1	坝体未加高，受 152 m 水位作用	−1.18
2	坝体加高完毕，坝顶新浇筑混凝土至 176.6 m	−2.06
3	坝体加高后受高程 172.2～152 m 水头作用	0.33

计算成果表明：在初始水头与老坝自重作用下，各部位应力均为压应力。坝体加高后，坝基面上游面附近的压应力略有增大。运行期设计水位时坝踵出现了 0.33 MPa

的垂直拉应力，但拉应力范围较小，约为坝底宽的 1/20，且未超过帷幕线，不影响大坝的安全。

3.2.5 三维有限元计算

左岸 34～36 坝段坝轴线向下游转弯，基岩中存在贯穿整个坝基的构造破碎带，地质条件较差，初期工程施工时，基础开挖成上游高下游低，左右两侧呈非对称的形状，为此取 34 坝段为典型坝段，通过三维有限元对其进行计算，分析其应力、变形情况。

1. 力学参数

老混凝土弹性模量 E=25 GPa，μ=0.167，γ=24 kN/m^3。

新混凝土弹性模量 E=20 GPa，μ=0.167，γ=24 kN/m^3。

基岩弹性模量 E=21 GPa，μ=0.22。

F697 断层与裂隙密集带分别按 2.1 GPa 和 2.52 GPa、10.5 GPa 和 13.6 GPa、18.9 GPa 和 21 GPa 三组弹性模量进行计算。

2. 计算工况

计算工况及其荷载组合参见表 3.2.7。

表 3.2.7 计算工况及其荷载

工况		荷载				
		自重	水压力	泥沙压力	扬压力	浪压力
I	初期坝体自重	√（老坝）	—	—	—	—
II	初期控制水位（高程 150 m）	√（老坝）	√	√	√	—
III	设计洪水位（高程 172.2 m）	√	√	√	√	√
IV	校核洪水位	√	√	√	√	√

3. 计算成果

工况 III、工况 IV 分别是大坝加高后的设计洪水位和校核洪水位两种工况，其计算结果表明，坝顶向下游的位移分别为 6.17 mm 和 7.42 mm。坝顶上游侧沉降分别为 8.09 mm 和 7.68 mm。

在工况 III 下，坝踵出现 0.60 MPa 的拉应力，工况 IV 下为 0.94 MPa，但拉应力范围均不大，最大约为坝底宽的 1/24。

由于边界条件的复杂性、数据假定的处理及网格划分等，大坝分期加高应力的计算有一定程度的近似性。但作为定性分析，其仍有重要的参考价值。

3.3 地震动力分析

根据《水工建筑物抗震设计规范》（SL 203—1997）的要求，本工程抗震设防类别为甲类，其计算方法应为动力法，而采用动力法计算重力坝的地震作用效应时，应采用振型分解反应谱法。选择右联 7、溢流坝 14 坝段、右联 2 坝段、厂房 27 坝段等 5 个坝段作为典型坝段，采用有限元法进行 7 度地震的抗震计算[16]。

3.3.1 力学参数

混凝土动参数 E_1=32.5 GPa，μ=0.167，γ=24 kN/m^3；

基岩参数 E_2=21 GPa，μ=0.22；

建基面抗剪断参数 f=0.95，c=0.9 MPa；

结构重要性系数 γ_0=1.1；

抗滑稳定结构系数 γ_d=0.60，设计状况系数 ψ=0.85；

抗拉强度结构系数 γ_d=0.85。

计算采用的大坝基岩水平峰值加速度为 0.15g，竖向为 0.08g。地震加速度反应谱取抗震规范规定的标准设计反应谱，如图 3.3.1 所示。其特征周期为 T_g=0.2 s，反应谱最大值 β_{max}=2.0。

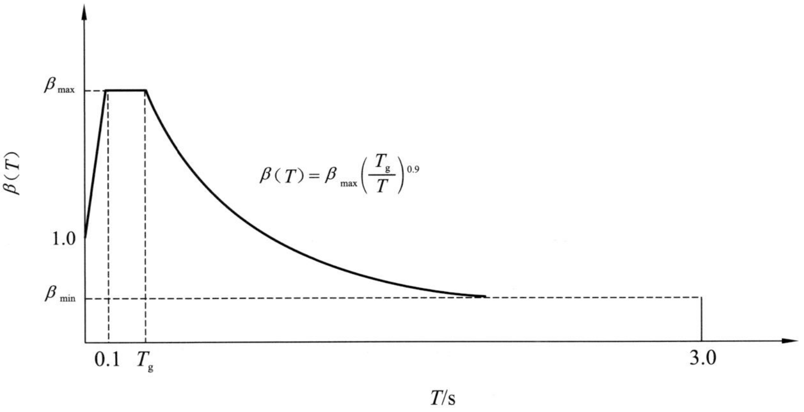

图 3.3.1　标准设计反应谱

β_{min} 为设计反应谱下限值

3.3.2 计算方法

计算方法采用平面有限元法，其步骤如下。

（1）将地震动水压力折算为与单位地震加速度相应的坝面附加质量。

采用水利工程中常用的 Westergaard[17]提出的动水压力附加质量法。Westergaard[17]提出的动水压力附加质量法，将水深 h 处的地震动水压力等效成物体本身质量乘以一定的附加质量系数附加在大坝结构上，来模拟坝体和水的动力相互作用。动水压力计算公式为

$$P_{\mathrm{W}}(h)=\frac{7}{8}\alpha_h\rho_{\mathrm{W}}\sqrt{H_0h} \tag{3.3.1}$$

式中：ρ_{W} 为水的密度；H_0 为坝前水深；h 为相应节点离水面的深度；α_h 为水平方向加速度代表值。

（2）求出坝体的自振特性。

求解重力坝的自振频率和各阶振型，由于大坝不同阶振型的最大响应不是同时发生的，不能通过简单的代数相加的方式求得结构总的最大响应，而应各阶振型计算确定的最大值按平方和开方（square root of the sum of the squares，SRSS）的振型组合方法来计算，即

$$\{\nu\}_{\max}=\left[\left(\{\nu_1\}_{\max}\right)^2+\cdots+\left(\{\nu_i\}_{\max}\right)^2+\cdots+\left(\{\nu_m\}_{\max}\right)^2\right]^{1/2} \tag{3.3.2}$$

式中：m 为所取最大振型阶数；$\{\nu_i\}_{\max}$ 为第 i 阶振型最大响应。

对于大坝的最大动位移和动荷载，可采用 SRSS 方法计算得出。对于大坝最大应力计算则不能直接用计算得出的最大位移求最大应力，而是用各阶振型最大应力按照 SRSS 方法进行组合计算得出的地震最大应力。

（3）根据标准设计反应谱求出最大动位移和最大动荷载。

反应谱分析法是将地震作用分解为各振型分量再加载到结构上，然后通过一定的方法将不同振型所产生的响应叠加来得到最终的结构地震响应值。该方法首先计算重力坝在不同工况下的自振频率和各阶振型，根据《中国地震动参数区划图》（GB 18306—2015）、《水工建筑物抗震设计规范》（GB 51247—2018）等相关规范的要求确定坝址处标准设计反应谱，然后在此基础上进行反应谱求解和合并模态得到重力坝在地震作用下的应力应变分布规律，最后分析重力坝在地震荷载作用下的安全性。

3.3.3 计算成果

1. 7 坝段抗震分析

7 坝段为右岸最后一个非溢流坝段，与深孔坝段相邻，大坝加高采用了贴坡加高方式，新增了建基面长度，建基面高程 100 m，为右联最高坝段。该坝段初期坝体底宽（顺水流方向）48 m，下游坝坡 1∶0.8，坝顶高程 162 m，坝顶宽度 16 m；加高坝体底宽 60 m，下游坝坡 1∶0.85，坝顶高程 176.6 m，坝顶宽度 30 m。坝体断面如图 3.3.2 所示。

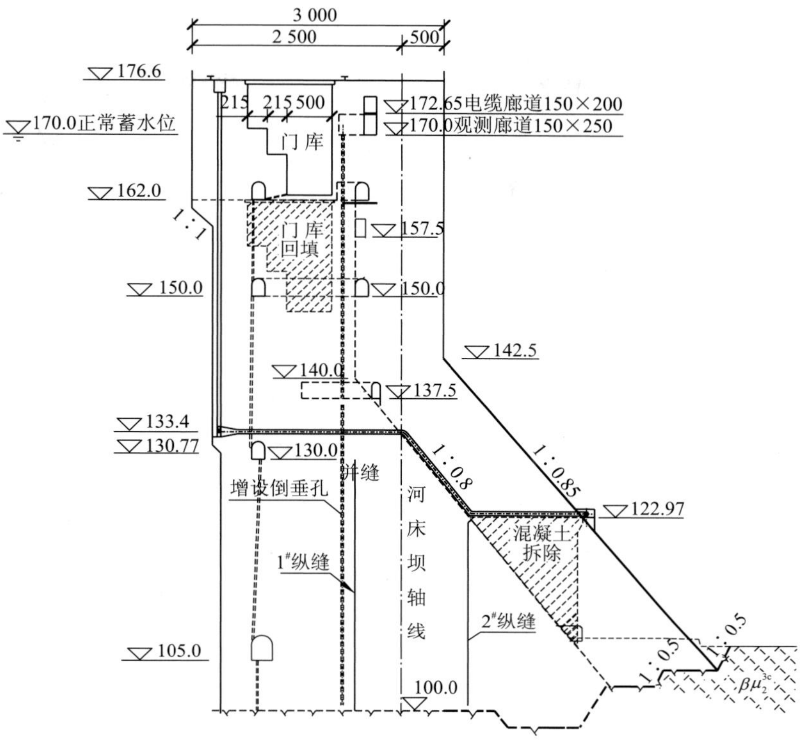

图 3.3.2　右联 7 坝段坝体断面图（高程单位：m；尺寸单位：cm）

1）自振特性

7 坝段自振特性见表 3.3.1。

表 3.3.1　7 坝段自振特性表

阶数	自振频率/Hz
1	3.48
2	8.56
3	9.57
4	17.50
5	23.50
6	26.90

2）地震最大动位移

地震最大动位移见表 3.3.2。

表 3.3.2　地震最大动位移　　（单位：mm）

地震烈度	合位移 d	d_x	d_y
7 度	6.40	5.70	2.68

3）地震最大动应力

地震最大动应力见表 3.3.3。

表 3.3.3　地震最大动应力　（单位：MPa）

应力	坝踵	坝头部下游
第一主应力 σ_1	0.97	1.58
第二主应力 σ_2	0.44	0.24
x 向正应力 σ_x	0.54	0.43
y 向正应力 σ_y	0.87	1.38
xy 向剪应力 τ_{xy}	0.20	0.48

注：拉为正，压为负。

4）地震动荷载与强度及稳定复核

坝体水平与垂直动荷载见表 3.3.4。

表 3.3.4　地震动荷载　（单位：kN）

荷载		地震烈度 7 度
地震荷载	水平向	14 367
	垂直向	7 988

将表中动荷载与静荷载（包括水压力、自重、扬压力）叠加，其成果见表 3.3.5，坝踵 σ_y 为压应力，坝体拉应力最大值位于坝头下游折坡处。其稳定及强度复核成果见表 3.3.6。

表 3.3.5　地震动静荷载叠加后最大应力表　（单位：MPa）

应力	地震烈度 7 度	
	坝踵	坝头
σ_1	0.30	1.39
σ_2	−0.67	−0.12
σ_x	0.21	0.32
σ_y	−0.58	0.94
τ_{xy}	0.28	0.69

表 3.3.6　极限状态法计算坝体强度与稳定成果表

项目	强度计算/MPa		抗滑稳定计算/kN	
	$\gamma_0\psi S$（·）	R（·）$/\gamma_d$	$\gamma_0\psi S$（·）	R（·）$/\gamma_d$
地震烈度 7 度	1.15	1.794	36 340	82 530
结论	$\gamma_0\psi S$（·）$<R$（·）$/\gamma_d$，安全		$\gamma_0\psi S$（·）$<R$（·）$/\gamma_d$，安全	

注：γ_0 为结构重要性系数；S（·）为结构的作用效应函数；R（·）为结构的抗力函数。

5）结论

根据计算成果，在地震作用下，坝体动应力最大处均位于大坝头部下游侧，强度复核表明，7 度地震情况下坝体强度和抗滑稳定满足规范要求。

2. 溢流坝 14 坝段抗震分析

14 坝段为溢流坝段，与深孔坝段相邻，坝体建基面高程 79～99 m，坝底顺水流向长 82 m，单块坝宽 24 m。加高前溢流堰顶高程 138 m，墩顶高程 162 m；加高后堰顶高程 152 m，墩顶高程 176.6 m。坝体断面如图 1.5.4 所示。

1）自振特性

14 坝段加高后的自振特性见表 3.3.7。表 3.3.7 中 x 代表顺河向，y 代表竖直向，z 代表坝轴线。

表 3.3.7 溢流坝加高后自振特性

n	f_n/Hz	振型参与系数		
		x	y	z
1	1.95	0.305 206	−0.334 500	37.247 600
2	3.73	−1.191 760	0.109 786	−16.391 600
3	4.76	15.640 100	0.890 541	−1.029 590
4	6.47	−1.009 260	0.060 100	−2.188 520
5	8.27	0.050 700	0.041 000	2.793 190
6	9.91	3.755 750	0.030 900	−0.140 525
7	10.28	−0.507 994	0.132 320	0.151 253
8	11.32	−0.500 035	0.338 199	0.567 813
9	11.53	0.010 400	−0.237 880	−1.095 480
10	13.41	0.716 448	−0.810 200	0.379 879
11	14.07	0.007 200	0.030 900	0.396 899
12	14.31	−0.152 461	0.006 370	−0.139 579
13	16.30	0.117 025	0.009 400	0.334 991
14	17.26	−0.466 927	−0.151 149	0.136 227
15	17.74	0.253 170	0.082 200	0.167 931
16	20.39	0.007 240	0.005 060	0.064 600

注：n 为自振频率阶数；f_n 为自振频率。

2）动位移与动应力

溢流坝段最大动位移在闸墩顶部，溢流坝段有多处应力集中部位，以闸墩动应力最大。

7 度地震作用下动位移与动应力的成果见表 3.3.8～表 3.3.10。

表 3.3.8　各工况溢流坝段应力范围　（单位：MPa）

工况	σ_x	σ_y	σ_z	最大第一主应力	最小第三主应力
静载+0.15*g* 地震	−0.844～0.372	−0.256～0.835	−1.208～0.823	1.397	−1.522
静载−0.15*g* 地震	−1.037～0.003	−0.635～0.008	−2.863～−0.024	0.425	−2.879
静载+0.18*g* 地震	−0.839～0.505	−0.241～0.872	−1.185～1.119	1.684	−1.493
静载−0.18*g* 地震	−1.185～0.002	−0.679～0.007	−3.201～−0.029	0.451	−3.238

注：拉为正，压为负。

静载±0.15*g* 地震工况下最大拉应力为 1.397 MPa，发生在闸墩底部；最大压应力为 2.879 MPa，发生在坝上游。

表 3.3.9　7 度、三向地震作用下动位移的成果表　（单位：mm）

部位	类别	合位移	分量		
			x	*y*	*z*
闸墩顶	位移	7.42	2.21	0.81	7.04
溢流堰顶	位移	2.59	1.14	0.84	2.17

表 3.3.10　7 度、三向地震作用下动应力的计算成果表　（单位：MPa）

应力部位		主应力			正应力			切应力		
		σ_1	σ_2	σ_3	σ_x	σ_y	σ_z	τ_{xy}	τ_{yz}	τ_{xz}
闸墩上游	中墩	1.587	0.259	0.120	0.380	1.220	0.360	0.530	0.320	0.190
	边墩	1.890	0.356	0.033	0.548	1.420	0.307	0.730	0.163	0.265
坝踵		0.786	0.113	0.111	0.130	0.750	0.128	0.110	0.098	0.016
坝趾		0.650	0.081	0.075	0.087	0.630	0.093	0.074	0.087	0.014

注：拉为正，压为负。

表 3.3.9、表 3.3.10 中数据为三向地震作用下的叠加结果，由动位移结果可知，合位移以坝轴向位移为主。

3）溢流坝段抗滑稳定验算

按承载能力极限状态式计算，若滑动力 $\gamma_0\psi S(\cdot)$＜抗滑力 $\frac{1}{\gamma_d}R(\cdot)$，则是安全的，溢流坝段抗滑稳定验算除地震作用外，还考虑了静荷载作用。

溢流坝段抗滑稳定验算成果见表 3.3.11。

表 3.3.11 溢流坝段抗滑稳定验算成果表 （单位：kN）

地震烈度	$\gamma_0\psi S$（·）	R（·）$\frac{1}{\gamma_d}$	安全评价
7 度	1 312 270	3 065 900	稳定

4）闸墩强度验算

按照《水工建筑物抗震设计规范》（SL 203—1997）规定，采用承载能力极限状态设计进行抗拉强度验算，计算过程中考虑动应力与静应力叠加后再进行验算。动静叠加应力成果见表 3.3.12，闸墩强度验算成果表见表 3.3.13。

表 3.3.12 动静力叠加应力成果表 （单位：MPa）

地震烈度	应力部位		主应力			正应力			切应力		
			σ_1	σ_2	σ_3	σ_x	σ_y	σ_z	τ_{xy}	τ_{yz}	τ_{xz}
7 度	闸墩	中墩	1.280	0.210	−0.020	0.303	1.180	−0.010	0.302	0.090	0.040
		边墩	1.112	0.146	−0.069	0.170	1.060	−0.304	0.206	0.116	0.090
	坝踵		0.820	0.110	−0.210	0.029	0.600	0.100	0.430	0.330	−0.025
	坝趾		−0.250	−0.319	−2.880	−0.340	−2.690	−0.418	0.363	0.572	−0.053
8 度	闸墩	中墩	2.470	0.455	0.092	0.600	2.320	0.280	0.520	0.170	0.090
		边墩	2.340	0.360	−0.046	0.380	2.250	0.025	0.366	0.220	0.170
	坝踵		1.510	0.210	−0.210	0.104	1.200	0.210	0.650	0.093	−0.028
	坝趾		−0.089	−0.258	−2.480	−0.270	−2.210	−0.345	0.409	0.637	−0.041

注：拉为正，压为负。

表 3.3.13 闸墩强度验算成果表 （单位：MPa）

地震烈度	$\gamma_0\psi S$（·）	R（·）$\frac{1}{\gamma_d}$	安全评价
7 度	1.20	1.62	安全

5）结论

从计算成果看，由于闸墩刚度较小，墩顶位移量明显较实体坝段大，地震动应力最大处位于闸墩内，强度验算表明，7 度地震时闸墩强度满足规范要求，从抗滑稳定复核成果看，7 度地震作用下，能满足规范要求。

3. 右岸联结 2 坝段抗震分析

右岸联结 2 坝段为右岸联结坝段第一个直线坝段，紧邻转弯坝段和升船机坝段，大坝加高采用贴坡加高方式，增加了建基面长度，建基面高程 110 m。该坝段初期坝体底宽（顺水流方向）43.9 m，下游坝坡 1∶0.8，坝顶高程 162 m，坝顶宽度 12 m；加高坝体底宽 54.13 m，下游坝坡 1∶0.85，坝顶高程 176.6 m，坝顶宽度 18 m，高程 163 m 处的平台宽 6 m。坝体断面如图 3.3.3 所示。

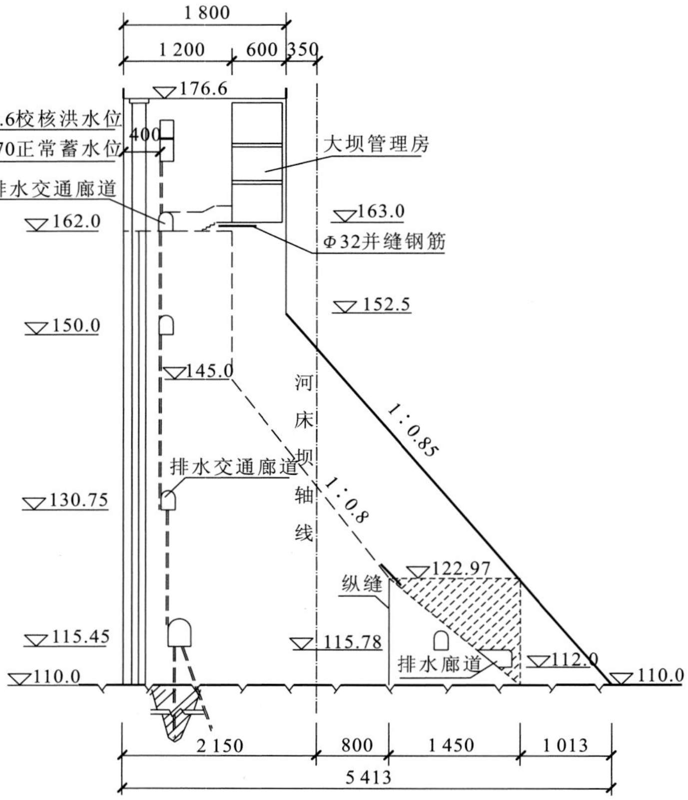

图 3.3.3　右岸联结 2 坝段坝体断面图（高程单位：m；尺寸单位：cm）

1）拟静力法计算成果

（1）大坝强度抗震安全。

2 坝段坝体材料的抗拉、抗压强度均满足抗震强度安全要求，且有较高的抗震安全裕度。在地震作用下，143.0 m 高程处的裂缝上游面出现了 0.78 MPa（悬臂梁法）和 0.82 MPa（有限元法）的拉应力。

根据现行规范，按一维悬臂梁法的计算结果（取不利的 f=0.5）校核 2 坝段，结果见表 3.3.14。坝趾处校核压应力，其余部位校核拉应力。

表 3.3.14　左岸联结 2 坝段坝体抗震强度校核　（单位：MPa）

部位	效应 $S(\cdot)$	抗力 $R(\cdot)$	$\gamma_0\psi S(\cdot)$	$R(\cdot)/\gamma_d$	校核结果
162 m 高程上游坝面	0.48	0.70	0.45	1.00	满足
162 m 高程下游坝面	0.19	0.70	0.18	1.00	满足
坝踵	0.89	1.77	0.83	2.53	满足
152.8 m 高程下游坝面	0.91	1.18	0.85	1.69	满足
坝趾	2.46	11.8	2.30	9.08	满足

（2）沿建基面的抗滑稳定安全。

根据 2 坝段的各项静动作用及沿建基面的抗剪断强度指标，结合作用、抗力的分项系数和结构系数，验算大坝沿建基面的抗滑稳定安全，结果见表 3.3.15（坝段宽度取单位宽度）。建基面混凝土与基岩的抗剪断强度指标为 f_k'=0.73，c_k'=0.57 MPa。

表 3.3.15 大坝抗滑稳定安全校核结果（T）

坝段		效应 $S(\cdot)$	抗力 $R(\cdot)$	$\gamma_0\psi S(\cdot)$	$R(\cdot)/\gamma_d$	校核结果
挡水坝段	一维悬臂梁	2 645	2 235	2 473	3 438	满足
	二维有限元	2 573	2 264	2 406	3 483	满足

计算结果表明，2 坝段沿建基面的动力抗滑稳定安全满足现行抗震规范要求，且有较大的安全裕度。

（3）加高坝体沿高程 162 m 结合面的抗滑稳定安全。

丹江口大坝二期加高后与老坝体的结合部位是大坝结构的薄弱部位。坝体头部的动力放大作用显著（2 坝段更是如此），因此，加高后的坝体头部沿高程 162 m 新老混凝土结合面的抗滑稳定安全值得关注。根据表 3.3.16 的结果，2 坝段头部沿 162 m 高程结合面的抗滑稳定满足现行抗震规范要求。

表 3.3.16 2 坝段头部沿 162 m 高程结合面的抗滑稳定校核结果

坝段	效应 $S(\cdot)$	抗力 $R(\cdot)$	$\gamma_0\psi S(\cdot)$	$R(\cdot)/\gamma_d$	校核结果
2 坝段	256	418	239	643	满足

2）右岸联结 2 坝段非线性地震波动反应分析

右岸联结 2 坝段进行非线性地震波动反应分析，计算结果可得如下结论。

（1）缝 1（143 m 高程水平缝）无初始抗拉强度，设计资料从偏于安全考虑给出的缝间抗剪强度较低，所以在地震过程中缝面两侧出现了一定范围的张开，最大开度约为 3.3 mm，同时出现了向上游约 2 mm 的残余位移。缝的张开及滑移量均不大，不至于破坏止水设施的防水功能和大坝的正常运行，且工程上已采取加强防渗和排水措施，以防止地震作用后该缝的止水破坏，具有较强的针对性。建议运行过程中对该缝加强监测，确保大坝抗震安全。

（2）缝 2（162 m 高程新老混凝土结合缝）在上下游侧发生一定范围的开裂，但开度很小，最大不超过 0.2 mm。从新丰江大坝 1961 年遭遇强烈水库地震，致使其头部出现贯穿性水平裂缝，以及其后期处理、运行的经验来看，由于该缝承受的水头较低，一般工程处理后仍可正常运行。因此，对于丹江口大坝，即使该缝出现开裂，工程处理后可保证其正常运行。同时，建议对水平新老混凝土界面采取插筋、设置榫槽等抗震措施来提高其抗拉、抗剪强度，确保其抗震安全。

（3）在假定贴坡部位受温度效应完全脱开的情况下，新老混凝土结合面直段的缝 3 顶部在地震时的最大开度达到 7 mm，地震后的残余开度近 3 mm。

（4）大坝静动综合最大拉应力绝大部分在 1 MPa 以下。尽管贴坡部位的二期混凝土坝体的近上游侧坝基部位出现了不超过 1.9 MPa 的静动综合拉应力，但范围很小，不至于影响大坝整体安全。

（5）若大坝按整体线弹性计算，其应力水平不高，在坝踵处出现的静动综合最大主应力极值仅为 0.85 MPa。考虑坝体加高的新老混凝土结合面及老混凝土坝裂缝的初始缺陷后，坝体的静动应力反应有所变化，但拉应力的增加主要出现在缝面附近的局部区域，超过 1 MPa 的拉应力仅出现在贴坡混凝土上游侧根部的极小范围，具有明显的角缘效应应力集中的特征，考虑基岩内微裂隙的应力释放作用等因素，混凝土强度能满足要求。

4. 厂房 27 坝段抗震分析

27 坝段为厂房坝段，如图 3.3.4 所示，位于顺流向坝基深槽中，贴坡向下游加宽 5.0 m，坝底宽达 105 m，基岩最低高程约 60 m，为混凝土坝最低点，此处最大坝高 117 m。

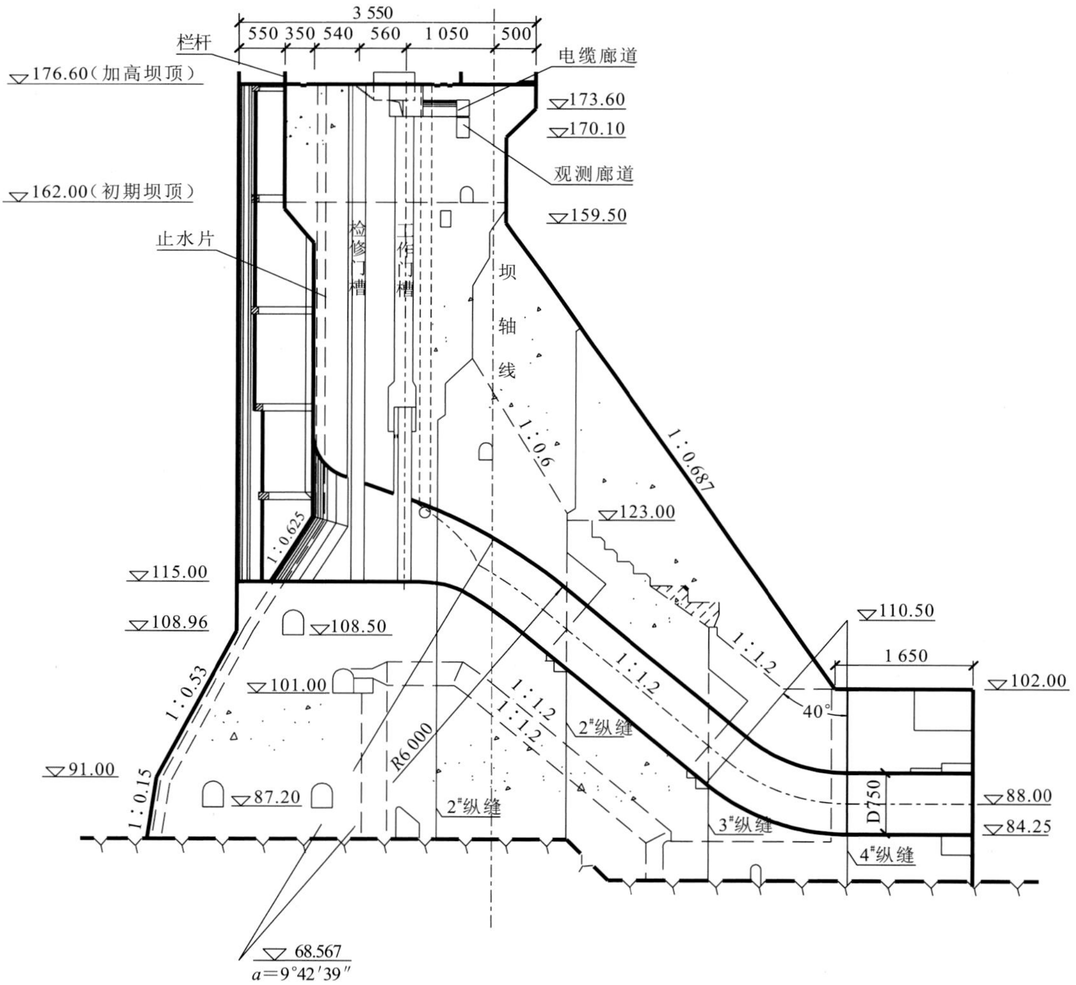

图 3.3.4　厂房 27 坝段坝体断面图（高程单位：m；尺寸单位：cm）

1）坝体强度安全

各工况下厂房坝段的应力范围见表 3.3.17。

表 3.3.17　各工况下厂房坝段的应力范围　　（单位：MPa）

工况	σ_x	σ_y	σ_z	最大第一主应力	最小第三主应力
静载	−0.798～0.189	−0.296～0.312	−2.034～0.064	0.575	−2.133
静载+0.15g 地震	−0.740～0.337	−0.246～0.512	−1.669～0.470	1.264	−1.851
静载−0.15g 地震	−1.250～0.042	−0.413～0.133	−4.479～0.036	0.679	−4.816
静载+0.18g 地震	−0.728～0.369	−0.240～0.553	−1.610～0.929	1.492	−1.850
静载−0.18g 地震	−1.361～0.030	−0.438～0.124	−4.995～0.030	0.805	−5.384

各工况下厂房坝段的最大应力及其部位见表 3.3.18。由表 3.3.18 可见，静载工况下最大拉应力为 0.575 MPa，发生在坝踵；最大压应力为 2.133 MPa，发生在上游。静载工况下应力都满足规范要求。静载±0.15g 地震工况下最大拉应力为 1.264 MPa，发生在坝踵；最大压应力为 4.816 MPa，发生在上游。静载±0.15g 地震工况下应力都满足规范要求。静载±0.18g 地震工况下最大拉应力为 1.492 MPa，发生在进水口；最大压应力为 5.384 MPa，发生在上游。静载±0.18g 地震工况下应力亦都满足规范要求。

表 3.3.18　各工况厂房坝段最大应力

工况	最大拉应力			最大压应力		
	应力/MPa	部位	强度/MPa	应力/MPa	部位	强度/MPa
静载	0.575	坝踵	1.27	2.133	上游	11.9
静载±0.15g 地震	1.264	坝踵	1.55	4.816	上游	16.5
静载±0.18g 地震	1.492	进水口	1.55	5.384	上游	16.5

27 坝段坝体材料的抗拉、抗压强度均满足抗震强度安全要求，且有较高的抗震安全裕度，如表 3.3.19 所示。

表 3.3.19　厂房 27 坝段坝体抗震强度校核　　（单位：MPa）

部位	效应 $S(\cdot)$	抗力 $R(\cdot)$	$\gamma_0\psi S(\cdot)$	$R(\cdot)/\gamma_d$	校核结果
进水口折坡处	0.27	1.77	0.25	2.53	满足
112 m 上游坝面	0.63	1.77	0.59	2.53	满足
145.3 m 下游坝面	0.71	1.18	0.66	1.69	满足
坝踵	0.40	1.77	0.37	2.53	满足
坝趾	2.53	17.7	2.37	14.62	满足

2）沿建基面的抗滑稳定安全

根据两坝段的各项静动作用及沿建基面的抗剪断强度指标，结合作用、抗力的分项系数和结构系数，验算大坝沿建基面的抗滑稳定安全，结果见表 3.3.20（坝段宽度取单位宽度）。建基面混凝土与基岩的抗剪断强度指标取 f_k'=0.69，c_k'=0.54 MPa。

表 3.3.20　大坝抗滑稳定安全校核结果

坝段		效应 $S(\cdot)$	抗力 $R(\cdot)$	$\gamma_0\psi S(\cdot)$	$R(\cdot)/\gamma_d$	校核结果
厂房坝段	一维悬臂梁	7 483	6 388	6 997	9 828	满足
	二维有限元	7 356	6 321	6 878	9 725	满足

5. 深孔坝段抗震计算成果

深孔坝段抗震计算时的坝身应力见表 3.3.21、表 3.3.22。

表 3.3.21　各工况下深孔坝段的应力范围　（单位：MPa）

工况	σ_x	σ_y	σ_z	最大第一主应力	最小第三主应力
静载	−1.043～0.391	−0.374～0.427	−2.734～0.074	0.866	−2.735
静载+0.15g 地震	−0.733～0.652	−0.282～0.794	−1.778～1.201	1.970	−2.318
静载−0.15g 地震	−1.743～0.198	−0.560～0.173	−5.277～0.016	0.492	−5.284
静载+0.18g 地震	−0.730～0.718	−0.277～0.870	−1.743～1.442	2.217	−2.335
静载−0.18g 地震	−1.889～0.158	−0.614～0.170	−5.806～0.012	0.544	−5.816

表 3.3.22　各工况下深孔坝段的最大应力及其部位　（单位：MPa）

工况	最大拉应力			最大压应力		
	应力/MPa	部位	强度/MPa	应力/MPa	部位	强度/MPa
静载	0.866	坝踵	1.27	2.735	11.9	进水口
静载±0.15g 地震	1.970	坝踵	1.55	5.284	16.5	进水口
静载±0.18g 地震	2.217	坝踵	1.55	5.816	16.5	进水口

计算结果表明，各计算工况下最大拉应力均位于坝踵，最大压应力均发生在进水口。0.15 g 地震工况下在坝踵部位局部（深度小于 1 m）拉应力较大，其他部位的应力都满足规范要求。

3.3.4　小结

（1）根据典型坝段的抗震计算成果，在地震荷载作用下，混凝土坝体动应力最大处均位于大坝头部下游侧。强度复核表明，7 度情况下坝体强度及抗滑稳定均满足规范要求。

（2）溢流坝闸墩由于刚度较小，墩顶位移量明显增大，地震动应力最大处位于闸墩内。强度验算表明，7 度地震时闸墩强度满足规范要求；从抗滑稳定复核成果看，7 度地震作用下溢流坝的抗滑稳定能满足规范要求。

（3）遵照水工抗震规范进行的分析评价结果表明，2、27 坝段在设计地震作用下的坝体抗拉、抗压强度安全满足现行抗震规范要求，沿建基面的动力抗滑稳定安全满足现行抗震规范要求，且有较大的安全裕度；两坝段头部在设计地震作用下沿 162 m 高程结合面的动力抗滑稳定满足抗震安全要求。

（4）14 坝段坝体的静动综合压应力在混凝土强度容许范围内，除坝踵的局部应力集中区域外，坝体静动综合拉应力也基本在混凝土动态抗拉强度范围内，大坝混凝土的强度安全有保证。整个地震时程中所考虑的老闸墩弱面抗滑稳定安全系数基本都大于 1，表明这些时刻沿缝面可能发生瞬时的滑移，但由于地震荷载的往复作用，不会出现闸墩整体的失稳，闸墩震后的残余位移量很小，闸墩沿水平弱面的静、动态抗滑稳定性是有保证的。

3.4 初期大坝裂缝影响分析及加固处理方案设计

3.4.1 初期大坝加高前裂缝检查

丹江口大坝施工初期，机械设备缺乏，技术力量薄弱，利用人工进行拌和，以胶轮车运送混凝土入仓，以后逐步过渡到土洋结合的施工方法，难以实现有效的质量控制，浇筑的混凝土出现了较多裂缝和架空、施工冷缝、强度不合格等质量缺陷。1962 年 2 月，经上级批准，暂停混凝土坝施工，进行质量问题研究及补强处理，同时进行机械化施工准备。1964 年底大坝混凝土恢复浇筑。

在 1964 年底复工前和复工准备期间，按大坝加高后正常蓄水位 170.00 m 要求，进行了专门的设计和系统的处理，主要有：对架空混凝土进行灌注水泥浆处理；对基础裂缝、贯穿裂缝进行化学灌浆处理；对浇筑层面的裂缝敷设裂缝钢筋；在 9～17 坝段迎水面采用磨细水泥进行灌浆，形成坝体防渗帷幕；在 19～33 坝段上游面设置防渗板；等等。

1964 年恢复大坝混凝土浇筑后，施工设备和手段都有了较大的改善，从而提高了混凝土质量，混凝土裂缝大大减少。但由于工程施工处于特殊的历史时期，大坝混凝土浇筑的层面仍存在较多的长间歇和停仓问题。

1980 年 8～10 月，由裂缝小组对混凝土坝的内外部进行了检查，初步统计裂缝有 1 152 条，除 8～33 坝段基础廊道及高程 101.0 m 廊道等部位外，其他裂缝大都发生于竣工后。检查发现的裂缝多为表面裂缝，渗水裂缝有 117 条，其中，规模较大的裂缝主要有 19～24 坝段高程 114.0 m 水平裂缝，2～右 6 坝段高程 143.0 m 及以上水平层间缝，5～

7 坝段坝顶纵向裂缝，18 坝段上游面竖向裂缝等。

1997～1999 年，丹江口大坝运行管理单位对 19～24 坝段高程 114.0 m 防渗板裂缝进行了水下处理，处理效果较好；在 1987 年、1991 年、1999 年对 2～右 6 坝段高程 143.0 m 水平层间缝和相邻坝块横缝进行了处理，由于 2～右 6 坝段的反拱效应等，处理效果不理想；5～7 坝段坝顶纵向裂缝为了不影响初期大坝正常运行，运行期未进行处理。

3.4.2 加高工程初期大坝裂缝缺陷检查

丹江口大坝加高工程于 2005 年 9 月 26 日开工，开工后检查发现初期工程混凝土大坝的坝顶、上下游坝面和廊道内的裂缝数量增加较多，引起了各级领导和专家的高度关注。为确保安全，针对丹江口大坝加高工程初期大坝混凝土缺陷启动了全面检查和处理工作[15]。

1. 上游坝面水上区域裂缝检查

丹江口大坝总共有 58 个坝段，考虑到两岸与土石坝的连接等情况，大坝加高工程左岸 42～44 坝段位于左岸土石坝心墙下游，右 9～右 13 坝段将位于水库内，挡水坝段为 41～右 8 坝段。根据加高工程大坝的特点，大坝上游面裂缝检查的主要对象为大坝加高后的挡水坝段。

1）一般性裂缝检查

大坝上游面裂缝检查工作在枯水期库水位较低时进行，以尽量扩大上游坝面水上检查区域的检查面积，减小水下检查的工作量和潜水深度。初期工程丹江口水库设计死水位为 140.0 m，考虑到裂缝检查工作需要一定的周期，因此，上游坝面以 142.5 m 为界，分为水上区域和水下区域。

丹江口大坝上游面水上区域一般为直立面，裂缝检查首先需对上游坝面进行清理，采用摄像及近距离观察的方法对上游坝面进行全面搜索，普查裂缝，并记录裂缝沿坝面的分布情况，对于廊道内有渗水析钙区域的上游坝面进行重点检查。上游坝面裂缝普查采用吊篮检查与近水区域船舶检查相结合进行。

2）2～右 6 坝段上游面水平裂缝检查

大坝加高施工期间，结合转弯坝段反拱问题的处理方案研究，考虑到右 5、右 6 坝段裂缝规模较小，且不连续，因此在 2～右 4 坝段采用坝顶竖向钻孔取心、注水、孔内电视录像等方法检查裂缝情况。检查钻孔分两次进行。

第一次：主要检查该裂缝是否贯穿整个初期大坝的水平截面，在右 2～右 4 坝段均布置了 12 个竖直方向的检查孔，孔径 150 mm，孔底高程 140.0～142.0 m，钻孔布置见图 3.4.1。

第二次：右 1 坝段钻孔孔径 300 mm，芯样需做混凝土层间抗剪试验。孔位距上游坝面 3 m，距右侧横缝 8.5 m，孔深 52 m。

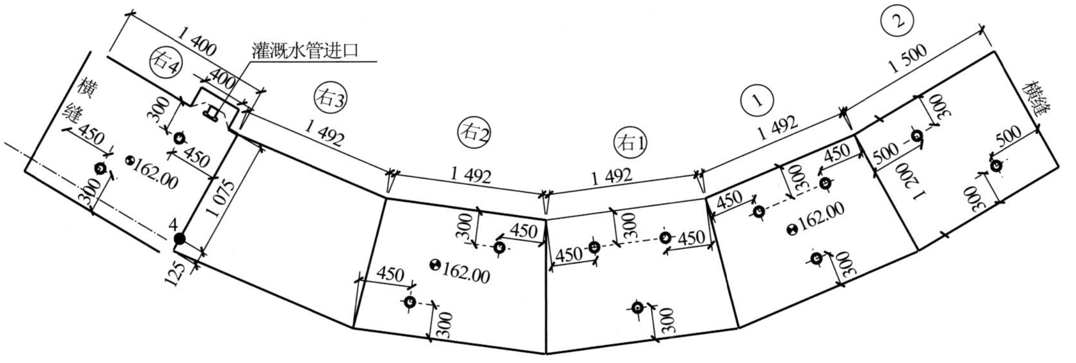

图 3.4.1　2～右 4 坝段坝顶检查孔布置图（尺寸单位：cm）

3）深孔坝段上游面裂缝检查

2006 年对深孔坝段上游面水上区域裂缝按一般检查方法进行了全面检查，检查结果见深孔坝段上游面裂缝情况。

4）18 坝段上游面裂缝检查

18 坝段上游面存在两条规模较大的竖向裂缝，坝顶上游侧有大坝管理房，在加高工程管理房建成之前不能拆除，根据裂缝情况及检查条件，该坝段拟在上游面采用斜孔或声波孔进行检查，具体检查方法如下。

（1）在坝顶距上游坝面 3 m、6 m 处，于 18Y-1、18Y-3 两侧布置铅直钻孔，钻孔深度穿过高程 140.2 m 水平裂缝至高程 120.0 m。

（2）利用声波监测竖向裂缝 18Y-1、18Y-3、18Y-4 的深度，利用钻孔取芯、注水或压风、孔内电视录像等方法检查水平层间缝的深度。

（3）18Y-4 的深度检查另在上游面布置声波检查孔，考虑到 18 坝段的结构特点，声波孔的钻孔深度控制在 5.0 m 以内。

5）表孔坝段闸墩裂缝检查

14～17、19～24 坝段为表孔溢流坝段，水上区域为溢流坝闸墩，溢流坝闸墩存在一些水平层间缝，检查结果见表孔坝段闸墩水平层间缝情况。

6）25～32 坝段上游面水平层间缝检查

水库水位下降时发现 25～32 坝段在高程 150.0 m 存在一条贯通上游面的水平裂缝，部分坝段高程 152.0 m 以上也存在贯通上游面的水平层间缝。根据施工资料，贯通上游面的水平层间缝均为初期大坝施工的长间歇层面。

由于厂房坝段上游面为水电站引水孔检修闸门的胸墙，墙厚 4.0 m；检修闸门胸墙下游为工作门胸墙，墙厚 3.5 m；工作门胸墙后为挡水墙。厂房坝段上游面裂缝检查应对各道胸墙的迎水面进行，但在水电站运行时，工作门胸墙和挡水墙水上区域的裂缝无法检查。即使停机检查，由于检修门槽和工作门槽宽度小，也只具备表面调查的条件，无法在侧面进行裂缝深度检查。根据厂房坝段的结构和检查条件，以及已发现的裂缝情况，厂房坝段胸墙裂缝检查以表面搜索为主。当胸墙面存在上下游对应的水平层面时，一般按贯穿胸墙的裂缝处理，单面存在水平层间缝时，按局部裂缝处理。

7）36 坝段上游面竖向裂缝检查

36 坝段为左岸土石坝与混凝土坝段的接头坝段，位于土坝心墙上游侧坝壳区域，上游坝面裂缝检查时发现存在竖向裂缝，为防止水力劈裂，该裂缝处理除需要在上游面进行封堵外，需要考虑排水措施，以减小劈裂水压力，为便于排水孔的布置，需要检查裂缝深度，根据裂缝情况，裂缝下端深度检查在上游面采用斜孔压风方式进行，裂缝上端根据坝顶揭开后发展情况，采用竖向声波孔进行检查，或者直接在坝顶布置斜孔进行检查。

8）41 坝段上游面水平层间缝检查

41 坝段为左岸土石坝与混凝土坝的接头坝段，位于心墙连接区。由于水平层间缝的存在，将形成与水库连通的渗水通道。渗水量较大时，将导致土坝心墙局部接触冲刷，成为安全隐患。从处理方面考虑，该裂缝属水平层间缝，需要对缝口，特别是横缝处进行封闭处理，同时在坝体廊道内设排水孔以降低缝内水压力。因此，需要了解裂缝深度，便于排水孔布置的设计及稳定复核。

2. 上游坝面水下区域裂缝检查

大坝上游面裂缝检查需要在水下进行，由于作业难度大，且上游面存在倒悬区和泥沙淤积区，无法进行水下检查，结合具体的条件，经分析研究，大坝上游面水下检查方案如下。

（1）对于重点部位的可检查区域，须全部进行人工水下检查。发现的上游面裂缝规模较大的 18 坝段、2～右 6 转弯坝段等重点部位，要求对水下或检查区域进行全面检查，18 坝段的检查范围为高程 131.0～140.0 m 的全坝面区域，2～右 6 坝段的检查范围为高程 141 m 至水上全坝面。

（2）对于非重点区，利用水平条带或竖向条带形成检查网格。对于水下可检查区域，抽条检查基本上可保证每个坝段在水下有 1～3 条水平条带、2～3 条竖向条带。

竖向条带。6～35 坝段所有横缝进行条带检查，条带跨横缝布置，宽 2 m，竖直方向为高程 142.5 m 以下至坝前淤积线部位（或可检查部位），其中，2～右 6 坝段竖直方向为高程 141 m 以下，25～31 坝段竖直方向为高程 115 m 以下至坝前淤积线部位（或可检查部位）。每个坝段中间有 2 m 竖向条带（重点为 16 坝段右孔、22 坝段、29 坝段），检查范围为 142.5 m 向下至可检查高程。

水平条带。8～13 坝段上游面高程 130.0～132.0 m 布置水平条带、高程 123.0～125.0 m 布置水平条带。19～24 坝段上游面高程 113.0～116.0 m 布置水平条带、高程 125.0～127.0 m 布置水平条带。19～33 坝段上游面高程 102.0～107.0 m、130.0～132.0 m 布置水平条带。34～36 坝段高程 130.0～132.0 m 布置水平条带。

加密检查条带。根据 2008 年 12 月水利部水利水电规划设计总院初审意见，在上述检查区域基础上补充的水平加密检查条带区域如下。

3 右～6 坝段高程 124～126 m;

3 右～7 坝段高程 129～131 m;

8～13 坝段高程 110～112 m;

25～33 坝段高程 112～114 m;

29、30 坝段高程 102～107 m;

34、35 坝段高程 119～121 m。

（3）当水上有裂缝延伸至水下，或者水下裂缝检查发现裂缝延伸到检查条带以外时，沿裂缝进行跟踪检查。

水上裂缝检查时，对于延伸至水下的裂缝，应在水下进行追踪检查，直至裂缝查清为止；对于条带检查时发现裂缝向条带区域外延伸的，应沿裂缝进行追查，查清裂缝后沿裂缝方向追查 50 cm 左右。

（4）对于无法实施检查的区域，主要结合坝体廊道、排水孔的渗水情况进行排查。

无法实施检查的区域主要为上游面倒悬区和泥沙淤积区，倒悬区主要集中在深孔坝段，坝前淤积高程在河床坝段为 100 m 左右。对于无法检查的区域，主要在廊道内进行检查，检查时主要对廊道壁面裂缝进行检查，检查是否存在大规模、可能裂至上游面的裂缝，同时结合排水孔的渗水情况进行检查，确定是否存在与上游面贯通的裂缝。

对于水下可检查区域，抽条检查基本上可保证每个坝段在水下有 1～3 条水平条带、右 4～36 坝段上游坝面水下（高程 142.5 m 以下）面积约 4.7×10^4 m^2，坝内孔口面积约 0.41×10^4 m^2，深孔倒坡部位面积约 0.26×10^4 m^2，淤积部位面积约 1.48×10^4 m^2，可检查面积约为 2.55×10^4 m^2，抽条检查与加密检查总面积 1.2×10^4 m^2，约占可检查面积的 47%。

3. 下游坝面及坝顶裂缝检查

初期大坝下游坝面、坝顶面裂缝检查，首先需要对坝面进行清理，并对所有表面进行裂缝普查。根据普查结果，对所有 III 类及以上裂缝进行深度检查，对 II 类裂缝抽样进行深度检查。具体检查方案如下。

1）下游坝面裂缝检查

（1）水上部位。

对于下游坝面的水平裂缝检查，结合贴坡混凝土上升高度进行，水平裂缝与施工层面关系密切，通常较为顺直，裂缝深度检查一般通过骑缝钻孔进行。下游坝面的竖向或斜向裂缝，一般顺直度较差，裂缝检查采用斜孔压风方式进行。竖向裂缝在贴坡混凝土覆盖裂缝的下端前完成其产状和深度检查。一般情况下，一条裂缝的完整产状和 III 类以上裂缝的深度检查工作一次完成。

（2）水下部位。

为检查下游面水下裂缝情况，将 20、21 坝段作为典型坝段进行水下裂缝检查，再根据检查情况扩大检查范围至 19～24 坝段。

大坝下游面水下部位裂缝检查以抽条检查为主，检查条带主要有：20、21 坝段每个坝段中间的 2 m 竖向条带，高程 72.0～90.0 m；20、21 坝段下游面高程 80.0～82.0 m 的水平条带。19～24 坝段扩大检查同 20、21 坝段。

2）坝顶裂缝检查

（1）一般性裂缝检查。

坝顶裂缝检查在坝顶铺装层揭开后进行，一般情况下以单个坝段为检查单元，一个检查单元的裂缝检查应连续完成。当坝顶存在暂时不能拆除的建筑物，且施工组织需要部分先加高时，先期加高区域的裂缝检查工作应在加高之前完成。所有门库周边坝顶及门库壁面的裂缝检查工作应在门库混凝土回填之前完成。

坝顶裂缝检查时应对所有坝顶裂缝的产状进行检查，对所有 III 类以上的裂缝均应检查裂缝深度，对于延伸到上游面的 II 类横向裂缝也应抽样检查裂缝深度。坝顶裂缝深度检查可根据裂缝产状分别选用骑缝钻孔或斜孔压风方式进行。深孔坝段部分延伸到门槽二期混凝土内的坝顶裂缝先检查二期混凝土之外的裂缝情况，后期结合二期混凝土凿除进一步进行查明。

（2）3～7 坝段坝顶纵向裂缝检查。

前期裂缝检查。1980 年检查发现，3 左～6 坝段高程 158.0 m 电缆廊道拱顶或拱顶偏下游侧均有纵向裂缝，基本贯穿 3 左～6 坝段，总长 57.8 m，缝宽 0.5～1.0 mm。1993 年检查时，该裂缝左端向下发展到廊道底部，并沿底板裂至 6 坝段纵向廊道底板台阶处，右端向右与 6 坝段顶拱纵向裂缝相连，缝宽 5 mm，电缆廊道原有纵向裂缝渗水，右侧门库开裂。1996 年汛后发现，7 坝段门库右侧裂缝已裂至高程 150.0 m 廊道，缝宽在 5 mm 以上。到 2002 年，6、7 坝段横缝处裂缝最深达 12 m，裂缝贯穿电缆廊道顶板，在 6 坝段廊道顶部沿裂缝可见混凝土碎裂块；裂缝底部延伸至高程 150.0 m 横向廊道底板。沿裂缝面均有渗水，局部缝面可见白色游离钙聚集，最大缝宽已达 9 mm。运行期间，该裂缝处于发展状态，但未进行处理，大坝加高时，需要查清该裂缝与各层廊道纵向裂缝的连通性。考虑到该裂缝靠近下游坝面，结合处理措施，在下游坝面向上游方向钻孔取芯，并采用电视录像、注水、压风等方法检查裂缝的延伸情况。

检查孔布置。7 坝段坝顶设有坝顶门库，门库侧壁厚 2.0 m，自门库内基本可观察裂缝向下延伸的情况，且裂缝并未发展到门库底板，7 坝段不需要再布置钻孔进行深度检查。为查清 3～6 坝段坝顶裂缝与高程 130.0 m、150.0 m、158.0 m 各层廊道纵向裂缝的连通情况，在 3～6 坝段下游面高程 129.0～154.0 m 自上至下布置了 8 层检查孔，共 88 个，孔径 110 mm，孔向沿大坝的横断面方向，沿水平向下倾 5°～10°。钻孔布置见图 3.4.2、图 3.4.3。

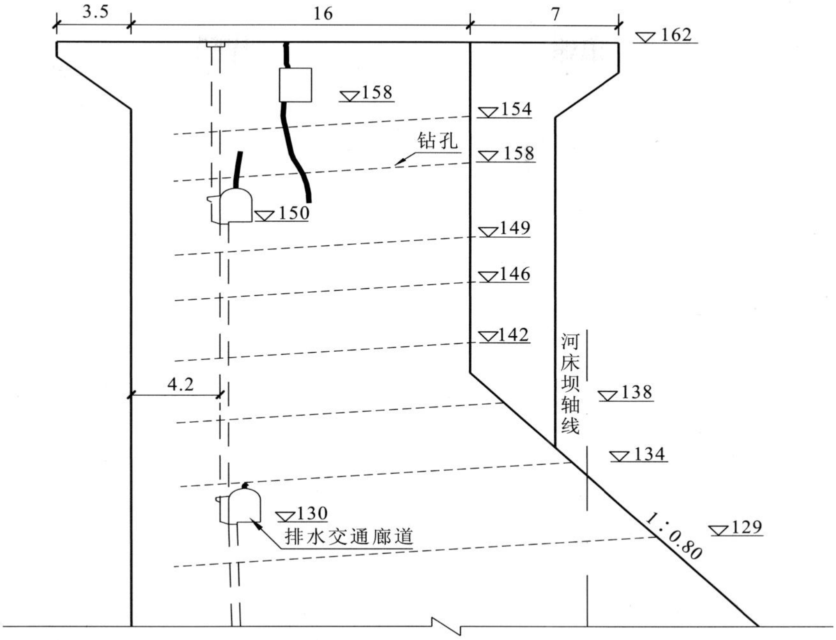

图 3.4.2　6 坝段钻孔布置示意图（高程单位：m；尺寸单位：cm）

（3）18 坝段坝顶裂缝检查

前期裂缝检查。18 坝段除调度配电室占压部位未检查外，坝顶公路前部外露面已检查完成，共发现 14 条裂缝（包括门库部位裂缝，不包括调度配电室区域裂缝），均为 III 类裂缝，坝顶裂缝 18D-3 最宽，达 1 mm，最大缝深超过 4 m，18 坝段坝顶裂缝分布见图 3.4.4。

检查孔布置。与上游面连通的裂缝，在坝面和门库内分别钻孔进行缝深检查。为查明上述裂缝是否贯穿至 18 坝段两侧横缝结构面，在门库内垂直于墙面钻孔，进行缝深检查。为查清 18 坝段 18D-3 裂缝的性状，在 18 坝段 18D-3 裂缝深度范围内布设 1 个孔径为 219 mm 的骑缝垂直取芯检查孔，孔位距门机轨道上游侧 1 m。依据取芯检查情况，若该劈头缝偏移出钻孔，将沿缝面偏移方向再打套孔至裂缝深度，裂缝深度以下无须打套孔，取芯检查孔径由 219 mm 变为 150 mm，直至高程 130.0 m。

4. 水平层间缝检查

根据初期大坝施工记录，施工期间发生停仓、长间歇（间歇时间超过一个月）的情况比较普遍，而大坝坝体内的水平层间缝大多与混凝土浇筑施工时的停仓、长间歇或浇筑面处理不当有关。层间缝的存在，使沿缝面的抗剪强度降低，与上游面贯通的水平层间缝或渗透弱面将导致沿层面的渗压力的上升，对坝体沿水平层间缝面的抗滑稳定不利。为此，将水平层间缝的检查定为工作的重点之一。

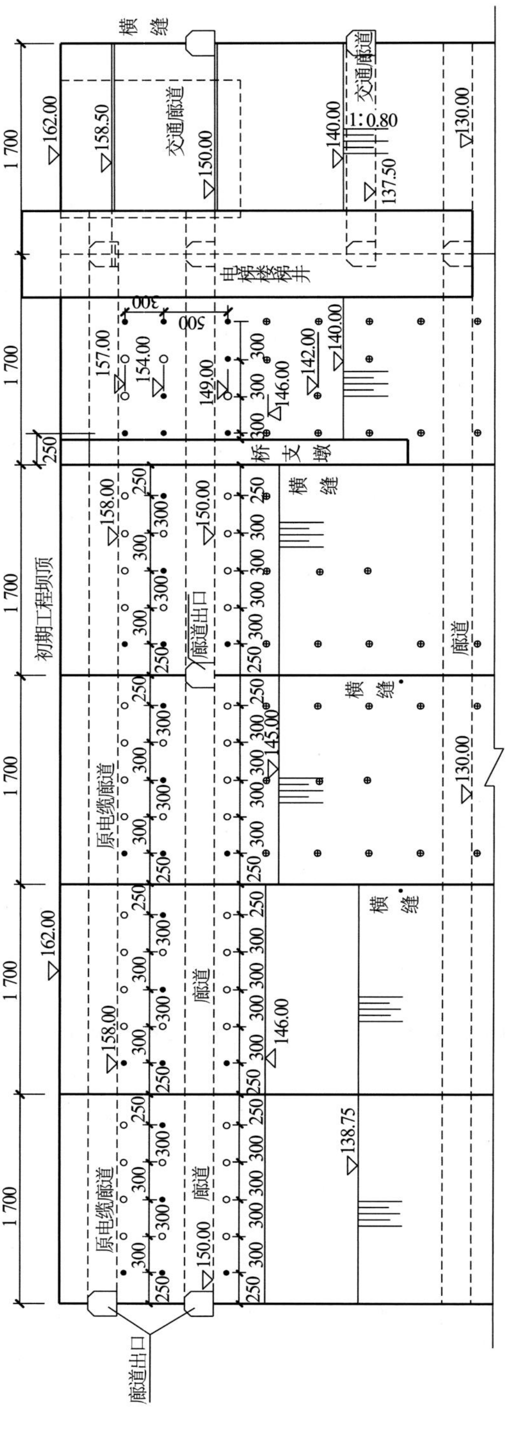

图 3.4.3　3~7坝段纵向裂缝钻孔布置示意图（高程单位：m；尺寸单位：cm）

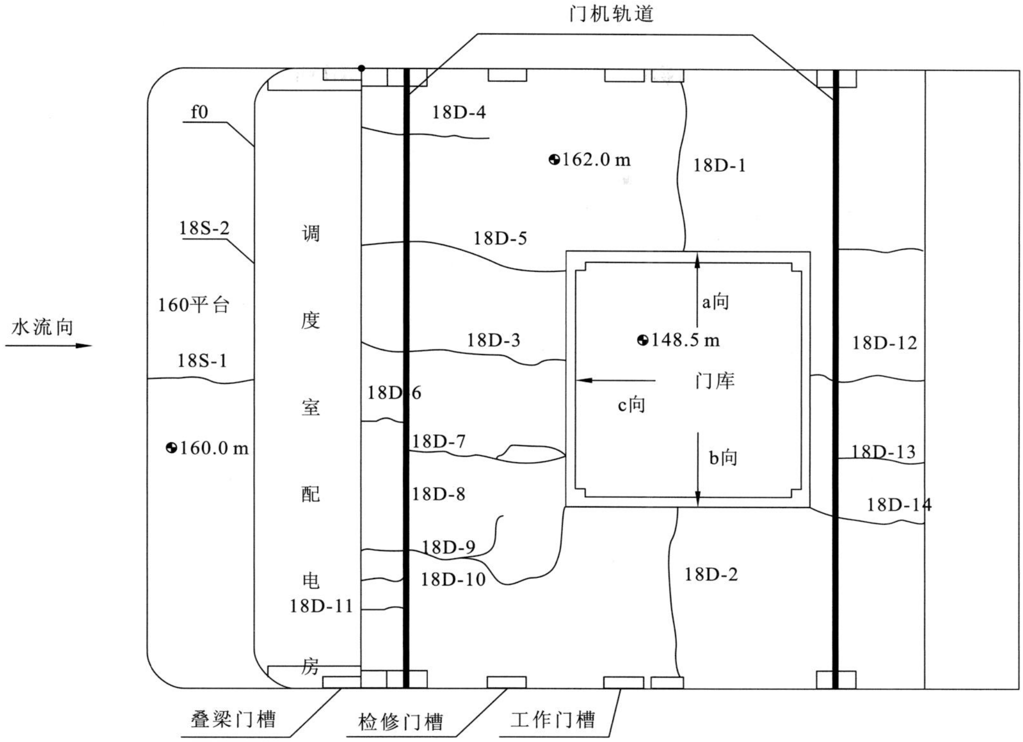

图 3.4.4　18 坝段坝顶裂缝分布示意图

1）右联坝段水平裂缝检查

右 13～7 坝段为右岸联结坝段，共 21 个坝段，前缘长度 339 m。右 13 坝段与右岸土石坝连接，插入土石坝内。其中，3 坝段布置有垂直升船机，由 3 左和 3 右坝段两个坝段组成，除 2、3 坝段为宽缝坝型外，其余均为实体重力坝。根据施工记录，右岸联结各坝段混凝土浇筑时存在较多的停仓、长间歇施工层面，其中，右 13～4 坝段为 1～5 层，5～7 坝段为 9～11 层。右岸联结坝段中 2～右 6 坝段的水平层间缝检查结合上游面裂缝检查进行，其他坝段的水平层间缝的检查孔布置详见表 3.4.1。

表 3.4.1　右岸联结 3～7 坝段水平层间缝检查孔布置表

坝段号	孔位		停仓或长间歇层面/层	孔深/m	孔径/mm
	坝轴线上游/m	与右侧横缝距离/m			
3 左	18.5	8.5	5	39	110
3 右	18.5	8.5	4	39	
4	18.5	8.5	7	39	
5	18.5	8.5	9	39	
6	18.5	8.5	10	39	
7	18.5	8.5	11	39	

2）深孔坝段水平层间缝检查

深孔坝段编号为 8～13，位于河床右侧，共有 6 个坝段。根据施工资料，1964 年底复工后施工的坝体中，停仓和冷缝的情况相对厂房坝段要严重一些。停仓和长间歇一般为 4～9 层，深孔坝段水平层间缝检查时，选择了停仓、长间歇较多的 4 个坝段在坝顶布置垂直检查孔，孔径 110 mm。在 9 坝段布置了混凝土质量检查孔，钻孔布置详见表 3.4.2。

表 3.4.2　深孔坝段水平层间缝检查孔布置表

坝段	孔位		停仓或长间歇层面/层	孔深/m	孔径/mm
	坝轴线上游/m	与右侧横缝距离/m			
11	16	12	4/3	35	—
12	16	6.5	6	35	—
13	16	6.5	4	35	110
	16	17.5	—	35	—

3）表孔坝段水平层间缝检查

溢流坝表孔坝段编号为 14～24，为宽缝重力坝，长 264 m，闸墩厚度 3.5 m。在进行闸墩墩墙植筋施工时，发现部分钻孔失水，且闸墩有多层层间缝渗水现象，见图 3.4.5。

图 3.4.5　深孔闸墩水平层间缝渗水情况

溢流坝段闸墩为钢筋混凝土结构。结合闸墩植筋钻孔揭露的情况，对所有闸墩布置铅直孔，进行水平层间缝检查。检查孔布置于闸墩中部，与闸墩两侧植筋孔一道揭示水平层间缝在闸墩内的连通情况。

对停仓、长间歇层面多的 18 坝段和 22 坝段（18 坝段 8 层、22 坝段 6 层）布设孔深分别为 76.0 m、77.0 m 的大口径取芯孔，以深入 1962 年前浇筑混凝土层内，检查曾出现施工事故混凝土的质量情况。表孔坝段闸墩水平层间缝检查孔布置见表 3.4.3。

表 3.4.3　表孔坝段闸墩水平层间缝检查孔布置表

<table>
<tr><th rowspan="2">坝段</th><th colspan="2">孔位</th><th rowspan="2">孔深/m</th><th rowspan="2">孔径
/mm</th></tr>
<tr><th>水流向位置</th><th>与右侧横缝距离/m</th></tr>
<tr><td>14/边墩</td><td>墩中部（距坝轴线 12 m）</td><td></td><td>24</td><td rowspan="26">110</td></tr>
<tr><td rowspan="3">14/中墩</td><td>墩中部（距坝顶上游面 22 m）</td><td>14.75</td><td>20</td></tr>
<tr><td>墩中部（距坝顶上游面 17.5 m）</td><td>14.75</td><td>16</td></tr>
<tr><td>墩中部（距坝顶上游面 8 m）</td><td>14.75</td><td>20</td></tr>
<tr><td>15/边墩</td><td>墩中部（距坝轴线 12 m）</td><td></td><td>24</td></tr>
<tr><td>15/中墩</td><td>墩中部（距坝轴线 12 m）</td><td></td><td>24</td></tr>
<tr><td>16/边墩</td><td>墩中部（距坝轴线 12 m）</td><td></td><td>24</td></tr>
<tr><td>16/中墩</td><td>墩中部（距坝轴线 12 m）</td><td></td><td>24</td></tr>
<tr><td>17/边墩</td><td>墩中部（距坝轴线 12 m）</td><td></td><td>24</td></tr>
<tr><td>17/中墩</td><td>墩中部（距坝轴线 12 m）</td><td></td><td>24</td></tr>
<tr><td rowspan="3">19/中墩</td><td>墩中部（距坝顶上游面 22 m）</td><td>10.25</td><td>20</td></tr>
<tr><td>墩中部（距坝顶上游面 17.5 m）</td><td>10.25</td><td>16</td></tr>
<tr><td>墩中部（距坝顶上游面 8 m）</td><td>10.25</td><td>20</td></tr>
<tr><td>19/边墩</td><td>墩中部（距坝轴线 12 m）</td><td></td><td>24</td></tr>
<tr><td>20/中墩</td><td>墩中部（距坝轴线 12 m）</td><td></td><td>24</td></tr>
<tr><td>20/边墩</td><td>墩中部（距坝轴线 12 m）</td><td></td><td>24</td></tr>
<tr><td>21/中墩</td><td>墩中部（距坝轴线 12 m）</td><td></td><td>24</td></tr>
<tr><td>21/边墩</td><td>墩中部（距坝轴线 12 m）</td><td></td><td>24</td></tr>
<tr><td>22/边墩</td><td>墩中部（距坝轴线 12 m）</td><td></td><td>24</td></tr>
<tr><td>23/中墩</td><td>墩中部（距坝轴线 12 m）</td><td></td><td>24</td></tr>
<tr><td rowspan="3">23/边墩</td><td>墩中部（距坝顶上游面 22 m）</td><td>22.25</td><td>20</td></tr>
<tr><td>墩中部（距坝顶上游面 17.5 m）</td><td>22.25</td><td>20</td></tr>
<tr><td>墩中部（距坝顶上游面 8 m）</td><td>22.25</td><td>20</td></tr>
<tr><td>24/中墩</td><td>墩中部（距坝轴线 12 m）</td><td></td><td>24</td></tr>
<tr><td>24/边墩</td><td>墩中部（距坝轴线 12 m）</td><td></td><td>24</td></tr>
<tr><td rowspan="4">18</td><td>管理房下游 0.80 m</td><td>12</td><td>37</td><td>150</td></tr>
<tr><td>上孔下游</td><td>14</td><td>37</td><td>150</td></tr>
<tr><td>同左孔</td><td>10.5</td><td>23</td><td>150</td></tr>
<tr><td>门机轨道上游侧 1 m</td><td></td><td>32</td><td>219+150</td></tr>
</table>

4）厂房坝段水平层间缝检查

厂房坝段编号为25～32，位于表孔坝段左侧，属宽缝重力坝，大坝加高期间电厂正常运行。根据初期大坝施工资料，高程117.50 m以下坝体混凝土质量较差，在1964年底复工前进行了系统处理；1964年复工以后施工的混凝土质量较好，坝体中未出现停仓情况，冷缝总体上也较其他坝段少。水平层间缝检查选择长间歇层面最多的28坝段（7层）、相对较少的32坝段（2层）、层数中等的25坝段（5层）和27坝段（5层），对它们各布置一个检查孔进行抽查，钻孔孔径为ϕ110 mm和ϕ300 mm，检查孔布置见表3.4.4。

表3.4.4 厂房坝段水平层间缝检查孔布置表

坝段	孔位		孔深/m	孔径/mm
	坝轴线上游/m	与左侧横缝距离/m		
25	18.5	2	35	110
27	18	4	35	
28	14	坝中心线	30	
32	18.5	距右横缝12	32	

5）左岸联结坝段水平层间缝检查

左岸联结33～44坝段为实体重力坝，下游面采用预制模板浇筑，从大坝坝体廊道、上游坝面预制模板外露表面情况看，未发现水平层间缝。根据施工资料，33～36坝段施工的长间歇层面较多（一般有4～6层），其他坝段一般为1～2层，检查时选取4个坝段在坝顶各布置一个钻孔进行检查，检查孔布置情况见表3.4.5。

表3.4.5 左岸联结坝段水平层间缝检查孔布置表

坝段号	孔位		停仓或长间歇层面/层	孔深/m	孔径/mm
	坝轴线上游/m	与右侧横缝距离/m			
33	18.5	10.5	6	32	110
35	3（距上游坝顶面）	坝中心线	4	32	150
36	3（距上游坝顶面）	坝中心线	5	41	150
37	3（距上游坝顶面）	坝中心线	2/2	41	150
小计				178	

6）补充水平层间缝检查

为进一步了解1962年前施工的坝体混凝土水平层间缝的质量状况，需补充层间冷缝试件数量，试件由钻孔取芯形成，19坝段高程101 m廊道钻孔孔径219 mm，孔数为5个，单孔孔深3 m。20、30坝段基础廊道侧壁各3个，检查孔孔径219 mm，孔数为6

个，单孔孔深 1 m。具体检查孔布置见表 3.4.6。

表 3.4.6 增补检查孔布置表

部位	方向	备注
19 坝段高程 101 m 廊道底板	偏上游向下	单孔孔深 3 m，坝中部位 5 个孔
20 坝段坝身基础廊道上游壁	向上游	单孔孔深 1 m，高程 86.7～87 m，3 个孔
30 坝段坝身基础廊道下游壁	向下游	单孔孔深 1 m，高程 88.5～89 m，3 个孔

5. 廊道裂缝检查

丹江口大坝初期坝体靠上游侧有 4～5 层基础廊道或坝体排水廊道，廊道之间设有坝体排水孔。廊道和排水孔的渗水情况能较好地反映坝体防渗性能，并能揭露贯穿上游面的裂缝或渗水弱面。因此，查清廊道裂缝及其渗水情况对评价初期大坝的防渗性能、判断大坝上游面裂缝情况、确定裂缝处理措施具有十分重要的意义。

（1）渗流量监测。

对于外露于廊道侧墙壁面或拱顶的渗水裂缝，采用沿缝面凿槽，嵌入排水孔后进行槽口封堵，将渗水自排水孔集中引出的方法量测渗流量。

对于顶拱为预制模板的廊道渗水裂缝，考虑到廊道顶拱渗水裂缝大多与廊道上方的混凝土层间缝或渗水弱面有关，渗流量监测采用以下方法进行。

选择渗水、析钙量大的部位若干处，在模板拼缝处局部凿开模板（沿拱圈方向 50～80 cm，沿廊道轴线方向 20～30 cm），检查渗水裂缝位置，同时查清该处的裂缝深度，并初步检查缝内渗水来源。

若裂缝渗水来源于裂缝穿过的廊道上方坝体混凝土的水平层面，则在裂缝附近向上游斜向钻孔穿过该层面，钻孔穿过层面的位置控制在缝上游 3.0 m 附近，钻孔端部与上游面的最小距离不小于 2.0 m，钻孔间距 1.5 m（或与模板宽度一致）。

自钻孔内引排水孔至孔外，采用积水管汇集后量测裂缝渗水量，同时观察排水孔设置后裂缝渗水的变化情况，并采用渗流分析的方法对监测的渗水量进行修正。

（2）渗压力监测设施设计。

渗水压力监测主要针对以水库为渗源、贯穿上游面的上游裂缝，其他渗漏弱面或渗漏通道。裂缝的渗压力监测，分封堵监测与不封堵监测，运行期正常监测一般采用不封堵监测，分析研究需要时可短期封堵监测，裂缝渗压力监测装置可在裂缝下方布置仰孔，在预定的监测点穿过裂缝，在孔口安装压力表进行缝内渗压力监测。

6. 止排水系统检查

止排水系统是大坝防渗的主要防线，丹江口大坝初期工程运行 40 余年，加高前应对大坝止排水系统进行全面检查，丹江口大坝的止排水系统主要包括：大坝基础防渗帷幕和大坝基础排水孔；大坝的坝体横缝止水和坝体排水孔。主要检查内容包括：大坝横缝止水状况及漏水的部位；坝体排水孔堵塞情况、渗水情况及渗水量大小。

初期大坝坝体上游侧自下向上布置有 3～5 层廊道，廊道与大坝上游面的距离一般为 3～5 m，个别坝段为 5～8 m。最底层为基础廊道，大坝的基础防渗帷幕、基础排水孔均设在基础廊道内。

1）坝体排水孔检查

从基础廊道排水孔、渗压观测设施情况来看，大坝基础的止排水系统工作基本正常，由于初期大坝已运行 40 余年，大坝加高工程后需要继续在较长时间内正常工作，其耐久性需要进行检测与论证。

（1）坝体排水孔的基本状况。

丹江口大坝坝体排水由设在上下层廊道之间，连通上下层廊道，并沿廊道轴线布置的竖直或略向上游倾斜的排水孔构成，排水孔间距一般为 3.0 m，孔径 200 mm，初期大坝排水孔由预埋无砂混凝土管或拔管方式形成，从坝体排水廊道观察情况来看，主要存在以下几种现象。

① 排水孔无水，但排水孔周边廊道或廊道下游拱顶出现明显的“出汗”现象。

② 排水孔工作正常，廊道内壁面仍存在明显的“出汗”现象。

③ 排水孔内出现大量的析钙，甚至析出物质基本填满排水孔。

④ 相邻坝段或同一坝段不同部位的排水孔的排水量出现明显差异。

⑤ 排水孔渗水量较大，排水孔内存在明显的局部渗漏现象。

（2）坝体排水孔检查原则。

排水孔的检查主要通过直接观察和资料分析进行，查清出现上述现象的原因，通过相关分析，考察大坝排水体系的工作状况和上游坝体的防水性能，以及是否存在局部渗漏通道等问题。排水孔检查遵循以下原则。

对出现上述状况的排水孔进行扫孔，扫孔后排水孔的直径应比原排水孔直径增大 20～30 mm。

采用孔内电视录像观察孔壁状况，确认是否存在集中渗漏和局部混凝土缺陷。查清渗水相对较大、析钙严重的排水孔的渗源。

对于排水孔不渗水，廊道“出汗”严重的部位，量测廊道内空气饱和度及水汽来源，分析廊道壁面“出汗”现象是由外部原因造成的还是由混凝土渗水造成的。可在“出汗”明显处取样分析混凝土密实性。

对排水量差异明显的相邻排水孔扫孔，对比排水孔壁混凝土状况，渗水较大排水孔内是否存在集中渗漏水源，或者排水孔是否穿过局部缺陷混凝土。

对于析钙严重或排水量较大的排水孔，应重点查明析钙来源，观察孔壁被析钙物质填充的情况。

特别关注 1983 年、2005 年等高库水位年份的冬季观测资料。查找施工期资料，对存在冷缝或上游发现水平层间缝部位的排水孔进行重点检查，分析裂缝是否与上游面联通。

结合上游防渗层混凝土的质量检查，对重点怀疑部位，进行分段压水检查，并记录漏水量。必要时，补打检查孔检查。

在进行排水孔排水量检查时，设法截断排水孔上方的孔口水源。

2）廊道内横缝检查

上游两道止水片间的沥青井在 1981～1982 年、1987～1989 年全部进行过通蒸汽加热处理，从当时运行的情况来看，未发现漏水现象。

坝体横缝渗漏检查情况表明，高程 102.0 m 廊道 26～29 坝段的横缝渗水及析钙较明显，其他横缝渗水较少，且渗水横缝一般出现滴水或廊道壁面潮湿现象，析钙横缝大部分未见明显渗水现象。

3.4.3　初期大坝裂缝影响分析及加固方案研究

1. 水平裂缝对坝体抗滑稳定影响

丹江口大坝存在较多的水平裂缝，其中以 2～右 6 坝段高程 143.0 m、18 坝段高程 140.2 m、19～24 坝段高程 114.0 m 连通上游面的水平裂缝，以及溢流坝闸墩周边不同高程的水平裂缝规模较大。从检查情况看，水平裂缝大多与初期大坝施工层面的长间歇、停仓等原因形成的弱面有关。裂缝的连通性检查结果表明，除 2～右 6 坝段高程 143.0 m 裂缝为贯穿性裂缝外，其他水平裂缝均未贯穿。

1）复核标准与方法

（1）控制标准。

稳定复核主要复核加高工程沿初期大坝弱面的抗滑稳定情况。根据重力坝设计规范，当稳定复核采用抗剪断公式或摩擦公式时，抗滑稳定安全系数控制标准见表 3.4.7。

表 3.4.7　抗滑稳定安全系数 *K*、*K′* 的控制标准

荷载组合	安全系数	
	K（摩擦公式）	*K′*（抗剪断公式）
基本组合	1.10	3.0
特殊组合（校核洪水位）	1.05	2.5

（2）复核方法。

采用抗剪断公式对坝体抗滑稳定进行复核，且假设水平层间缝贯穿初期工程坝体。抗剪断公式为

$$K' = \frac{f' \times (\sum W - U) + c' \times A}{\sum P} \tag{3.4.1}$$

式中：f' 为抗剪断摩擦系数；c' 为抗剪断黏聚力；$\sum W$ 、$\sum P$ 分别为滑动面上铅直和水平方向力的代数和；U 为滑动面上的扬压力；A 为滑动面的面积。

（3）复核参数。

结合初期工程施工记录、施工期试验及大坝加高工程缺陷处理期间的有关试验，对水平弱面参数以 18 坝段为界分别取值，贴坡混凝土按照完整混凝土考虑。复核采用的力学参数见表 3.4.8。

表 3.4.8　坝体抗滑稳定计算力学参数

坝段	混凝土容重/（N/m^3）	完整混凝土			层间缝面		
		摩擦系数 f'	黏聚力 c'/MPa	$f_{摩}$	摩擦系残数 $f'_{残}$	黏聚力 $c'_{残}$/MPa	$f_{摩}$
18 坝段以左	24 500.0	1.0	1.0	0.65	0.8	0.6	0.55
18 坝段以右	24 500.0	1.0	1.0	0.65	0.8	0.8	0.60
贴坡混凝土	24 500.0	1.0	1.2	0.7	—	—	—

注：$f_{摩}$ 为坝体混凝土与坝基接触面的抗剪摩擦系数。

对于有贴坡混凝土的坝体断面，考虑坝体连通率时，复核截面的抗剪强度参数分别取层间缝面抗剪强度参数与完整混凝土抗剪强度参数按面积的加权平均值，计算公式如下：

$$f' = \frac{\sum f'_i \cdot A_i}{\sum A_i} \tag{3.4.2}$$

$$c' = \frac{\sum c'_i \cdot A_i}{\sum A_i} \tag{3.4.3}$$

式中：f'_i 为复核截面摩擦系数，取表 3.4.8 中完整混凝土或层间缝面参数；c'_i 为复核截面黏聚力，取表 3.4.8 中完整混凝土或层间缝面参数；A_i 为复核截面与 f'_i 对应的截面面积。

2）典型坝段及计算参数

已查明的丹江口大坝水平裂缝分布于右 2～右 6 坝段、18 坝段、19～23 坝段、溢流坝段闸墩。此外，根据初期大坝的施工记录，其他河床坝段同样存在施工弱面，考虑到水平裂缝对大坝稳定、安全的危害性，对于已查明存在水平层间缝和施工记录中可能存在弱面的坝段，均选择典型坝段进行分析研究。典型坝段的选择情况如下。

（1）右岸联结坝段。

根据施工记录，施工过程中 4 坝段在不同的高程存在长间歇，因此以 4 坝段为典型坝段复核坝体的稳定。

（2）深孔坝段。

深孔 8～13 坝段为河床坝段，建基面高程约 90.00 m，裂缝检查时未发现贯穿上游面的水平裂缝，但根据初期工程的施工记录，仍可能存在一些施工弱面，复核中以 11 坝段为典型坝段。

（3）18 坝段右侧溢流坝段。

14～17 坝段位于 18 坝段右侧，根据施工记录，当时该部分坝段的施工质量较好，但部分浇筑层面仍存在长间歇问题，复核中以 15 坝段为典型坝段。

（4）18 坝段。

18 坝段上游有纵向围堰，坝体断面较大，尽管检查时发现上游面存在水平裂缝，但其稳定性明显优于左右侧溢流坝段，故水平层间缝的稳定复核未专门针对 18 坝段进行。

（5）18 坝段左侧溢流坝段。

19～24 坝段位于 18 坝段左侧，根据施工记录，高程 117 m 以下坝体施工质量较差，为此，1964 年复工后在上游面增设了防渗板。复核中选择 21 坝段作为典型坝段。

（6）厂房坝段。

厂房 25～32 坝段初期大坝混凝土的施工质量与位于 18 坝段左侧的表孔溢流坝段情况类似，上游面增设了防渗板。但坝体结构与溢流坝段差别较大，复核中以 27 坝段为典型坝段。

（7）左岸联结坝段。

左岸联结 33～44 坝段中，34 坝段位于大坝凸向上游的弧形轴线区域，大坝上游面挡水宽度大，下游面宽度窄，复核中以 34 坝段作为左联坝段典型坝段。

3）复核工况与截面

根据加高工程施工组织和大坝加高后的运行条件，复核工况主要包括。

（1）基本组合，上游水位为设计洪水位 172.20 m，下游无水。

（2）特殊组合（校核洪水位情况），上游水位为校核洪水位 174.35 m，下游无水。

根据各坝段坝体结构特点和初期大坝施工记录，从建基面附近开始向上选择若干个截面进行复核。

4）复核结果分析

假定初期大坝在不同高程存在贯穿坝体的水平层间缝，采用表 3.4.8 中所列复核参数，对各典型坝段不同高程的水平截面按抗剪断公式进行复核，结果见表 3.4.9。

表 3.4.9 抗滑稳定复核结果表（缝面贯穿）

坝段	计算高程/m	K'		备注
		设计洪水位	校核洪水位	
4	113.00	4.03	3.74	右岸联结坝段
	130.00	5.53	4.99	
	150.00	10.05	8.31	
11	100.50	4.07	3.83	深孔坝段
	130.00	7.78	7.01	
	150.00	16.02	13.45	

续表

坝段	计算高程/m	K′		备注
		设计洪水位	校核洪水位	
15	90.00	3.16	3.01	溢流坝段，上游面无防渗板
	117.45	3.43	3.78	
	126.50	4.74	4.31	
21	90.00	3.01	2.86	溢流坝段，上游面有防渗板
	117.45	4.34	4.01	
	129.00	4.60	4.16	
27	102.00	3.80	3.58	厂房坝段
	137.00	8.51	7.53	
34	104.00	3.00	2.80	左岸联结坝段
	130.00	5.82	5.20	
	150.00	17.01	14.00	

从表 3.4.9 可以看出，当初期大坝的不同高程存在层间弱面时，其层面高程越低，沿层面的抗滑稳定安全系数越小；但对于所有坝段不同高程的水平层面，即使贯穿坝体，抗滑稳定也能满足规范要求。

2. 水平裂缝对溢流坝闸墩的影响

1）溢流坝闸墩结构与水平裂缝的基本情况

初期工程溢流坝顶高程 162.0 m，闸墩加高至 176.6 m，溢流堰面从高程 138.0 m 加高至高程 152.0 m。加高后堰顶以上闸墩高 24.6 m。闸墩厚度 3.5 m，按加高工程设计，溢流坝闸墩嵌入新加高的溢流堰内，当闸墩存在水平裂缝时，位于初期工程堰顶以上的闸墩下游面处于临空状态。因此，溢流坝闸墩的稳定复核，最低截面从初期大坝堰顶高程算起，具体结构见图 3.4.6。

根据初期工程施工记录，溢流坝闸墩分层浇筑存在长期间歇的仓面，在溢流坝段闸墩钻孔植筋施工过程中发现，大部分闸墩在多个层面存在施工用水外渗现象，复核中需对不同高程的多个层面进行复核。

2）水平裂缝对闸墩抗滑稳定的影响

（1）稳定复核方法。

溢流坝闸墩与墩结构形成框架，各闸墩之间存在一定的结构作用。但在闸墩沿缝面的抗滑稳定复核中，按各闸墩独立工作复核，不考虑上部结构的相互影响，复核时采用抗剪断公式。

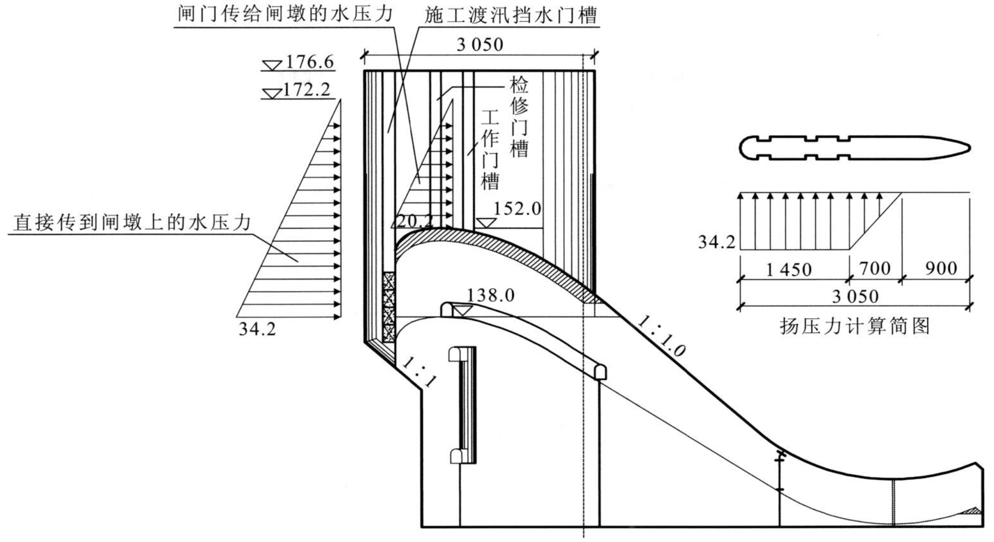

图 3.4.6　溢流坝闸墩扬压力计算简图（高程单位：m；尺寸单位：cm）

溢流坝闸墩稳定复核控制标准见表 3.4.7，缝面力学参数见表 3.4.8。

（2）复核工况和截面。

根据加高工程的运行条件，溢流坝在校核洪水位下闸门全开，闸墩仅承担自身宽度范围内的挡水压力，而出现设计洪水时，仅有部分溢流孔泄流，非泄流孔的闸墩将承担闸墩及闸门的挡水推力，为控制工况。复核的截面包括 131.0 m、138.0 m、141.54 m、152.0 m 等高程，其中，138.0 m、152.0 m 分别为初期工程溢流堰顶和加高工程溢流堰顶高程，141.54 m 为闸墩与加高工程溢流堰面的交点高程。

（3）复核结果。

闸墩抗滑稳定安全复核成果见表 3.4.10。

表 3.4.10　稳定复核成果表（闸墩存在水平裂缝）

公式	上游水位/m	缝面高程/m	计算结果
抗剪断公式	172.2	138.0	5.27
	172.2	141.54	4.13
	172.2	152.0	5.04

从计算成果看，在闸墩存在水平裂缝的情况下，大坝加高工程仍能满足抗滑稳定要求。

3）水平层间缝对闸墩应力的影响

由于溢流坝闸墩与上部结构形成框架体系，水平层间缝的存在在一定程度上削弱了闸墩结构的刚度。另外，由于在部分闸孔泄流条件下，泄水闸孔与非泄水闸孔之间的闸墩处于双向受力状态，结构受力条件较为复杂，水平层间缝对闸墩应力、位移、缝面接触状态、侧向抗滑稳定等的影响需要进行专门研究。

（1）计算方法与参数。

闸墩应力分析采用考虑接触问题的三维非线性有限单元法进行，根据加高工程结构设计，同坝段的闸墩与坝顶结构形成门形刚架，并假定闸墩在高程 138.0 m、152.0 m 处存在贯通整个闸墩的水平层间缝。

典型溢流坝段计算模型（未显示基础部分）见图 3.4.7，分析区域的单元数为 47 699，其中坝体单元 39 971 个，结点总数为 52 738。根据拟定工况分析坝体应力、位移、水平弱面状态，最后用拟静力法校核地震作用下水平弱面的抗滑安全度。

接触面参数 f=0.7，黏聚力[c]=0，法向抗拉强度[σ]=0，其他参数见钢筋混凝土规范。

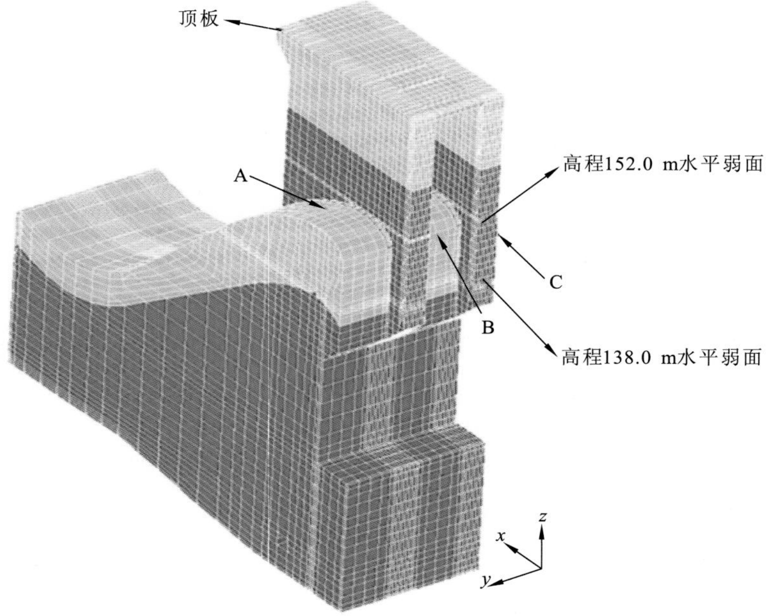

图 3.4.7　坝体计算模型图

（2）计算条件与工况。

水平层间缝对溢流坝闸墩应力的影响与对闸墩抗滑稳定的影响分析不同，需要考虑不同的闸孔泄水运用组合条件下闸墩的受力情况，尤其是溢流坝段的边孔。分析中，考虑三种水位：正常蓄水位 170 m、设计洪水位 172.2 m 及校核洪水位 174.35 m。图 3.4.7 所示的 A、B、C 三个泄流孔，在不同水位下，不同的闸门挡水、闸孔泄水组合工况见表 3.4.11。

表 3.4.11　计算工况表

坝段	工况	自重	上游水位/m	A 孔泄水	B 孔泄水	C 孔泄水	钻孔植筋无黏结长度/cm	备注
中部溢流坝段	1	√	170.00	—	—	—	100	
	2	√	172.20	—	—	—	100	
	3	√	172.20	√	—	—	100	

续表

坝段	工况	自重	上游水位/m	A 孔泄水	B 孔泄水	C 孔泄水	钻孔植筋无黏结长度/cm	备注
中部溢流坝段	4	√	174.35	√	—	—	100	
	5	√	172.20	√	√	—	100	
	6	√	174.35	√	√	—	100	
	7	√	172.20	√	—	√	100	
	8	√	174.35	√	—	√	100	
	9	√	172.20	—	√	√	100	
	10	√	174.35	—	√	√	100	
紧邻非溢流坝段的溢流坝段	11	√	170.00	—	—	—	100	
	12	√	172.20	—	—	—	100	
	13	√	172.20	√	—	—	100	
	14	√	—	√	—	—	100	
	15	√	172.20	√	—	—	100	B 孔检修门挡水
	16	√	174.35	√	—	—	100	B 孔检修门挡水
	17	√	172.20	√	√	—	100	
	18	√	174.35	√	√	—	100	
	23	√	172.20	√	√	—	100	坝顶坝轴向支撑约束
中部溢流坝段	24	√	174.35	√	√	—	100	坝顶坝轴向支撑约束
	20	√	174.35	√	√	—	100	无水平弱面
	19	√	172.20	—	—	—	100	无水平弱面
	21	√	170.00	—	—	—	—	老闸墩与新溢流堰间完全脱开
	22	√	172.20	—	—	—	—	老闸墩与新溢流堰间完全脱开

（3）计算结果。

a. 闸墩存在水平层间缝时的位移状况。

计算得出的闸墩最大位移见表 3.4.12。从表 3.4.12 中成果可以看出，闸墩处于最不利工况时，顺水流向及坝轴向的位移约为 1 cm，但工作门槽两侧的相对位移较小，最大不超过 2 mm。

表 3.4.12　闸墩位移最大值及对应工况表

项目	顺水流向			坝轴向		
	中部溢流坝段	与非溢流坝段紧邻溢流坝段	工作门槽两侧相对位移	中部溢流坝段	与非溢流坝段紧邻溢流坝段	工作门槽两侧相对位移
对应工况	2	12	6	6	18	18
对应高程/m	176.6	176.6	163.8	163.8	176.6	163.8
位移值/mm	9.09	8.30	0.40	5.58	10.99	2.00

b. 闸墩水平层间缝面的接触状态。

在墩顶顺水流向和坝轴向位移最大的工况下，闸墩的两个水平弱面在上游端区域出现部分滑移和脱开现象。在设计洪水位 172.2 m，A、B、C 孔工作门挡水的条件下，高程 152.0 m 水平弱面在上游区域有部分滑移区；高程 138.0 m 的水平弱面在上游端区域有部分脱开，但开度较小，最大约 0.03 mm。不同高程水平弱面的脱开区域见图 3.4.8（图中，0 表示黏结完好，1 表示滑移，2 表示脱开）。

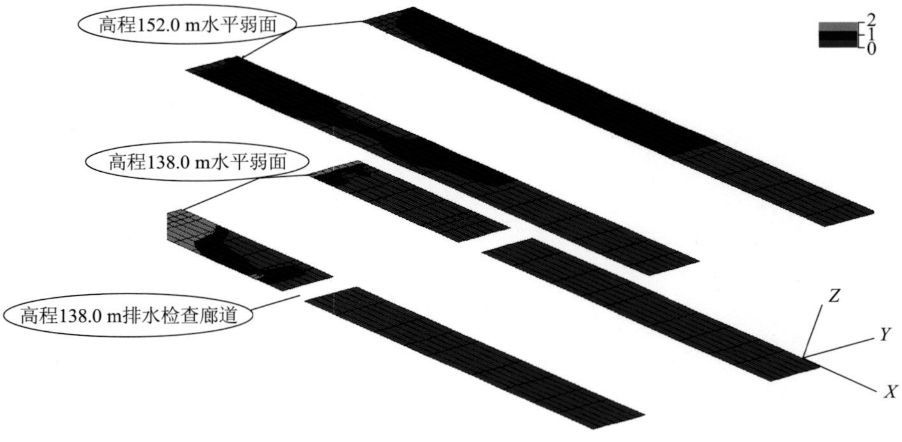

图 3.4.8　工况 2 水平弱面接触状态渲染图

与非溢流坝段紧邻的溢流坝段，A、B 孔在校核洪水位 174.35 m 同时泄流条件下，高程 152.0 m 的水平弱面在闸墩泄流侧上游端有部分区域脱开，开度最大约 0.07 mm。图 3.4.9 给出了闸墩的两个假定水平层间缝面在工况 18 的接触状态。

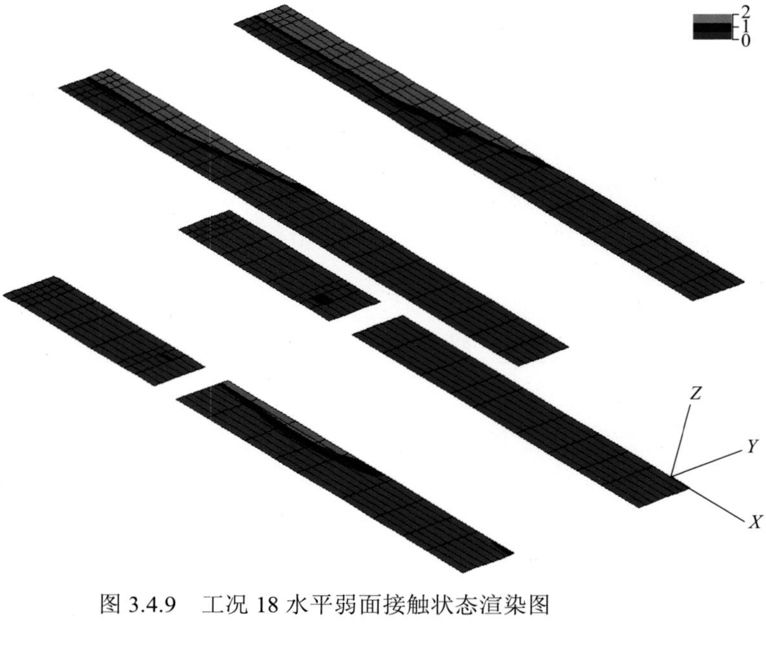

图 3.4.9　工况 18 水平弱面接触状态渲染图

c. 闸墩存在水平层间缝时的应力状况。

工况不同，水平层间缝面的竖向压应力呈不同的分布，闸墩上游缝面压应力较小，闸墩下游缝面压应力逐渐增大。各工况闸墩上游竖直向应力较小，整个闸墩的上游面混凝土基本上为压应力，仅在高程 138.0～152.0 m 有部分区域存在较小的拉应力。图 3.4.10 为工况 2 情况下闸墩剖面竖向应力渲染图，剖面距离墩边 2.5 m。

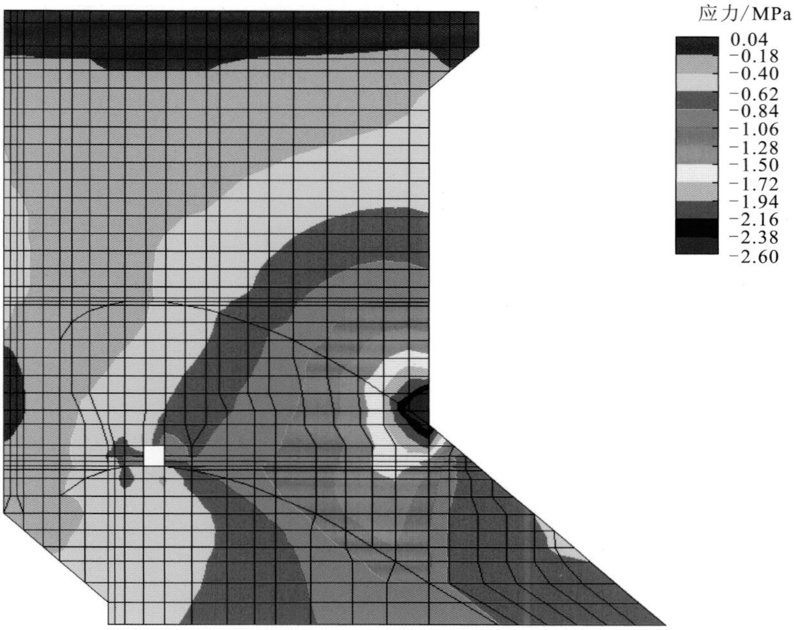

图 3.4.10　工况 2 闸墩剖面竖向应力渲染图

d. 闸墩存在水平层间缝时的抗滑稳定。

考虑静、动荷载的共同作用，按照摩擦公式计算得到的闸墩在高程 152.0 m 的抗滑稳定安全系数为 1.17，在高程 138.0 m 的抗滑稳定安全系数为 1.20。闸墩抗滑稳定能满足规范要求。

4）闸墩加固方案研究

（1）研究内容与工况。

为了增加闸墩的抗滑稳定安全度，尽量减小或消除闸墩上游面的拉应力，在闸墩中部垂直钻孔，采用预应力钢绞线对闸墩施加垂直向预应力[19-23]，预应力钢绞线布置在闸墩的轴线上，每个闸墩布置五束（研究 1 000 kN、2 000 kN、3 000 kN 三个级别），预应力钢绞线上部张拉端在高程 170.0 m。预应力钢绞线在检修门与上游侧门机大梁间、检修门与工作门间各布置 1 束，工作门至下游侧门机大梁间布置 2 束，电缆廊道下游侧布置 1 束，共 5 束。上部张拉端头在高程 176.0 m，为避免应力集中，下部锚固端采用分散布置，锚头在 126.0～134.0 m 高程，锚固段长 8.0 m，研究预应力对闸墩上游面的竖向拉应力的改善作用。另外，由于闸墩在 131.0 m 高程存在交通廊道，裂缝检查时发现，在高程 134.0 m 附近可能存在层间弱面，故也对预应力钢绞线锚固端附近坝体的应力状况进行研究，预应力钢绞线布置详见图 3.4.11。

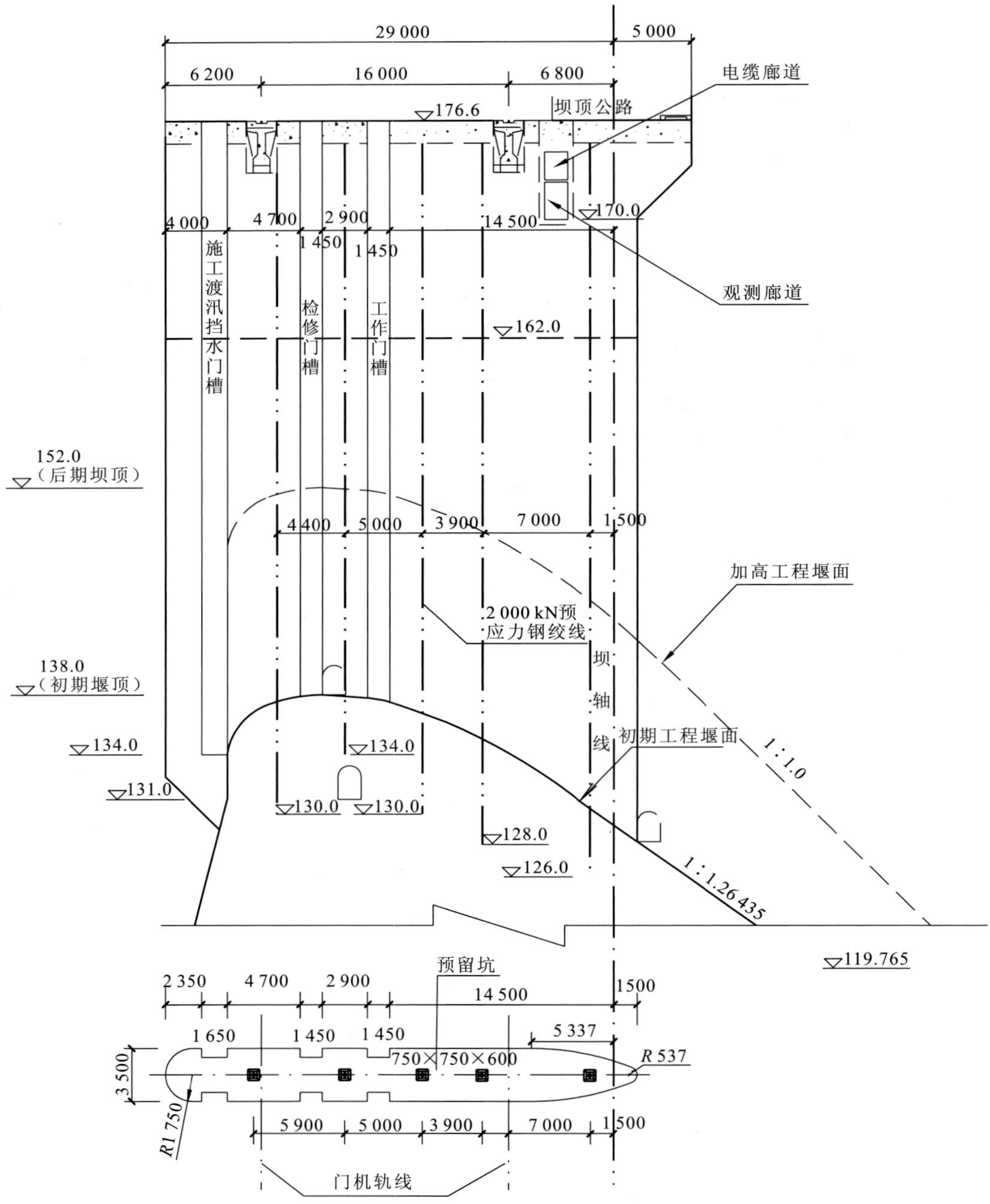

图 3.4.11 预应力钢绞线布置图（高程单位：m；尺寸单位：cm）

取中部溢流坝段为研究对象，计算工况见表 3.4.13。

表 3.4.13　计算工况表（闸墩预应力方案）

工况	自重	上游水位/m	A 孔泄水	B 孔泄水	C 孔泄水	预应力/kN
1	√	170.0	—	—	—	1 000
2	√	170.0	—	—	—	2 000
3	√	170.0	√	√	√	—
4	√	170.0	√	√	√	1 000
5	√	170.0	√	√	√	2 000
6	√	172.2	√	√	—	—
7	√	172.2	√	√	—	1 000
8	√	172.2	√	√	—	2 000
9	√	172.2	√	√	—	3 000

（2）计算模型。

不模拟闸墩的水平层间缝，坝体混凝土采用 SOLID45 单元进行模拟。单元总数 30 418 个，结点总数 32 521 个，模型网格见图 3.4.12。基岩在上下游及深度方向各取 1 倍坝高。

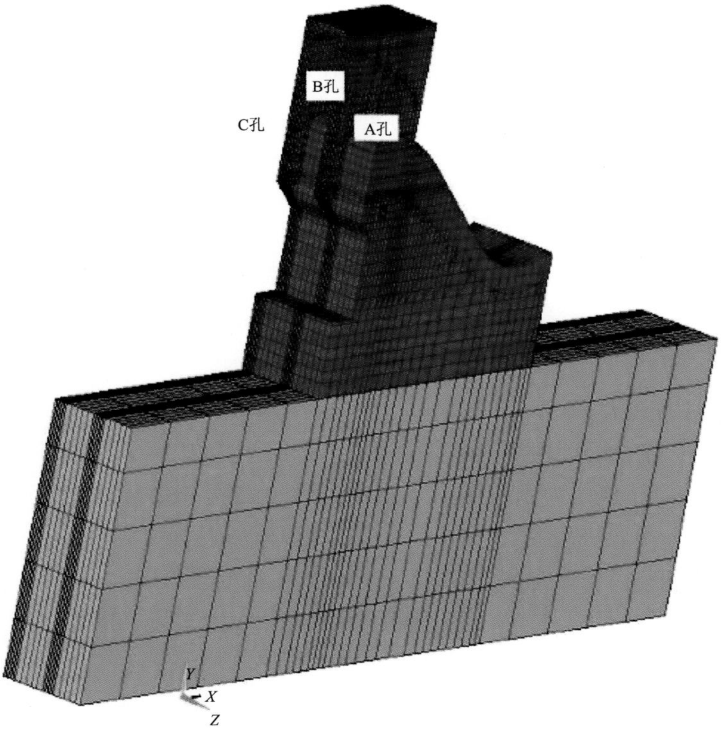

图 3.4.12　计算模型网格图

（3）计算成果。

a. 预应力效果。

各运行工况墩体的上游面基本上处于受压状态，局部由于应力集中会出现拉应力，但其值不大，施加预应力之后竖向拉应力减小。闸墩高程 152.0 m 截面全部处于受压状态。每束预应力钢绞线 1 000 kN 的预应力对 152.0 m 截面上的压应力改善不明显，每束预应力钢绞线 2 000 kN 的预应力对 152.0 m 截面上的压应力已经有了一定的改善。施加预应力之后闸墩上游附近的低压应力区的面积减小，预应力越大，竖向低压应力区的面积越小。

无水工况每束预应力钢绞线 100 t 的预应力在锚固端不会产生竖向拉应力，而 200 t 的预应力在锚固端附近产生的竖向拉应力及第一主应力不大，最大值在 0.5 MPa 左右。运行工况每束预应力钢绞线 1 000 kN 的预应力在锚固端产生的最大竖向拉应力为 0.15 MPa，2 000 kN 的预应力在锚固端附近产生的竖向拉应力的最大值在 0.5 MPa 左右，但 3 000 kN 的预应力在锚固端产生的竖向拉应力及第一主应力均超过了 1.0 MPa。

b. 锚固端布置对闸墩的影响。

当采用锚头单一锚固时，在溢流坝中墩工作门槽下游侧布置的预应力钢绞线产生的竖向拉应力影响的深度最深，拉应力值最大。工况 2 和工况 8 在锚头附近 0.7 m 左右范围拉应力达到最大值，其中工况 2 在锚头附近达到的拉应力值最大，其值约为 0.64 MPa，工况 8 在锚头以下 1.4 m 附近拉应力变为压应力。各种工况条件下，预应力钢绞线的影响深度在 2 m 以内，对闸墩层间缝影响小。

当采用锚头分散锚固时，在预应力荷载单独作用下，工况 2 闸墩对称面内第一主应力值均小于 0.5 MPa，应力集中区横向距钻孔中心不超过 0.35 m，竖向分布范围约为 0.60 m。锚头部较大的剪应力带来的应力集中是局部的，对闸墩层间缝基本无影响。

施加预应力可以减小闸墩的竖向拉应力，改善闸墩的应力状况，使其基本处于受压状态。

3.2～右 6 坝段高程 143.0 m 水平裂缝的影响分析

1）水平裂缝的基本情况

（1）2～右 6 坝段结构。

初期工程 2～右 6 坝段坝顶高程 162.0 m，全长 117.68 m（上缘），最大坝高 57.4 m。坝顶宽 11～13 m，上游均为垂直面，下游面坝顶（高程 162 m）至高程 144.0～145.0 m 为垂直面，以下 2 坝段坡度为 1∶0.8，1～右 3 坝段坡度为 1∶0.67，右 4～右 6 坝段坡度为 1∶0.75。其中，1～右 3 转弯坝段在平面上呈凸向下游的反拱形，坝轴线在此向上游偏转，中心角 60°，转弯半径（至坝轴线）57.154 m。加高工程 2～右 6 坝段在初期坝体的基础上进行了加高和培厚，其平面布置见图 3.4.13。

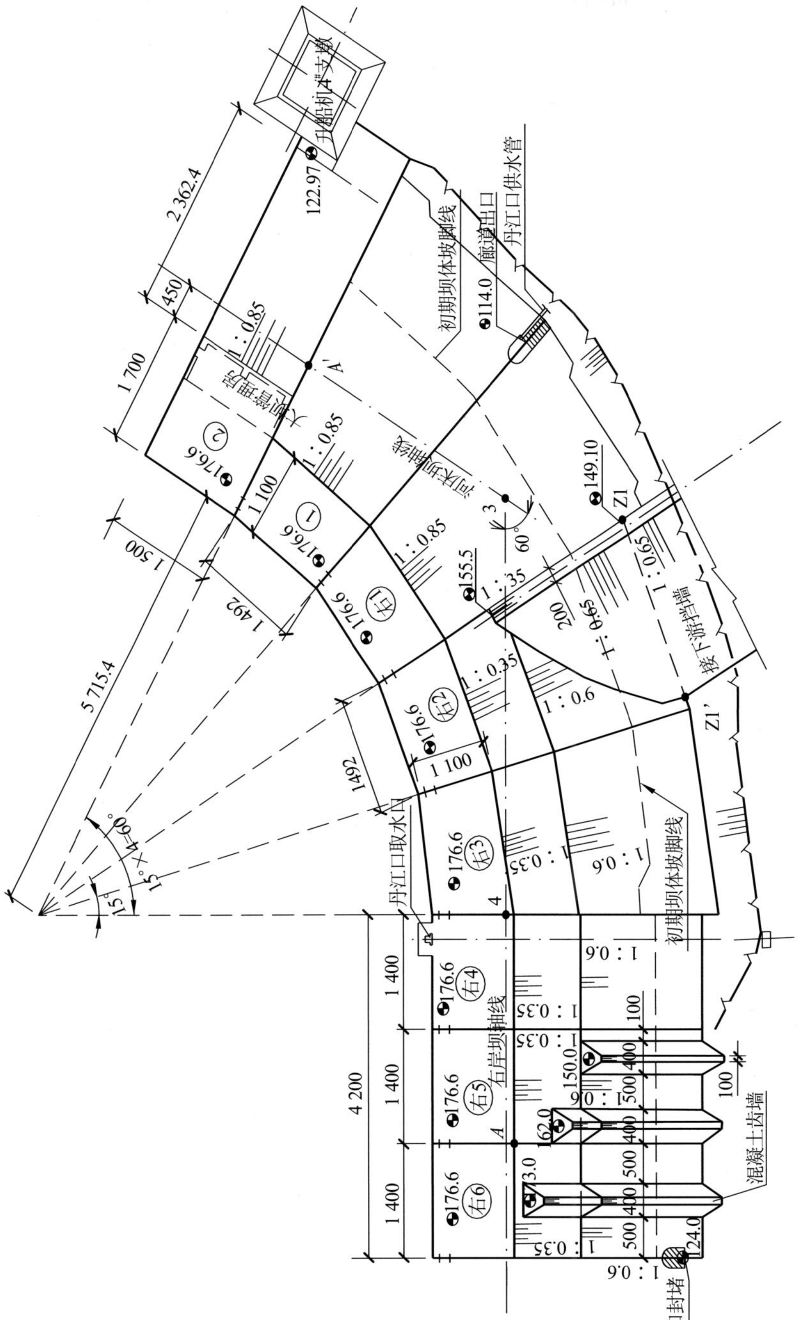

图 3.4.13　2~右6坝段平面布置图（高程单位：m；尺寸单位：cm）

（2）2～右 6 坝段高程 143.0 m 水平裂缝的情况。

2006 年 8 月，在 2～右 6 坝段坝顶布置 12 个 Φ150 mm 的垂直取芯检查孔，检查水平裂缝情况。检查结果表明，高程 143.0 m 水平裂缝在上游坝面起于 2～3 坝段横缝，止于右 6 坝段中部，总长 98 m，分布高程为 142.25～144.0 m。缝宽一般小于 1 mm，大者 1.5 mm（右 2 坝段上游面）；裂缝面水平向延伸，在 1～右 3 坝段，裂缝基本贯通大坝水平截面，2 坝段部分贯通，右 4、右 5 坝段和右 6 坝段部分延伸至水平截面中部。裂缝面有钙质充填，具有一定的透水性。

2）高程 143.0 m 水平裂缝对坝体抗滑稳定的影响

（1）复核标准与方法。

由于加高工程裂缝检查发现 1～右 3 坝段在高程 143.0 m 基本被水平裂缝贯通，选择右 1 坝段为典型坝段分析高程 143.0 m 水平裂缝对坝体抗滑稳定的影响，分析采用抗剪断公式进行分析，抗滑稳定安全系数控制标准如表 3.4.7。

（2）工况与荷载组合。

复核工况及荷载组合如下。

基本组合，上游水位为设计洪水位 172.20 m，下游无水；

特殊组合（校核洪水位情况），上游水位为校核洪水位 174.35 m，下游无水；

特殊组合（地震情况），上游水位为正常蓄水位 170.0 m，下游无水。

（3）复核结果。

右 1 坝段高程 143.0 m 水平裂缝完全贯穿老坝体，加高工程贴坡混凝土为完整混凝土，利用抗剪断公式对高程 143.0 m 以上坝体进行抗滑稳定安全复核，成果见表 3.4.14。

表 3.4.14　右 1 坝段高程 143.0 m 坝体的抗滑稳定安全复核结果表（缝面贯穿）

工况组合	基本组合	特殊组合	
	设计洪水位	校核洪水位	地震
K'	9.77	8.44	7.10

从表 3.4.14 中可以看出，右 1 坝段高程 143.0 m 以上坝体的抗滑稳定安全系数远大于控制标准。

对高程 143.0 m 以上坝体的抗滑稳定安全性进行参数敏感性分析。首先，将缝面抗剪断参数（f'、c'）折减，折减系数取 0.5，折减后的缝面抗剪断参数 f'=0.4，c'=0.4 MPa；另外，取缝面抗剪断参数分别为 f'=0.3，c'=0.0。在以上两组参数情况下，右 1 坝段高程 143.0 m 以上坝体的抗滑稳定结果见表 3.4.15。

表 3.4.15　右 1 坝段高程 143.0 m 以上坝体的抗滑稳定安全复核参数敏感性分析

参数取值	设计洪水位	校核洪水位
f'=0.4，c'=0.4 MPa	4.37	4.06
f'=0.3，c'=0.0	3.18	2.95

表 3.4.15 中成果表明，对缝面抗剪断参数进行 0.5 倍折减后，右 1 坝段高程 143.0 m 以上坝体的抗滑稳定安全尚有富余。即使不计缝面黏聚力，将缝面摩擦系数取为 0.3，143.0 m 以上坝体抗滑稳定仍然是安全的。

综上所述，2～右 6 坝段高程 143.0 m 水平层间缝的存在不影响坝体的抗滑稳定安全。

3）高程 143.0 水平层间缝对加高坝体的应力影响

根据有关研究成果，在 1～右 3 坝段锯开三条横缝，横缝底高程为 142.0 m，考虑到横缝设置后对未设置横缝（初期坝体横缝已灌浆）坝体的影响，在 1、2 坝段和右 3、右 4 坝段之间设置过渡横缝，过渡横缝缝底高程 150.0 m。

（1）分析内容与工况。

初期大坝进行锯缝处理后，转弯坝段的工作状态几乎接近于各坝段独立工作，为研究在不同结合状况下，初期大坝坝体被高程 143.0 m 水平裂缝切割后的应力状况，选择右 1 坝段进行了专门分析研究。分析工况见表 3.4.16。

表 3.4.16　143.0 m 水平层间缝对加高坝体的应力影响分析工况

工况	初期混凝土施工时间（月-日）	贴坡混凝土施工时间（月-日）	上游水位/m	新老混凝土结合面	143.0 m 水平层间缝面
1	04-15	10-15	145.0	接触面	接触面
2	04-15	10-15	145.0	直立段脱开	接触面
3	04-15	10-15	145.0	无缝	无缝
4	04-15	10-15	145.0	黏结完好	无缝
5	01-16	10-15	145.0	接触面	接触面
6	04-15	01-15	145.0	接触面	接触面

（2）计算模型。

计算中模拟高程 143.0 m 的水平层间缝贯穿 2～右 6 坝段的初期大坝坝体，新浇贴坡混凝土完整。计算模型见图 3.4.14，有限元网格共 1 637 个单元，基础模拟范围在上下

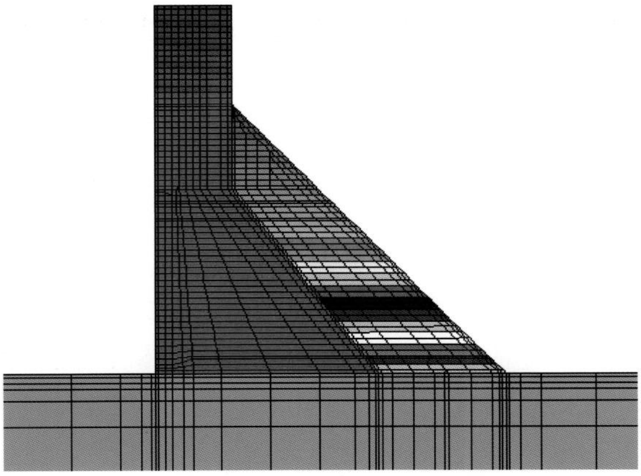

图 3.4.14　右 1 坝段计算网格图

游向、深度方向均为 1 倍坝高。

（3）计算结果。

在大坝加高完成、库水位上升后，无水平层间缝时坝顶水平位移约为 2.4 mm，有水平层间缝时的坝顶水平位移与无水平层间缝差别很小，坝体竖向位移差别也很小。

表 3.4.17 给出了控制工况坝体加高前后的坝踵最大竖向应力值。由表 3.4.17 可知，加高后坝踵处的最大竖向应力均有向压应力方向变化的趋势，变化值在 0.38～1.07 MPa，坝踵处竖向应力没有恶化。坝体不存在水平裂缝比存在水平裂缝的情况下坝踵压应力稍小。

表 3.4.17　坝体加高前后的坝踵最大竖向应力值　（单位：MPa）

工况	1	2	3	4	5	6	7
加高前	−0.77	−1.48	−0.77	−0.77	−0.77	−1.57	−0.84
加高后	−1.34	−2.55	−1.29	−1.29	−1.35	−1.98	−1.22
考虑扬压力增量后	−1.09	−2.30	−1.04	−1.04	−1.10	−1.73	−0.97
加高前后相对值	−0.32	−0.82	−0.27	−0.27	−0.33	−0.16	−0.13

加高后上游面各点的竖向应力峰值均有所减小，高程 130 m 处的最大竖向应力值减小了 1.38 MPa，高程 134 m 处减小了 1.32 MPa，高程 140 m 处减小了 0.46 MPa。离水平层间缝越近，最大竖向应力受到的影响越大。

根据分析结果，右岸转弯坝段高程 143.0 m 水平裂缝的存在与否对坝顶位移的影响不明显，大坝加高后坝踵处的最大应力均有向压应力方向变化的趋势。在温降条件下，大坝上游面裂缝有一定的应力释放作用。分析结果表明，高程 143.0 m 水平裂缝的存在与否对大坝坝体应力的影响较小。

4. 纵向裂缝的影响分析

丹江口大坝初期工程混凝土坝的纵向裂缝主要有 3～7 坝段高程 158.0 m 的电缆廊道顶拱和顶拱偏下游侧的纵向裂缝、其他挡水坝段电缆廊道顶部的纵向裂缝和 18 坝段门库附近的纵向裂缝等，因为 3～7 坝段纵向裂缝规模大，对坝体安全存在一定影响，所以以该裂缝为典型进行影响分析研究。

1）3～7 坝段及纵向裂缝基本情况

（1）3～7 坝段结构。

3～7 坝段为右岸联结坝段的一部分，大坝轴线与河床坝段轴线为同一直线。大坝上游面为垂直面；3 坝段在坝底部离基岩 3～5 m 布置了宽缝；2～7 坝段下游坝坡 1∶0.8。在坝顶面以下靠下游沿纵向设有纵向电缆廊道，电缆廊道底板高程 158.00 m，坝顶与廊道顶板之间的厚度为 1.7 m，初期工程该廊道未设廊道钢筋。

加高工程 3～7 坝段坝顶高程 176.6 m，3 左、3 右和 4 坝段高程 152.5 m 以上为垂直面，以下为 1∶0.85 的坝坡；6、7 坝段高程 142.5 m 以上为垂直面，以下为 1∶0.85 的坝坡。5 坝段为过渡坝段，加高工程的垂直段加厚 6 m，4～6 坝段下游垂直加厚部分只到 162.0 m 高程，162.0 m 高程以上布置变电所和管理用房。加高工程将原 7 坝段门库分成两个小门库（11.2 m×5.0 m），布置在 6、7 坝段，原 7 坝段门库回填混凝土（加高工程坝顶结构见图 3.4.15）。

（2）3～7 坝段裂缝情况。

1980 年检查发现，3 左～6 坝段 158.0 m 高程的电缆廊道顶拱或顶拱偏下游侧均有纵向裂缝，基本贯穿 3 左～6 坝段，总长 57.8 m，缝宽 0.5～1.0 mm。此后,该裂缝一直受到运行管理部门的高度关注，并在 1993 年、1996 年、2002 年进行了多次系统检查，多年的检查情况表明，3～7 坝段的纵缝为活缝，且在发展中。2006 年大坝加高期间再次对 3～7 坝段的裂缝进行了详查。

根据钻孔及孔内录像检查结果，裂缝在 3 左、3 右、4 坝段基本只延伸至高程 158.0 m 电缆廊道顶板。5、6 坝段裂缝自坝顶穿过 158.0 m 电缆廊道，在 158.0 m 电缆廊道底板开始向下游倾斜，在坝体 150.00 m 排水廊道下游的 148.00～154.00 m 高程尖灭，最大深度不超过 148.0 m 高程。

2）分析方法及模型

为研究裂缝成因及其对加高坝体的影响[24]，采用平面有限单元法模拟初期大坝运行期间裂缝的发生和发展过程，分析裂缝的形成原因，并分析大坝加高实施后，裂缝的发展情况和相关影响。同时，对纵向裂缝的不同处理方案进行有限元仿真分析比较。

4 坝段与 6、7 坝段相比较单薄；加高工程 5、6 坝段与 4 坝段相比，坝顶荷载多了门机荷载。从温度边界条件方面考虑，7 坝段门库为 6 坝段提供了大气边界；158.0 m 廊道在 6、7 坝段横缝处设有对外通道，与大气连通条件较好。但是，大坝加高后这些条件均不复存在，因此，对于 4 坝段加高后温度条件将大大改善。将 4 坝段作为 3～7 坝段纵向裂缝的研究代表，而计算中模拟的裂缝延伸深度与 6、7 坝段相同。

按平面应变问题建立二维有限元模型。采用平面四边形等参单元对坝体及地基进行空间离散，整个有限元网格共有 14 231 个单元，14 671 个结点，其中坝体有 9 885 个结点，有限元计算网格见图 3.4.16。

模型中地基底部的边界为两向全约束，下游边界为法向约束，上游边界自由。在现有纵缝位置设置双结点，并根据现有纵缝位置及走向向下延伸。按照概化的施工顺序和施工条件对加高坝体单元组沿高度方向分层，层内单元在高度方向的尺寸为 0.2～0.4 m。并且，在新老混凝土结合面处设置双结点，模拟新老混凝土之间的张开、闭合与滑移等力学行为。

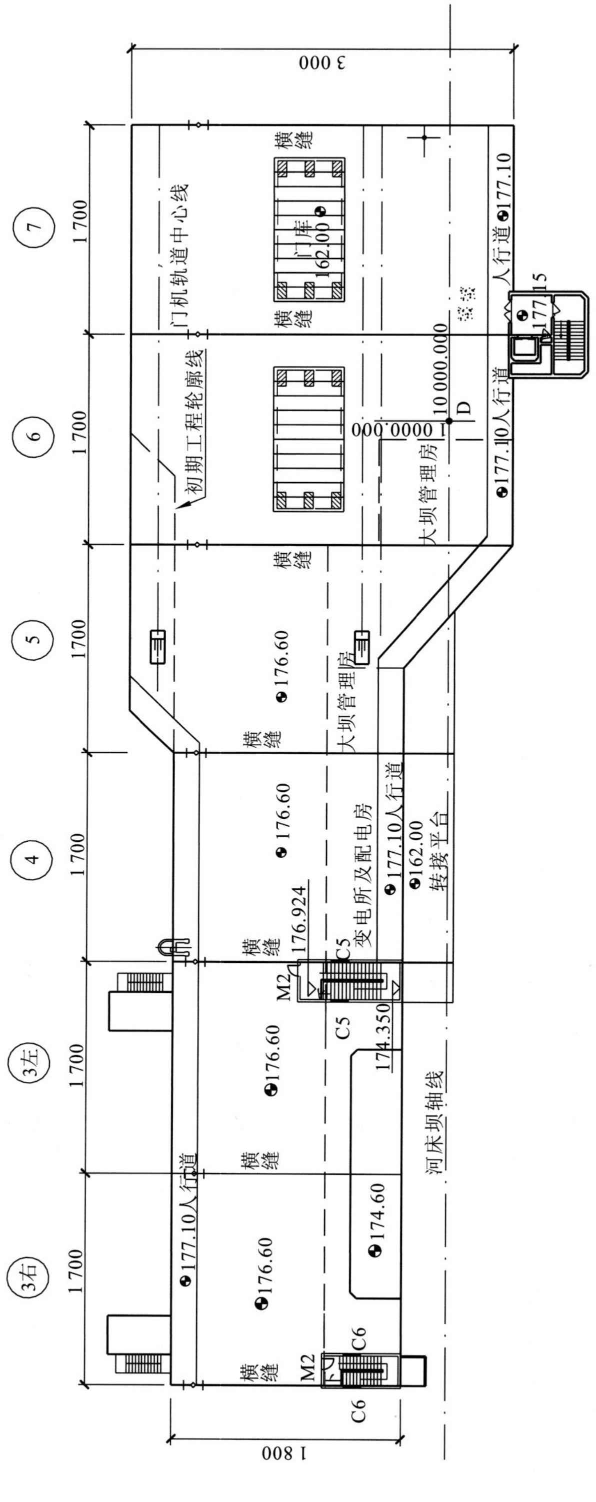

图 3.4.15　加高工程3~7坝段平面布置图（高程单位：m；尺寸单位：cm）

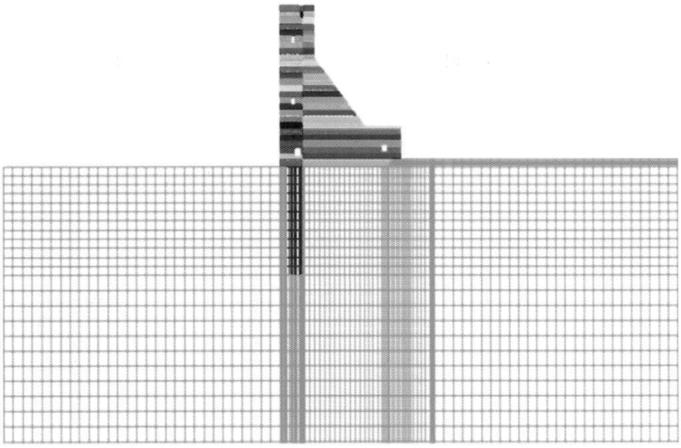

图 3.4.16　4 坝段整体有限元网格

3）计算工况

为了解大坝裂缝在初期工程运行阶段的发生、发展过程，以及大坝加高工程在加高过程中和加高后裂缝的发展情况，分析、研究的工况如下。

（1）工况 1：初期大坝裂缝成因分析，计算只针对初期大坝体进行。坝前库水位取低水位 145 m，下游无水。计算荷载为自重+静水压力+扬压力（渗透荷载）+温度荷载。

（2）工况 2：新坝体加高之后裂缝发展及裂缝对坝体的影响分析。施工期坝前水位取低水位 145 m，至 2010 年坝前水位抬升至 170 m 高程。初期大坝体温度荷载计算同工况 1，新坝体按照概化的施工过程及施工条件进行非稳定温度场及徐变应力场的仿真计算。大坝坝顶加高开始浇筑的时间为 2007 年 12 月 15 日。

（3）工况 3：廊道顶部拆除方案。2007 年 11 月 15 日对初期大坝体高程 158.0 m 廊道进行顶部拆除回填，间歇一个月后再进行大坝加高施工。其他计算条件同工况 2。

（4）工况 4：局部拆除方案。2007 年 11 月 5 日对初期大坝体高程 158.0 m 廊道顶部及其下游老混凝土进行拆除回填，间歇一个月后再进行大坝加高施工。其他计算条件同工况 2。

（5）工况 5：完全弹性工况，即不考虑坝体开裂，坝体作为一个整体参加计算，其他计算条件同工况 2，主要用于比较裂缝存在与否对大坝的影响。

4）计算成果分析

（1）坝体在自重、水压力及渗透压力作用下，位移分布连续，纵向裂缝不会形成，坝体作为一个整体在外荷载作用下发生变形，除各高程廊道顶部及底部出现不超过 0.4 MPa 的拉应力外，坝体其他部位基本处于受压状态。坝体在温度荷载作用下开裂，按拟定条件，坝体开裂深度为 144.57 m，比裂缝实际开裂高程略低。

（2）在坝体贴坡和加高部分完成后，纵向裂缝基本处于张开状态，但开度明显减小，且开度随气温发生周期性的变化。由于新浇筑混凝土的保护作用，初期坝体温度的变化幅度明显减小；另外，坝体下游贴坡混凝土和上游水压对初期大坝体的压紧作用，使裂缝深度没有向下开展的趋势。随着坝前水位的上升，裂缝的开度减小。

（3）大坝加高之后坝踵应力没有明显的恶化，加高完成之后，坝前水位抬高至 170 m 高程，不同季节坝踵应力的变化范围为-9.3～-2.0 MPa，坝踵一直处于受压状态。

5）裂缝处理方案及效果

为研究纵向裂缝的处理方案，结合纵向裂缝对大坝加高工程的影响分析，对不同的处理方案的工程效果进行了影响分析。分析中围绕纵向裂缝处理考虑了如下四个方案。

方案 1：拆除高程 158.0 m 廊道底板以上和下游坝体混凝土。为加强坝体结构的整体性，利用高程 149.0 m 以上裂缝检查钻孔，并补充部分钻孔，每个钻孔内插入两根长 900 cm 的ϕ36 mmII 级钢筋，然后灌注 M20 号水泥砂浆，通过锚筋锁定被裂缝切割的上下游坝体；

方案 2：拆除高程 158.0 m 廊道顶板以上混凝土。在廊道底板至坝顶高程范围内布置 3 层锁定锚筋，锚筋自下游坝面钻孔插入高程 158. 0 m 廊道上游的坝体内，按宽槽回填的要求回填沟槽到初期大坝坝顶，在槽顶加高混凝土内设并槽钢筋。高程 158.0 m 以下裂缝加固措施与方案 1 相同；

方案 3：补强加固。即回填电缆廊道,在廊道底板至坝顶高程范围内布设锁定锚筋，在初期坝面沿纵向裂缝布设裂缝钢筋和并缝廊道。高程 158.0 m 以下裂缝加固措施与方案 1 相同；

方案 4：沿大坝横断面水平方向对穿锚索，裂缝内化学灌浆。

经分析，四种纵向裂缝处理方案相比，虽然方案 3 的纵缝开度比方案 1 和方案 2 大，且随温度变化的幅度也较大。但不同方案仅对高程 158.00 m 廊道处的应力影响比较大，而对其他部位的应力影响比较小，对坝踵第一主应力、第二主应力和竖直向正应力的计算结果没有明显影响。综合考虑施工总体布置、施工期进度及工程投资影响，经比较分析，推荐采用方案 3。

6）影响分析结论

通过典型坝段分析，3～7 坝段的纵向裂缝对大坝加高工程的影响表现如下。

（1）初期工程纵向裂缝主要由温度荷载引起，坝体纵向裂缝在大坝加高工程完成后，由于温度环境条件在一定程度上有所改善，进一步发展的可能性较小。

（2）裂缝的存在对坝踵应力、坝顶水平位移和变形的影响不明显。三种处理方案 1～3 对新老混凝土结合面应力的影响基本相同。

（3）大坝加高后，纵向裂缝缝口部位的开度在后期运行期间仍会发生一定幅度的开合变化，开度变化的幅度和拉应力大小与裂缝处理方案有关。

（4）四种处理方案主要对高程 158.0 m 廊道处的应力有比较大的影响，而对坝体其他部位的应力影响比较小。方案 1、方案 2 的效果无明显差别，方案 3 高程 158.0 m 廊道顶板及上方加高混凝土的拉应力较大。

（5）为限制裂缝向坝顶新浇混凝土发展，新浇混凝土上升前，应在电缆廊道顶板区域的仓面布置限裂钢筋。

5. 竖向裂缝的影响分析

上游坝面竖向裂缝一旦发展到一定规模，库水将渗入裂缝，形成水压力，对已有裂缝产生劈裂作用，导致裂缝进一步向纵深方向延伸。根据初期大坝运行和大坝加高工程裂缝检查情况，丹江口大坝初期工程上游面竖向裂缝主要发生在 18 和 36 坝段，影响分析选取 18 坝段的竖向裂缝进行。

1）18 坝段结构及裂缝基本情况

（1）18 坝段结构。

初期工程 18 坝段坝顶高程 162.0 m，长 24.0 m。坝顶中央门机轨道之间布置 9.1 m×9.8 m 的门库。为了与上下游混凝土纵向围堰联结，坝底总宽 88.5 m。初期工程施工期兼作纵向围堰，最先浇筑，曾出现过较严重的裂缝。加高工程 18 坝段坝顶高程 176.6 m，通过加高培厚，下游面在高程 123.0～159.5 m 形成 1∶0.8 的坝坡，在高程 123.0 m 形成平台。18 坝段初期工程门库回填混凝土，在加高工程坝顶重新布置门库、变电所、大坝配电房和集控室等。

（2）18 坝段裂缝情况。

18 坝段的纵向裂缝位于门库两侧中部，沿大坝轴线方向发展，在门库侧面裂缝延伸至底部，沿门库外侧方向深度逐渐减小，距门库 2～3 m 处深度减小到 2～3 m，裂缝宽度 0.5～1 mm。坝顶横向裂缝较多，规模较大地贯穿大坝管理房下游坝顶。上游面竖向裂缝从水面（约高程 139.0 m）至坝顶（高程 162.0 m），宽度 0.5 mm，其中，裂缝中部在运行期间进行过处理。

2）分析方法及模型

根据断裂力学的应力强度因子法，采用平面和三维有限元对 18 坝段存在的劈头缝是否进一步扩展进行分析，同时取水平断面进行平面有限元计算，对裂缝深度的影响进行敏感性分析。

取典型水平剖面，按平面应变考虑，裂缝从坝段中部的上游面开始。平面计算模型见图 3.4.17，采用 8 结点高次单元，最小网格为 1 cm。在远离裂缝的坝体下游面施加全约束。

三维计算模型见图 3.4.18，采用 8 结点等参单元，单元数 40 941 个，结点数 46 668 个。在裂缝尖端处加密网格，最小网格为 2 cm。基础模拟范围在上下游向、深度方向均为 1 倍坝高。基础底面全约束，下游面及两侧面法向约束。老坝体两侧横缝处在高程 138 m 以下的止水后取法向约束。

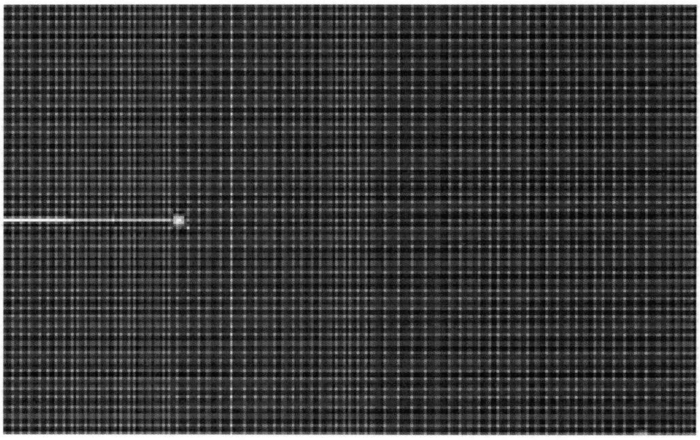

图 3.4.17　平面计算模型

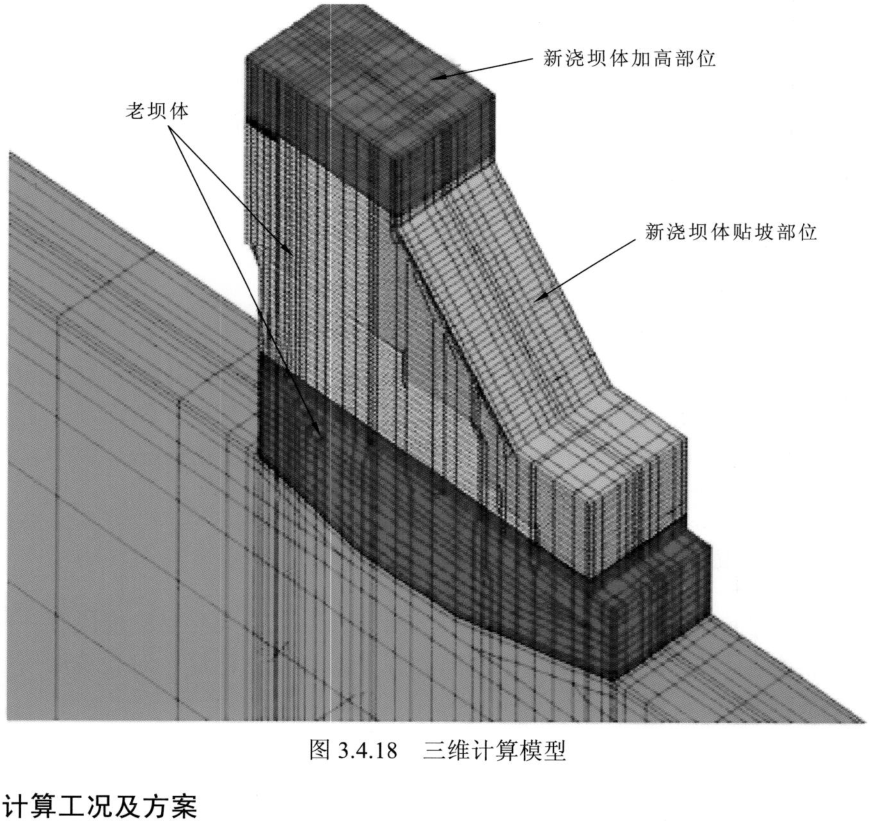

图 3.4.18　三维计算模型

3）计算工况及方案

（1）18 坝段基本计算方案。

在平面计算中，裂缝深度设为 6 m，水荷载按裂缝最低高程 126 m 处的 44 m 水头考虑（均布水压）。其中，不计横缝内（止水前的）水压作用，即两侧面水压作用范围距上游面 7.5 m，见图 3.4.19。

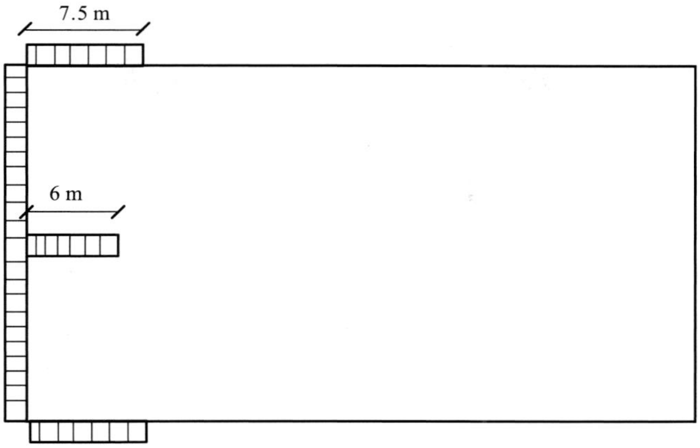

图 3.4.19　水荷载作用示意图（基本计算方案）

三维计算中，在高程 170 m 水位的水压力（作用于劈头缝内、坝体上游面及上游伸出部分的两侧面，同样不计横缝内的水压作用）及假设裂缝条件下，分析裂缝是否继续开裂。

（2）敏感性分析方案。

按平面计算，在基本计算方案的基础上，假设初始裂缝延伸至两侧水压 7.5 m 作用范围之后 2 m（图 3.4.20）、3 m、4 m、5 m 等，计算相应的应力强度因子 K_{I}。同时，在断裂韧度 K_{IC} 为 1.0（或 1.35）的情况下，保证裂缝不继续发展，分析在此条件下的裂缝深度与水头之间的关系（水头越高，相应的裂缝深度越小，才能使裂缝不发展）。

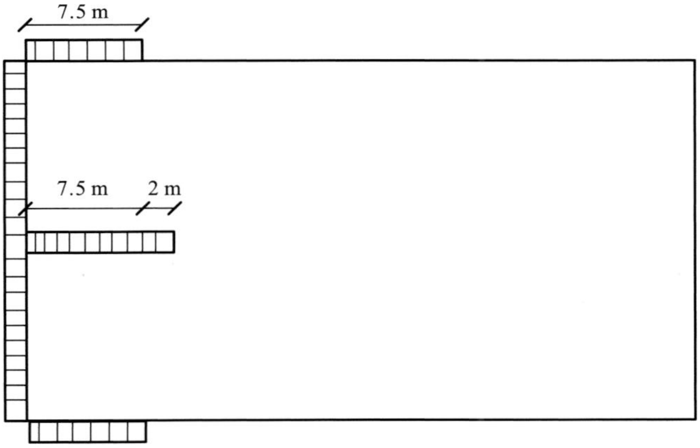

图 3.4.20　水荷载作用示意图（敏感性分析方案）

（3）处理方案。

按平面计算，裂缝经过排水处理后，缝内水压将随裂缝深度折减，按三角形分布考虑，在上游面处为全水头，缝端处折减为 0，见图 3.4.21。

（4）其他坝段计算方案。

与 18 坝段不同，相邻的其他坝段两侧为横缝面。设缝深分别为 2 m、3 m、4 m 等。

按平面计算，取裂缝最低高程 126 m 处的 44 m 水头，缝内水压按均布和三角形分布两种方式考虑，同样不计横缝内的水压作用，见图 3.4.22。

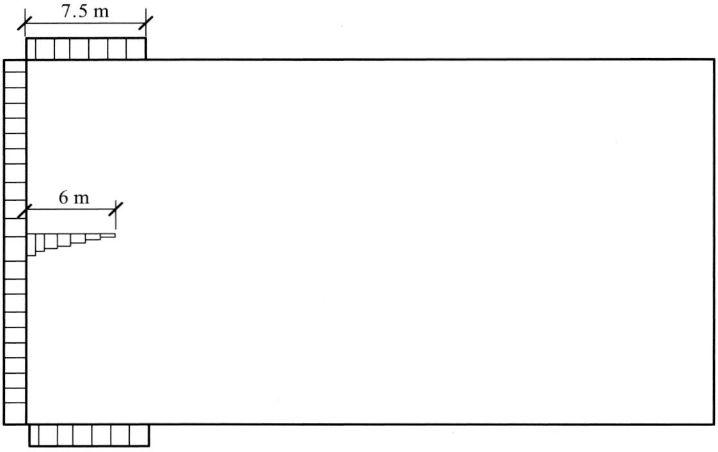

图 3.4.21　水荷载作用示意图（处理方案）

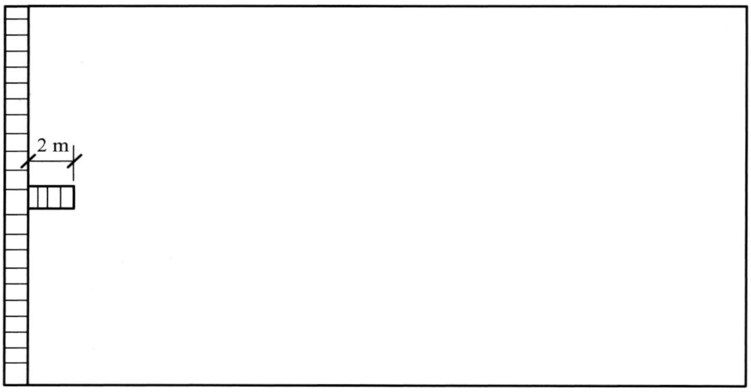

图 3.4.22　水荷载作用示意图（其他坝段计算方案）

4）计算成果分析

通过初步定性分析，坝体上游面竖向裂缝的初始起裂是由温度荷载引起的。在环境温度，特别是蓄水后上游库水逐步渗入裂缝中形成的劈裂水压力的长期作用下，裂缝逐步扩展，形成劈头缝。

平面和三维计算表明，在水荷载作用下，18 坝段及其他坝段的劈头缝在假定的缝深下不会继续发展。通过平面敏感性分析，给出了裂缝不扩展条件下不同缝深所对应的最大水头。由于水位抬升后上游面温度的变幅减小，温度条件趋于有利。

若缝内水压按三角形分布考虑，计算得到的应力强度因子要比按均布水压考虑时小一半以上。特别是对于 18 坝段，两侧的水压作用范围大于缝深，经过防渗处理后，裂缝尖端附近为压应力，可以抵消在不利温度荷载作用下产生的部分拉应力。

3.4.4　初期大坝裂缝处理设计

1. 纵向裂缝处理措施

根据裂缝影响分析，坝体纵向裂缝多出现在电缆廊道、门库附近，主要由温度荷载作用引起，对加高后大坝的上下游坝面应力、坝体位移影响较小。纵向裂缝的处理重点是采用植筋的方式提高被裂缝切割的初期坝顶的整体性，限制裂缝向加高混凝土内延伸。以 3～7 坝段纵向裂缝为例，其处理措施主要如下。

（1）坝面清理。

首先清理高程 158.0 m 廊道的上方坝面，清除廊道顶板被裂缝切割形成的“碎块混凝土”，清除高程 158.0 m 电缆廊道内壁面的碳化层并凿毛。

（2）植入锚筋。

在廊道底板至坝顶高程范围内布设裂缝锁定锚筋，锚筋孔自下游坝面按梅花形布置，竖直方向 5 层，间距 50 cm，水平方向间距 50 cm。锚筋孔孔径 56 mm，孔深 700 cm，插入高程 158.0 m 廊道上游坝体内。孔内植入 II 级 $\phi 36$ mm@20 cm×20 cm 钢筋，如图 3.4.23、图 3.4.24 所示。

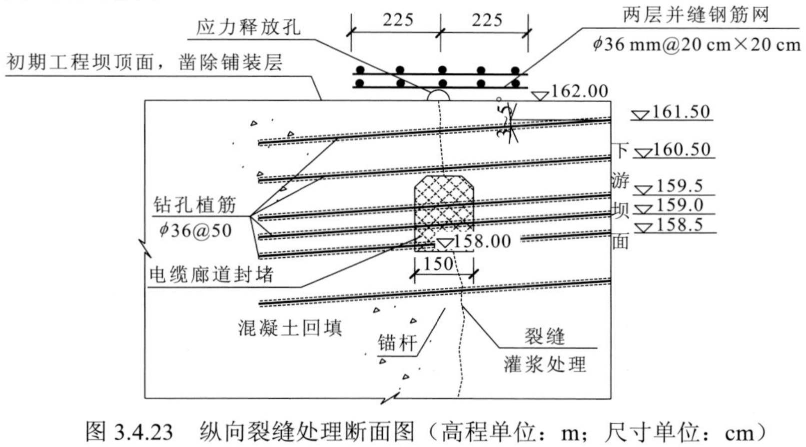

图 3.4.23　纵向裂缝处理断面图（高程单位：m；尺寸单位：cm）

（3）布置锁定锚筋。

在下游坝面高程 149.0～159.0 m 补充钻孔（孔径 110 mm），在补充钻孔与检查孔内插入两根长 900 cm 的 II 级 $\phi 36$ mm@20 cm×20 cm 钢筋，并以标号为 M20 的水泥砂浆充填。

（4）电缆廊道回填。

锚筋和裂缝锁定锚筋植入并达到要求的龄期后，采用 $R_{28}250^{\#}$混凝回填 158.0 m 高程电缆廊道，在廊道顶部进行回填灌浆。

（5）电缆廊道顶板裂缝处理。

廊道回填并进行回填灌浆后，在坝顶沿纵向裂缝凿槽，填筑清除“碎块混凝土”形成的坑槽，并封堵裂缝槽口，对廊道顶板以上的纵向裂缝进行灌浆处理。在坝顶沿纵向裂缝设置两层裂缝钢筋，钢筋直径 32 mm，钢筋间距 20 cm。

图 3.4.24　3～7 坝段纵向裂缝处理施工

2. 水平层间缝处理措施

由于水平裂缝的存在，库水的渗入对坝体的抗滑稳定和耐久性不利，水平裂缝的处理措施主要是裂缝的防渗处理设计与排水设计。以规模较大的 2～右 6 坝段为例，其处理措施主要如下。

（1）防渗处理设计。

第一，对贯穿上游面的水平层间缝进行控制灌浆。

对 2～右 6 坝段初期大坝上游面的所有裂缝，采用高强改性环氧化灌材料进行控制灌浆。灌浆区域控制在上游坝面 1～2 m 区域的裂缝内，见图 3.4.25。

图 3.4.25　2～右 6 坝段水平层间缝处理施工

第二，缝口止水。

沿贯穿上游面的裂缝人工凿槽，槽内采用 SR-2 塑性材料回填止水，见图 3.4.26。

第三，坝面防渗。

对上游坝面进行清理整平后满贴 SR 防渗盖片，盖片敷设区域为 2～右 2 坝段高程 141.0 m 至初期大坝坝顶，盖片覆盖大坝各坝段之间的横缝。

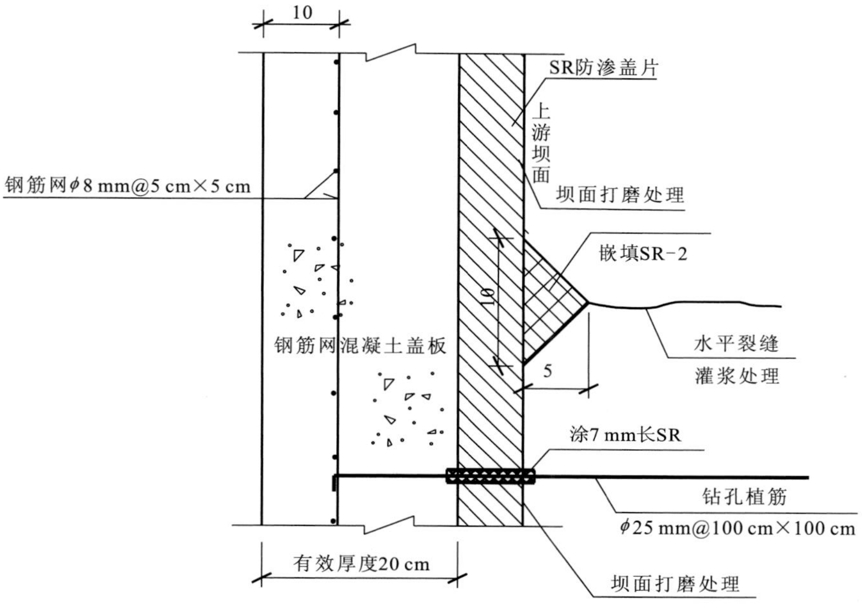

图 3.4.26 缝口止水设计（尺寸单位：cm）

第四，面板保护。

在 SR 防渗盖片外设有效厚度不小于 20 cm 的钢筋混凝土保护板，保护区域均匀分布锚筋，在保护板四周、坝段横缝及板高度向中部设置“岩锚梁”以固定。对大坝横缝处的保护板设变形缝，见图 3.4.27。

第五，横缝止水处理。

为截断大坝横缝与坝面防渗区域的渗漏通道，在防渗板下边缘与横缝交叉点以上 1.0 m 处骑横缝钻孔，钻孔孔径 76 mm，孔内填 SR-2 塑性材料，根据丹江口大坝横缝止水布置情况，骑横缝钻孔孔深 80 cm。防渗板顶部横缝以水平止水与大坝横缝止水相接。

（2）排水设计。

为有效减小水平层间缝缝内的扬压力，提高大坝的稳定性，需要及时排除渗入防渗板下游裂缝内的渗水。根据丹江口大坝坝体结构和坝体排水通道的具体情况，裂缝排水以钻孔穿过裂缝实现，具体措施如下。

对高程 130.0～162.0 m 廊道内的原坝体排水孔进行扫孔，增加坝体排水孔与裂缝的连通性，以提高排水效果。

分别在高程 130.0 m、150.0 m 廊道顶拱补设排水仰孔，孔径 200 mm，间距 300 cm，与原坝体排水孔相间布置，孔深以钻穿廊道上方所有水平裂缝为准。

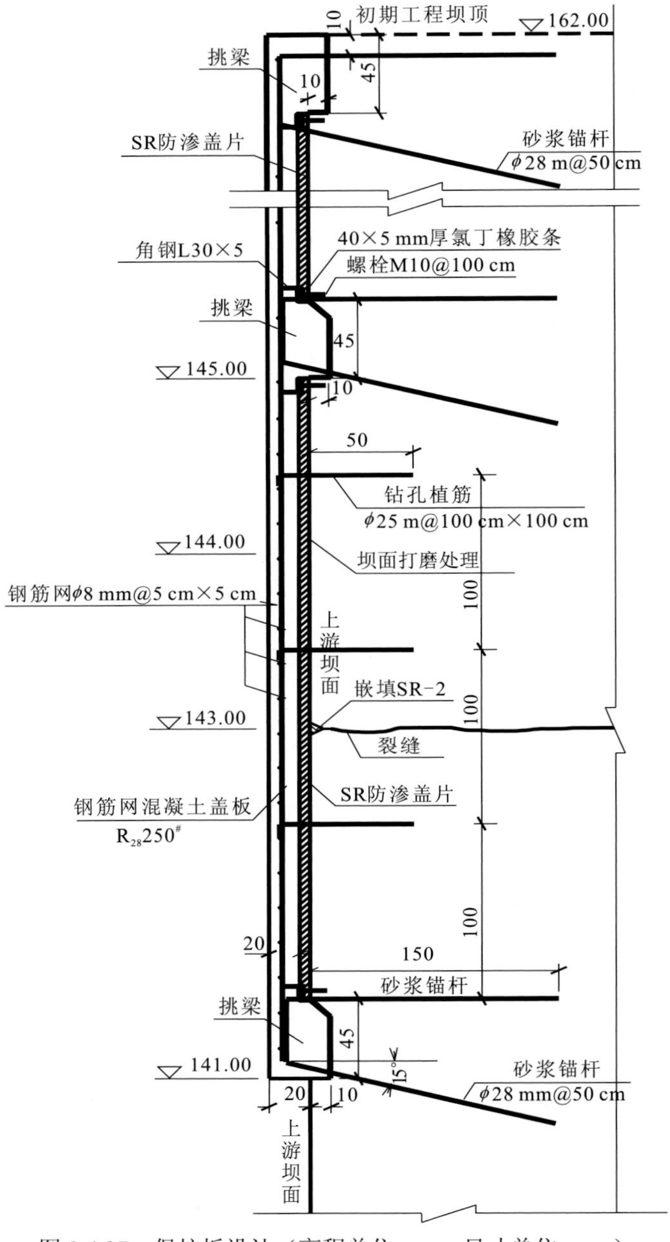

图 3.4.27　保护板设计（高程单位：m；尺寸单位：cm）

对于贯穿下游坝面的裂缝，在下游面缝口处向上游设置仰孔，穿过裂缝，在裂缝高程范围内，沿新老混凝土结合面设竖向排水孔，收集裂缝渗出下游面的渗水。在竖向排水孔下端和高程 143.0 m 水平层间缝下方设排水廊道，收集竖向排水孔、高程 143.0 m 水平层间缝越过上游廊道排水孔的渗水，排至下游坝面，防止裂缝渗水渗入新老混凝土结合面。排水布置见图 3.4.28。

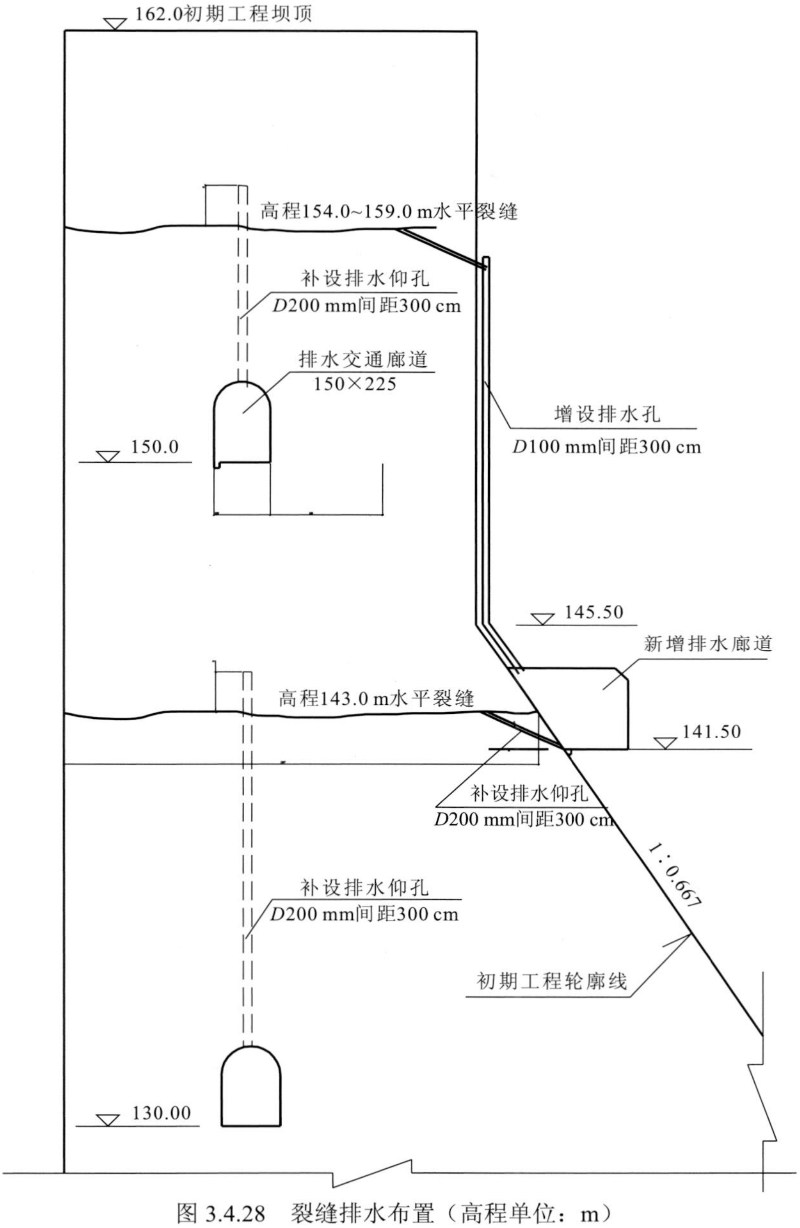

图 3.4.28　裂缝排水布置（高程单位：m）

3. 上游竖向裂缝处理措施

大坝加高后，随着水位的上升，上游的竖向裂缝在入渗水压劈裂，以及水位上升，裂缝周边水温下降，导致的应力集中程度加大的共同作用下，可能进一步向纵深发展。因此，大坝上游竖向裂缝的处理以缝口止漏和缝面的排水减压为主，以 18 坝段上游竖向裂缝为例，其主要处理措施如下。

1）上游面裂缝止漏措施

18 坝段上游面有 3 条竖向裂缝，其中 2 条为水上裂缝，1 条自水上延伸至水下，根据裂缝的分布特点，水上裂缝采用的止漏措施如下。

18 坝段上游面高程 142.5 m 以上竖向裂缝按水上裂缝处理模式进行处理。延伸到 142.5 m 高程以下的竖向裂缝按水下裂缝处理模式进行处理，如图 3.4.29 所示。

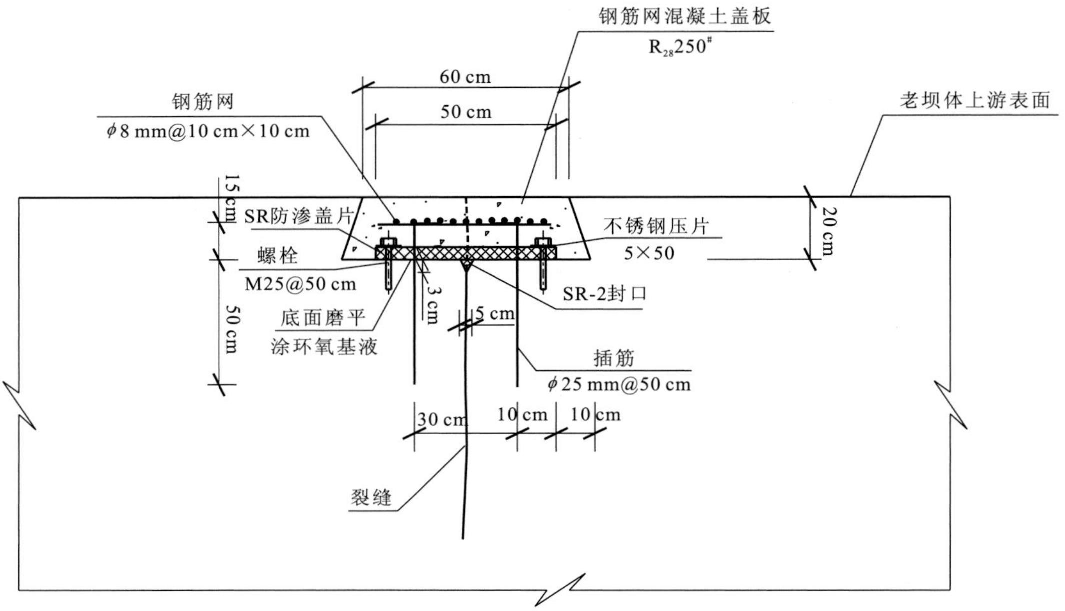

图 3.4.29　竖向裂缝封堵止漏

对高程 140.02 m 水平裂缝尽量争取在水上施工，无条件时按水下裂缝处理模式进行处理。另外，该坝段高程 131.0 m 廊道内存在渗漏裂缝，当该裂缝贯穿上游面时，按水下裂缝处理模式进行处理，如图 3.4.30 所示。

2）18 坝段排水减压措施

（1）排水出路。

贯穿上游坝面的裂缝为上游面的竖向裂缝和已发现的高程 140.2 m 水平层间缝，以及待确认的高程 131.0 m 水平裂缝。初期大坝 18 坝段上游侧布置有高程 131.0 m、116.0 m 的廊道，而在高程 131.0 m 以上无其他廊道。

根据裂缝发生的部位和分布特点，竖向裂缝、高程 140.2 m 水平裂缝的渗水排入设在高程 131.0 m 廊道，可使大坝加高后的缝内水压力不高于初期大坝运行期的缝内水压力。若高程 131.0 m 存在水平裂缝，其渗水可排入高程 116.0 m 廊道。

（2）排水通道。

18 坝段裂缝渗水的排水通道主要通过廊道钻孔方式形成。

图 3.4.30　18 坝段竖向裂缝封堵止漏

竖向裂缝的排水孔通过在廊道顶拱钻斜向仰孔形成。排水孔穿过裂缝的位置距上游面 3.5 m，18S-1 裂缝的斜向排水孔分别在高程 140.00 m、145.0 m、150.0 m 穿过裂缝；18S-2 裂缝的斜向排水孔分别在高程 145.0 m、150.0 m 穿过裂缝；18S-3 裂缝的斜向排水孔在高程 149.0 m 穿过裂缝。

4. 闸墩加固处理措施

（1）对于检查发现存在水平层间缝的闸墩，先对初期闸墩的局部混凝土缺陷（浇筑层面错台、漏浆、架空）进行整平、凿槽后，再用环氧砂浆嵌缝，缝内进行贴嘴灌浆等，处理后的闸墩表面的平整度满足过流表面的要求。

（2）为了加高工程的安全，增加闸墩的抗滑稳定安全度，并尽量减小或消除闸墩上游面的拉应力，提出在闸墩中部垂直钻孔，对闸墩施加垂直向预应力进行加固，共采用 5 束 2 000 kN 级预应力锚固。上部张拉端头在高程 176.0 m，为避免应力集中，锚头分散布置在 126～134.0 m 高程。闸墩预应力锚固布置见图 3.4.31。

针对预应力加固方案，根据有限元计算和现场试验结果，结合溢流坝段闸墩的水平层间缝分布和闸墩运行工况及边界受水影响的具体情况，采用了多层扩孔自锁精轧螺纹钢预应力锚杆与无黏结钢绞线预应力锚索相结合的方案，即以工作门槽为界，上游侧三根锚杆长期处于水下采用有黏结锚杆，下游侧采用两束无黏结锚索。

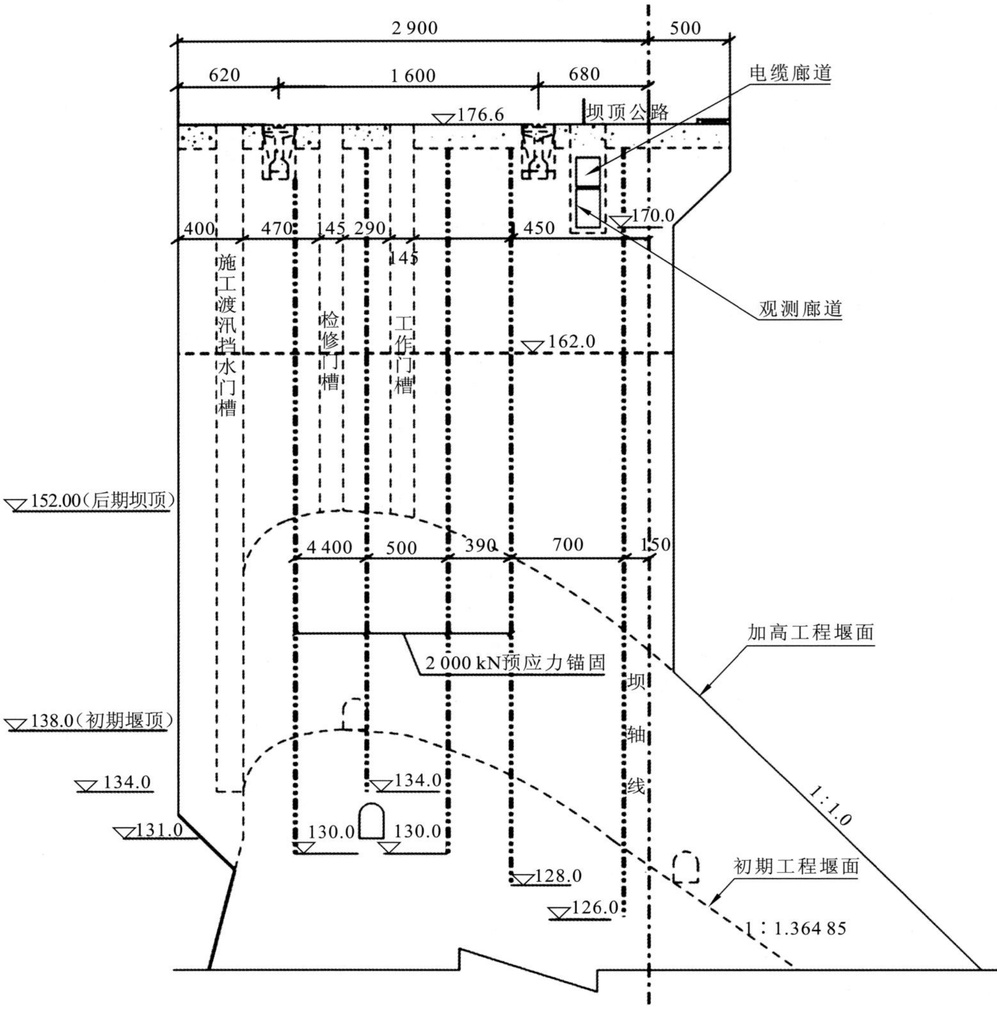

图 3.4.31　闸墩预应力锚固布置图（高程单位：m；尺寸单位：cm）

3.5 新老混凝土结合工程措施

在对大坝加高过程中贴坡混凝土浇筑方式、温度控制、结合面表面处理、结构缝处理、界面剂材料、结合面榫槽布置、锚筋等工程措施充分研究的基础上，遵循安全性、耐久性、经济合理性、方便运行管理的原则选择大坝加高的设计与措施[25]。

3.5.1 材料要求

（1）贴坡混凝土宜采用具有微膨胀性的低热水泥，施工期在新老混凝土结合面产生一定的预压应力，将对后期拉应力产生一定的补偿作用。

（2）采用高标号混凝土，使新浇混凝土弹性模量与老混凝土弹性模量接近，并采用具有微膨胀性能的混凝土浇筑。

（3）混凝土配合比设计和混凝土施工应保证混凝土设计所必须的极限拉伸值（或抗拉强度）、施工匀质性指标和强度保证率。在施工中，除应满足设计要求的混凝土抗裂能力外，还宜改进施工管理和施工工艺，改善混凝土性能，提高混凝土抗裂能力。

3.5.2　界面处理

在对大坝老化情况检测的基础上，对新老混凝土结合面主要作了以下几个方面的处理。

（1）凿除老混凝土面碳化层，同时不应损伤老混凝土，一般凿除深度为 3～5 cm。凿毛后使老混凝土面出露粗骨料，然后用高压水冲洗。

（2）根据结合面老混凝土表面裂缝老化的检测情况，对裂缝进行了凿槽、缝口封闭、灌浆等处理。

（3）对初期工程的结合面轮廓进行必要的修整，尽量减少轮廓突变，尖角部位进行 45° 切角处理，根据台阶规模进行 45° 切角或拆除处理，改善结合面的应力集中。

（4）混凝土浇筑开仓前，在已清洗完毕的老混凝土面铺设一层厚为 1.5～2.0 cm，坍落度为 2～3 cm 的水泥砂浆，砂浆标号较仓内混凝土标号提高一级，水泥品种与仓内混凝土所用水泥一致，以提高新老混凝土结合面的强度。

（5）门库和闸墩部位的结合面不再增加人工切割榫槽，仅做深凿毛处理，并涂界面胶。

3.5.3　结构措施

（1）对初期工程下游坝面已有的榫槽进行完善和补充，在初期工程未预留榫槽部位，人工切割增设三角形榫槽，榫槽短边长 40 cm，长边长 70 cm，中心间距 150 cm，如图 3.5.1、图 3.5.2 所示。

（2）新老混凝土结合面除凿除老混凝土碳化层外，并布置适量锚筋。下游坝面中部 ϕ25 mm@2 m×2 m 布设，周边按 ϕ25 mm@1 m 布设，长度都为 3.0 m，植入老坝体 1.5 m，外露 1.5 m；贴坡混凝土顶部与垂直面老混凝土结合面，增加锁口筋 2 排 ϕ32 mm@40 cm，长度为 4.5 m，新老混凝土中各埋入 2.25 m。见图 3.5.3、图 3.5.4。

（3）闸墩与加高堰面结合采用在原闸墩上布设自锁锚杆，自锁锚杆再与溢流面上钢筋机械连接，形成堰面筋与闸墩的整体结构。自锁锚杆直径 25 mm，长度 1.0 m（闸墩与溢流堰面分别 0.5 m），分三排布设，顺水流方向每一根自锁锚杆对应一根溢流面钢筋。第一排与相应部位的溢流面钢筋同高程，水平向钻孔，第二、第三排为倾斜钻孔。

图 3.5.1　斜坡段榫槽切割图

图 3.5.2　斜坡结合面榫槽

图 3.5.3　斜坡段植入锚筋

图 3.5.4　斜坡结合面锚筋图

钻孔前应采用专用的探测设备进行辅助钻孔定位，以避开原闸墩内的钢筋，钻孔与水平夹角分别为 0°、5°、10° 循环布置，见图 3.5.5 所示。

（4）在左、右岸非溢流坝段原初期坝体下游面每间隔 15 m 左右设一根三角形（边长 10 cm）排水槽，上部从初期坝顶开始，下部接到贴坡混凝土内纵向观测排水廊道（150 cm×200 cm）。

（5）结合面布置接缝灌浆系统，根据监测结果选择灌浆时机。

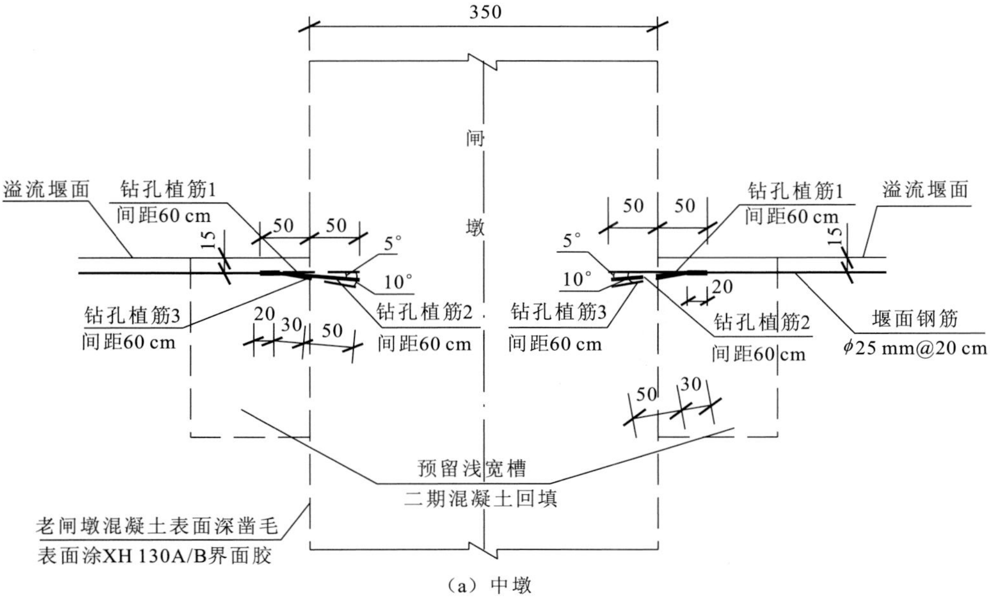

（a）中墩

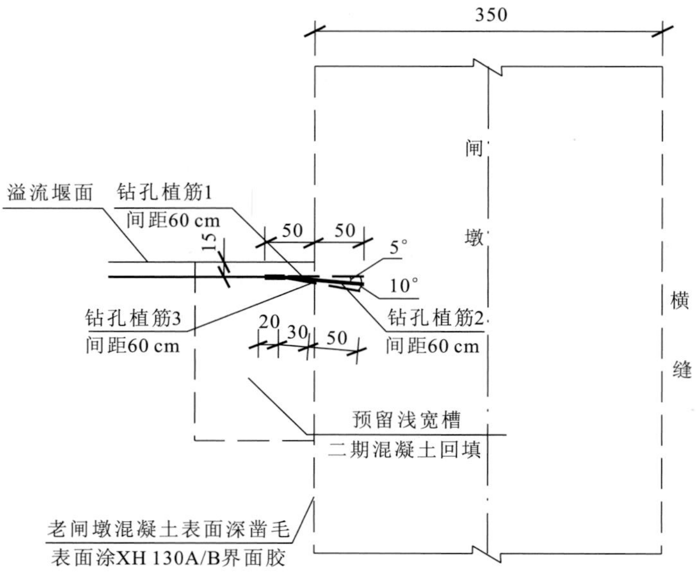

（b）边墩

图 3.5.5　闸墩与加高堰面间锚筋设计图（尺寸单位：cm）

3.5.4　贴坡浇筑方式

（1）两岸混凝土坝段及深孔坝段等斜坡段（结合面）部位选用直接贴破浇筑作为大坝加高的基本方案，可减少施工程序、缩短工期。在完善的温控措施、施工工艺和严格施工管理的条件下，可以保证新老混凝土的结合质量、保证大坝的整体性。

（2）溢流坝堰面加高混凝土采用直接贴坡浇筑与预留宽槽回填相结合的加高方式，即堰体混凝土施工采用各项技术措施进行整体浇筑，但在与闸墩接合面顶部 2～3 m，留浅宽槽，槽宽 1.2 m，沿闸墩全长布置，待混凝土冷却至稳定温度后进行混凝土回填。

3.5.5　温控措施

（1）合理安排混凝土施工程序和施工进度。

合理安排混凝土施工程序和施工进度是防止坝体产生裂缝、改善坝体应力的主要措施之一。施工程序和施工进度安排应满足如下条件：混凝土浇筑应做到短间歇、连续、均匀上升，不得出现薄层长间歇，贴坡混凝土相邻块高差控制在 4～6 m；贴坡混凝土应安排在每年的 10 月～次年 4 月浇筑，5～9 月底停止浇筑，使贴坡混凝土早期最高温度控制在 26～28 ℃。

（2）降低浇筑温度，减少水化热温升。

① 温控措施采取低温入仓、通水冷却、表面保温相结合的方式。

② 通过控制出机口温度、混凝土运送过程中的冷量损失等方式，将入仓温度控制在 12 ℃以内。坝体加高部位新老混凝土上、下层温差标准采用 15～17 ℃；使贴坡混凝土早期最高温度控制在 26～28 ℃。

（3）合理控制浇筑层厚及间歇期。

混凝土浇筑层厚新浇混凝土采用门机起吊，吊罐入仓，贴坡部位采用 1.5～2.0 m 浇筑层厚，加高部位采用 2.0～3.0 m 浇筑层厚，层间最短间歇期 5～7 天，一般 10～15 天浇一层。相邻块高差按 10～20 m 控制。月上升速度按 5～6 m/月控制。

（4）通水冷却。

① 水管间距为 1.5 m，冷却水温低于 8 ℃（冬季河水温度低于 8 ℃时，直接通河水，其他季节河水温度高于 8 ℃时，通 8 ℃的冷却水）。冷却水管停水时的温度控制在 14～15 ℃，通水时间不少于一个月，争取将混凝土内部温度降至 16 ℃左右（图 3.5.6）。

② 对于高温季节浇筑的加高部分混凝土，从 10 月初开始通河水进行中期通水冷却，将坝体混凝土温度降至 20～22 ℃。

图 3.5.6　浇筑仓内铺设冷却水管

（5）表面保护及养护。

混凝土表面保护是防止表面裂缝的重要措施之一。应根据设计表面保护标准确定不同部位、不同条件的表面保温要求，尤其应重视基础约束区、贴坡部位及其他重要结构部位的表面保护。

保温材料应选择保温效果好且便于施工的材料，保温后表面等效放热系数：大体积混凝土$\beta \leqslant 2.0 \sim 3.0\ \mathrm{W/m^2 \cdot ℃}$；对永久暴露面、棱角等结构部位$\beta \leqslant 1.5 \sim 2.0\ \mathrm{W/m^2 \cdot ℃}$。保温材料取泡沫苯板。顶面保温层厚度为 4 cm（图 3.5.7）。

新混凝土浇筑完毕后应及时进行不间断洒水养护，保持混凝土表面湿润，长期暴露面养护时间不少于 28 天。

图 3.5.7　下游外露面铺设保温板

3.6 加高工程渗控设计

3.6.1　初期大坝基础渗控设施

1. 防渗帷幕

初期工程混凝土坝段系统设置防渗帷幕。帷幕灌浆施工初期使用普通硅酸盐水泥，经现场施工发现，该品种水泥粒径与裂隙宽度不适应，灌浆过程中普遍出现浆液回浓现象。经试验研究，后期灌浆施工将$600^{\#}$大坝纯熟料水泥（相当于现在的 42.5 级水泥）经雷蒙磨 8 档风选后的磨细水泥（比表面积 385 m^2/kg）作为帷幕灌浆材料；但由于其水泥细度有限，在 21～23、24～28 坝段等部位，经两排水泥灌注后，仍不满足设计防渗标准。因此，在水泥灌浆达不到设计防渗标准的部位，使用抗渗性能较好的丙凝灌浆材料。

水泥帷幕灌浆设计灌浆压力：孔口段 1.5 MPa，以下各段根据孔序和灌段深度递增，最大灌浆压力 3.0 MPa。丙凝帷幕灌浆压力 1.5 MPa。

2. 坝基排水孔

渗控设计中要求坝基帷幕和排水孔幕减压后，河床 3～8 坝段及 12～32 坝段的坝基扬压力折减系数 $\alpha \leqslant 0.25$；9～11 坝段由于基岩断裂构造交汇带发育，为避免构造带内松软构造岩发生渗透破坏，设计时该部位按仅布置防渗帷幕、不设排水孔考虑，要求其坝基扬压力折减系数 $\alpha \leqslant 0.5$。

河床 3～8 坝段及 12～32 坝段的防渗帷幕后设坝基排水孔。排水孔孔距一般为 2.0 m，孔深一般为帷幕深度的 2/3 左右，孔向倾向下游，顶角 15°。

3.6.2　帷幕补强灌浆区的确定

1. 补强灌浆控制标准

河床 3～32 坝段坝基防渗帷幕运行近 40 年来，除 30、31 坝段水泥灌浆帷幕的防渗性能下降明显外，其余坝段坝基岩体的透水率变化不大。虽然客观上存在少量溶蚀现象，但资料反映泥沙淤积等因素部分抵消了耐久性下降的影响。根据丹江口大坝加高工程的特点，并从工程经济角度考虑，用灌浆帷幕耐久性有效年限 100 年确定耐久性不足的帷幕补强灌浆区。

帷幕补强灌浆区的确定需综合考虑现状防渗性能满足大坝加高工程设计防渗标准（$q \leqslant 1$ Lu）的要求和帷幕耐久性寿命的要求，以适应长期运行的需要。最终确定的防渗帷幕补强灌浆区应为现状防渗性能不足的补强灌浆区、帷幕耐久性不足的补强灌浆区的并集。

2. 补强灌浆区范围

1）现状防渗性能不足的补强灌浆区

3～18 坝段坝基防渗帷幕压水检查全部合格，现状防渗性能良好。19～32 坝段坝基防渗帷幕部分区域的透水率超标，超标孔段主要分布于构造发育地段，且主要位于幕体下部和水泥灌浆区。根据 3～32 坝段超标孔段的分布情况及相应的透水性分区特征，确定帷幕补强灌浆区为左 21～右 22、25、左 26～29、左 30～右 31 等坝段。

2）帷幕耐久性不足的补强灌浆区

除 30～31 坝段水泥灌浆帷幕已发生明显的溶蚀破坏外，其余坝段灌浆帷幕的耐久性有效年限还有 100 年以上。因此，帷幕耐久性不足的补强灌浆区为左 30～右 31 坝段。

3）补强灌浆区综合确定

综合确定的帷幕补强灌浆区为 左 21～右 22、25、左 26～29、左 30～右 31 等坝段，轴线长度共 133 m，面积约 6 500 m^2。混凝土坝 3～32 坝段补强灌浆区见图 3.6.1 和图 3.6.2。

3.6.3　河床坝段帷幕补强灌浆及排水孔改造方案

初期工程河床坝段已布设了坝基防渗帷幕和排水，大坝加高工程中，主要是对河床坝段防渗帷幕效果检测及耐久性研究确定的帷幕补强灌浆区，按照高水头帷幕补强灌浆试验确定的灌浆布置和灌浆工艺进行补强灌浆。其中，补强灌浆区内 27～28 坝段、31 坝段的

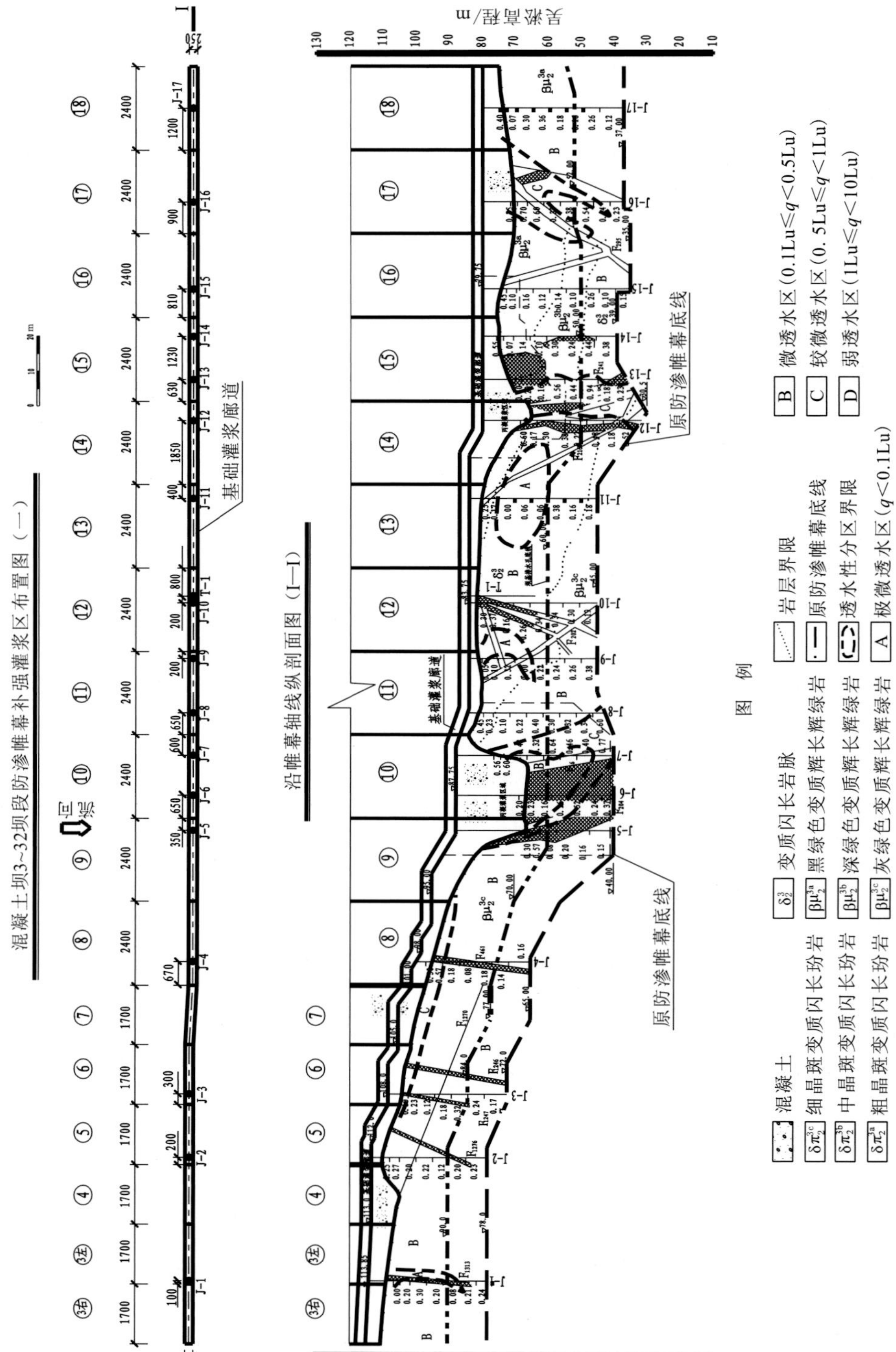

图 3.6.1　混凝土坝3~32坝段防渗帷幕渗透剖面及补强灌浆区图（一）（尺寸单位：cm）

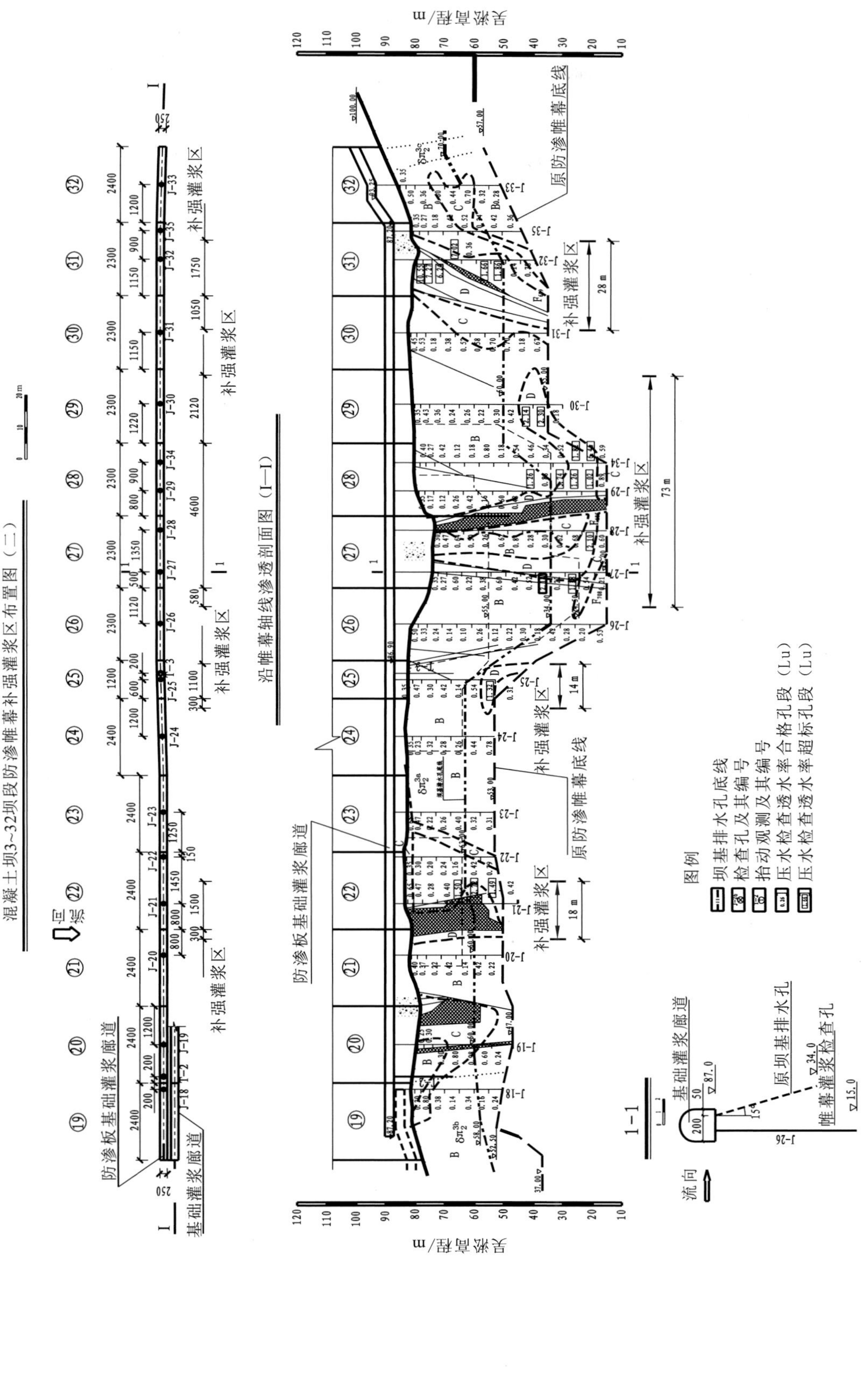

图 3.6.2　混凝土坝3~32坝段防渗帷幕渗透剖面及补强灌浆区图（二）（尺寸单位：cm）

部分区段已用于开展现场高水头帷幕补强灌浆试验，灌浆完成后经压水检查合格，试验区防渗帷幕可作为永久工程的一部分。此外，为确保坝基排水效果，对运行 40 余年的河床坝基排水孔进行改造设计。

1. 防渗标准

根据《混凝土重力坝设计规范》（SL 319—2018）规定，结合工程地质条件，并参考同类工程经验，丹江口大坝加高工程河床坝基帷幕补强灌浆设计的防渗标准确定为灌后基岩透水率 $q \leqslant 1\mathrm{Lu}$。

2. 帷幕轴线和底线

高水头帷幕补强灌浆区共分 5 个区，即 21～22 坝段、24～25 坝段、26～27 坝段、28～29 坝段、30 坝段，均位于防渗板基础灌浆廊道内。补强灌浆帷幕轴线与原帷幕轴线平行，距防渗板基础灌浆廊道上游壁 90 cm。帷幕补强灌浆孔与原防渗帷幕等深，孔深一般为 30～50 m。

3. 灌浆孔布置

补强灌浆区共布置灌浆孔 42 个，均为垂直孔，分 I、II、III 序孔，单排布置，孔距 2 m。帷幕补强灌浆采用湿磨细水泥+化学浆材排内复合灌浆，I、II 序孔为湿磨细水泥帷幕灌浆孔，III 序孔为丙烯酸盐化学浆材帷幕灌浆孔。

4. 灌区长度

帷幕补强灌浆时，必须对相应部位的下游侧排水孔进行临时封堵，为确保大坝安全、稳定，补强灌浆应分区段间隔进行，最大灌区沿帷幕线的长度不得超过 8 m，相邻施工灌区间距不得小于 24 m。各区段帷幕补强灌浆施工、检查完毕后，立即对其下游的排水孔进行扫孔改造，恢复排水功能。

5. 原坝基排水孔改造

帷幕补强灌浆分区段灌浆施工前，对相应灌区及左右 3 m 范围内的坝基排水孔采用中细砂封孔，待该区段灌浆、检查完毕后，立即进行排水孔扫孔等工作，再依此进行其他区段的排水孔临时封堵和灌浆工作。

帷幕补强灌浆完成后，补强灌浆区及其他部位的排水孔均须扫孔至原坝基排水孔设计底线。排水孔穿过断层、结构面、裂隙密集带等软弱构造带部位，应进行孔内保护，孔内保护采用复合塑料滤排水管外裹无纺土工布的形式。排水孔扫孔及孔内保护工作完成后，更换新的排水孔孔口装置。

6. 帷幕补强灌浆主要施工技术要求

根据现场高水头帷幕补强灌浆试验成果及工程特点，确定帷幕灌浆的主要技术要求如下。

1）灌浆材料

湿磨细水泥基材采用普通硅酸盐水泥或硅酸盐大坝水泥，强度等级不低于 42.5，经湿磨机磨制后的水泥浆液要求达到累计粒序分布数为 95%时所对应的粒径 $D_{95}<40$ μm、比表面积不小于 600 m^2/kg 的细度标准。

丙烯酸盐浆液毒性检测应达到实际无毒水平，浓度不低于 20%。

2）灌浆方法

I、II 序湿磨细水泥灌浆孔采用“小口径钻孔、孔口封闭、自上而下分段、孔内循环法”灌注。

III 序丙烯酸盐化学浆材灌浆孔采用“自上而下分段，孔内阻塞纯压式灌浆法”灌注。

3）灌浆段长划分

湿磨细水泥灌浆和丙烯酸盐化学灌浆段长划分均为：第 1 段（接触段）基岩段长 2 m；第 2 段基岩段长 3 m；第 3 段及以下各段基岩段长 5 m。

湿磨细水泥灌浆第 1 段和第 2 段必须单独灌注；以下各段视灌前透水率确定，若本段（5 m 段长）透水率在 1 Lu 以上，单独灌注，若透水率小于 1 Lu，则与下一段合并灌注，最大段长不超过 10 m。

丙烯酸盐化学灌浆第 1 段必须单独灌注；以下各段视灌前透水率确定，若本段透水率在 1 Lu 以上时，单独灌注；若透水率小于 1 Lu，可与下一段合并灌注，最大段长不超过 10 m。

4）浆液配比

湿磨细水泥浆液水灰比（重量比）采用 3∶1、2∶1、1∶1、0.6∶1 四个比级，开灌水灰比一般采用 3∶1。

丙烯酸盐化学浆液的胶凝时间应根据受灌段的灌前压水流量（Q）来选择，对无涌水的孔段，浆液的胶凝时间按下述标准选择：

当 $Q\leqslant 5$ L/min 时，胶凝时间采用 50 min；

当 5 L/min$<Q\leqslant$10 L/min 时，胶凝时间采用 40 min；

当 $Q>10$ L/min 时，胶凝时间采用 35 min。

对于有涌水的孔段，胶凝时间根据灌前压水流量选择后还可视涌水情况适当缩短 5～10 min，但胶凝时间不得短于 30 min。

5）灌浆压力

湿磨细水泥灌浆孔段的灌浆压力一般按表 3.6.1 控制。

表 3.6.1　湿磨细水泥灌浆孔段的灌浆压力参数表　（单位：MPa）

灌浆分段	第 1 段	第 2 段	第 3 段	第 4 段及以下各段
灌浆段长/m	2	3	5（10）	5（10）
设计灌浆压力/MPa	2.0	2.5	3.5	4.5

注：表中括号内数值为合并段灌浆时的灌浆段长。

丙烯酸盐灌浆压力控制：第 1 段灌浆压力为 1.5 MPa，第 2 段及以下各段为 2.0 MPa。有涌水的孔段，其灌浆压力按设计灌浆压力+涌水压力控制。

6）结束标准

湿磨细水泥灌浆：灌浆段在最大设计压力下，透水率不大于 1 L/min 后，保持回浆压力不变，继续灌注 60 min，且总的灌浆时间不少于 90 min，可结束灌浆。

丙烯酸盐化学灌浆：在设计灌浆压力下，一般应灌至连续 3 个读数小于 0.1 L/min 时方可结束；对于涌水的孔段，应灌至浆液胶凝，待最后一批混合的浆液胶凝 1 h 后，才可松开阻塞器、拔管，进行扫孔和下一段的钻灌。

7）涌水孔段处理

（1）湿磨细水泥灌浆。

湿磨细水泥灌浆过程中，对孔口有涌水的孔段，灌浆前应测记稳定的涌水量和涌水压力。根据涌水情况，按下述方法处理。

相应提高灌浆压力，按设计灌浆压力+涌水压力控制实际灌浆压力。

灌浆结束后应采取屏浆措施，屏浆时间不少于 1 h。

闭浆待凝与复灌，闭浆待凝与复灌的标准如下。

待凝：灌前涌水量大于 0.5 L/min 的灌浆孔段，灌浆结束后，将孔内置换成 0.5∶1 的浆液，孔口封闭待凝，闭浆待凝时间不少于 6 h。灌前涌水量小于 0.5 L/min 的灌浆孔段，灌后不待凝。

复灌：待凝后扫孔至原孔深，对灌前涌水量小于 3 L/min 的涌水孔段，可直接钻灌下一段；对灌前涌水量大于 3 L/min 的涌水孔段，扫孔后应测记灌后涌水量和涌水压力，若灌后涌水量小于 3 L/min，则继续钻灌下一段，若灌后涌水量大于 3L/min，则采用湿磨细水泥浆液复灌，经一次复灌后，若涌水量仍大于 3 L/min，则采用丙烯酸盐浆材进行第二次复灌。

（2）丙烯酸盐化学灌浆。

丙烯酸盐化学灌浆过程中，对孔口有涌水的孔段，灌浆前应测记稳定的涌水量和涌水压力。根据涌水情况，可相应提高灌浆压力，按设计灌浆压力+涌水压力控制实际灌浆压力；调整浆液配比；延长灌注时间。

8）质量检查

质量检查以补强灌浆后的检查孔压水试验成果为主，以钻孔、灌浆综合成果等的资料分析为辅。压水检查合格标准为灌后基岩透水率 $q \leqslant 1$ Lu。其中第 1 段（接触段）及其下一段的合格率应为 100%；以下各段的合格率应不小于 90%，不合格的孔段的透水率 q 应不超过 2 Lu，且不合格试段的分布不集中。

第4章

工程建设方案

4.1 大坝加高施工组织

4.1.1 加高期间库水位控制

丹江口大坝加高期间，大坝仍正常运行，承担着防洪、发电、灌溉任务。丹江口后期续建工程施工程序比较复杂，度汛标准较高，加高施工时，在保证工程安全的前提下，尽量保证初期工程正常运行。

对于混凝土坝加高，施工期降低库水位是改善新老混凝土联合受力条件常用的工程措施之一，国外混凝土坝加高工程，在满足下游用水需要的前提下，也都采取降低库水位的方法。丹江口水利枢纽初期工程正常蓄水位 157 m，适当降低水位对下游供水影响不大，主要是电量损失问题。河床混凝土坝段高程 100 m 以下坝体，已按后期正常蓄水位 170 m 规模的坝体断面设计、施工，施工期间库水位变化不会影响坝体运用时的设计应力状态。

对于两岸联结坝段加高，坝体存在分期应力问题，为控制坝踵应力，贴坡浇筑混凝土时，水库水位越低越好，但考虑到初期工程运行功能要求，贴坡浇筑混凝土时，水库坝前水位应以尽可能地少影响发电为原则，在满足坝体坝基应力要求的条件下尽量抬高。

丹江口水利枢纽初期工程建成后从 1976 年运行至今，历年运行水位统计如下：每年 10 月～次年 4 月水库最高水位在 150 m 以下共计 11 年，在 150～154 m 共计 6 年，在 154 m 以上共计 8 年，且 154 m 以上水位的时间为 1～3 个月。结合以上运用情况，历年运行平均最高水位在 152 m 左右，为此拟定施工期限制水位为 150 m、152 m 和 154 m 进行比较。

分析、比较施工期限制水位（150 m、152 m 和 154 m 三种水位）的特点，在 150 m 水位情况下，坝体加高断面相对较小，与 152 m 水位条件相比，可节省混凝土约 1.6 万 m^3，但电量损失较大；对于 152 m 水位情况，为满足坝体、坝基应力要求，左岸联结 34～37

转弯坝段下游坝坡已放缓至 1∶0.95，如果要求水位进一步抬高，以上几个坝段的下游坝坡放缓对坝体应力改善不明显，为满足坝体应力要求，需加宽坝顶宽度；对于 154 m 水位情况，如用 152 m 水位时的断面，有 10 个坝段的应力不满足要求，它们分别是 34、35、37、38、7、6、5、4、3 等坝段，为解决应力问题，34、35、37、38 坝段坝顶宽度需加宽至 36 m 左右，另几个坝段的下游坝坡应加大，共需增加混凝土约 2.8 万 m^3。虽然 154 m 与 152 m 情况相比，会增加发电量，但考虑丹江口水库历年运行水位情况，其蓄到154 m的概率较小，考虑坝体加高安全及工程重要性，推荐施工期限制水位为152 m。

2005～2007 年，枯水期主要进行大坝贴坡施工，根据施工期坝体结构受力要求，库水位应不高于 152 m。右 1 和 1 坝段拆除时，库前水位随拆除高程逐步降至 142.5 m。汛期防洪限制水位同初期运行。

2008～2009 年，枯水期主要进行大坝加高施工，库水位可恢复至初期正常蓄水位 157 m。在此期间，由于部分溢流表孔坝段的堰顶加高，在相同的库水位下，溢流坝的泄流能力减小，故汛前防洪限制水位降低为 145 m。

4.1.2 料源

丹江口大坝加高工程主体混凝土量 130 万 m^3，临建工程及施工损耗等混凝土总量约 138 万 m^3，共需净料 210 万 m^3。混凝土高峰月浇筑强度左岸 3.8 万 m^3/月，右岸 3.4 万～3.5 万 m^3/月。

坝下游羊皮滩料场分为 A、B、C 三个区，砾石成分主要为石英岩、硅质灰岩和少量火成岩，质地坚硬、磨圆度好，平均含砾率 56%。砂粒成分主要为石英，平均含砂率 44%，细度模数一般为 1.99～2.30，平均值为 2.12。质量指标符合规程规范要求。砂砾石总量 864 万 m^3（其中 A 区 420 万 m^3，B 区 372 万 m^3，C 区 72 万 m^3）。

七里岩料场砂砾石层中的砂为细砂、极细砂，成分以石英岩为主。平均含砂率 A 区为 43.9%，B 区为 46.6%，细度模数 A 区为 1.93，B 区为 1.72。料场石料作为混凝土细骨料，颗粒级配欠佳，含泥量及孔隙率偏高，堆积密度、细度模数、平均粒径偏小。砾石成分主要为石英岩、硅质灰岩、砂岩、少量火成岩，质地坚硬。砂砾石平均含量 A 区为 56.08%，B 区为 53.43%，作为混凝土粗骨料，除粒径大于 80 mm 的偏少外，其他符合规程规定的指标。砂砾石总量 794 万 m^3（其中 A 区 413 万 m^3，B 区 381 万 m^3）。

羊皮滩料场和七里岩料场的砂砾料储量与质量均可满足要求。羊皮滩料场砂的细度模数为 2.12，七里岩料场为 1.9；羊皮滩料场距大坝 1.5～5 km，七里岩料场为 7～10 km，因此选择羊皮滩料场 A 区及 B 区的一部分作为混凝土骨料料源，羊皮滩料场 C 区及 B 区的一部分和七里岩料场作为土石坝坝壳料的料场。

4.1.3　混凝土坝加高施工方案及施工布置

1. 施工方案比选

根据现场实际施工条件，河床坝段混凝土浇筑主要研究了有栈桥和无栈桥的施工方案，每种方案中又分为以高架门机（工作半径 71 m）为主和以丰满门机（工作半径加长至 42 m）为主的两个方案。以丰满门机为主的施工方案施工工期长，干扰大，布置复杂，且需配备其他机械设备完成坝顶重大件的拆除和安装。为此，重点研究了以高架门机为主的施工方案，即高架门机布置在栈桥上和高架门机布置在坝顶上两种施工方案。两方案的优、缺点比较如下。

高架门机布置在栈桥上的施工方案的主要优点为：①施工布置简单，施工程序和进度安排灵活；②运输通畅，受土坝施工干扰小。其主要缺点：①需要架设一座钢栈桥，钢材用量约 6 800 t，栈桥的加工制造及安装工期较长，增加了投资；②表孔坝段汛期溢流时，相应部位栈桥桥面要拆除，需停止施工；③拌和系统集中布置在左岸，与之相关的施工企业和施工场地基本布置在左岸，施工场地较紧张，施工干扰大。

高架门机布置在坝顶上的施工方案的主要优点为：①不需要架设起重机栈桥（仅布置长约 314 m 的运输栈桥），节约钢材及投资，施工准备工作量少；②左右岸布置相同规模的拌和系统，与之相关的施工企业和施工场地也分左右岸布置，减少了左岸施工场地紧张的矛盾，施工干扰小；③便于新老坝顶重大设备及构件的安装和拆除。其主要缺点：坝顶加高混凝土由于采用由河床向两岸退浇，施工程序及进度安排的灵活性较差。

经比较，将高架门机布置在坝顶上的施工方案作为大坝混凝土施工的基本方案。

2. 主要施工机械选型及施工布置

为能有效地控制混凝土施工仓面，保证施工期安全度汛，减少对正在运行机组发电的干扰，使新老混凝土坝顶构件的安装、拆除方便等，根据施工程序及施工进度安排，河床坝段选用三台高架门机，初期布置在 8～33 坝段老坝顶高程 162 m，后期拆迁至新坝顶高程 176.6 m。考虑选用覆盖范围大、自重较轻、拆装灵活的高架门机。

左岸联结坝段在坝顶高程 162 m 布置一台丰满门机（工作半径加长至 42 m），浇筑贴坡混凝土和部分坝段的加高混凝土，丰满门机浇筑不到的部位另选两台履带吊协助浇筑。

右岸联结坝段在坝顶高程 162 m 布置两台 MQ600 型高架门机（工作半径 45 m），浇筑贴坡混凝土和部分坝段的加高混凝土，另在基础部位配一台履带吊协助浇筑。

为尽量减少工程施工对大坝正常运用（泄洪和发电时坝顶门机需正常运用）的干扰和影响，考虑将高架门机轨道与原有坝顶门机轨道共轨，高架门机不另外布置轨道，即将高架门机的轨距定为 16 m。高架门机的中心线距坝轴线上游 15.65 m。高架门机的最大工作半径为 71 m（工作半径为 62 m 时吊 20 t，为 71 m 时吊 10 t），最小工作半径为 24 m，以便于利用高架门机浇筑 33～35 坝段的贴坡混凝土和 31 坝段的加高混凝土，其轨道延伸至 33 坝段。

另外，两岸土坝挡土墙混凝土配两台履带吊进行浇筑。

3. 水平运输

混凝土水平运输主要研究、比较了机车运输和汽车立罐运输两种方式。由于机车运输要在土坝坝顶铺设轨道，对土坝填筑和上坝设备、材料的运输造成一定的困难，而汽车配卧罐运输方便、灵活，可以减少对土坝填筑和上坝设备、材料运输的干扰。因此，混凝土水平运输推荐采用汽车配卧罐运输方式，高架门机主要用 15～20 t 汽车配 6 m^3 卧罐，其余采用 10～12 t 汽车配 3 m^3 卧罐。混凝土泵由 6 m^3 混凝土搅拌车供料。

4.1.4 施工总布置

根据枢纽布置、场地条件及施工方法等，施工企业采用两岸布置方式。

1. 砂石加工系统

左右岸各建一个砂石加工系统，左岸布置在王家营，净料生产能力 295 t/h，场地占地面积约 4.5 万 m^2；右岸布置在柳树林，净料生产能力 295 t/h，场地布置高程 97 m，占地面积 3.5 万 m^2。砂石加工系统由砂石转运码头、毛料堆场、预筛分车间、筛分楼、细碎车间、净料调节堆场、净料堆场等组成。

2. 混凝土系统

左岸混凝土系统设在土石坝上游小胡家岭，系统布置 3×1.5 m^3、2×1.0 m^3 混凝土拌和楼各一座，场地布置高程为 160 m。

右岸混凝土系统设在土石坝上游军营（地方名）附近，系统布置 3×1.5 m^3 混凝土拌和楼一座，场地布置高程为 162 m。

左右岸混凝土均采用汽车配 3～6 m^3 吊罐运输。

3. 综合加工厂

综合加工厂主要集中布置在左岸，右岸仅设土石坝护坡预制块、坝顶公路桥梁等预制加工场地。左岸厂址位于汤家沟，场地高程 130 m，总占地面积 22 000 m^2。右岸厂址位于蔡家沟，场地地面高程 152～154 m，总占地面积 6 000 m^2。

4. 施工机械停放场及金结拼装场

左右两岸在承包商营地分别设置汽车停放场和施工机械停放场。

左岸在小胡家岭设置金结拼装场，右岸在升船机附近设置临时金结拼装场。

5. 生活区

左岸生活区设在王大沟；右岸生活区设在农校（地方名）附近。

6. 水电供应

左岸施工用电由苏家沟变电所适当改建后供应；右岸施工用电需在右岸土石坝下游新建一座 35 kV 变电所。

左岸施工用水供水规模 1.34 万 t/d，扩建 1.34 万 t/d 水厂一座；右岸施工用水由新建的 1.65 万 t/d 水厂供应。

4.1.5 实施进度

初步设计批复大坝加高工程施工总工期 66 个月。2005 年 9 月 26 日主体工程正式开工，由于库区移民安置延期及陶岔渠首开工推迟，经批准，总工期顺延，于 2013 年底全部完工。

混凝土坝于 2005 年 10 月 4 日开始施工，2005 年 11 月 25 日浇筑第一仓贴坡混凝土，2009 年 6 月 20 日混凝土坝全线浇筑至 176.6 m 的坝顶高程。2013 年 5 月，大坝溢流堰面加高施工完成，加高主体工程完工。

左岸土石坝于 2006 年 7 月 13 日开始施工，2011 年 7 月 25 日达到设计填筑高程。

右岸土石坝于 2005 年 8 月 8 日开始施工，2008 年 12 月 28 日达到设计填筑高程，2010 年 4 月 30 日全部施工完成。

升船机改扩建于 2008 年 9 月 28 日签订采购合同，2010 年 8 月开始安装，2012 年 11 月 8 日全部安装调试完毕并具备过船能力，2013 年 9 月 3 日移交水利部丹江口水利枢纽管理局。机电设备于 2013 年 9 月全部安装调试完成。

电厂机组改造项目于 2006 年 10 月 31 日签订采购合同，2007 年 10 月开始安装，2013 年 4 月安装完成投运。

工程于 2013 年 8 月 29 日完成蓄水验收。

4.2 重要施工技术

工程建设除采用常规施工技术外，针对工程设置有大量榫槽采用了结合面榫槽静爆成槽技术和榫槽切割施工技术，对于闸墩加工采用了闸墩预应力分散锚固技术。

4.2.1 结合面榫槽静爆成槽技术

1. 施工技术简介

丹江口大坝初期工程充分考虑到后期大坝加高完建的需求，预先采取了必要的工程措施，混凝土坝下游面大部分设置了榫槽，但仍有一些坝段下游的部分斜面或垂直面未设置榫槽。贴坡混凝土浇筑前，需在下游表面人工造出抗剪的 V 形榫槽，总长度约 6 328 m。

新增榫槽施工为避免对大坝主体结构造成损伤，采用人工或机械静力切割法形成榫槽。根据现场试验，采用静力切割和静态爆破剂预裂相结合的方法形成榫槽。榫槽长边采用盘锯切割；短边采用钻孔后灌注静态爆破剂的方法膨胀分离成形，混凝土芯体分块吊装出渣。长边切割施工采用瑞士喜利得（HILTI）公司的功率为 32 kW 的 D-LP32/DS-TS32 墙锯系统。

2. 施工技术研究

在坝体混凝土面上增设人工榫槽，现有的施工技术主要有人工凿除法、钻排孔法、静态破碎法和盘锯切割法四种。

1）人工凿除法

工人手持铁锤、铁钎、铁钻等工具从坝体上按照榫槽设计断面将混凝土凿除。该方法的主要特点是：施工工艺简单，凿除后表面可呈现自然毛面，对坝体非凿除混凝土不会造成损伤，但该方法工效较低。

2）钻排孔法

采用钻孔机械设备沿着榫槽断面的长边和短边轮廓线进行无孔距钻孔，从而形成排孔。排孔形成后，进行分段拆除，进而形成槽，拆除方式犹如撕邮票一般。该方法的主要特点是：施工工艺较简单，钻孔控制好后，榫槽轮廓面较规则，对坝体非凿除混凝土不会造成损伤，但钻排孔需要大量的钻机设备和人工辅助，需要搭设钻机平台，施工工效也较低，难以满足大规模施工的需要。

3）静态破碎法

该法介于钻排孔法和人工凿除法之间，即沿榫槽设计轮廓线按合理密置的孔距钻孔，然后，在钻孔内装填静态膨胀剂，待膨胀剂将混凝土沿轮廓胀开后，再利用人工将膨胀开的混凝土拆除。该方法的主要特点是：施工工艺较简单，工效比前两者有所提高；但对膨胀裂面控制的难度较高，容易对非凿除混凝土造成损伤。

4）盘锯切割法

此方法是采用大功率液压圆盘锯驱动直径为 800～1 600 mm 的金刚石锯片按照榫槽两条边的轮廓线对混凝土进行切割，最大切割深度控制在 700～800 mm，通过切割直接将榫槽混凝土与坝体混凝土分离，形成榫槽。该方法的主要特点是：施工工艺简单，工作效率较高，榫槽轮廓面规则平整，对坝体非拆除混凝土不会造成损伤；但若全部采用切割，用于切割的设备和金刚石锯片投入较多，由于大型金刚石锯片和切割设备价格昂贵，榫槽施工成本太高。

5）改进切割法

由于上述已有的施工技术均不同程度地存在着一些不足，特别是前三种方法经过现场试验表明，无法满足施工进度的要求，所以必须寻求一种新的混凝土人工榫槽施工技术，不仅能大幅提高混凝土榫槽的施工效率，以满足工程进度的要求，而且可以大幅度降低施工成本，以获取较大的经济效益。

丹江口大坝榫槽施工时综合前述各施工方法的优缺点，提出了新的施工技术，即大功率液压圆盘锯切割与钻孔静态破碎相结合[26]。首先对榫槽的下部轮廓面采用大功率液压圆盘锯切割，然后对榫槽的上部轮廓面钻孔，并通过静态膨胀剂将榫槽混凝土同坝体混凝土分离，最后形成榫槽。这种新的施工技术称为锯割静裂法，如图 4.2.1 所示。锯割静裂法一方面以锯割为先，实现了下部轮廓面的切开腾空，可有效减小随后静裂过程中的轮廓面的控制难度，并避免对非拆除混凝土带来损伤。另一方面，在上部轮廓面以具有较低成本的静裂来减少较高成本的锯割工程量，使工程造价显著降低。

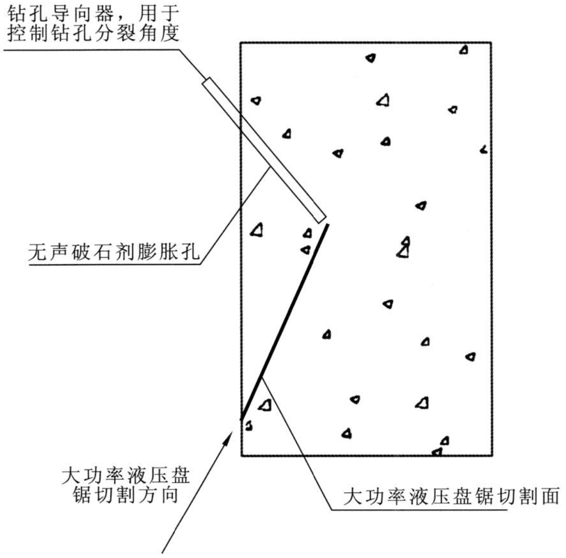

图 4.2.1　锯割静裂法施工示意图

3. 施工程序

榫槽切割施工程序为：混凝土表面清理→倾角转换辅助支架及墙锯固定导轨安装→榫槽长边切割施工→安装钻孔导向器→钻静力膨胀孔→灌注静态爆破剂→榫槽混凝土分离弃渣。

4. 施工方法

1）安装支架和导轨

大坝背坡新增榫槽为三角形断面，为保证该角度准确，专门制作一个倾角转换辅助支架，以便盘锯导轨垂直安装，避免每次安装时因调整角度影响施工进度，同时还能增加盘锯切割的稳定性。施工时，对切割部位按图纸放线后安装导轨支架，支架通过高强度锚栓固定在混凝土表面，支架安装要求牢固、无晃动。所有支架必须安装在一条直线上，确保导轨安装的直线度。支架安装完成后，在支架上安装盘锯导轨，安装过程中使用激光定位仪对轨道直线度进行校准。

2）榫槽长边切割

切割采用大功率液压盘锯进行施工，切割时将三种直径的锯片先后排列，组合使用，三种锯片的直径分别是 800 mm、1 200 mm 和 1 600 mm，在混凝土中对应的切割深度为 330 mm、530 mm 和 730 mm。小锯片在先，大锯片在后。切割由浅及深，直至达到 730 mm。最后，保留 30 mm 混凝土不切断，以保证盘锯安装的稳定性。

3）钻静力膨胀孔

钻孔前，首先在支架上安装一个快速钻孔定位器，该定位器是为了控制钻孔角度及钻孔间距，减少开孔时间，保证榫槽成形尺寸的精度而设计的。然后，用手风钻通过定位器进行钻孔施工。钻孔沿榫槽的上轮廓开口线，每 20～25 cm 钻直径为 40 cm 的孔，深度为 500 cm，钻孔角度按照上轮廓线的角度进行施工。为了控制钻孔角度，保证榫槽开口的角度和尺寸，按照钻孔角度用钢管制作一个钻孔导向器。在榫槽两端也按照角度钻孔，为了保证膨胀分裂的效果，两端的孔距可以减小至 15 cm，孔深度按照榫槽开口线的尺寸进行控制。

4）灌注静态爆破剂

将钻孔内清理干净，不得有水和杂物。将静态膨胀剂按照通过试验确定的配方配制好，配制好的膨胀剂马上灌入孔内，灌孔必须密实，灌满为止。所有钻孔灌好后。

5）榫槽混凝土分离弃渣

所有孔灌好静态破碎剂后，在榫槽混凝土分裂的方向设置警戒线，防止榫槽混凝土伤人。待榫槽混凝土同坝体产生裂缝后即可将榫槽混凝土分离，形成榫槽。由于切割体部位有混凝土模板拉条筋连接，静态破碎剂有时无法将切割体分离，待切割体裂缝进一步扩大时，人工使用钢钎稍加撬动，混凝土切割体即从坝体脱落，至此工作面上即形成了新增的人工榫槽。对榫槽尺寸差别较大的部位用人工进行修整。切割分离的榫槽混凝土通过起吊设备吊装上自卸车后运至弃渣场，或者使用小型装载机装车运至指定渣场。

5. 施工效果及结论

榫槽长边（下边）切割时理论切割深度为 730 mm，但由于混凝土表面平整度不高，实际切割深度为 680～720 mm。短边（上边）静态。爆破面误差在 3 cm 左右。经实际测量，静态破碎剂静力作用产生的膨胀裂缝沿钻孔线走向分布，整个断裂面基本平整，形成的榫槽尺寸满足设计要求。坝体保留的部分混凝土面未发现细微裂缝，无损伤。膨胀分离面不需凿毛，切割面仅需做浅层凿毛处理。

为了解静态爆破是否对坝体混凝土有损害，榫槽切割后对静态爆破壁面进行了声波测试。声波测试采用对测法进行，每 0.1 m 测试一个点。从测试结果来看，静态爆破壁面从表面到深部。波速基本稳定，未发生异常变化，说明静态爆破施工未对坝体混凝土造成损伤。

4.2.2　闸墩预应力分散锚固技术

1. 施工技术简介

因初期闸墩施工缺陷，闸墩中部存在多条水平层间缝，这些水平层间缝削弱了闸墩刚度和整体性，影响闸墩加高后的结构受力性能。同时，在闸墩一侧泄洪、另一侧闸孔关闭工况下，闸墩非对称受力，闸墩上游端部分区域存在拉应力区，使原先已存在的层间缝局部呈现张开趋势，为此，对 10 个深孔坝段的 20 个闸墩进行预应力加固。

闸墩尺寸长约 30 m，宽 3.5 m，加固方式为：闸墩上游侧三根有黏结预应力锚杆+闸墩尾部两束无黏结锚索。每个闸墩的 3 束 200 t 级黏结预应力锚杆，由精轧螺纹钢和三层内锚头组成，锚杆长度分别为 42 m、46 m、50 m，各 20 根，共计 60 根。

常规预应力施工应力往往集中于一点，由于预应力过大，可能超过锚固段应力承受极限从而对坝体局部造成破坏。压力分散型多锚头预应力锚杆采用预应力多层锚头加固技术，在整体施加预应力不变的前提下，将一个锚固段改为多个锚固段，减少坝体局部应力集中可能引起混凝土损伤破坏，从而达到对加固体加固的预期效果。

压力分散型多锚头预应力锚杆有以下技术优点。

（1）压力分散多锚头型预应力锚杆与常规预应力锚杆在施加预应力相同的情况下，前者压力较为分散，受力点不集中，减少了锚固体局部的破坏；而后者受力点相对集中，对锚固体局部破坏的可能性较大。

（2）压力分散型多锚头预应力锚杆相对于常规预应力锚杆安全性更高，质量更加可靠，效果更加明显。

2. 施工程序

丹江口大坝闸墩加固压力分散型多锚头预应力锚杆的施工程序为施工准备→钻孔、扩孔→洗孔及抽水→锚杆（锚头）制作与安装→灌浆→张拉→锚头保护→观测→安全防护措施。

3. 施工方法

1）钻孔

采用 XY-2 型地质钻机进行铅垂钻孔，孔径 171 mm，开孔偏差不得大于 10 cm，孔斜偏差小于 3‰。采用高精度测斜仪测斜，钻孔中出现偏差及时纠偏。钻进过程中，遇混凝土架空或失水严重等情况，立即停钻，进行固结灌浆处理，再继续钻进。

2）扩孔

待钻孔达到设计深度时，采用专用的扩孔钻头对相应的扩孔部位进行扩孔作业（安装自锁锚头装置），扩孔部位体形为倒锥面。按照设计底层扩孔位置与孔底的距离要求组装扩孔钻头，并进行下钻作业，当扩孔钻头下到孔底后，在钻杆上做标记，当钻进行程达到扩孔钻头最大行程时，钻杆扭矩明显减小，底层扩孔完毕，起钻；复核钻头刀口上缘与钻头底板间的长度并记录。依次重新组装扩孔钻头，按上述方法进行扩孔。

3）洗孔及抽水

钻（扩）孔完毕，将水管伸入孔底，采用高压水从孔内向孔外进行冲洗，回水为清水后再延续 5～10 min。洗孔完毕后，对钻孔进行全孔抽水和高压风吹干吹净，并做好孔口保护，以免雨水和杂物进入。

4）锚杆自张自锁锚头加工

预应力锚杆自锁锚头由楔块和支座组成，材料为 Q235B，楔块分成 6 瓣，组装合拢后的圆筒外径 Φ155 mm，楔块张开后的张开角为 26.56°，楔块长 161 mm。锚杆自张自锁装置尺寸与扩孔成形尺寸相对应。

5）锚杆吊装

预应力锚杆相对于锚索柔韧性差、硬度较高、长度过长（最短 44 m），因此锚杆的吊装是整个施工作业完成的关键。吊装施工要点如下。

（1）在孔口位置安装支座钢垫板并座浆，使垫板内圆孔中心与钻孔中心一致。

（2）采用专用吊具、吊车吊装入孔。待锚杆下落至孔底部位后，提升锚杆至卡紧状态，以确认锚头已至扩孔部位后，拧紧锚固板，锁紧螺帽，固定就位。

（3）锚杆外露端长度小于 2 m，便于安装张拉设备和安装 2 cm 厚封口垫板和螺母、支架及穿心千斤顶。

（4）锚杆入孔固定后，通过穿心千斤顶预张拉方法调各层锚头与坝体扩孔部位的间距，让楔块与扩孔部位上边缘完全贴合。采用穿心千斤顶分层预张拉且持续 1 min 时，确认自锁锚头与扩孔壁完全贴合的程度，锁紧对应螺母。

6）内锚头灌浆

内锚头灌浆分三次采用高强无机灌浆料进行灌浆，按照理论进浆量制作定量容器，在孔口利用浆液自重进行定量灌浆作业，确保在单层锚头上方 2 m 范围内灌浆。注浆过程中上拔注浆管时保证注浆管出口始终埋入浆液内 1 m 左右。

高强无机灌浆料须现场集中采用砂浆搅拌机拌制，粉料与水一次性投入，搅拌时间为 3～4 min。拌制好的浆料 30 min 内用完。

7）锚杆张拉

（1）先对张拉设备进行“油压值-张拉力”的率定。待灌浆料强度达到设计要求后进行各层锚头的张拉。

（2）单层锚头张拉前，按照每层自由段长度计算每层锚杆的理论伸长值。张拉时记录每一级荷载伸长值和稳压时的变形量，且与理论伸长值进行比较，如果实测伸长值大于理论值的 10%或小于 5%，查明原因并做相应的处理。

（3）张拉过程中缓慢加载，升荷速率每分钟不宜超过设计应力的 1/10，当达到每一级控制力后稳压 5 min 即可进行下一级张拉，最后一级张拉后，稳压 10 min 即可锁定。

（4）张拉作业根据内锚头安装及灌浆情况按照底层、中层、上层三个阶段进行，待灌浆料强度接近加固坝体混凝土强度后，进行该层锚头的张拉，按同样的方法进行其他层锚杆的预应力施加。

锚杆正式张拉前，预张拉 200 kN 张拉力，然后整体张拉，每级 200 kN，直至超张拉 2 200 kN，并锁紧锚固螺母，或者按规范分级张拉至超载锁定，记录相应数据。

（5）锚杆张拉时及时、准确地记录油压表读数、千斤顶伸长值等。超张拉至相应荷载后，锁紧对应精轧螺纹钢筋的锚固螺母，并卸载千斤顶，观测锁紧后钢筋的应变读数。

8）张拉段灌浆

在完成第三层锚杆张拉、锁定和应力调整 1 天后无异常，即可进行孔口段灌浆。灌浆采用水泥灌浆，水泥采用 42.5 普通硅酸盐水泥，水泥浆水灰比为 0.35∶1～0.4∶1，水泥浆标号为 M35（7 天）。

9）外锚头保护

张拉锁定完毕，留 60 mm 钢筋，其余部分用砂轮切割机截去，锚头做永久的防锈处理。锚头坑二期混凝土回填浇筑之前，将锚固钢板、钢筋外露头、钢垫板表面水泥浆及锈蚀等清理干净，并将一、二期混凝土结合面凿毛。

10）锚固效果

为观测预应力锚杆（索）在张拉过程中及张拉完成后预应力的变化情况，在闸墩预应力施工过程中安装了测力计，测力计安装在17、21及24溢流坝段各闸墩上，分别选取一根锚杆和一束锚索进行测力计安装，共使用6套测力计进行预应力张拉观测。观测结果表明，预应力锚固孔的预应力变化情况均满足设计技术要求（大于2 000 kN）并趋于稳定，闸墩预应力加固施工符合设计要求。

第5章

加高工程初期运行

5.1 大坝加高工程运行调度

5.1.1 水库运行调度

1. 泄洪运行基本原则

（1）深孔、表孔泄洪运行的基本原则如下。

a. 先开深孔，再开表孔。先应用 14～17 坝段诸表孔，当遭遇 1 000 年一遇左右洪水，且 8～17 坝段的泄洪能力不够时，才启用 19～24 坝段表孔。

b. 开启 19～24 坝段诸表孔的顺序应保证电厂（包括导水墙）的安全，并减少尾水渠回流淤积，两者不能兼顾时，首先保证电厂安全。

c. 运用深孔泄洪，应注意对自备防汛电厂安全运行的不利影响，其邻近该电厂的部分深孔，不宜过早启用。

d. 深孔、表孔均不局部启闭，采用一个孔全开、全关的方式调节泄量及库水位。

（2）具体的开门步骤、程序随着泄量加大的要求安排如下。

a. 开深孔 4～12 孔（深孔编号次序自右至左）；

b. 开表孔（15～17 坝段右孔）；

c. 开 2、3 深孔及 14 坝段左右孔，17 坝段左孔；

d. 开 19～21 坝段诸表孔；

e. 自 24 坝段左孔向右逐孔开至 22 坝段右孔；

f. 关门次序相反，即后开者先关。

根据初步设计审查意见，2003 年 10 月长江设计院委托长江科学院进行了丹江口水库大坝加高工程水工整体模型试验。2004 年 5 月，长江科学院提交了《丹江口水利枢纽大坝加高工程 1∶100 水工整体模型试验研究报告》。泄洪调度试验表明：中小流量时宜且优先开启远离自备防汛电站尾水的 8～12 深孔，对自备防汛电站的不利影响显著降低；大流量时以坝下冲刷深度较轻的泄洪方式运行，保证大坝安全。此外，泄洪运行时应密切注意闸门启闭顺序，防止水舌直接冲击在中隔墙或厂坝导墙上，为此溢流坝段设计时对 24 坝段边孔的侧墩体形进行了调整，以避免水流冲击水电站厂房。

2. 防洪调度

在汛期，水库不发生洪水时，库水位不得超过防洪限制水位，防洪限制水位如下：5 月 1 日起，库水位逐渐降低，6 月 20 日降至 160 m，6 月 21 日～8 月 20 日为 160 m，8 月 21 日～9 月 1 日由 160 m 向 163.5 m 过渡，9 月 1～30 日为 163.5 m，10 月 1～10 日起可逐步充蓄至 170 m。发生洪水时，按既定的洪水调度原则调洪，洪水过后，库水位应消落至防洪限制水位，腾空防洪库容。

3. 兴利调度

加大供水区：当库水位达到防洪限制水位时，陶岔渠首按最大过水能力供水，清泉沟按需引水，如还有余水，水电站发预想出力。

保证供水区：在防洪调度线以下、降低供水线以上（调度线 1），陶岔渠首按设计流量供水，清泉沟、汉江中下游按需水要求供水。

降低供水区：在降低供水线与限制供水线（调度线 2）之间，为使调水更加均匀，该区分为降低供水区 1 和降低供水区 2，陶岔渠首引水流量分别按 300 m^3/s、260 m^3/s 考虑。

限制供水区：限制供水线（调度线 2）与极限消落水位之间的供水区，陶岔引水流量 135 m^3/s。设置这一区域的目的是使特枯水年份的供水不遭到大的破坏。

为体现水源区优先，并兼顾北方供水区的需要，特枯水年份采取了以下措施：当丹江口水库库水位低于 150 m，来水大于 350 m^3/s 时，下游按需水的 80%供水，但下泄流量不小于 490 m^3/s。当库水位低于 150 m，且来水小于 350 m^3/s 时，下泄流量按 400 m^3/s 控制。

丹江口水库调度图见图 5.1.1。

5.1.2 水库蓄水过程

丹江口大坝加高工程于 2013 年 8 月 29 日通过蓄水验收，并按后期规模运行。在 2017 年 9 月 23 日，水库蓄水首次超过初期工程坝顶 162.0 m，10 月 29 日，水库达到当年最高蓄水位 167.0 m；在 2021 年 10 月 10 日，水库水位创历史新高，首次蓄水至正常蓄水位 170 m[26]。图 5.1.2 为丹江口水库蓄水验收后的水位过程线。

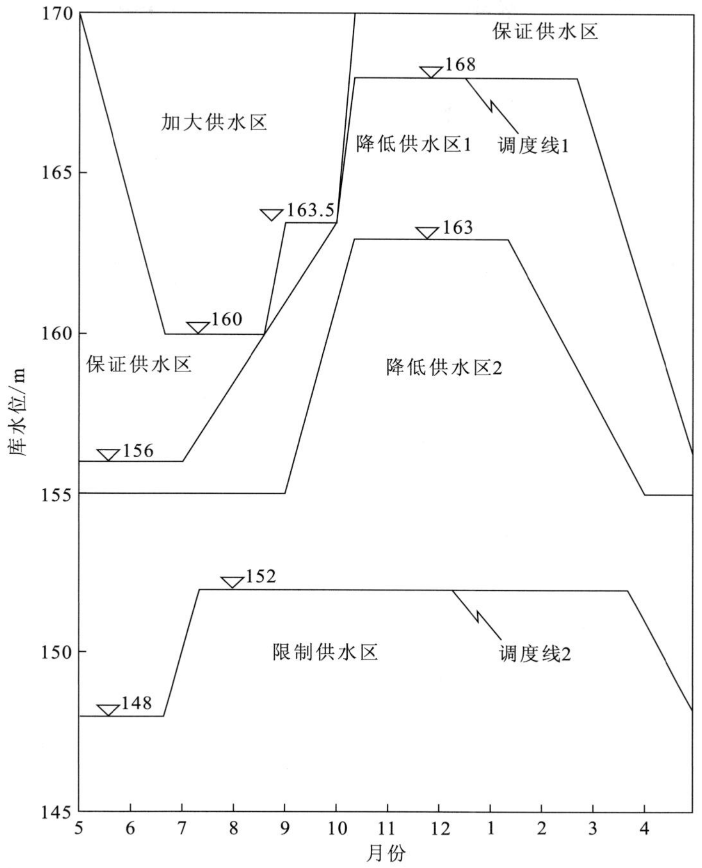

图 5.1.1　丹江口水库调度图（高程单位：m；尺寸单位：cm）

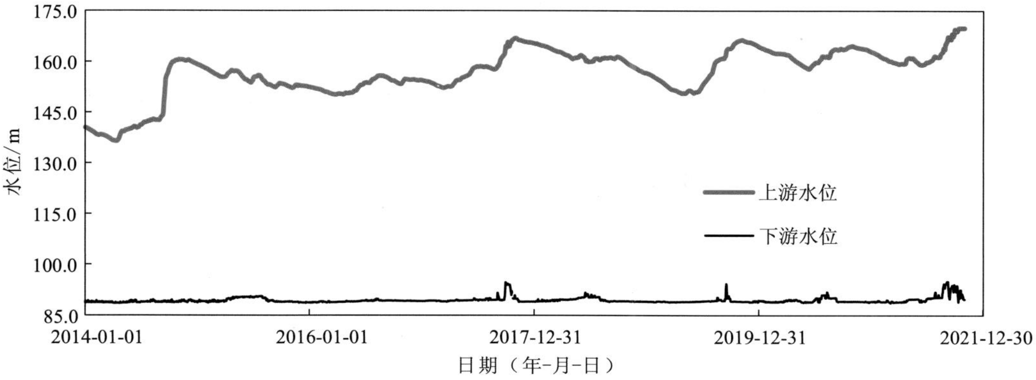

图 5.1.2　丹江口水库水位过程线

5.2 蓄水试验

5.2.1 目的与要求

1. 试验目的

水库蓄水期间，由于水位抬升和季节性气温变化、新老混凝土变形模量差异及大坝混凝土温度边界条件变化等，丹江口水库大坝新老混凝土结合状态、大坝变形、应力状态均将处于调整阶段。通过开展大坝蓄水试验工作，利用水库水位上升阶段工程安全监测数据和分析成果，评估初期大坝缺陷处理效果，了解新老混凝土结合面的实际状况，检验初期大坝混凝土缺陷处理及高水头下大坝基础灌浆处理的效果，研究丹江口水库大坝加高后实际运行的工作状态，评价大坝加高工程的安全性，分析预测水位进一步上升后大坝的工作性态。同时，检验加高后泄水建筑物及设备的工作性能，评价库岸稳定及水库防渗状况[27]。

2. 试验要求

分析、评价初期工程缺陷的处理效果和大坝加高后工程结构的工作性态，使得大坝加高工程的安全性评价更接近实际情况，并有利于发现问题和及时处置，为水库正常运行提供技术准备。蓄水试验方案设置了 164.0 m 和 167.0 m（±1.0 m）两个观察水位，在这两个观察水位下各稳定 10 天，以完成相应的监测数据采集和初步整理工作；其中，164.0 m 水位在秋汛期间或汛后相机实现，167.0 m 水位在秋汛后相机实现。

试验水位抬升过程中要求对大坝的工作状态进行监测，监测项目主要包括：变形监测、渗压渗流监测、应力应变及温度监测、大坝强震反应监测和环境量监测；对库区湖北和河南境内的库岸分重点监测地质灾害点和一般监测地质灾害点进行监测。监测频次、资料整理和数据分析等应满足试验要求。

大坝工作性态评价基于以往工作，首先选取典型坝段建立有限元分析模型，按照蓄水实施方案确定的水位及实测的水温、气温等边界条件，开展大坝工作状态的仿真分析，提出相应坝段关键部位的应力变形成果和可能变化区间，指导蓄水试验工作的开展；然后在每个阶段蓄水试验实施过程中，根据监测资料和成果，及时开展反演分析，对原有设计参数、模型等进行调整和修正，并指导下阶段蓄水试验和大坝蓄水工作；最后通过两级蓄水试验监测成果，验证原设计采用的计算模型及参数，开展大坝设计条件和工况下的应力变形分析，对大坝工作状态做出总体评价。

5.2.2　试验过程

2017 年 9 月 23 日 9 时，丹江口水库水位蓄至 162.00 m，首次达到初期工程坝顶高程。9 月 27 日 18 时，丹江口水库水位蓄至 163.50 m，现场正式启动 164.0 m 水位阶段蓄水试验工作，9 月 28 日 6 时，水库水位蓄至 164.0 m。随后，根据试验监测及相关研究成果，编制完成并提交了《丹江口水库蓄水试验 164 m 水位大坝安全监测与工作状态初步分析报告》，分析结果表明，大坝在试验水位 164 m 下工作性态正常，试验水位可以进一步抬升。2017 年 10 月 29 日 2 时，丹江口水库水位蓄至 167.00 m，达到历史最高库水位。2017 年 11 月 30 日，蓄水试验加密监测结束，蓄水试验现场工作基本完成。蓄水试验期间大坝上游的水位过程线见图 5.2.1。

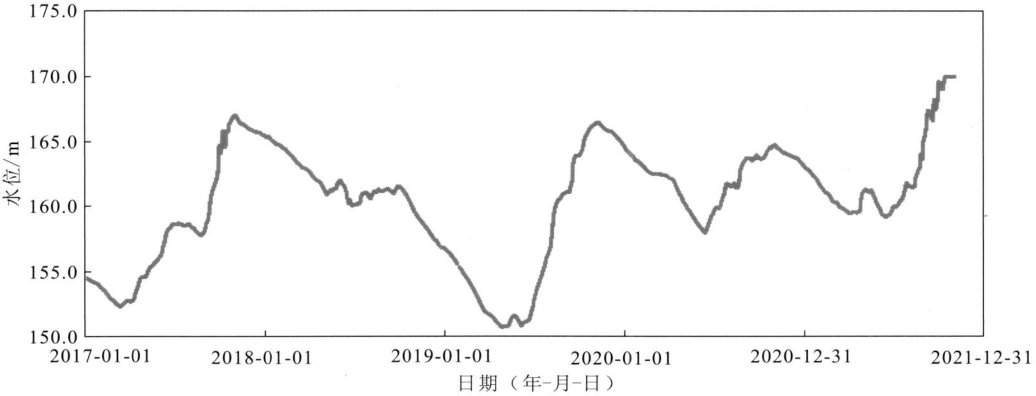

图 5.2.1　蓄水试验期间大坝上游水位过程线

蓄水试验期间，按照试验方案对大坝和库岸进行了系统的安全监测、巡视检查、数据分析和反馈，为工程安全分析和蓄水试验提供了翔实的基础资料。蓄水试验现场工作开展期间，试验单位根据试验进度在水位到达（164±0.5）m 和（167±0.5）m 时，开展蓄水试验分析工作，相继完成了《丹江口水库蓄水试验 164 m 水位大坝安全监测与工作状态初步分析报告》、《丹江口水库蓄水试验 10 月 3～8 日期间大坝安全监测与工作状态分析报告》和《丹江口水库蓄水试验 167（166.00～166.60）m 水位大坝安全监测与工作状态分析报告》，三次报告的分析结论基本一致，大坝工作状态正常，具备进一步蓄水的条件。丹江口水库蓄水试验现场工作完成之后，试验单位在现场试验监测成果及现场已有分析研究成果的基础上，进一步组织、开展大坝工作状态分析与预测工作，完成了《丹江口水库蓄水试验总结报告》。

5.2.3　主要试验成果

结合 2017 年丹江口水库来水条件，根据试验任务要求，在水库蓄水期间开展了全过程安全监测、人工巡查和数据分析。跟踪库水位上升过程，针对既定的特征水位，选择典型坝段开展了大坝关键参数的模拟分析、大坝运行安全状态的分析、下一级高水位下大坝运行状态及安全性的预测分析。并且，根据安全监测及分析成果对大坝的运行状态分阶段提出了评估报告，完成了 164.00 m 和 167.00 m 两级试验水位下的各项试验任务，取得了丰富的试验数据和成果。

1. 丹江口大坝加高工程

（1）蓄水试验期间的监测成果表明：混凝土坝坝体位移量正常，坝体、坝基渗流量和扬压力监测值均小于设计值。蓄水过程中监测数据的变化与温度变化的相关性好，对水位变化不敏感，稳定性好。大坝变形发展规律正常。左右岸土石坝变形、渗压和渗流监测值均在设计允许范围内。新老混凝土结合面的结合度高于设计控制指标，库水位抬升过程中，其结合比例有增大趋势。经处理后初期坝体裂缝基本处于闭合状态，跨缝钢筋应力基本稳定，纵向裂缝在库水位抬升过程中有闭合趋势，横向裂缝的发展与库水位变化的相关性不明显，初期坝体裂缝处理达到了预期效果。

（2）根据典型坝段监测数据的反演分析成果，大坝变形、应力分布及特征值与监测值吻合良好，设计所采用的计算模型基本符合坝体的实际受力状态，物理力学参数的反演值相较设计取值偏安全，大坝稳定及应力的实际状况满足设计要求。

（3）利用典型坝段反演分析成果对库水位抬升至正常蓄水位、设计洪水位及校核洪水位时大坝的运行状态进行模拟分析，成果表明，在库水位进一步抬升过程中，混凝土坝典型坝段的坝踵、坝趾均始终保持压应力状态，应力值满足设计控制标准；新老混凝土结合面呈进一步压紧趋势，开度略有减小；初期大坝的裂缝在蓄水过程中仍稳定在闭合或非扩展状态。大坝稳定、应力、坝基扬压力等各项预测指标在设计允许范围内。

（4）蓄水试验新揭露了大坝 155 m 高程以上坝体的若干漏水点和混凝土缺陷，查明原因并进行影响分析，所发现的漏水点主要对大坝的运行维护和耐久性造成一定的影响，对大坝的安全运行不构成威胁，经处理后满足设计要求。

综上所述，丹江口水库蓄水试验期间，水库蓄水位达到了历史最高水位 167.0 m，大坝经历了 164.00 m、167.00 m 两级试验水位的考验，根据大坝巡查、安全监测分析、典型坝段工作状态反演分析及正常蓄水位、设计洪水位、校核洪水位的模拟分析成果，大坝稳定、应力、渗流、新老混凝土结合状态等重要指标均在设计允许范围内，初期大坝混凝土质量缺陷处理效果良好，建筑物和机电设备的工作状态平稳，大坝总体工作性态正常，具备正常运行条件。

2. 库区地质灾害与水库渗漏

（1）对 160～167 m 水位观测成果初步分析认为，梁房泉、六股泉及龙潭河泉的流量均较小，流量变化与丹江口库水位涨落未见明显对应关系，库水无明显渗漏迹象。

（2）丹江口水库在蓄水试验期间，重点监测区内的地震活动明显活跃，但地震强度较小，超过 2.0 级的只有 4 次，最大震级为 4.3 级，对大坝的影响烈度为 3 度，对大坝建筑物不构成影响，基本符合初设阶段“两个诱震区的最高诱震强度估计为 $M \leqslant 5$ 级”的预测结果。

（3）地质灾害评估成果表明，丹江口水库库区库岸滑坡灾害对丹江口水库大坝的安全没有影响。蓄水试验对首批实施监测预警的崩滑体和库岸增加了专业监测次数，并沿库岸组织了人工巡查。丹江口水库蓄水试验期间，157 处变形现象中 69 处与水库蓄水有关，其中 65 处为规模小的塌岸或滑坡变形，4 处为中型滑坡，无重大地质灾害险情。

5.3 大坝安全监测

5.3.1 安全监测基本情况

大坝加高工程中，根据初期工程多年运行取得的大量监测成果及原有监测系统的现状，以“少而精、突出重点”为原则，布设（或增或补）了相应监测设施。

1. 工程变形监测

主要任务是监测水工建筑物及其基础的绝对和相对水平位移、绝对和相对垂直位移、建筑物挠度变形、建筑物基础转动变形、近坝区岩体的绝对水平位移及垂直位移。

1）水平位移监测网

水平位移监测网分为水平位移全网、右简网、中简网和左简网。各网图形结构详见图 5.3.1，网点数量及网点名称见表 5.3.1。

水平位移全网、右简网、中简网和左简网分别建立网点数为 14 座、8 座、5 座和 8 座。

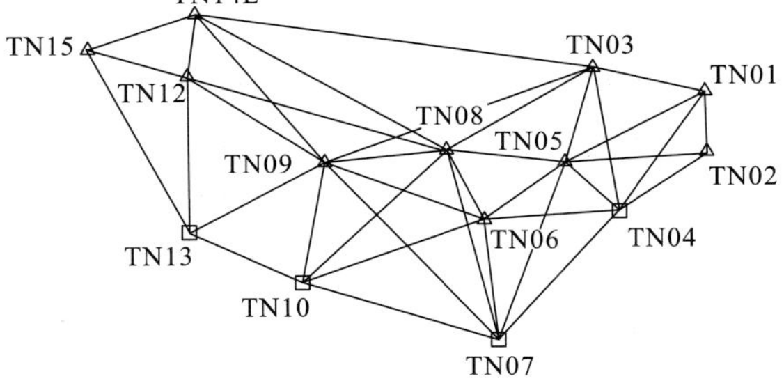

图 5.3.1　加高后水平位移监测网布置图

表 5.3.1　水平位移监测网网点名称及网点数量

监测网名称	网点数量/座	网点名称	备注
水平位移全网	14	TN01～TN10、TN12、TN13、TN14L、TN15	

续表

监测网名称	网点数量/座	网点名称	备注
右简网	8	TN09、TN10、TN12、TN13、TN14L、TN15～TN17	
中简网	5	TN06～TN10	
左简网	8	TN01～TN08	

2）垂直位移监测网

丹江口水库大坝加高之前垂直位移监测网由上水准环线和下水准环线（校核水准环线）组成，大坝加高后的垂直位移监测网基本按原有垂直位移监测网图形及点位布设，并通过对原有垂直位移监测网的观测资料和点位自身稳定性分析及点位目前保留的实际情况，进行了部分改建，在薄弱环节增建部分工作基点。改建后垂直位移监测网共有各类网点 50 座，详见表 5.3.2 和图 5.3.2。

表 5.3.2　上水准环线水准点标型、数量及名称

标型	数量/座	水准点名称
平硐标	2	沉 01、沉 04
双金属标	5	右 I-08、LS01YT、LS0125、LS02ZT、左 I-05
测温钢管标	3	DB01YT、BD01ZT、沉 07G
岩石钢管标	6	沉 02、沉 03、左 I-01、左 I-02、沉 06、沉 08
岩石基本标	12	I-丹谷 1、沉 01-1、沉 02-1～沉 02-3、沉 03-1、右 I-01、右 I-02、右 I-03、右 I-05、沉 05-1、沉 06-1
总计	28	

3）下水准环线

左岸新建双金属标 1 座，点号 LS16（机钻孔深 45.3 m），新建岩石基本标 1 座，重建岩石基本标 2 座；右岸重建岩石基本标 1 座。下水准环线总长约 60 km，水准点情况见表 5.3.3。

表 5.3.3　下水准环线水准点标型、数量及名称

标型	数量/座	水准点名称
双金属标	1	LS16
岩石钢管标	1	沉 08
岩石基本标	22	I-丹谷 1～I-丹谷 4、I-丹谷 1-1、I-丹谷 1-3、I-丹谷 1-4、I-丹谷 4-1、BMHL179′、BMHL180′、BMHL182、沉 09～沉 16、沉 13-1、洪山咀主点、洪山咀副点
总计	24	

注：在上水准环线和下水准环线中均包含 I-丹谷 1 和沉 08 两点。

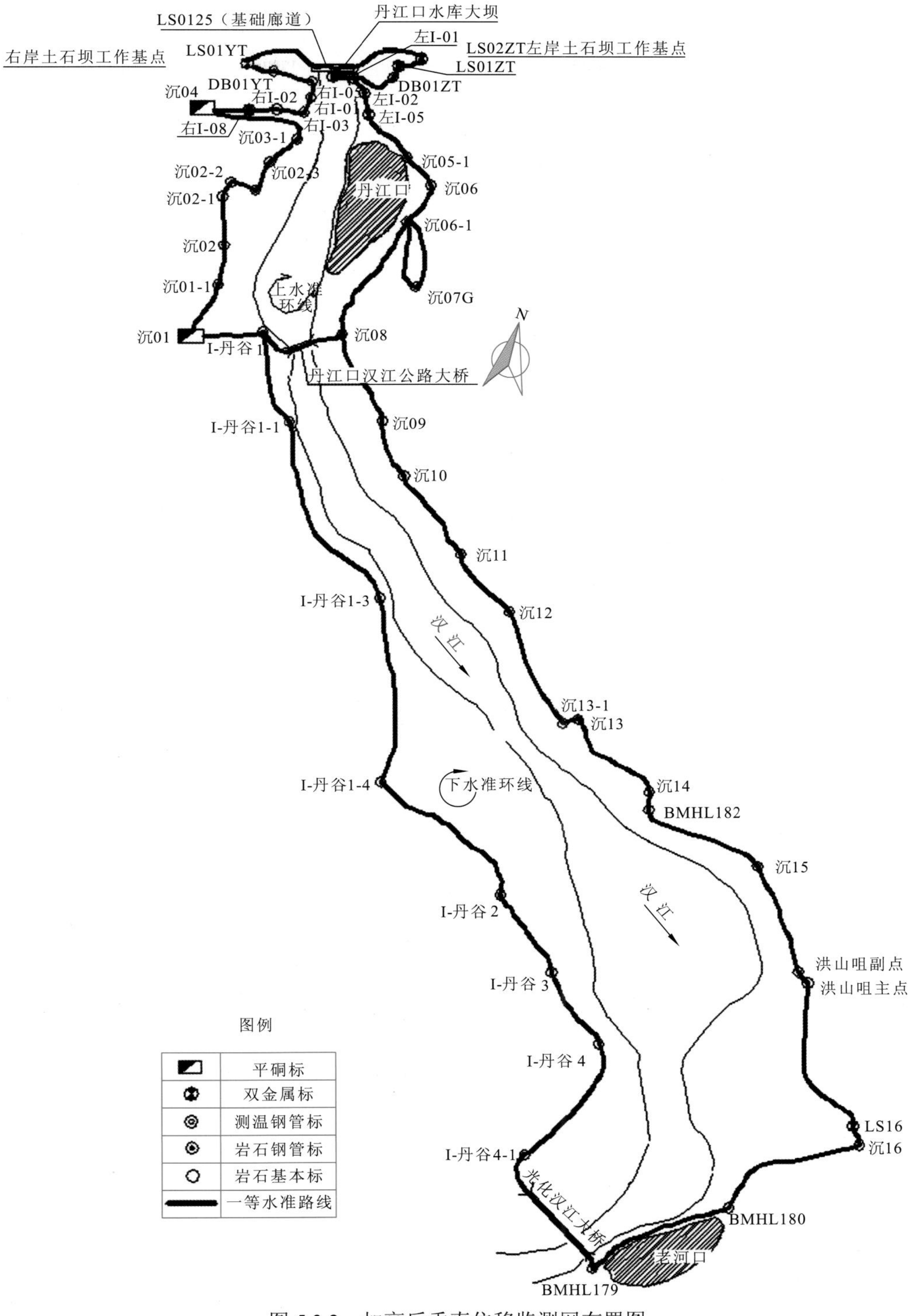

图 5.3.2　加高后垂直位移监测网布置图

4）表面水平位移监测点

大坝表面水平位移监测点共计 84 座，其中左岸土石坝布置交会点 41 点，右岸土石坝布置交会点 35 点，混凝土坝坝顶布置交会点 4 点，升船机支墩顶布置交会点 4 点。交会点所处工程部位、具体位置、监测点编号及数量等见表 5.3.4。

表 5.3.4　水平位移监测交会点表

工程部位	具体位置	测点编号	测点数量/个	备注
混凝土坝	右 2、10、18、39 坝段坝顶	TP01YLY2、TP01HC10、TP01HC18、TP01ZL39	4	
左岸土石坝	高程 176.6 m 坝顶上游侧心墙顶	TP07ZT01～TP24ZT01	18	
	背水坡马道	TP25ZT02～TP41ZT02	17	
	高程 176.6 m 坝顶	AL01ZT40、AL02ZT01～AL06ZT01	6	原设计视准线
右岸土石坝	高程 176.6 m 坝顶上游侧心墙顶	TP07YT01～TP24YT01	14	
	背水坡高程 165 m 马道	TP21YT02～TP35YT02	15	
	高程 176.6 m 坝顶	AL01YLY6、AL02YT01～AL06YT01	6	原设计视准线
垂直升船机	1#、2#、5#、6#支墩顶部	TP01CS～TP04CS	4	

注：原设计视准线是指监测设计中拟定的视准线观测方法受现场条件制约无法实现，故将此类测点采用交会法观测。

5）正、倒垂线

正、倒垂线主要布置在大坝混凝土坝和左岸土石坝部分坝段，通过补充新增垂线布置及对原有垂线的改建或设备更新，进一步完善垂线监测设施，以用于大坝工程加高后坝体内部的水平位移监测，混凝土坝具体情况见表 5.3.5。

表 5.3.5　大坝正、倒垂线布置

工程部位	垂线类型	性质	布置坝段的具体情况	正垂线/条	倒垂线/条
混凝土坝	正垂线	留用	21 坝段 1 条	1	—
		改建	右 5、9、10、13、18、27、31、34、39 坝段各 1 条	9	—
		新增	1、右 5、10、13、18、27、31、34、36、39 坝段各 1 条，右 2、7、42 坝段各 2 条	16	—
	倒垂线	更新	7、13、24、25、31、44 坝段各 1 条，36 坝段 4 条	—	10
		改建	1 坝段 1 条	—	1
		新增	右 5、7、42 坝段各 1 条	—	3
左岸土石坝	正垂线	新增	下游挡土墙 2 坝段 2 条	2	—
	倒垂线	新增	下游挡土墙 2 坝段 1 条	—	1
合计				28	15

6）廊道引张线

利用工程原有 4 条引张线中的 3 条、测点 33 个，新增加引张线 5 条、48 个测点，共计 81 个测点，见表 5.3.6。使用新增引张线、测点安置遥测仪，以便同时进行人工观测和自动化测读。

表 5.3.6　引张线布置及测点数量

序号	坝段	布置位置	测点/个	备注
1	7～24 坝段	坝轴线下游 15 m 的高程 101 m 廊道（下游侧）	17	利用
2	25～31 坝段	坝轴线上游 17 m 的高程 101 m 廊道（下游侧）	7	利用
3	27～36 坝段	初期坝顶高程 159 m 廊道	9	利用
4	1～7 坝段	高程 170 m 廊道，线长度 120 m	7	新建
5	7～27 坝段	高程 170 m 廊道，线长度 445 m	19	新建
6	27～36 坝段	高程 170 m 廊道，线长度 200 m	9	新建
7	1～7 坝段	高程 150 m 廊道，线长度 120 m	7	新建
8	7～13 坝段	高程 162 m 廊道，线长度 145 m	6	新建

7）伸缩仪及表面测缝装置

用于水平位移监测的其他设施有伸缩仪及表面测缝装置，布置的具体工程部位及位置见表 5.3.7。

表 5.3.7　伸缩仪及表面测缝装置布设

工程部位	设备名称	布置具体位置
混凝土坝	伸缩仪	在 7 坝段的高程 170 m、162 m、150 m 廊道分别新增布置 1 套伸缩仪及精密量具
左岸土石坝	表面测缝装置	在土石坝与混凝土坝 40、42 坝段坝顶接合处，各新增布置 1 套表面测缝装置，共布设 2 套
	伸缩仪	下游挡土墙 2 坝段布置伸缩仪 1 套
右岸土石坝	表面测缝装置	在右岸土石坝与右 5、右 6 坝段坝顶接合处，各新增布置 1 套表面测缝装置，共 2 套

8）坝体精密水准

除溢流坝段外，混凝土坝直线坝段分上（坝顶）、中（坝腰）、下（基础）三层，左右岸转弯坝段分两层布置监测设施。对于左右岸土石坝，坝顶观测与上下游坝坡观测相结合。在变形范围（工程意义上的）以外设立变形基准点，联测工作基点的稳定性，再以工作基点为依据，由各部位监测设施量测建筑物及其基础的相对变形量，从而可以获得各部位的绝对变形量。水垂准位移监测精密水准点布置情况见表 5.3.8。

表 5.3.8　水垂准位移监测精密水准点布置情况

工程部位	工作基点	测点布置	数量/个
混凝土坝	双金属标	基础廊道：利用原有测点 86 个；新增 9 条 18 个测点；高程 170 m 观测廊道右 6～43 坝段（7 坝段上下游各 1 个测点）各 1 个测点，共计 51 个点 坝顶：在右 6～43 坝段上下游新增 1 对水准测点，共计 100 个点	255
左岸土石坝	双金属标	坝顶高程 176.6 m，迎水坡高程 162 m，背水坡高程 165 m、高程 155 m 各布水准测线 1 条。隔 60～80 m 设 1 个测点，先锋沟、王大沟 2 个重点监测断面，水准路线长约 10 km	82
右岸土石坝	双金属标 测温钢管标	坝顶高程 176.6 m，迎水坡高程 162 m，背水坡高程 165 m、高程 155 m 各布水准测线 1 条。隔 60～80 m 设 1 个测点，水准路线长约 10 km	62
水电站厂房		高程 94 m 平台 1#、3#、5#、6#水轮机组 12 个测点。新增 2#、4#水轮机组 4 个测点	16
合计			415

2. 大坝渗流监测

初期工程设有纵向观测断面 1 个、横向观测断面 10 个。大坝加高工程在利用初期工程已有的观测断面和设施的基础上予以增补与完善。

1）混凝土坝基扬压力监测

根据初期工程坝基扬压力观测成果，结合大坝加高工程正常蓄水位上升至 170 m 时坝基扬压力监测的需要，采取如下措施。

（1）在初期工程未设测压管的 18、42、43、44 坝段的帷幕后各补设 1 根测压管。

（2）废除初期工程中由坝基排水孔改装而成的 28 根测压管（或恢复其排水功能）。在其附近重新钻孔，按规范要求布设测压管。

（3）对全部测压管进行清洗和灵敏度检验，并更换或校验压力表，使其精度和量程满足后期库水位上升后扬压力监测的要求。

改造和完善后的扬压力监测断面有 1 个纵向观测断面、10 个重要横向观测断面和多个一般横向观测断面。

在纵向观测断面上，每个坝段分别布设 1～2 根测压管。在重要横向观测断面上，从上游（帷幕前）至下游（帷幕后、排水孔幕）布设 4～8 根测压管；其他一般横向观测断面上布设 1～3 根测压管；共计布设 135 根测压管。其中，新增 25 根测压管，110 根为初期工程设立。

2）混凝土坝坝体、坝基渗流量监测

初期工程混凝土坝共设排水孔 491 个。其中，19～31 坝段是坝基的主要渗漏区，设有排水孔 142 个，量水堰 1 座（位于 25 坝段）。改造后的坝基渗流量观测采用按部位分

区设立量水堰进行。混凝土坝渗流量监测分为 6 部分（区），即右 7～5 坝段、6～18 坝段、19～34 坝段、35～44 坝段、26～38 坝段、39～42 坝段，分别建立量水堰，观测坝体、坝基渗水量。量水堰共 12 座，其分布区域见表 5.3.9。

表 5.3.9　混凝土坝量水堰布置情况

区域	量水堰编号	用途	坝体渗漏	坝基渗漏
右 7～5 坝段	WE01	右 7～5 坝段坝体渗水量量测	WE01	—
	WE02	右 7～5 坝段坝体、坝基渗水量量测	—	WE02-WE01
6～18 坝段	WE03	6～18 坝段坝体渗水量量测	WE03	—
	WE04	6～18 坝段坝基渗水量量测	—	WE04
19～34 坝段	WE05 WE06	19～34 坝段坝体、坝基总渗漏量量测	—	WE05+WE06-WE07-WE08
	WE07	19～24 坝段坝体渗水量量测	WE07	—
	WE08	25～34 坝段坝体渗水量量测	WE08	—
35～44 坝段	WE09	35～44 坝段坝基渗漏水量量测	—	WE09
	WE10	35～44 坝段坝体渗漏水量量测	WE10	—
32 坝段	WE11	26～38 坝段贴坡新老混凝土接缝漏水量测	WE11	—
42 坝段	WE12	39～42 坝段贴坡新老混凝土接缝漏水量测	WE12	—

3）左岸土石坝渗流监测

大坝加高工程选择在混凝土坝与土石坝的结合面，桩号 1+140、0+720、0+300 等观测断面安装、埋设 57 根测压管和 40 支渗压计。坝体、坝基及绕坝渗漏量采用量水堰观测。左岸土石坝渗流监测设施统计见表 5.3.10。

表 5.3.10　左岸土石坝渗流监测设施统计

序号	断面	渗压计/支	测压管/根	量水堰/座	备注
1	土石坝端头	—	3	—	绕渗
2	桩号 0+150 断面	—	6	—	—
3	桩号 0+220 断面	—	3	—	—
4	桩号 0+260 断面	—	7	—	—
5	桩号 0+300 断面	1	5	—	—
6	桩号 0+340 断面	—	7	—	—
7	桩号 0+380 断面	—	3	—	—

续表

序号	断面	渗压计/支	测压管/根	量水堰/座	备注
8	桩号 0+675 断面	—	3	—	—
9	桩号 0+720 断面	3	—	—	—
10	桩号 0+780 断面	3	5	—	—
11	桩号 0+800 断面	1	—	—	—
12	桩号 0+855 断面	1	—	—	—
13	桩号 0+890 断面	2	3	—	—
14	桩号 1+020 断面	—	3	—	—
15	桩号 1+040 断面	1	—	—	—
16	桩号 1+100 断面	3	5	—	—
17	桩号 1+140 断面	5	—	—	—
18	桩号 1+151 断面	4	—	—	—
19	桩号 1+160 断面	2	—	—	—
20	桩号 1+172 断面	—	4	—	—
21	桩号 1+180 断面	5	—	—	—
22	桩号 1+192 断面	6	—	—	—
23	左岸土石坝下游挡土墙 2	3	—	—	左岸下游挡墙
24	左岸混凝土坝与土石坝结合处	—	—	1	—
25	左岸土石坝下游挡土墙	—	—	1	初期工程量水堰恢复
26	先锋沟	—	—	1	—
	小计	40	57	3	

（1）坝基渗压监测。

在坝基内，布置有 4 个观测断面，每个断面布置 1～2 根测压管。

（2）坝体渗压监测。

在坝体内布置 13 个监测断面，每个断面布置 3 根测压管。测压管底部相应布置 1 支孔隙水压力计。

（3）绕坝渗流。

在左岸土石坝端部及部分山体内布置 3 根测压管。

（4）渗流量监测。

初期工程设有 4 座量水堰，其中位于王大沟的量水堰因土坝加高损坏，另外 3 座加以修复利用。

为能有效监测王大沟部位的大坝渗流量，分别在左岸土石坝桩号 0+150、0+260 和 0+340 处各增设 1 个渗流监测断面。一方面用于观测坝体内浸润线变化和基岩内水位变化，另一方面可利用其监测资料采用渗流网计算渗流量。

4）右岸土石坝渗流监测

大坝加高工程右岸土石坝改线另建。坝轴线长约 900 m。最大坝高约 57 m。为监测坝体、坝基渗压的变化和坝坡稳定性，布设了 10 个观测断面，共埋设 29 根测压管和 27 支渗压计；布设 3 座量水堰。右岸土石坝渗流监测设施统计见表 5.3.11。

表 5.3.11　右岸土石坝渗流监测设施统计

序号	断面	渗压计/支	测压管/根	量水堰/座	备注
1	土石坝端头	—	3	—	绕渗
2	桩号 0+042 断面	—	3	—	—
3	桩号 0+092 断面	6	5	—	—
4	桩号 0+193 断面	—	3	—	—
5	桩号 0+342 断面	—	2	—	—
6	桩号 0+442 断面	4	4	—	—
7	桩号 0+493 断面	—	3	—	—
8	桩号 0+590 断面	—	2	—	—
9	桩号 0+643 断面	—	—	1	—
10	桩号 0+683 断面	—	2	—	—
11	土石坝与混凝土坝结合面	13	—	—	—
12	右岸土石坝下游挡土墙 4	2	1	—	—
13	右岸土石坝下游挡土墙 6	2	1	—	—
14	右岸土石坝下游挡土墙 7	—	—	1	—
15	升船机中间渠道排水口	—	—	1	—
	小计	27	29	3	

（1）坝体渗压监测。

为确定坝体浸润线位置，监测坝体渗压的变化和坝坡稳定性，在每个监测断面坝轴线处的黏土心墙内、下游坝坡 165 m 高程马道处各布置 1 根测压管。每根测压管底部相应布置 1 支孔隙水压力计。并且，测压管的透水段深入最低浸润线以下 2 m。

（2）坝基渗压监测。

为了解坝基渗压分布和大小，监视防渗设施的运行情况，坝基监测断面原则上与坝体渗压监测断面结合。布置 1～2 根测压管，深入坝基以下约 1.5 m。

（3）绕坝渗流。

为监测右岸坝端的渗透稳定性和防渗设施的效果，在右岸坝端布置 3 根测压管。

（4）渗流量监测。

坝体及坝基渗流量按地形条件分段量测。在下挡 7 布设 1 座量水堰，在右岸土石坝桩号 0+643 附近坝趾处增设 1 座量水堰。另外，为监测整个右岸土石坝及下游滩地的水流量变化，在升船机中间渠道排水口增设 1 座量水堰，用于监测该部位渗流量，分析坝体防渗效果。

3. 水质监测

大坝加高期间在初期工程水质分析的基础上继续加强监测，每年取 25 个左右水样进行分析。取样点包括大坝上下游、坝体宽缝、左右岸坝肩及河床坝段、帷幕前后坝基处，以及新增的地下水水位观测孔等。

4. 大坝应力、应变及温度监测

1）混凝土坝应力、应变及温度监测

根据分期施工的特点和新浇混凝土的不同结构形式与施工工艺，参考初期工程的运用情况，将右岸转弯坝段（右 1 坝段）、7 坝段、10 坝段、17 坝段、21 坝段、31 坝段、34 坝段等 7 个坝段作为重点监测坝段。各重点监测坝段的仪器布置均与施工期监测相结合。重点布设温度计、测缝计、钢筋计等仪器，共计埋设、安装 985 支监测仪器，用于监测：①新浇混凝土和老混凝土的温度分布及变化过程；②新老混凝土结合面的结合情况；③结合面锚筋的应力变化情况；④混凝土裂缝情况；等等。混凝土坝应力、应变及温度监测设施统计见表 5.3.12。

表 5.3.12　混凝土坝应力、应变及温度监测设施统计

序号	仪器名称	单位	数量	备注
1	测缝计	支	125	
2	基岩变形计	支	10	
3	裂缝计	支	66	
4	钻孔变位计	支	19	
5	多点位移计	支	18	
6	温度计	支	511	
7	光纤温度计	支	66	
8	钢筋计	支	106	
9	无应力计	支	27	
10	压应力计	支	5	
11	应变计	支	32	
合计		支	985	

2）左岸土石坝内部监测

左岸土石坝坝体加高 14.6 m，最大坝高 71.6 m。左岸土石坝全长 1 424 m，分为左岸联结坝段、张芭岭、先锋沟、尖山、王大沟、糖梨树岭及延长段七段，右端与混凝土

坝左岸联结坝段（40 坝段、41 坝段）上游面正交相接。

初期工程对透水性较强的坝基均采用了截水槽与帷幕灌浆相结合的防渗处理。坝体施工中有缺陷及坝体变形较大的部位，也采取了加固措施。考虑到初期工程坝内监测设施的布置情况，大坝加高工程选择混凝土坝与土石坝的结合面，桩号 1+100、1+192、0+780、0+300 断面为重点观测断面，并与外部变形监测相结合。左岸土石坝内部监测设施统计见表 5.3.13。

表 5.3.13　左岸土石坝内部监测设施统计

断面	内部变形				应力应变及温度			
	测缝计/支	三向测缝计/支	基岩变形计/支	测斜管/根	温度计/支	钢筋计/支	锚杆应力计/支	土压力计/支
左岸土石坝下游挡土墙 2	3	—	1	—	35	1	2	2
桩号 0+300 断面	—	—	—	1	—	—	—	—
桩号 0+780 断面	—	—	—	1	—	—	—	—
桩号 1+100 断面	—	—	—	1	—	—	—	—
桩号 1+192 断面	—	9	—	—	—	—	—	—
小计	3	9	1	3	35	1	2	2

（1）坝体内部变形监测。

在桩号 1+100、0+780、0+300 三个重点监测断面的坝轴线处各设一条分层沉降监测垂线，用沉降仪进行观测。垂线最下面的测点置于基岩面，以便监测坝基的沉降量。分层水平位移的监测与分层沉降监测结合。

（2）挡土墙监测。

在左岸联结坝段下游挡土墙埋设测缝计 3 支、钢筋计 1 支、温度计 35 支、锚杆应力计 2 支、土压力计 2 支、基岩变形计 1 支。

3）右岸土石坝内部监测

大坝加高工程右岸土石坝改线另建，坝轴线长约 900 m，最大坝高约 57 m，为黏土心墙砂壳坝。坝基为灰绿色变质闪长岩和变质辉长绿岩，地质条件较好，除裂隙带及断裂带透水性稍大外，一般透水性较小。右岸土石坝内部监测设施统计见表 5.3.14。

表 5.3.14　右岸土石坝内部监测设施统计

断面	内部变形			应力、应变
	测缝计/支	三向测缝计/支	沉降兼测斜管/根	土压力计/支
桩号 0+092 断面	—	—	2	13
桩号 0+442 断面	—	—	2	—

续表

断面	内部变形			应力、应变
	测缝计/支	三向测缝计/支	沉降兼测斜管/根	土压力计/支
土石坝与混凝土坝的结合面	—	15	—	7
左岸土石坝下游挡土墙 4	1	—	—	2
左岸土石坝下游挡土墙 6	1	—	—	2
小计	2	15	4	24

（1）坝体内土压力监测。

为了解土石坝内土压力的大小和分布，在重点断面的黏土心墙和心墙与坝壳的交界面上，自基础面起按不同高程布设 3～4 层土压力计。每层 3～5 组，每组设土压力计 2 支。为了解土体在固结过程中孔隙水压力的变化和有效土压力的分布，每组土压力计附近相应布置 1 支孔隙水压力计。

（2）坝体内部变形监测。

为了解坝体分层沉降和分层水平位移的变化情况，判断有无变形、开裂，在重点监测断面均布置监测分层沉降和分层水平位移的设施，即在各监测断面坝轴线处的黏土心墙内、上游坝坡 165 m 高程马道处，分别布设一条监测垂线。垂线最下面的测点置于基岩面，自下而上按 5～10 m 间距布设测点。坝体分层沉降采用沉降仪进行观测。沉降监测垂线兼作分层水平位移测线。分层水平位移则用测斜仪监测。

5. 坝区环境量监测

大坝加高后的水文泥沙观测系统和设施在原有设施的基础上更新、改造而来，并进行了增补、完善。

（1）水位监测。

加高后的水位监测资料采用水雨情监测系统资料。

（2）坝前河床淤积监测。

为了解水电站进水口和深孔坝段前的冲淤变化、坝前“漏斗”的平面位置及几何形态等，以便合理调度深孔进行运用，避免或减缓坝前淤积，在大坝至原上游横向围堰范围内仍按原设定的观测断面，进行断面面积测验、河床地质取样分析等工作。同时，采用 1/1 000 的局部水下地形测量，监视坝前“漏斗”的变化。

（3）坝后河床冲刷监测。

将坝轴线以下 1 000 m 范围列为监测区。每年汛后进行一次 1/500 的水下地形测量。

（4）坝前库水温监测。

水库水温及其分布是分析大坝变形和应力应变成果的基本资料。大坝加高工程在坝前固定点设 2 根测温垂线，分别位于左岸联结 34 坝段、右岸联结 4 坝段，用于监测水库不同水深的温度分布。

（5）气象监测。

利用水雨情监测系统资料。

（6）降雨量监测。

利用水雨情监测系统资料。

6. 水力学监测

加高工程将 10、14 及 17 坝段堰孔作为观测断面，布置水尺，并埋设脉动压力传感器、高频水听器、差压传感器等仪器，观测时均压力、脉动压力、水下噪声、水面线、流态、水舌轨迹、雾化、振动及空蚀破坏等。水力学监测仪器统计见表 5.3.15。

表 5.3.15　水力学监测仪器统计

序号	仪器名称	单位	数量	备注
1	脉动压力传感器	支	31	
2	水尺	根	13	
3	高频水听器	支	4	
合计			48	

7. 大坝强震反应监测

在混凝土坝 7、17、18、42 坝段及升船机 5#支墩等部位安装 11 台 GMSplus-63 强震监测仪（包含 1 台 GMSplus 六通道强震记录仪，内置 AC-63 三向伺服加速度传感器，一体化铸铝外壳）；左右岸土石坝上安装 3 台强震仪，并在自由场测点安装 1 台强震仪，共计 15 台强震仪。丹江口大坝强震监测系统测点布局及安装情况见表 5.3.16。

表 5.3.16　丹江口大坝强震监测系统测点布局及安装情况

序号	部位	所在坝段	测点分量	备注
1	混凝土坝	7 坝段	三分向	高程 105 m 廊道
2			三分向	高程 130 m 廊道
3			三分向	高程 170 m 廊道
4		17 坝段	三分向	高程 83.5 m 廊道
5			三分向	高程 131 m 廊道
6			三分向	高程 170 m 廊道
7		18 坝段	三分向	高程 79.5 m 廊道
8			三分向	高程 170 m 廊道
9		42 坝段	三分向	高程 109.85 m 廊道
10			三分向	高程 170 m 廊道
11		升船机 5#支墩	三分向	高程 184 m

续表

序号	部位	所在坝段	测点分量	备注
12	左岸电站	自由场测点	三分向	左岸变电站旁
13	左岸土石坝	与混凝土坝结合处	三分向	坝顶
14	右岸土石坝	与混凝土坝结合处	三分向	坝顶
15		土石坝最大坝高处	三分向	坝顶

8. 安全监测系统数据自动采集及管理

为使安全监测系统及时起到监控作用，确保工程综合效益的发挥，对影响工程安全的重要监测项目或重要部位拟逐步实行监测数据自动采集和管理。根据大坝加高工程的特点，安全监测系统数据自动采集及管理拟采用分层分布式智能化网络结构，即将自动采集分为两个层次进行监控。

将分布于各建筑物的各类传感器就近引入相应的遥控测量箱，由遥控测量箱进行第一级监控；将分布于各部位的遥控测量箱及上下游水位计连入现场监控站，由现场监控站进行第二级监控。现场监控站接入丹江口水利枢纽安全监控中心，安全监控中心作为丹江口水利枢纽安全监测系统的核心对该系统进行全面管理和监控。后期丹江口水利枢纽安全监控中心还以专线，通过微波或卫星通信与武汉长江委安全监测中心联网，以便得到长期咨询服务。

5.3.2 混凝土坝监测成果

1. 变形监测成果

1）水平位移

（1）右岸联结坝段。

右岸联结坝段右 5、右 2、1、7 坝段共有 4 个坝段安装了垂线装置，其中，右 5 坝段测值过程线见图 5.3.3，典型时刻挠度曲线（顺流向）见图 5.3.4，监测成果如下。

a. 顺流向水平位移主要受气温影响呈周期性变化，并存在一定的滞后性。右 5、右 2 坝段测值受水位影响不明显；1、7 坝段受水位变化有一定影响，即库水位升高，向下游位移；库水位降低，向上游位移。

b. 右 5、右 2、1 坝段垂线测点顺流向测值变化过程表现为气温升高，混凝土坝向下游变形，反之，向上游变形的趋势；与一般混凝土坝变形规律相反（受反拱效应影响）。7 坝段水流向测值变化过程表现为气温升高，混凝土坝向上游变形，反之，向下游变形的趋势，与一般混凝土坝变形规律相同。

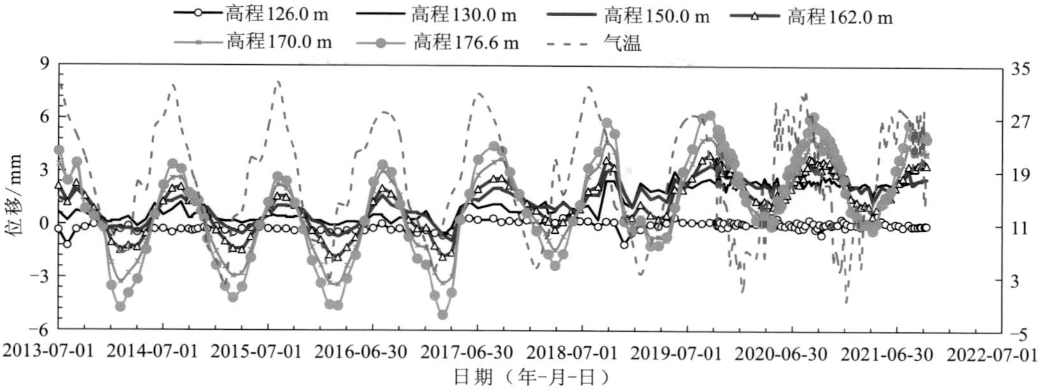

图 5.3.3　右 5 坝段垂线测值变化过程线（顺流向）

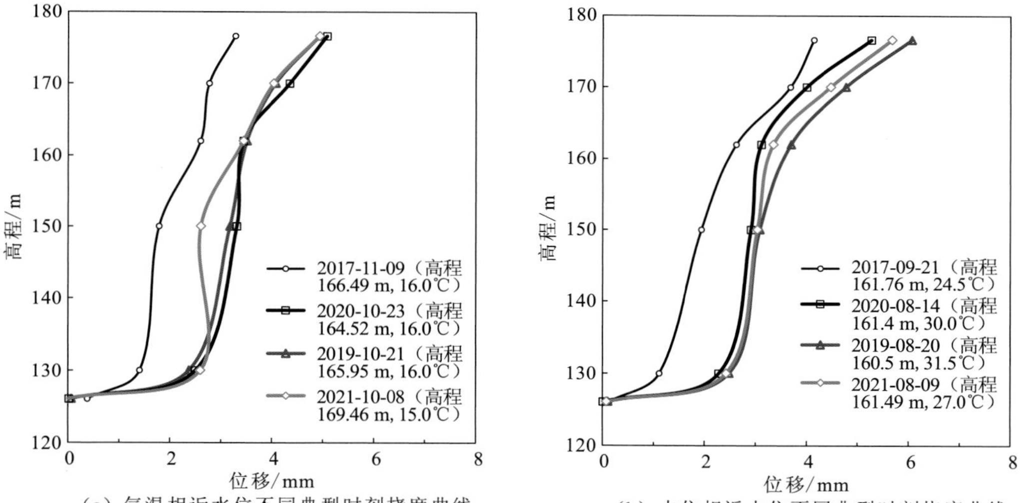

（a）气温相近水位不同典型时刻挠度曲线　（b）水位相近水位不同典型时刻挠度曲线

图 5.3.4　右 5 坝段典型时刻挠度曲线（顺流向）

c. 各坝段水平位移顺流向变形大于左右岸方向变形，实测水流向变形范围为-5.14～6.23 mm，最大变形测点为右 5 坝段 PL01YLY52 测点（176.6 m，2019-09-17），具有测点高程越高变形越大趋势。

d. 2021 年 10 月 10 日（水位 169.95 m）较 2021 年 8 月 28 日（水位 164.97 m），水位约抬升了 5.0 m，7 坝段顺流向位移增量为 0.08～2.22 mm，右 5、右 2、1 坝段顺流向增量为-0.14～0.82 mm，7 坝段位移增量较右 5、右 2、1 坝段增量明显，无异常变形。

e. 2021 年期间，各坝段位移均未超过 2017～2020 年峰值。

（2）河床坝段。

河床坝段 9、10、13、18、21、24、25、27、31 共有 9 个坝段安装了垂线装置，典型 31 坝段测值过程线见图 5.3.5，典型时刻挠度曲线图见图 5.3.6。

监测成果如下。

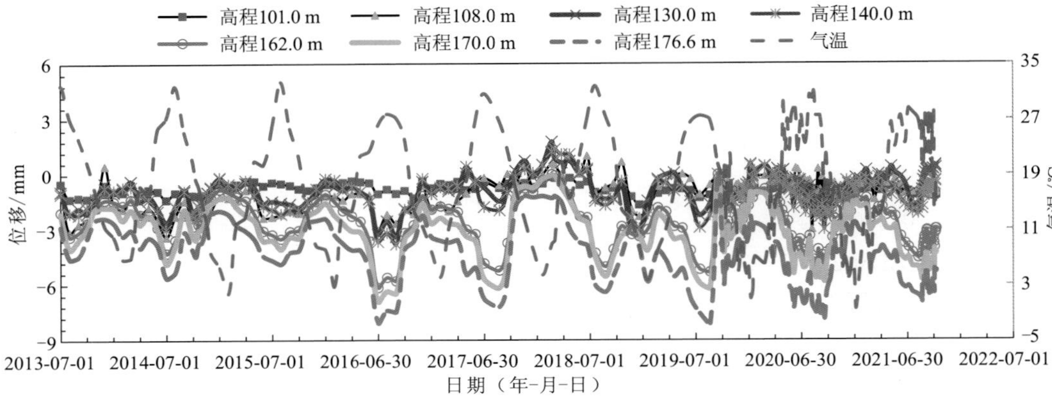

图 5.3.5　31 坝段垂线测值变化过程线（顺流向）

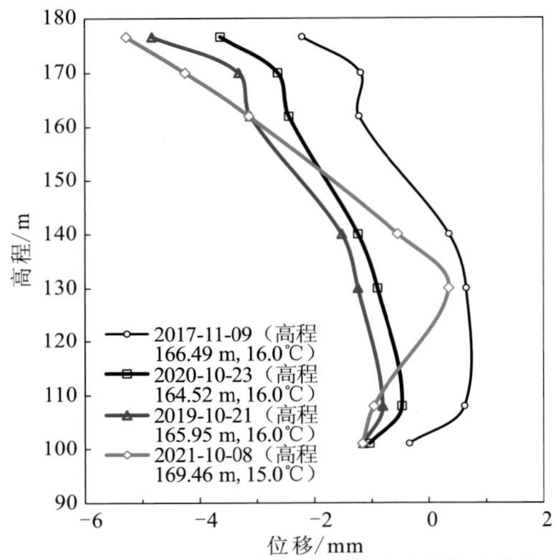

（a）气温相近水位不同典型时刻挠度曲线

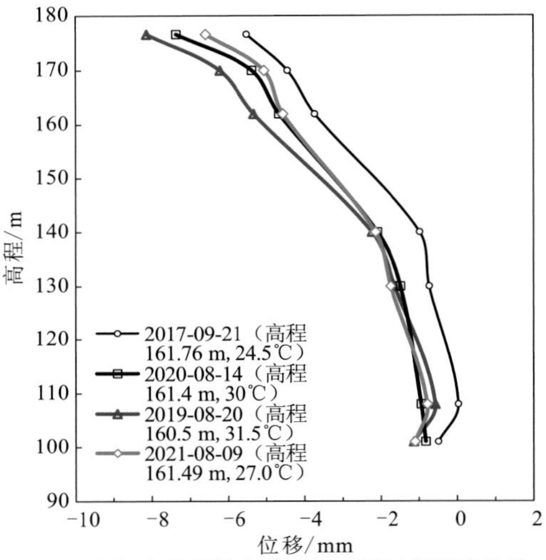

（b）水位相近水位不同典型时刻挠度曲线

图 5.3.6　31 坝段典型时刻挠度曲线（顺流向）

a. 顺流向水平位移主要受气温影响呈周期性变化，测值变化过程表现为气温升高，混凝土坝向上游变形，反之，向下游变形的趋势，符合一般混凝土坝变形规律。

b. 各测点测值受库水位变化有一定影响，较右岸联结坝段要明显。表现为库水位升高，向下游位移；库水位降低，向上游位移。

c. 各坝段水平位移顺水流向变形大于左右岸方向变形，实测水流向变形范围为−8.13～7.06 mm，最大变形测点为 PL01HC312（176.6 m，2019-08-20）；呈测点高程越高变形越大趋势。

d. 2021 年期间，各坝段位移（顺流向）基本在历史最大值范围内变化，未见明显趋势性变化。

（3）左岸联结坝段。

左岸联结坝段 34、36、39、42、44 共有 5 个坝段安装了垂线装置。典型坝段测值过程线见图 5.3.7、图 5.3.8，结果如下。

a. 顺流向水平位移主要受气温影响总体呈周期性变化，受库水位影响较小。

b. 垂直流向位移主要受气温影响，表现为气温升高，向左岸变形；气温降低，向右岸变形；受库水位影响不明显。总体变化平稳，整体表现为向左岸变形，变幅较小。

c. 顺流向位移变化范围为−7.16～4.66 mm，最大位移测点为 36 坝段 PL01ZL362（176.6 m，2017-08-24）；垂直流向位移变化范围为−2.63～4.46 mm，最大位移测点为 36 坝段 PL01ZL362（176.6 m，2018-11-23）；坝体测点高程越高变形越大趋势。

d. 2021 年期间，各坝段位移量基本上均未超过 2017～2020 年峰值，未见明显趋势性变化。

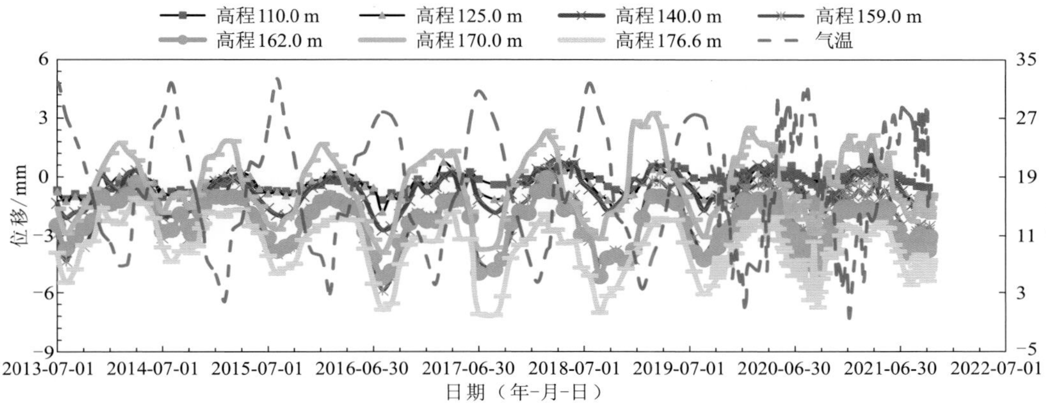

图 5.3.7　36 坝段垂线测值变化过程线（顺流向）

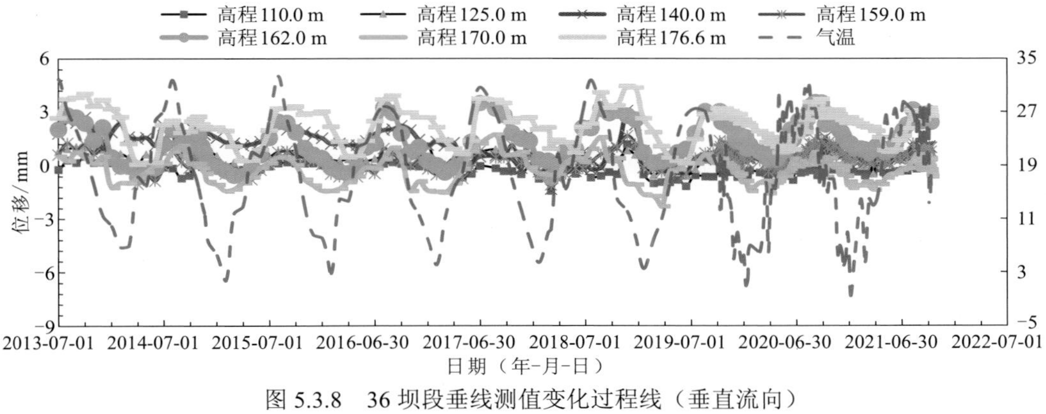

图 5.3.8　36 坝段垂线测值变化过程线（垂直流向）

2）垂直位移

混凝土坝高程 176.6 m 坝顶布置了 98 个精密水准点，其中每个坝段各在上游及下游侧布置了 1 个，以监测坝顶的倾斜变形。另外，坝顶下游高程 170.0 m 廊道、基础廊道及厂房分别布置水准测点 51 个、104 个、16 个。以上共计布设水准测点 269 个。

受基点位移时效的影响，坝顶各测点绝对沉降量呈现一定的趋势性变化，垂直位移成果均换算为相对于基点的相对位移。

（1）坝顶垂直位移。

测值过程线见图 5.3.9，由图 5.3.9 可知如下结论。

a. 混凝土坝坝顶垂直位移主要随温度呈周期性变化，当气温降低时，坝顶位移表现为沉降，当气温升高时，其位移表现为上抬，且存在一定的滞后现象。

b. 坝顶垂直位移为-5.73～8.34 mm，最大累计沉降 8.34 mm（24 坝段，点号 LD62HC241，2019-03-20），最大累计上抬 5.73 mm（29 坝段，点号 LD72HC291，2013-10-09）。

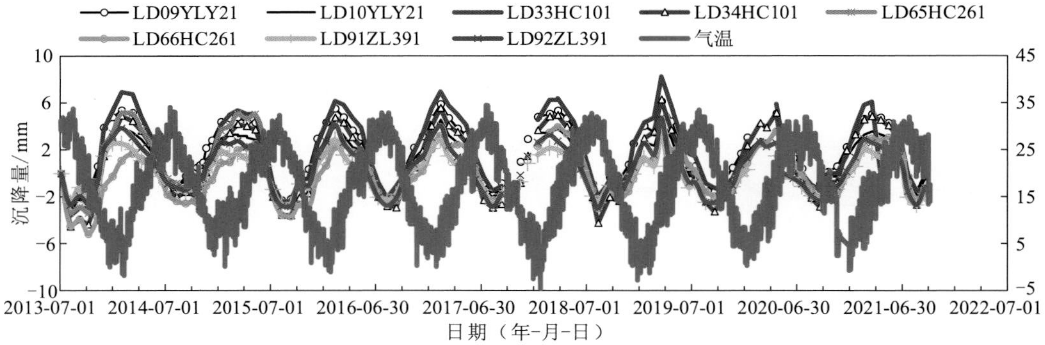

图 5.3.9　坝体顶部水准测点沉降变化过程线

选择 2019～2021 年高温、低温时刻绘制沉降变化分布图，如图 5.3.10 所示，可见各坝段沉降变形较为均一，未现明显沉降差。

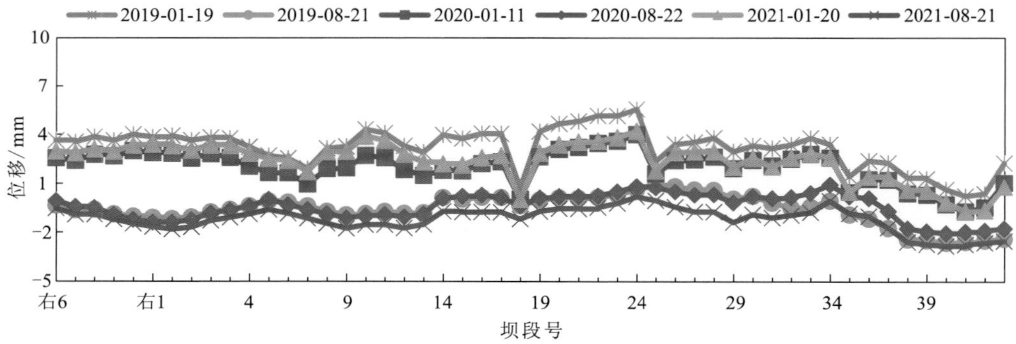

图 5.3.10　坝顶水准测点沉降变化分布图

（2）坝基垂直位移。

基础廊道垂直位移过程线见图 5.3.11，典型日期分布见图 5.3.12。

由图 5.3.11 和图 5.3.12 可知如下结论。

（1）基础廊道垂直位移总体表现为沉降变形，受上游水位变化影响较明显。

（2）随着库水位的抬高，基础基本处于沉降变形，但当库水位由高水位回落后，沉

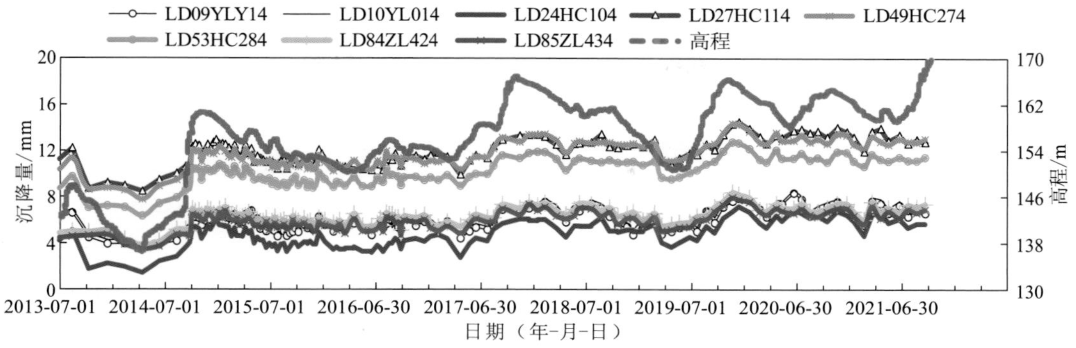

图 5.3.11　基础廊道水准测点沉降变化过程线

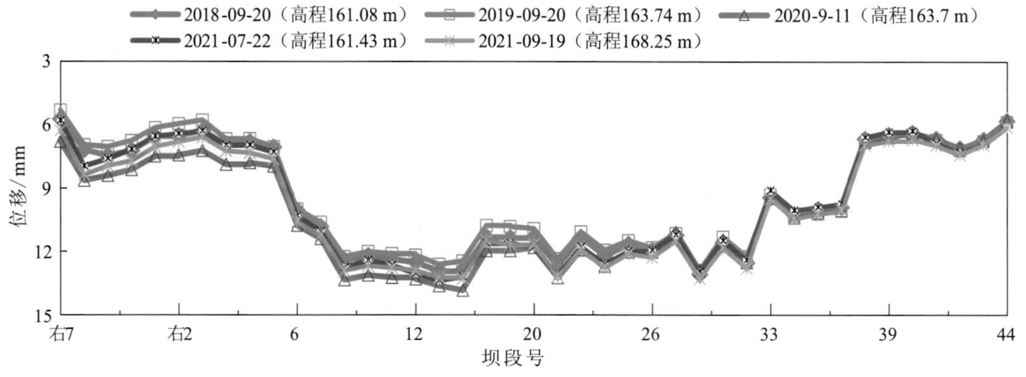

图 5.3.12　基础廊道水准测点沉降变化分布图

降变形有所反弹，即呈上抬趋势，与垂直控制网点测值规律相似。

（3）右岸联结坝段的沉降变幅大于左岸联结坝段；相邻坝段沉降测值较为相近，未见明显的沉降差。

（4）坝基垂直位移范围为-1.98～14.96 mm，累计垂直位移最大值为 14.96 mm（14 坝段，点号 LD30HC144，2019-12-13）。

2. 渗压渗流监测成果

1）帷幕前扬压水位

帷幕前测压管水位过程线见图 5.3.13，由图 5.3.13 可知，目前测压管水位主要随库水位变化呈正相关关系，表现为库水位上升，管水位升高；反之，降低。帷幕前管水位具有一定的水头折减，管水位为 79.98～162.12 m。

U5-1、U33-1 管水位与库水位不相关，且测值长年保持不变。另外，U15-1～U17-1 除不受库水位影响外，还长期低于下游水位。初步分析可能与测压管部分淤堵有关。5 根测压管水位变化过程线见图 5.3.14。

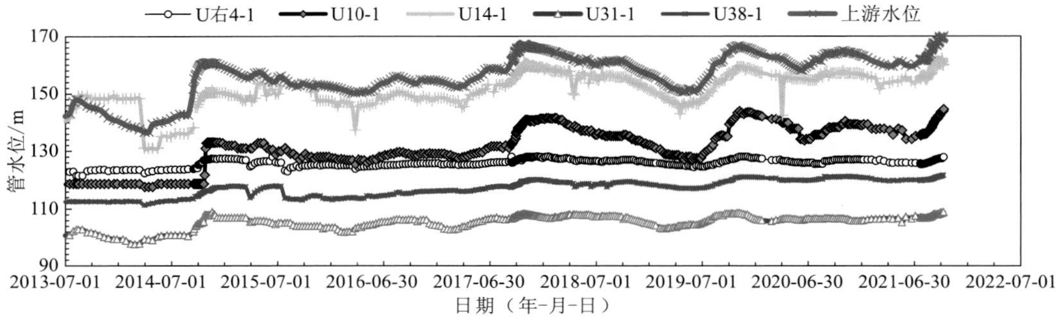

图 5.3.13　帷幕前各测压管水位变化过程线

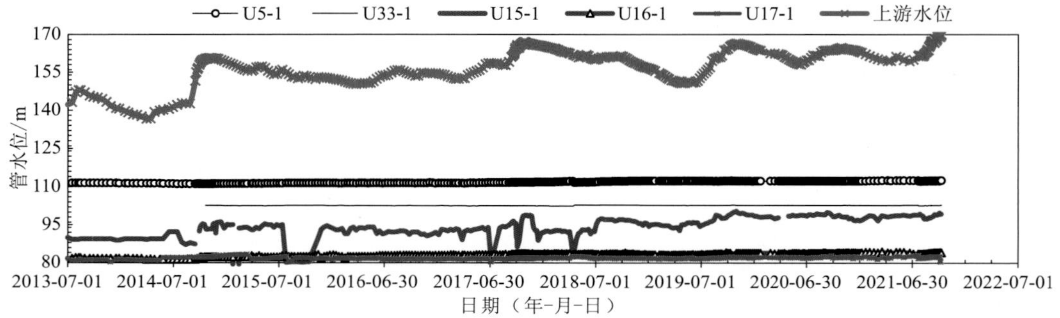

图 5.3.14　帷幕前测值异常测压管水位变化过程线

2）帷幕后扬压水位

幕后第一孔测压管水位分布见图 5.3.15，典型年份幕后第一孔管水位纵向分布如图 5.3.16，根据监测成果可以得出如下结论。

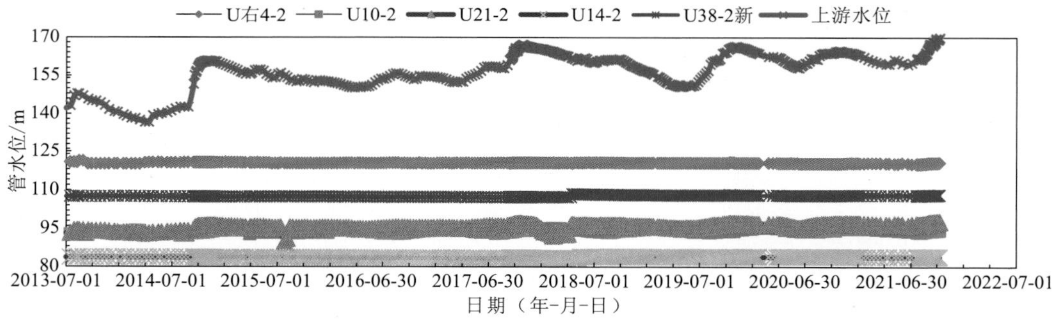

图 5.3.15　幕后第一孔测压管水位分布

（1）幕后测压管管水位测值均较小，且变化平稳，无明显趋势性变化，明显低于幕前测压管，水头消减明显。

（2）幕后测压管水位总体保持稳定，两岸坝段管水位比河床坝段高，符合混凝土坝坝基扬压水位变化一般规律；而右岸测压管水位高于左岸，与两岸地形有关。

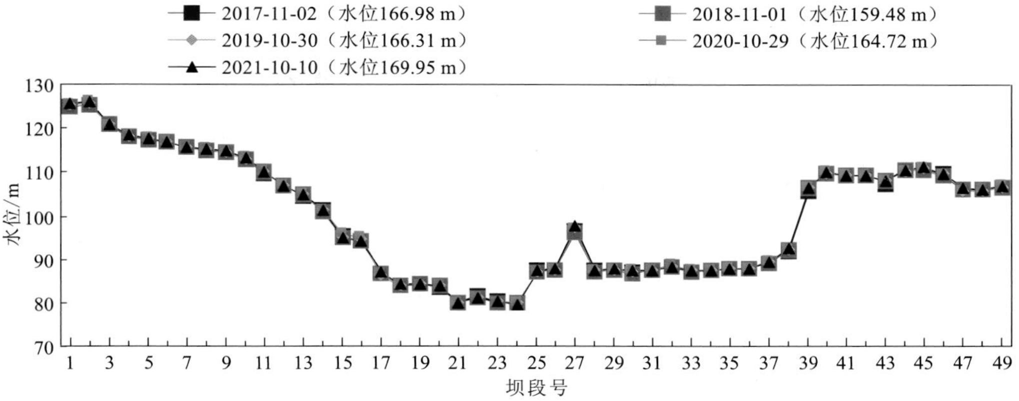

图 5.3.16　幕后第一孔测压管水位分布

（3）坝基位于断裂交汇处的 10 坝段，未设排水孔，经过帷幕作用，幕后测压管水位明显低于幕前。2021 年期间，测压管扬压水位测值无明显异常变化。

（4）14～16 坝段坝基为 F241 断裂区带。幕前孔 U14-1 管水位基本随库水位变化，幕后 U14-2 管水位基本稳定在 83.9 m 左右，表明该断裂基础处理较好。

（5）由于 25～28 坝段坝基为集中渗流区带，27 坝段坝基扬压水位较两侧扬压水位高约 10 m，但其渗透压力折减系数在设计允许范围内。该区域幕后 U26-2、U27-2、U28-1、U28-2 等测压管测值稳定，变幅较小。表明该区域坝基防渗效果良好。

（6）2021 年期间，各坝段幕后测压管水位变化平稳，受库水位影响不明显。

3）纵向扬压力系数分布

图 5.3.17 是典型时段坝基幕后第一孔渗透压力折减系数纵向分布图及设计值分布图，从图 5.3.17 中可以看出大部分坝段测值都很小，其中两岸坝段渗透压力折减系数大于河床坝段，部分河床坝段受廊道抽排水影响，测压管水位低于下游水位，渗透压力折减系数为负值。

幕后测压管渗透压力折减系数均在 0.2 以下，变化较小，均在设计允许范围内。

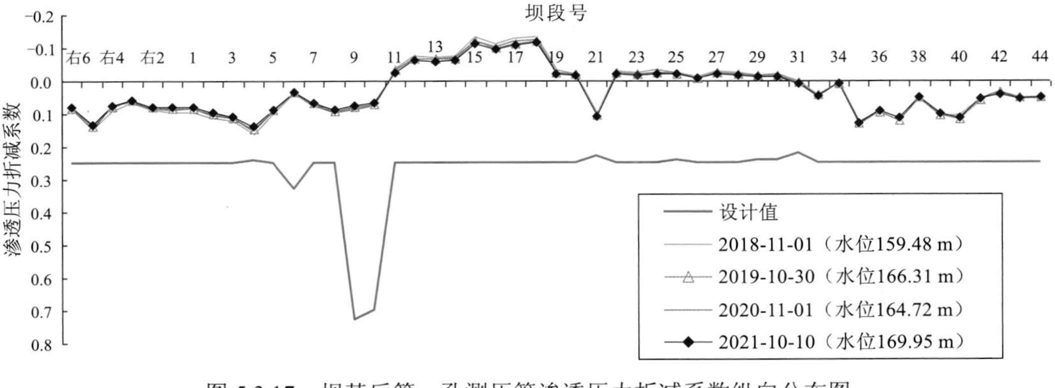

图 5.3.17　坝基后第一孔测压管渗透压力折减系数纵向分布图

4）横断面扬压力系数

右联 5 坝段、深孔 10 坝段、溢流 21 坝段、溢流 27 坝段、厂房 31 坝段及左联 35 坝段 6 个典型坝段实测渗透压力折减系数均在设计允许值内。其中右联 5 坝段横剖面渗透压力折减系数分布参见图 5.3.18。

综上所述，防渗帷幕、排水孔等措施的综合作用，对减小坝基渗透压力效果明显。蓄水期间，坝基渗透压力折减系数无明显变化。

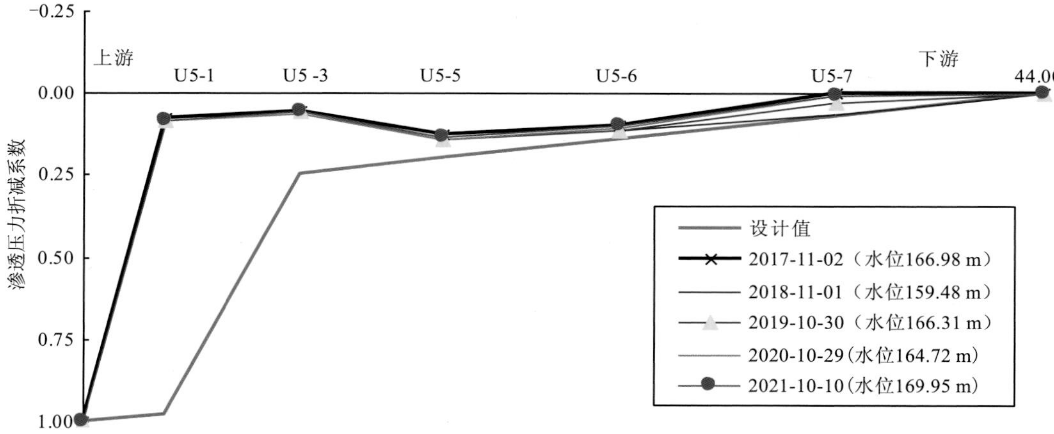

图 5.3.18　横断面渗透压力折减系数分布图

5）坝基渗流量

坝基渗漏量按部位分区量测，采用容积法与量水堰相结合方法进行观测。改造后的坝基渗流量观测分为四部分（区），即右 7～5 坝段、6～18 坝段、19～33 坝段、33～44 坝段各为一部分（区）。

坝基渗漏量总体较小，受上游水位和降雨量变化影响不明显。6～18 坝段坝基渗漏量较小，19～34 坝段、35～44 坝段坝基渗漏量相对较大。坝基渗漏量最大为 0.77L/s（19～34 坝段），发生于 2016 年 11 月 16 日，主要是由于 37 坝段 125.0 m 廊道壁铁管渗水引起，经封堵处理后渗漏量明显减少，未现其他异常。2021 年 10 月 10 日实测 19～34 坝段渗漏量为 0.42L/s，总渗漏量为 0.53L/s。测值过程线见图 5.3.19、图 5.3.20。

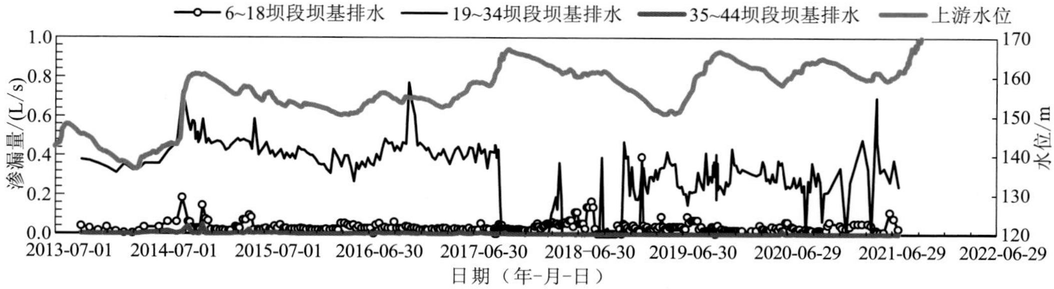

图 5.3.19　坝基渗漏量-库水位测值过程线

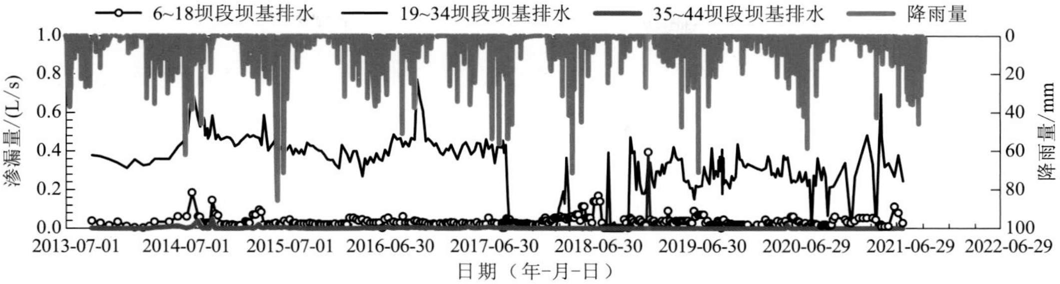

图 5.3.20　坝基渗漏量-降雨量测值过程线

6）坝体渗流量

坝体渗漏量包括上下游面水平施工缝、坝面排水管、坝体横向接缝及裂缝等处的漏水量，按六部分（区），即右 7～5 坝段、6～18 坝段、19～34 坝段、33～44 坝段、26～38 坝段、39～42 坝段各为一部分（区），设量水堰进行观测，个别地方采用容积法观测。

19～34 坝段坝体渗漏量较大，受库水位影响不明显，最大渗漏量为 1.965L/s（发生于 2017 年 10 月 2 日）。2021 年 10 月 10 日，实测坝体量水堰处于无水状态。

在 26～42 坝段新老混凝土贴坡段 32 坝段、42 坝段各布设量水堰 1 座，编号分别为 WE11～12。WE11 用于量测 26～38 坝段接缝渗水，WE12 用于量测 39～42 坝段接缝渗水。目前两套量水堰均长期处于无水状态。

3. 新老混凝土结合缝开度

1）右 1 坝段

斜坡段布设 3 支测缝计 J01Y1、J02Y1 和 J03Y1，分别位于高程 124 m、高程 136 m 和高程 141 m。测值过程线见图 5.3.21。

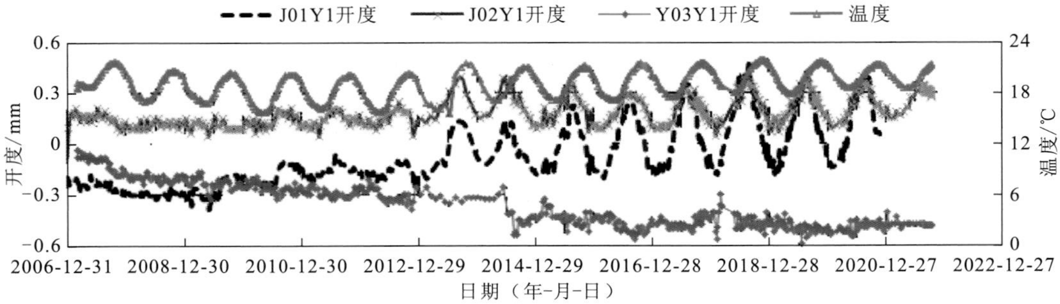

图 5.3.21　斜坡段测缝计 J01Y1、J02Y1 和 J03Y1 测值变化过程线

2019 年前，受温度影响局部缝面处于活缝状态，开度随气温作周期性变化，且最大值有缓慢逐年增大趋势；目前，缝面开度的变化较为稳定，未现进一步增大趋势。蓄水期间，缝面开度的变化不明显，仍应加强观测。

2）7 坝段

I-I 监测断面斜坡段布设 3 支测缝计、垂直段 3 支测缝计和水平段高程 162 m 布设的测缝计自埋设之日起，各测缝计的测值均为负值，表明各缝面处于闭合状态。

3）10 深孔坝段

I-I 监测断面测缝计测值表明，各缝面基本趋于稳定。斜坡段结合缝开度变化稳定，受库水位变化影响不明显。除 J03DB10 外，均处于闭合状态。测值过程线见图 5.3.22。

I-I 监测断面垂直缝段高程 156.35 m 和高程 159.00 m 分别布设测缝计 J05DB10 和 J06DB10，其测值过程线见图 5.3.23。自埋设之日起，各仪器均处于受压状态，垂直结合缝闭合良好。

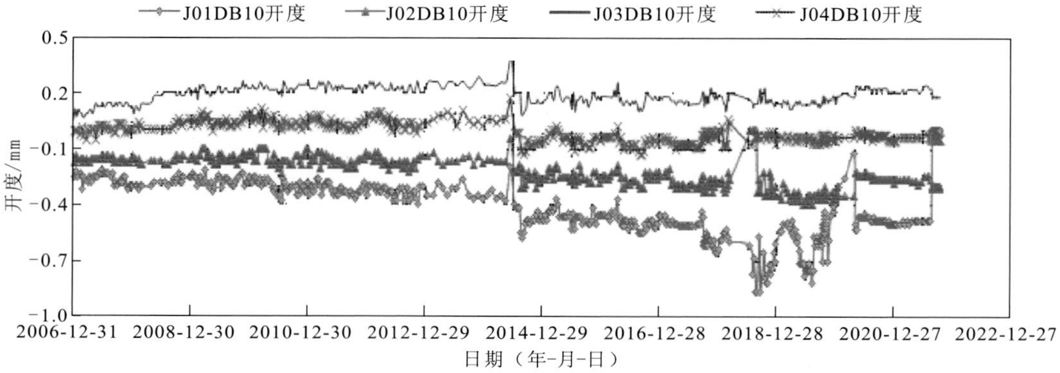

图 5.3.22　测缝计测值变化过程线

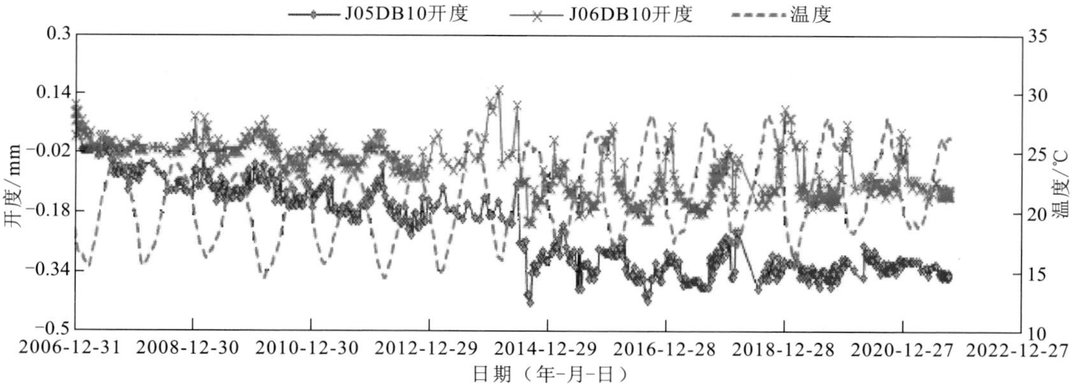

图 5.3.23　垂直段缝面开合度变化过程线

I-I 监测断面水平缝段高程 162 m 布设 1 支测缝计 J07DB10，其测值过程线见图 5.3.24。水平缝面处于略微张开状态，最大开度仅为 0.18 mm（2021 年 8 月 5 日），本次蓄水期间，缝面开度变化不明显。

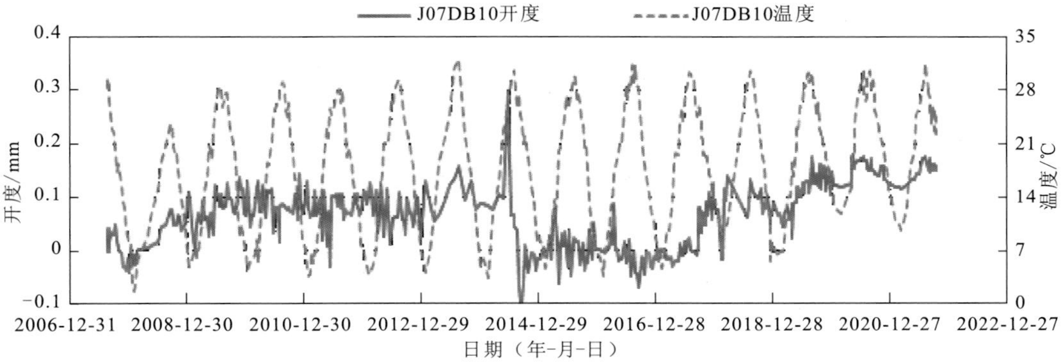

图 5.3.24　水平段缝面开度变化过程线

4）31 坝段

（1）斜坡段。

I-I 监测断面高程 123 m 以下斜坡段布设的 3 支测缝计；I-I 监测断面高程 123～142 m 斜坡段布设 3 支测缝计，上述仪器除 J02CF31 已损坏外，另外 5 支仪器工作正常。测值过程线见图 5.3.25。由图 5.3.25 可以看出，斜坡段缝面局部处于张开状态，最大开度为 0.57 mm。蓄水期间，各仪器测值较为稳定，受水位影响不明显。

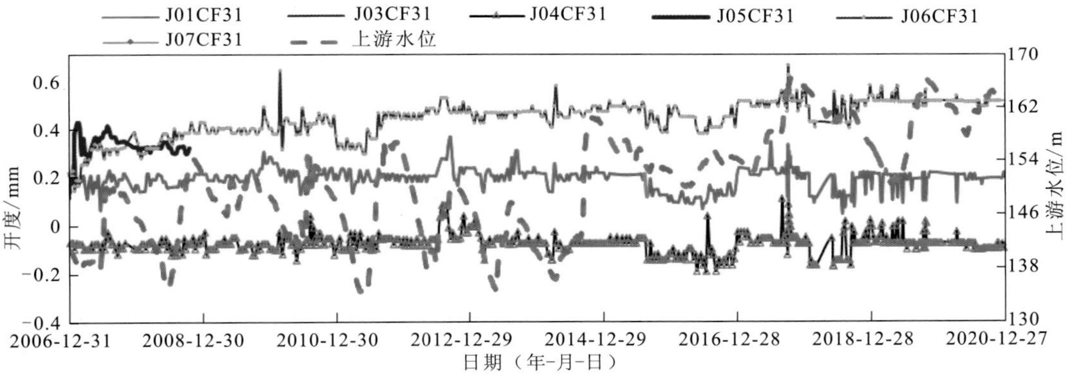

图 5.3.25　斜面贴坡结合缝开度变化过程线

（2）垂直段。

I-I 监测断面高程 142～162 m 高程垂直贴坡段布设的 2 支测缝计，J09CF31 测值过程线见图 5.3.26。垂直缝面开度变幅基本位于 0.1 mm 内，位于仪器测量误差范围内。2021 年 10 月 10 日，实测垂直及水平缝面开度分别为 0.02 mm，基本处于闭合状态。

（3）水平段。

I-I 监测断面 162 m 高程坝顶加高段水平结合缝面上布设 1 支测缝计，测值过程线见图 5.3.27。由图 5.3.27 可知，水平结合缝面处于微张状态，开度变化较为稳定，最大开度为 0.29 mm，受温度影响变化，但受水位变化影响不明显。

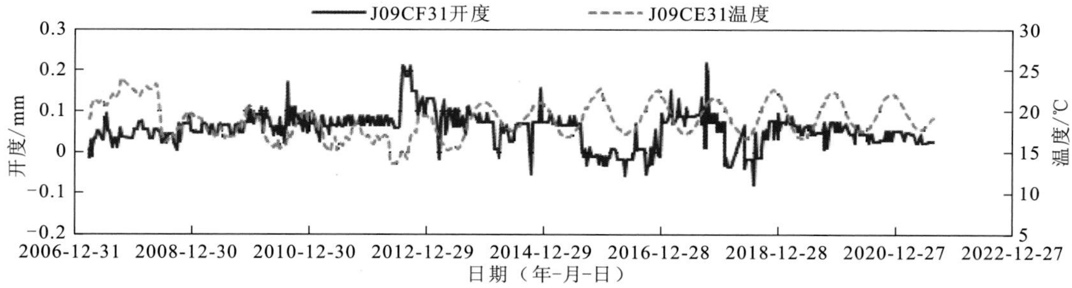

图 5.3.26 垂直贴坡结合缝开度变化过程线

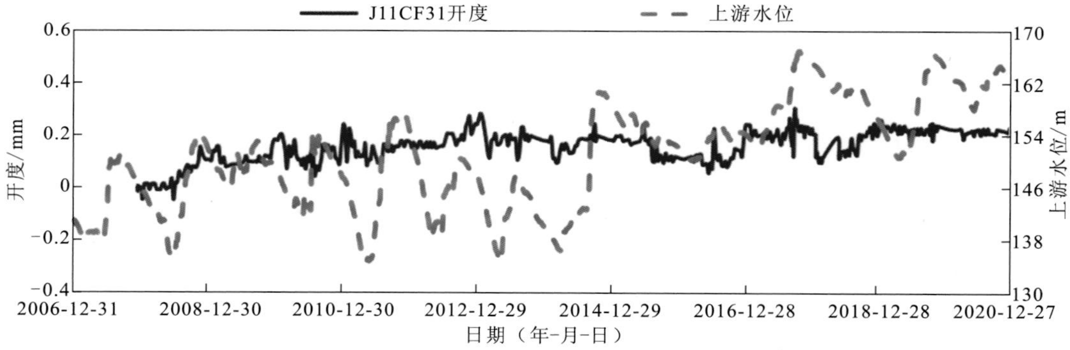

图 5.3.27 坝顶加高水平结合缝开度变化过程线

5）34 坝段

（1）斜坡段。

在斜面贴坡坡段布设 4 支测缝计（图 5.3.28），垂直贴坡段布设 2 支测缝计，坝顶加高段水平结合面布设 1 支测缝计。

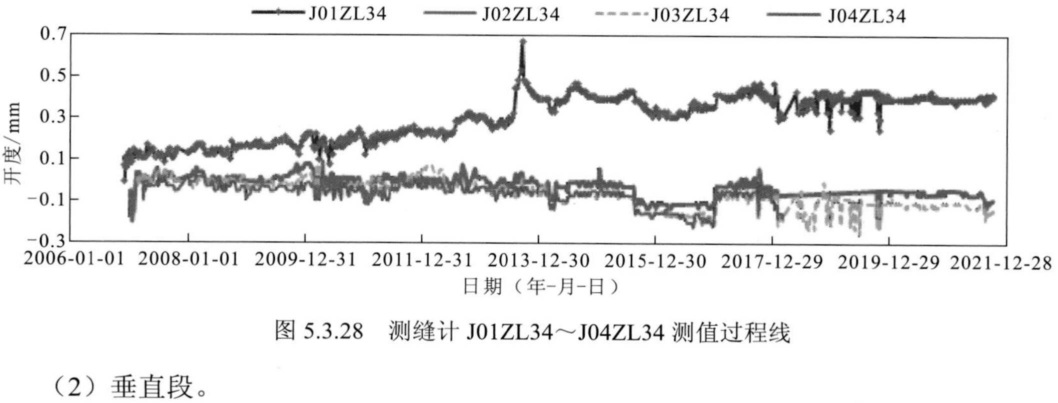

图 5.3.28 测缝计 J01ZL34～J04ZL34 测值过程线

（2）垂直段。

垂直贴坡段的测缝计 J05ZL34 和 J06ZL34 测值表明，缝面处于微张状态，各仪器测值介于-0.1～0.41 mm 间变化，最大开度（0.41 mm 发生于 2014.11.25 日）。缝面开度基本稳定，受水位变化影响不明显。2020 年 10 月 10 日实测缝面开度分别为 0.30 mm 和

0.24 mm。

（3）水平段

坝顶加高段高程 162 m 水平结合缝面布设 1 支测缝计，缝面开度变化受水位变化影响不明显。该结合缝处于张开状态，2021 年 10 月 10 日实测开度为 0.25 mm。

4. 小结

（1）变形。

各坝段水平位移总体受温度变化影响呈周期性变化，受库水位变化影响相对较小。2021 年期间，除个别测点位移量略有增大外，其他测点位移量均在历史最大值范围内，未现明显趋势性变化。

各坝段测点相对垂直位移变化总体平稳，相邻坝段沉降测值较为相近，未见明显的沉降差。

（2）渗压渗流。

混凝土坝坝基扬压力及坝基、坝体渗流量变化总体正常；防渗帷幕、排水孔等措施的综合作用，对减小坝基扬压力效果明显；2021 年期间，坝基渗透压力折减系数均小于 0.2，各坝段坝基渗透压力折减系数均在设计允许值范围内。

（3）新老混凝土结合面开度。

除部分缝面开度呈张开状态外，大部处于闭合或开度稳定状态。水位抬升后，新老混凝土结合面开度减小，有压紧的趋势，结合比例（42%）相较设计控制标准（20%）有余度。

（4）反拱效果。

加高后，1 坝段 162.0 m 高程水平位移最大变幅减小约 57%，反拱效应虽未完全消除，但明显得到缓解。

5.3.3　左岸土石坝监测成果

1. 变形监测成果

左岸土石坝水平位移监测布置包括坝顶上游侧水平位移监测点 23 个，测点编号从右向左依次为 AL02ZT01～AL06ZT01，TP07ZT01～TP24ZT01；坝后高程 165 m 马道水平位移监测点 17 座，测点编号从右向左依次为 TP25ZT02～TP41ZT02，上述测点均于 2013 年 7 月取得基准值。

1）水平位移

左岸土石坝坝顶水平位移监测采用交会法。部分测点测值的变化过程线见图 5.3.29、图 5.3.30。

由图 5.3.29、图 5.3.30 可以得出如下结论。

（1）水平位移受库水位的影响表现为：库水位上升，坝体向左岸和下游变形；库水位回落，坝体向右岸和上游变形。

（2）左右岸向的累计位移量为−18.13～8.4 mm，最大累计位移量（−18.13 mm）测点为 TP18ZT01，出现在 2019 年 2 月 14 日；上下游向累计位移量为−23.38～19.61 mm，最大累计位移量（−23.38 mm）测点为 TP18ZT01，出现在 2021 年 8 月 21 日。除 AL02ZT01（桩号 1+170）、TP18ZT01（桩号 0+260）等个别测点变形较大外，其他测点变形均较小。

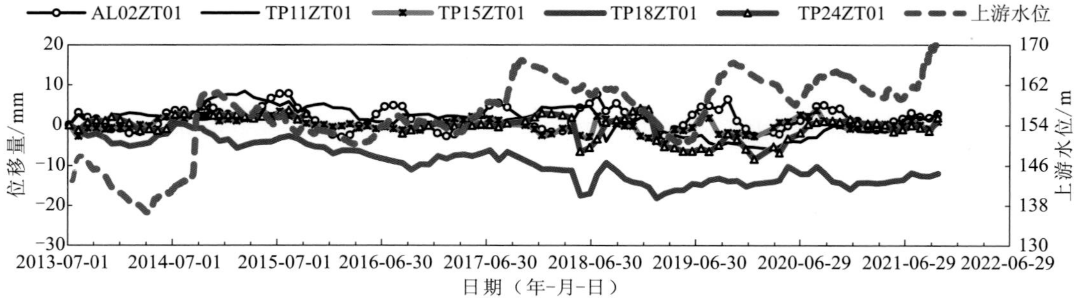

图 5.3.29　左岸土石坝坝顶左右岸向测值变化过程线

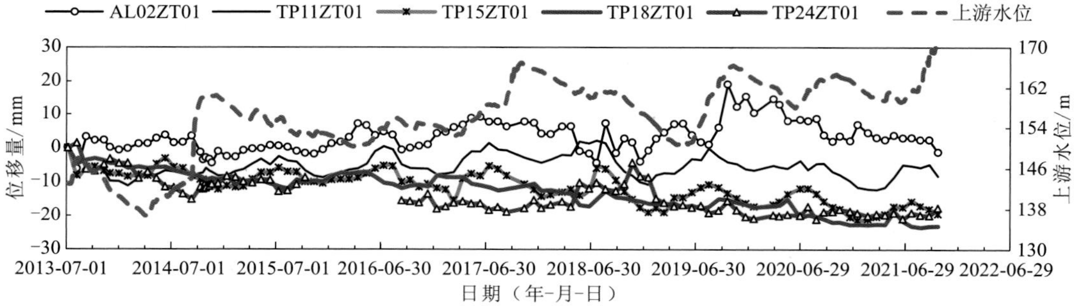

图 5.3.30　左岸土石坝坝顶上下游向测值变化过程线

（3）观测期内水平变形尚未收敛，应加强监测。

2）垂直位移

左岸土石坝垂直位移监测布置包括坝顶上游侧监测点 23 个，测点编号从右向左依次为 LD02ZT01～LD24ZT01；坝后高程 165 m 马道监测点 17 个，测点编号依次为 LD25ZT02～LD41ZT02；坝前高程 162 m 迎水坡监测点 17 个，测点编号依次为 LD48ZT03～LD64ZT03；坝后高程 155 m 马道监测点 15 个，测点编号依次为 LD65ZT04～LD79ZT04；坝后坡脚监测点 9 个，测点编号依次为 LD80ZT05～LD88ZT05，上述测点均于 2013 年 7 月取得基准值。蓄水试验过程中对坝顶监测点进行加密观测。坝测值过程线见图 5.3.31，测值分布图见图 5.3.32。

由图 5.3.31 和图 5.3.32 可得出如下结论。

（1）垂直位移监测点累计位移量在−6.44～95.55 mm，LD02ZT01（结合面测点）的实测最大值为 95.55 mm。

（2）左岸土石坝坝顶与混凝土坝联结坝段的垂直位移的分布趋势为：距离结合部位越近，沉降量越大，向左岸逐渐减小。

（3）水位上升期间，各测点沉降变形较小。相较于水位上升，库水位回落期间，沉降变形尤为明显。2021 年沉降量最大值为 5.21 mm[LD52ZT03（高程 162 m 迎水坡 0+780）]。

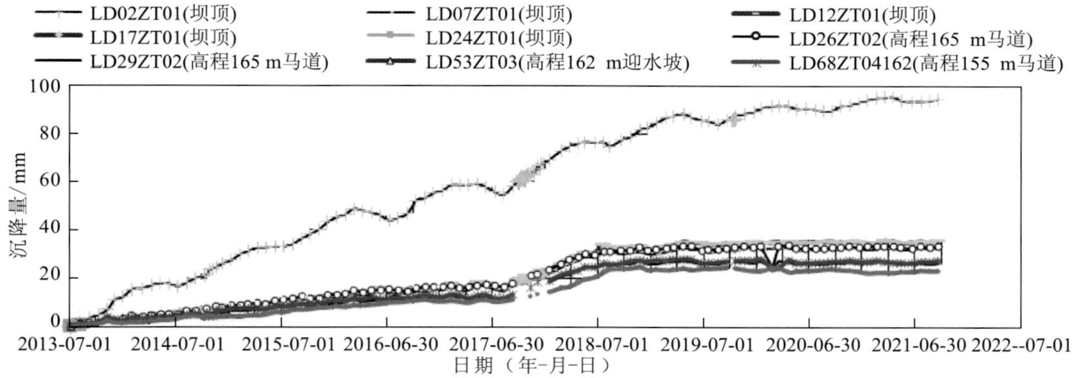

图 5.3.31　部分测点沉降变形测值过程线

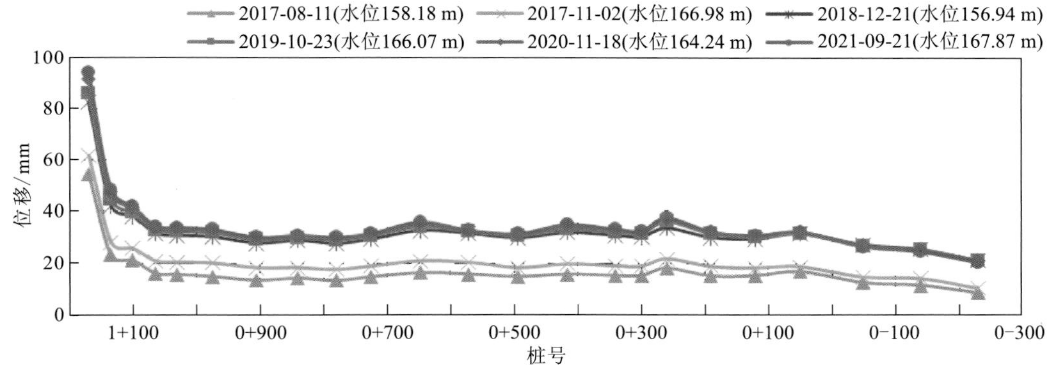

图 5.3.32　部分坝顶沉降变形分布图

（4）截至 2021 年，土石坝沉降变形仍需加强监测。

3）小结

左右岸向累计位移在-18.13～8.4 mm，上下游向累计位移在-23.38～19.61 mm；垂直位移分布呈与混凝土坝接缝部位越近，沉降量越大，向左岸逐渐减小的趋势。

2021 年监测成果表明：土石坝水平及垂直位移沉降量总体较小，但未完全收敛，但应加强观测。

2. 应力应变及温度

1）下挡 2 监测断面

（1）新老混凝土结合面开度。

在新老混凝土坝结合面斜坡段埋设 2 支测缝计，编号分别为 J01XD2、J02XD2。在结合面水平段埋设 1 支测缝计，编号为 J03XD2。测值过程线见图 5.3.33、图 5.3.34。

由图 5.3.33～图 5.3.34 可知，斜坡段缝面基本处于闭合状态。2021 年 10 月 10 日，斜坡段 J02XD2 开度为-0.19 mm，J01XD2 无测值。水平段缝面处于张开状态，最大开度为 0.56 mm，发生于 2017 年 8 月 7 日。2021 年期间，缝面开度变化较为稳定，未现增大趋势。

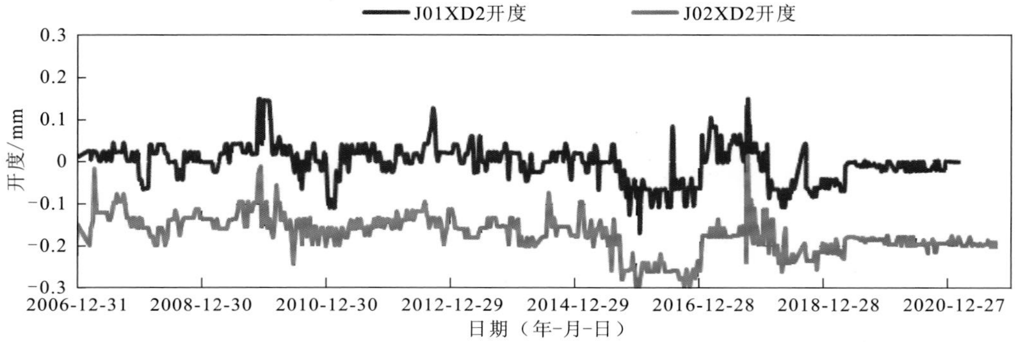

图 5.3.33　斜坡段测缝计 J01XD2、J02XD2 的测值过程线

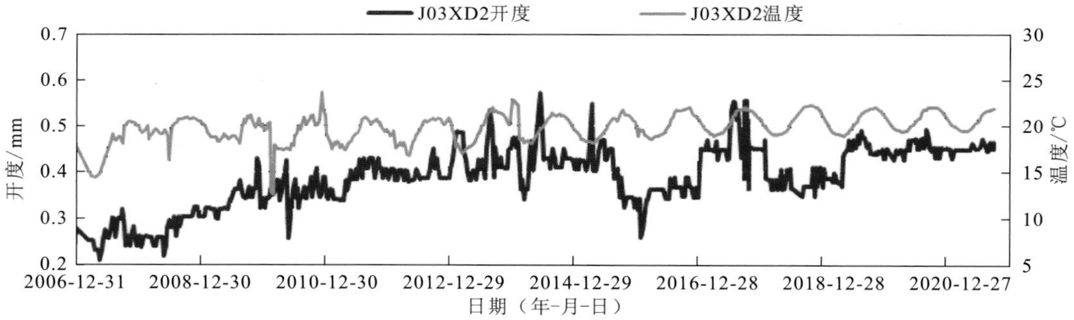

图 5.3.34　水平段测缝计 J03XD2 的测值过程线

（2）新老混凝土结合面钢筋（锚杆）应力。

在新老混凝土结合面埋设 1 支钢筋计、2 支锚杆应力计，与测缝计在相同部位成组埋设，用于监测缝面钢筋（锚杆）受力状态。

钢筋（锚杆）的应力范围为-13.72～12.06 MPa，2021 年 10 月 10 日实测钢筋应力分别为-4.19 MPa、-12.04 MPa、2.41 MPa。2021 年期间，钢筋应力测值无明显变化。

（3）土压力。

土压力计的测值过程线见图 5.3.35，由过程线可知，E01XD2 的测值长期不变，可能已失效。E02XD2 的测值变化稳定，且受温度影响呈周期性变化。2021 年 10 月 10 日实测压应力为−0.36 MPa。

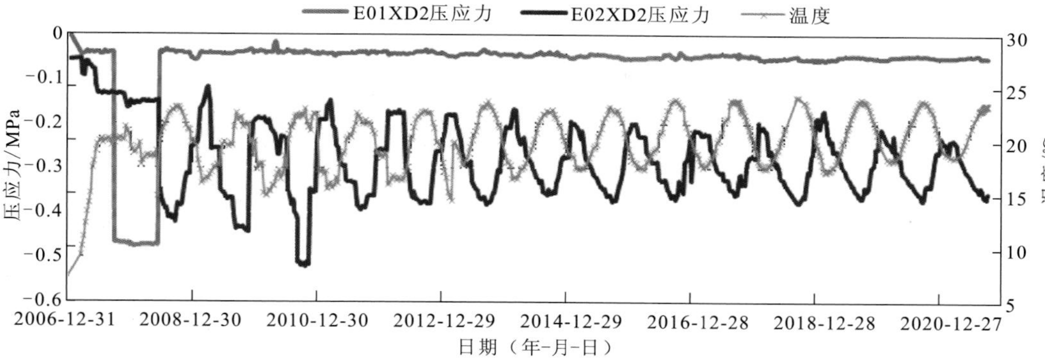

图 5.3.35　土压力计的测值过程线

2）土石坝与混凝土坝结合面

土石坝与混凝土坝结合面布设有 3 组（9 支）三向测缝计，编号分别为 JZ1192-1、JZ1192-2、JZ1192-3。仪器布置见图 5.3.36，监测成果见表 5.3.17，测值过程线见图 5.3.37～图 5.3.40。

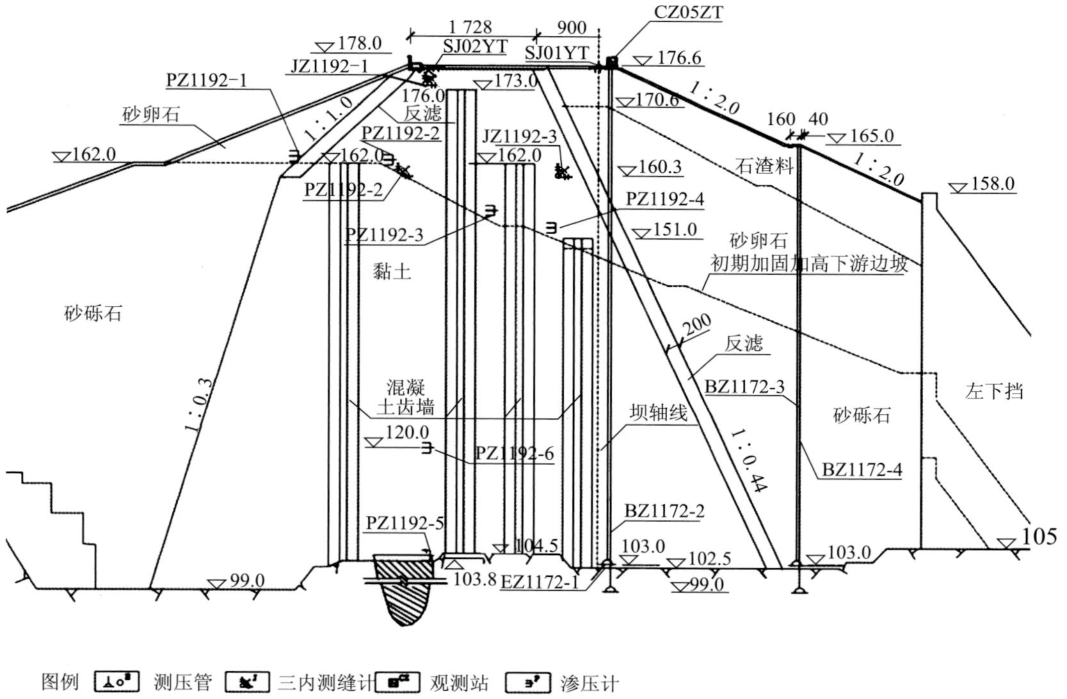

图 5.3.36　土石坝与混凝土坝结合面监测仪器布置图（高程单位 m；尺寸单位：cm）

表 5.3.17　三向测缝计监测成果值　（单位：mm）

测计编号	监测方向	坝轴距	高程	2017-08-25（水位 157.84 m）	2017-11-02（水位 166.98 m）	2021/10/10（水位 169.95 m）
SJ01ZT	左右岸向	左 1+192	176.4 m	−0.80	−0.19	
SJ02ZT				2.00	4.00	测值不稳
JZ1192-1-1	左右岸方向	左 1+192（土石坝轴线以上 26.28 m）	174 m	17.54	17.81	20.35
JZ1192-1-2	上下游方向			−0.10	−0.12	−0.07
JZ1192-1-3	垂直方向			20.79	20.79	33.81
JZ1192-2-1	左右岸方向	左 1+192（土石坝轴线以上 26.28 m）	160.3 m	1.49	1.49	1.46
JZ1192-2-2	上下游方向			0.53	0.51	0.45
JZ1192-2-3	垂直方向			1.71	1.90	2.35
JZ1192-3-1	左右岸方向	左 1+192（土石坝轴线以上 7 m）	160.3 m	10.92	10.90	10.90
JZ1192-3-2	上下游方向			−2.94	−2.92	−3.09
JZ1192-3-3	垂直方向			18.56	18.54	21.51

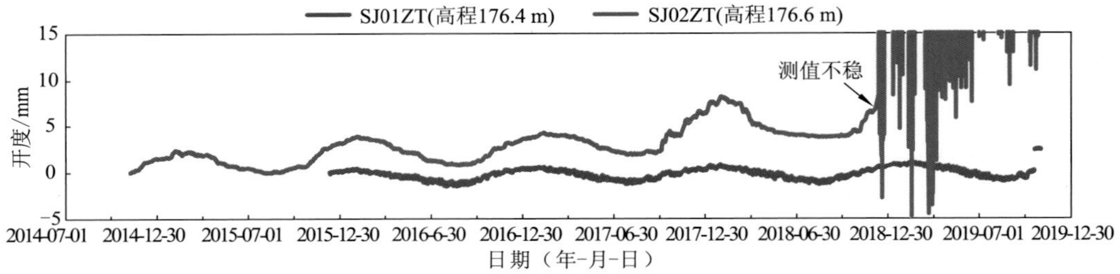

图 5.3.37　坝顶测缝计测值过程线

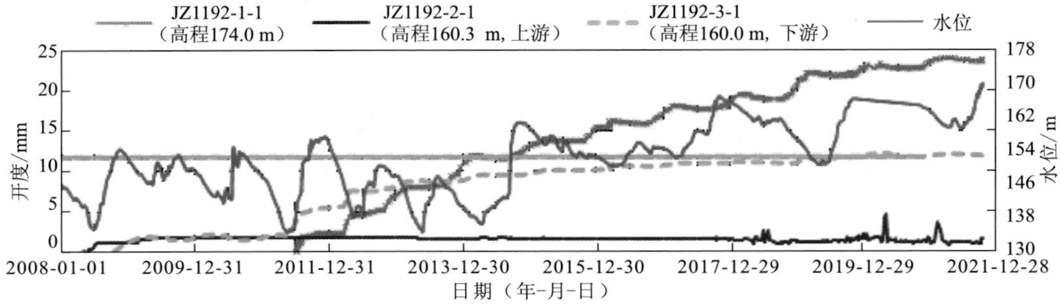

图 5.3.38　左右岸向位移测值过程线

由表 5.3.17、图 5.3.37～图 5.3.40 可得出如下结论。

（1）三向测缝计测得的垂直向位移最大（沉降 33.81 mm），其次为左右岸向（向左岸位移 20.35 mm），最小为上下游向（向上游位移 3.32 mm）。垂直向及左右岸向最大变形均发生在 174.0 m 高程。

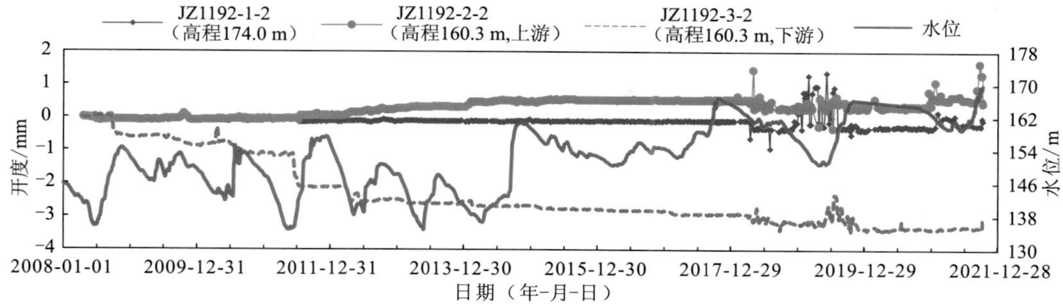

图 5.3.39　上下游向位移测值过程线

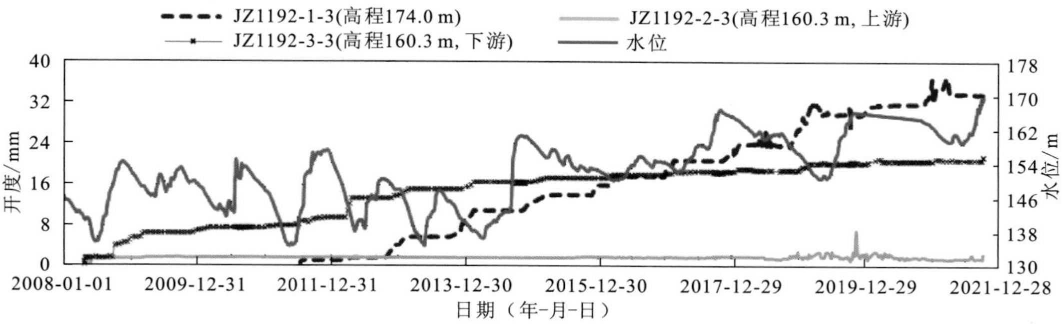

图 5.3.40　垂直向位移测值过程线

（2）截至 2021 年，上下游向位移基本稳定，160.3 m 高程左右岸向及垂直向位移变化速率减缓，渐趋稳定。174.0 m 高程左右岸向及垂直向位移尚未收敛，应加强观测。

3）小结

2021 年监测成果表明。

（1）左下挡 2 缝面开合度变化相对稳定。

（2）土石坝与混凝土坝结合面上下游向位移基本稳定，160.3 m 高程左右岸向及垂直向位移变化速率减缓，渐趋稳定，174.0 m 高程左右岸向及垂直向位移尚未收敛，应加强观测。

（3）钢筋计测值与温度呈负相关关系，即温度升高，钢筋计测值变小，反之增大。钢筋计测值均在 14 MPa 以内。

3. 渗压、渗流

1）桩号 1+140 监测断面

监测成果见表 5.3.18，渗压计水位测值过程线见图 5.3.41。

表 5.3.18　渗压计水位特征值　（单位：m）

测计编号	断面	埋设高程	埋设部位	渗压计水位		
				2017-08-25（水位 157.84 m）	2017-11-02（水位 166.98 m）	2021-10-10（水位 169.95 m）
PZ1140-1	1+140	113.53 m	心墙后	无压		
PZ1140-2		109.37 m	心墙内	113.87	114.70	114.06
PZ1140-3		120.00 m		失效		
PZ1140-4		130.00 m		134.70	136.11	137.62
PZ1140-5		140.00 m		无压		

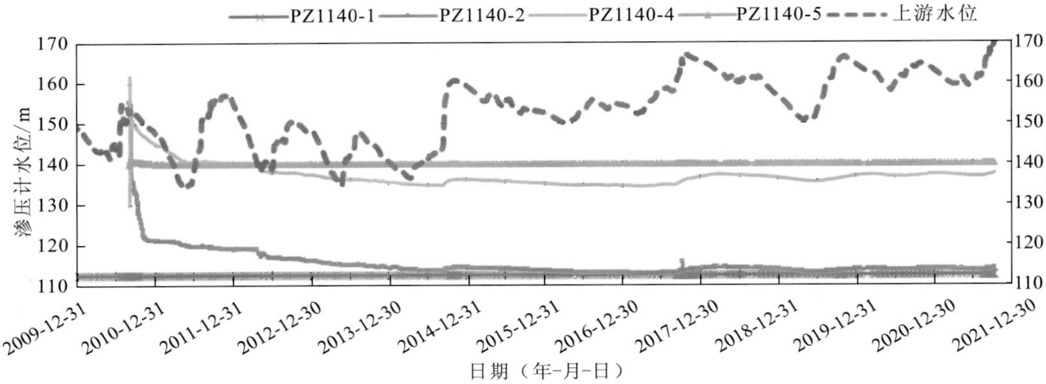

图 5.3.41　桩号 1+140 监测断面渗压计水位测值过程线

监测成果表明，心墙内各渗压计水位随库水位的上升略有增加，并存在一定的滞后性；心墙后渗压计处于无压状态。

2）其他监测断面

（1）渗压计。

在左岸土石坝桩号 0+300 断面、桩号 0+720 断面、桩号 0+780 断面、桩号 0+800 断面、桩号 0+855 断面、桩号 0+890 断面、桩号 1+040 断面、桩号 1+100 断面、桩号 1+151 断面、桩号 1+160 断面、桩号 1+184 断面、桩号 1+192 断面、左下挡 2 共计埋设 35 支渗压计。在埋设的 35 支渗压计中，有 4 支已失效。部分渗压计的测值过程线见图 5.3.42、图 5.3.43。

图 5.3.42 和图 5.3.43 监测成果如下。

桩号 0+072 断面防渗墙前的 2 支渗压计（PZ720-1、PZ720-2）的测值与库水位的相关性好，随库水位同步变化。防渗墙后的 PZ720-3 受库水位影响，明显滞后于 PZ720-1、PZ720-2。其在 2018 年 8 月前基本不受库水位影响，2018 年 8 月后与库水位的相关性较好，但渗压计水位明显低于 PZ720-1、PZ720-2，水头减小明显。

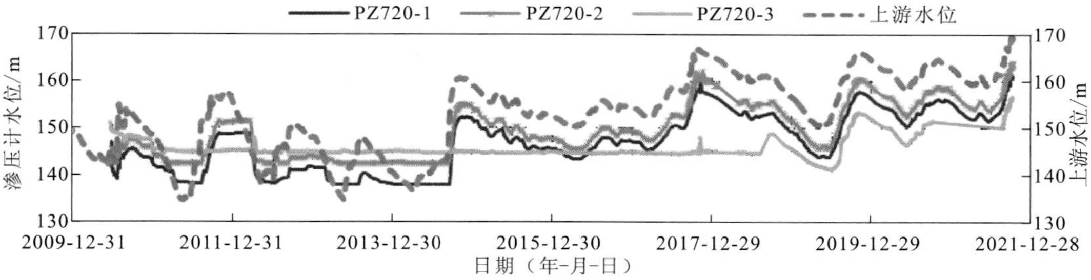

图 5.3.42　桩号 0+720 断面渗压计水位测值过程线

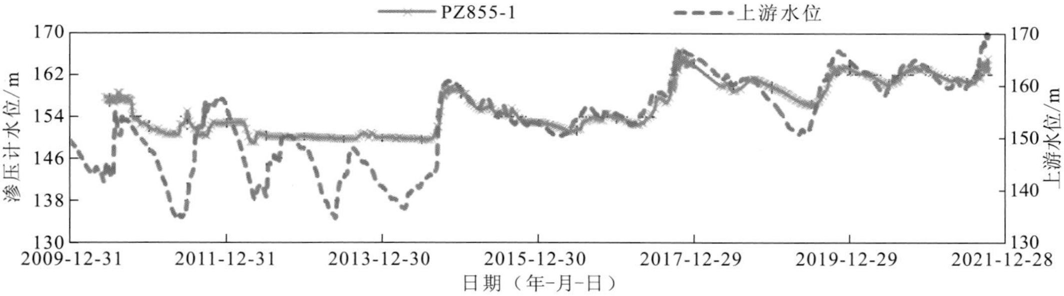

图 5.3.43　桩号 0+855 断面渗压计水位测值过程线

桩号 0+855 断面 PZ855-1 的测值规律与桩号 0+720 断面基本一致，与库水位的相关性好，受库水位影响明显，但存在一定的滞后性。

结合部（桩号 1+192 断面）心墙内 152.0 m 及 155.0 m 高程的渗压计处于无压状态；桩号 0+780 断面心墙后渗压计处于无压状态。

其他断面的渗压计水位随库水位平稳变化，整体渗流性态稳定，未见明显异常。

（2）测压管。

分多个断面共计布设测压管 62 根，土石坝端头绕渗测压管 H01ZRB～H02ZRB 水位主要受山体地下水位影响，与库水位的相关性不明显。除两根受坝顶雨水影响测值失真外，在蓄水期间，余下测压管部分随上游水位平稳变化，少数测压管处于干孔状态，整体渗流性态稳定，未见明显异常。

3）渗漏监测

（1）先锋沟。

先锋沟量水堰位于左岸土石坝 0+800 桩号附近，下游坡脚处，监测土石坝坝基渗水，于 2013 年 9 月 30 日修复，其编号为 WE01XFG。测值过程线见图 5.3.44～图 5.3.45。截至 2021 年 10 月 10 日，实测渗漏量较小，为 0.69 L/s。历年多次峰值均与上游水位及降雨量有关。

（2）左下挡。

左下挡量水堰位于左下挡 2，监测土石坝与混凝土坝结合部渗水，量水堰除在 2017 年 10 月 7 日～11 月 20（日蓄水期间）有渗漏量（测得的最大渗漏量为 0.436 L/s，库水位为 165.67 m）外，2017 年 11 月 21 日至今一直处于无水状态。

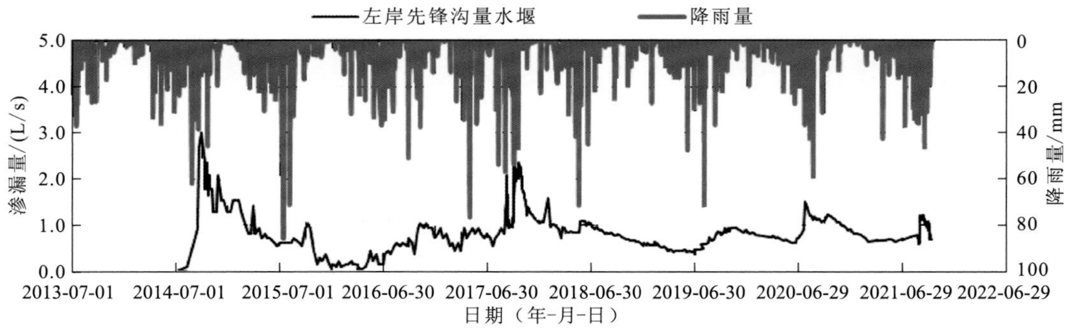

图 5.3.44　渗漏量与降雨量测值过程线

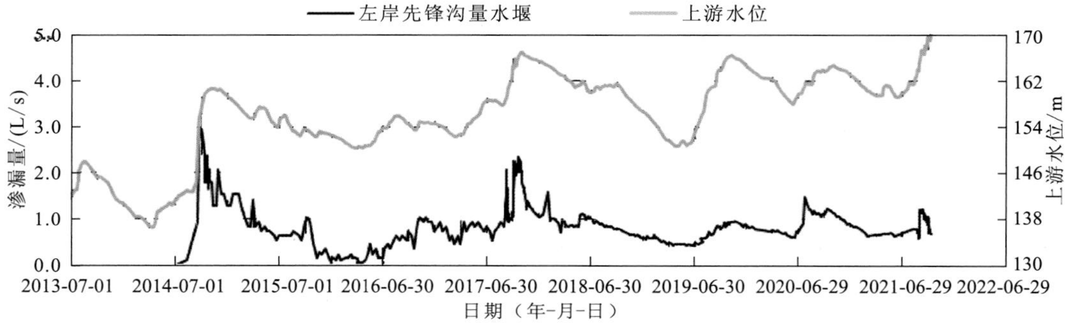

图 5.3.45　渗漏量与上游水位测值过程线

（3）混凝土坝与土石坝结合面。

在混凝土坝与土石坝结合面埋设、安装量水堰 1 座，用于监测结合面的渗漏变化，其编号为 WE13，如图 5.3.46 所示。渗漏量总体较小，主要受库水位与降雨影响。2021 年 10 月 10 日实测渗漏量为 0.37 L/s。

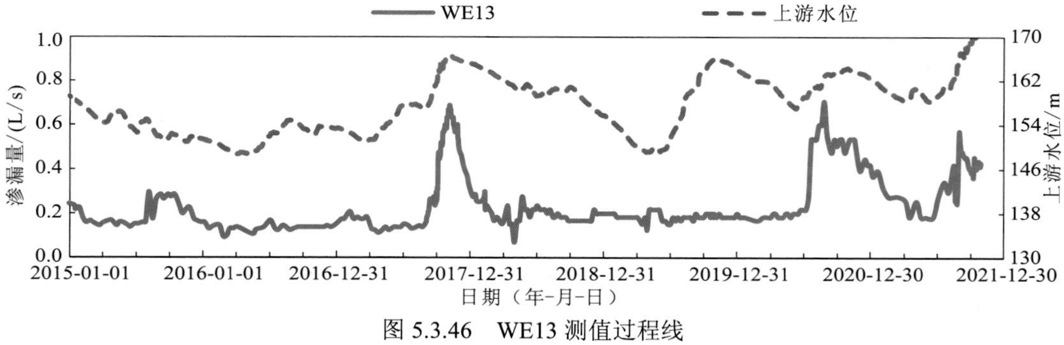

图 5.3.46　WE13 测值过程线

（4）王大沟集水井。

王大沟集水井于 2016 年 7 月 7 日埋设、安装完成，并投入使用。测值过程线见图 5.3.47、图 5.3.48。

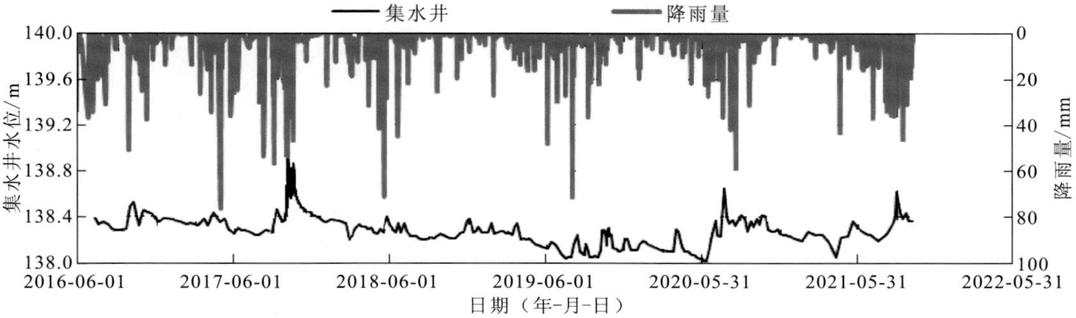

图 5.3.47　王大沟集水井与降雨量测值过程线

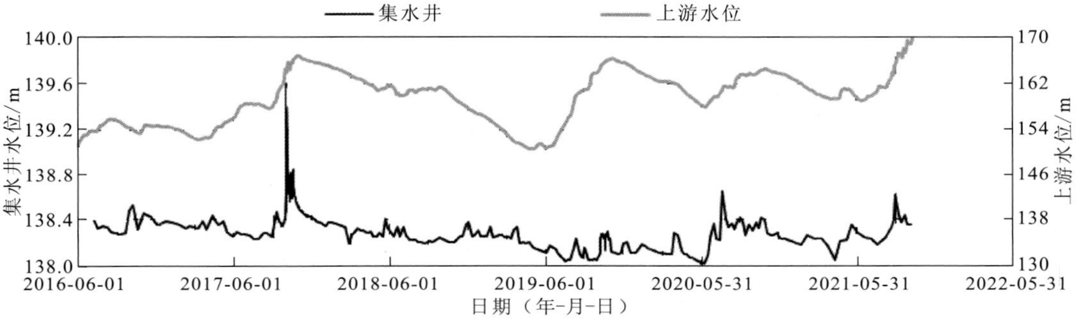

图 5.3.48　王大沟集水井与上游水位测值过程线

水位变化受降雨及库水位均有一定影响。其水位测值介于 138.02～139.61 m。2021 年 10 月 6 日实测水位测值为 138.36 m。

4）小结

坝体防渗墙前的测压管水位较库水位低，但与库水位变化有关。坝体防渗墙前的测压管水位一般高于墙后测压管水位，但低于上游水位。

2021 年期间，心墙后渗压水位受上游库水位变化影响不明显；渗漏量变化平稳。

5.3.4　右岸土石坝监测成果

1. 外部监测仪器布置

右岸土石坝与混凝土坝结合面布设有表面水平位移测点 2 个，表面垂直位移测点 9 个，表面测缝计 2 支。外部监测仪器布置见图 5.3.49。

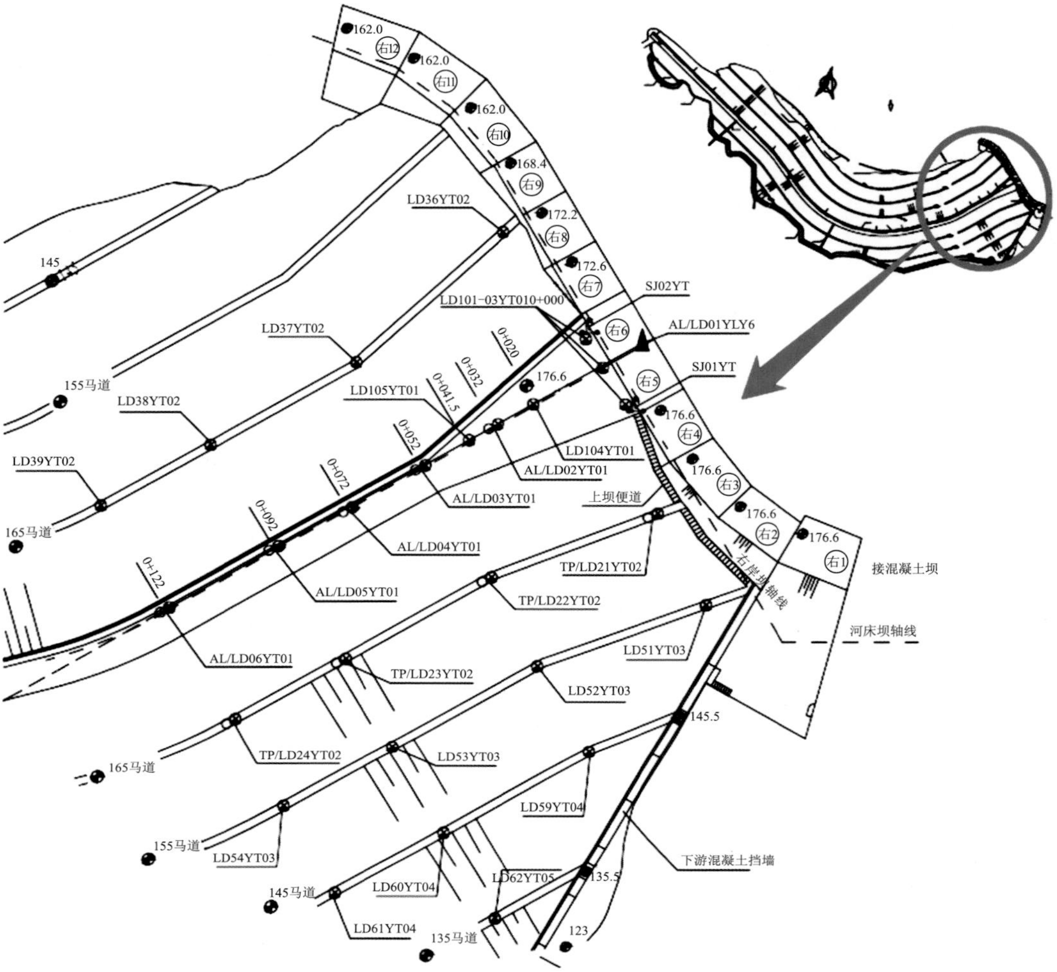

图 5.3.49　右岸土石坝与混凝土坝结合面外部监测仪器布置图

2. 内部监测仪器布置

在右岸土石坝与混凝土结合面布设了三向测缝计、渗压计及土压力计共计 35 支。35 支仪器中，15 支（5 组）为三向测缝计、13 支为渗压计、7 支为土压力计。内部监测仪器布置见图 5.3.50。

3. 表面变形

监测成果表明。

（1）水平位移呈现坝顶向上游和右岸变形，下游高程 165 m 马道向下游和右岸变形；最大水平累积位移位于桩号 0+032 断面坝顶心墙处（混凝土坝与土石坝坡脚交界处），分别为向右岸变形 88.58 mm、向上游变形 119.46 mm，变形尚未收敛。

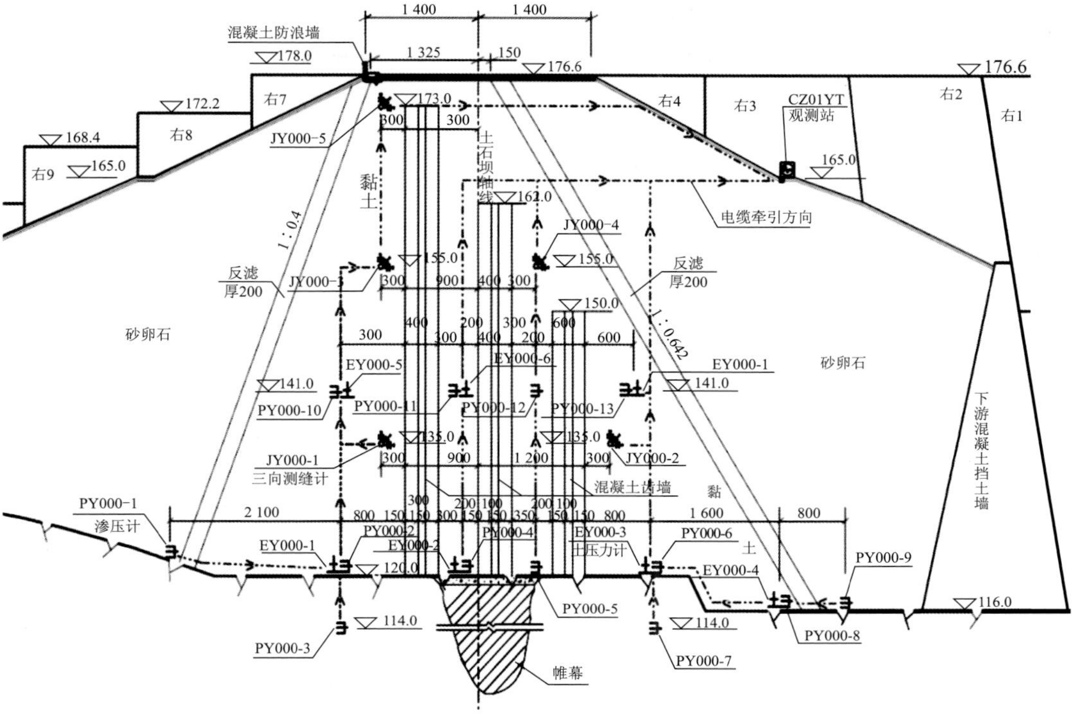

图 5.3.50　右岸土石坝和混凝土坝结合面内部监测仪器布置图（高程单位：m；尺寸单位：cm）

（2）垂直向最大位移与水平位移一致，最大变形部位均位于桩号 0+032 断面坝顶心墙处（混凝土坝与土石坝坡脚交界处），垂直位移最大累计沉降为 439.6 mm（截至 2021 年 10 月 17 日），变形仍未收敛。

（3）沉降主要变形区域集中在桩号 0+000～桩号 0+122 断面区间，其他断面变形较小，最大为 43.75 mm。上下游马道沉降变形均较小，最大为 39.75 mm（LD22YT02，下游高程 165 m 马道）。

（4）从 2013～2021 年沉降变形过程曲线可知，2014 年 9 月（初次蓄水至 160.0 m）、2016 年 4 月（坝顶花坛浇水）、2017 年 9 月（蓄水试验蓄水至 167 m）及 2021 年 10 月（首次蓄水至正常蓄水位 170 m）四个时间点，沉降速率明显加快，均与坝体水位变化相关，坝顶沉降变形受水位影响明显。

（5）截至 10 月 17 日，坝顶沉降变形仍呈增大趋势。8 月 21 日～10 月 17 日，总沉降量为 11.5 mm。其中：8～9 月沉降 4.44 mm（水头差约为 5 m）；9～10 月沉降 7.06 mm（水头差约为 1.75 m）。显然，水位上升初期（上升至 170 m 期间），坝顶沉降变形速率加快明显，且水位越高，速率越快。

自 10 月 10 日至 17 日到达 170 m 稳定蓄水期的 7 天内沉降增量仅 1.05 mm，平均沉降速率 0.1500 mm/d。相较于 2017 年首次 167 m 蓄水阶段，本次蓄水引起的沉降增量及沉降速率均呈收敛趋势，测值过程线见图 5.3.51～图 5.3.54。[说明：本次垂直位移均采用改算后的成果，即以老河口市洪山嘴主点（国家基准点）作为基准点。]

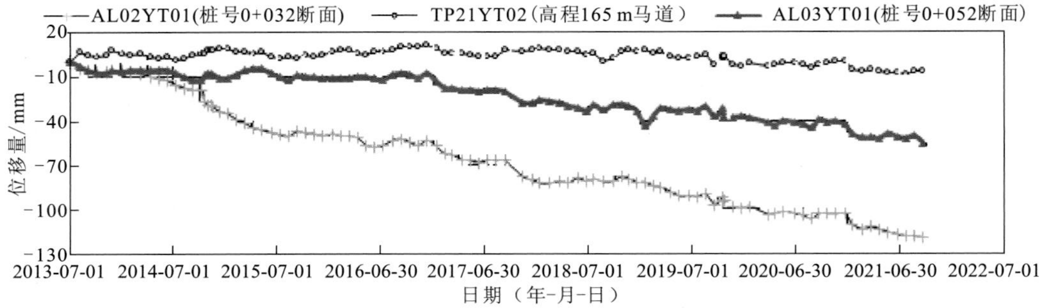

图 5.3.51　水平位移测点过程线图

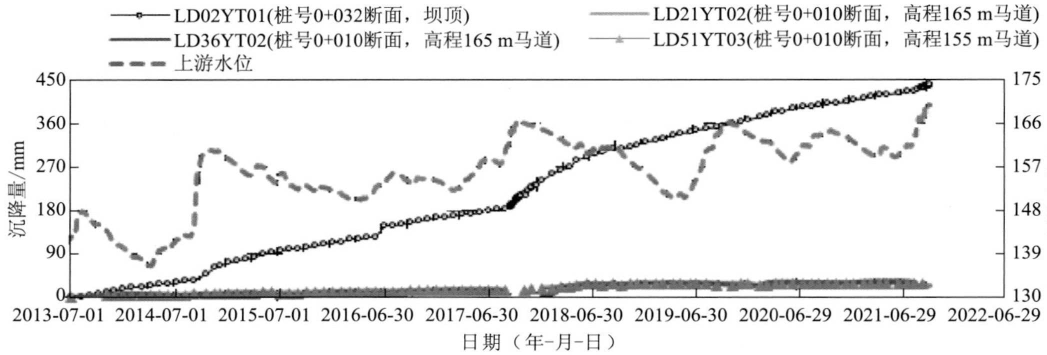

图 5.3.52　垂直位移测点过程线图

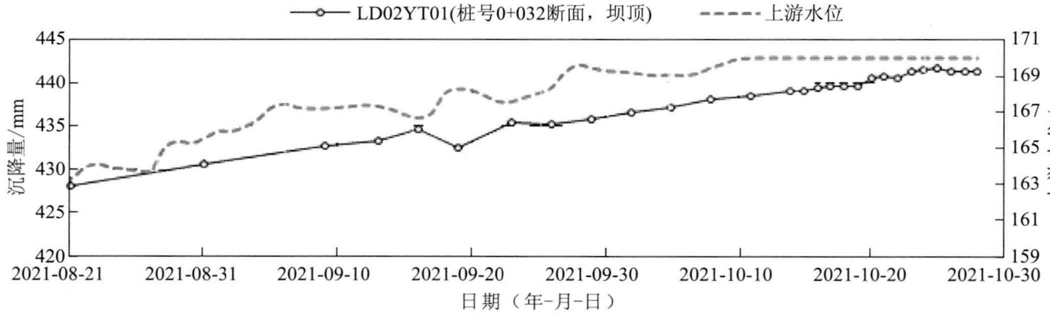

图 5.3.53　桩号 0+032 断面垂直位移测点过程线图

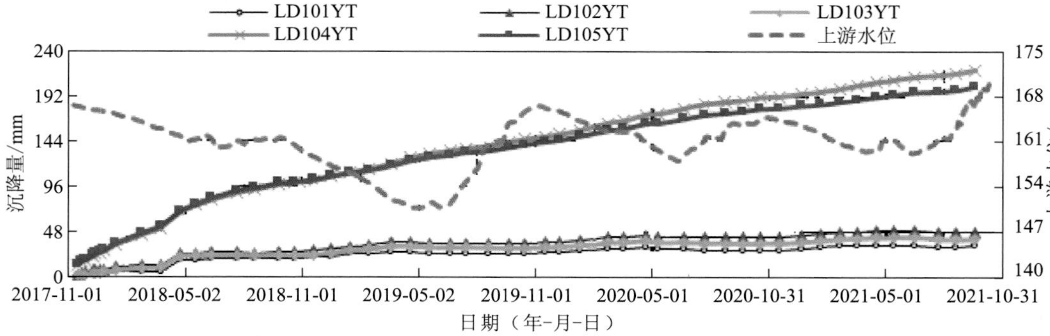

图 5.3.54　新增垂直位移测点过程线图

4. 结合缝变形

目前，测缝计均处于受拉状态，高程 155 m 垂直向变形最大，最大位移为 55.29 mm（JY000-3-3），高程 135 m 垂直向变形最小，为 11.97 mm。总体来看，垂直向接缝位移基本稳定。虽然左右岸及上下游向测缝计均处于受拉状态，但测值较小。测值过程见图 5.3.55。

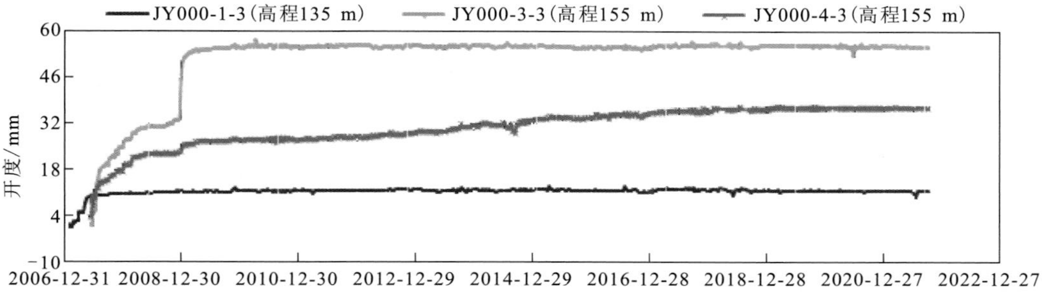

图 5.3.55　三向测缝计测值过程线图（垂直向）

5. 渗流

结合面心墙内各测点水位变化稳定，心墙下游侧渗流压力较小，渗流稳定。测值过程线见图 5.3.56。

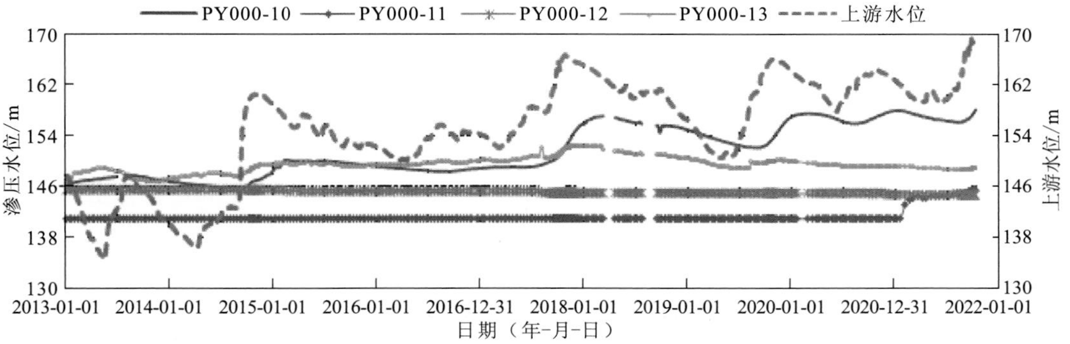

图 5.3.56　PY000-10～13 渗压计测值过程线图

6. 小结

右岸土石坝与混凝土坝结合部坝顶沉降变形表现为距结合部越近，沉降量越大，变形尚未收敛。其他部位各测点测值均较小，变形基本正常。坝体内部接缝位移基本稳定，未现明显趋势性变化；心墙防渗效果较好，渗流性态稳定；结合部渗流基本正常，未现渗漏通道。

5.3.5 大坝安全性评价

丹江口水库大坝加高工程自2013年8月通过蓄水验收，截至2024年3月，累计向受水区调水超620亿m^3，其间开展了水库蓄水试验研究，大坝也经历了正常蓄水位170 m的考验，通过系统的安全监测、巡查和分析，大坝总体工作性态正常。

（1）大坝加高工程监测成果表明，混凝坝变形规律及位移量正常，坝基扬压力监测值小于设计值；左右岸土石坝变形、渗压和渗流监测值均在设计允许范围内；新老混凝土结合面的结合比例高于设计控制指标，库水位抬升过程中，结合比例有增大趋势；经处理后初期坝体裂缝基本处于闭合或稳定的非扩展状态，初期坝体裂缝处理达到了预期效果；金属结构和机电主设备无异常；右岸转弯坝段反拱变形效应虽未基本完全消除，但坝踵、坝趾均处于压应力状态，满足设计及重力坝规范要求。

（2）根据典型坝段监测数据进行的稳定、渗流计算结果表明坝体抗滑及渗透稳定满足设计要求；反演计算分析成果表明混凝土坝变形、应力分布及特征值，以及新老坝体结合状态等与监测值均吻合良好，设计所采用的计算模型、参数基本符合大坝实际状况。大坝的稳定和应力及变形等均满足设计要求。

（3）水库蓄水后新发现的混凝土坝横缝、廊道及观测竖井等漏水不影响大坝安全，经过系统研究和处理后，渗漏量较处理前已有显著减小，不影响大坝安全和运行维护；右岸土石坝与混凝土坝结合部变形虽未收敛，但总体可控，不影响大坝的安全和运行，应加强巡查和观测。

（4）库水位 163～170 m 条件下的水力学监测结果表明，丹江口水库大坝加高后，表孔、深孔泄流时上游进口流态总体较好，无漩涡及明显的侧向进流现象；表孔水舌冲击中隔墙问题可以通过开启紧邻中隔墙两侧的表孔泄洪方式解决；泄洪期间左岸电站尾水出流总体平顺，水面波动较小；各泄洪工况下，坝下均产生了较强的雾化现象，下游右岸局地泄洪降雨可达大雨—特大暴雨级别；表孔堰面、工作门槽下游闸墩壁面时均压力总体较小，局部区域接近负压，堰顶下游附近坝面水流空化接近初生阶段，应关注堰面及门槽下游壁面的蚀损检查；深孔下游明流泄槽斜坡段的时均压力在 2×9.81 kPa 左右，而流速达 30 m/s，库水位 170 m 时的水流空化数仅 0.26，存在空化、空蚀的可能，应加强深孔明流泄槽的蚀损检查。

参 考 文 献

[1] 长江水利委员会长江勘测规划设计研究院.丹江口大坝水利枢纽大坝加高工程初步设计报告[R]. 武汉: 长江水利委员会长江勘测规划设计研究院, 2004.

[2] 钮新强, 谢向荣, 吴德绪, 等.南水北调中线一期丹江口大坝加高工程设计单元工程完工验收工程设计工作报告[R]. 武汉: 长江勘测规划设计研究有限责任公司, 2021.

[3] 张小厅, 杨宏伟. 丹江口大坝加高工程的特点与技术难点[J]. 南水北调与水利科技, 2009, 7(6): 267-270.

[4] 长江水利委员会长江勘测规划设计研究院, 中国水利水电科学研究院, 南水北调中线水源有限责任公司等. 丹江口大坝加高工程关键技术研究课题报告[R]. 武汉: 长江水利委员会长江勘测规划设计研究院, 2010.

[5] 廖仁强, 陈志康, 张国新, 等. 丹江口大坝加高工程关键技术研究综述[J]. 南水北调与水利科技, 2009, 79(6): 47-49.

[6] 长江水利委员会长江科学院. 丹江口大坝加高施工实验原型观测资料分析报告[R]. 武汉：长江水利委员会长江科学院, 2002.

[7] 朱伯芳. 大体积温度应力与温度控制[M]. 北京: 中国电力出版社, 1999.

[8] 张国新, 朱伯芳, 吴志朋. 重力坝加高的温度应力问题[J]. 水利学报, 2003, 5(1): 11-15.

[9] 陈志康, 郑光俊, 王莉. 丹江口大坝加高工程新老混凝土结合措施设计[J]. 人民长江, 2009, 40(23): 93-95.

[10] 杨华舒, 王洪, 李明. 水工混凝土建筑物的表层病害与整体老化[J]. 水力发电, 2001(2): 57-60.

[11] 石妍, 杨涛, 李家正, 等. 丹江口大坝老混凝土耐久性的评估分析[J]. 人民长江, 2009, 40(11): 10-11.

[12] 王仲华, 李祖民. 丹江口水利枢纽大坝混凝土老化安全检测报告[R]. 武汉：长江科学院工程质量检测中心, 2002.

[13] 刘斌云. 水泥灌浆帷幕的耐久性分析[J]. 水利水电技术, 1998, 29(6): 34-37.

[14] 孔柏岭. 长期高温老化对聚丙烯酰胺溶液性能影响的研究[J]. 油气采收率技术, 1996, 3(4): 7-11.

[15] 朱伯芳. 有限单元法原理与应用[M]. 第 2 版. 北京: 中国水利水电出版社, 2000.

[16] 中国水利水电科学研究院. 丹江口大坝加高关键技术研究专题研究报告[R]. 北京: 中国水利水电科学研究院, 2006.

[17] WESTERGAARD H M. Water pressures on dams during earthquakes[J]. Transactions of the American society of civil engineers, 1933, 98(2): 418-433.

[18] 长江勘测规划设计研究有限责任公司. 南水北调中线一期丹江口大坝加高工程初期大坝混凝土缺陷检查与处理报告[R]. 武汉: 长江勘测规划设计研究有限责任公司, 2011.

[19] NILSON A H. Nonlinear analysis of reinforced concrete by the finite elementmethod[J]. ACI structural

journal, 1968, 65(9): 21-32.
[20] MIRZA S M, HOUDE J. Study of bondstress-slip relationships in reinforced concrete[J]. ACI structural journal, 1979, 76(1): 19-46.
[21] 宋玉普, 赵国藩. 钢筋与混凝土之间的粘结滑移性能研究[J]. 大连工学院学报, 1987, 26(2): 93-100.
[22] 滕智明, 李进. 反复循环加载的局部粘结滑移应力-滑移关系[J]. 结构工程学报, 1990,12: 1-9.
[23] HAWKINSNM,LINIJ,JEANGFL. Local bond strength of concrete for cyclic reversed loading[M]//Bond in Concrete. London:Applied Science Publishers, 1982.
[24] 颜天佑, 钮新强, 李同春，等.已有裂缝重力坝加高后的工作性态[J]. 水利水电科技进展, 2009, 29(1): 47-51.
[25] 钮新强, 吴德绪, 徐照明, 等. 丹江口水库 170 m 水位蓄水大坝工作形态评估报告[R]. 武汉: 长江勘测规划设计研究有限责任公司, 2021.
[26] 周厚贵. 丹江口大坝加高新老混凝土结合面人工键槽施工技术研究[J].南水北调与水利科技, 2006, 4(4): 8-10.
[27] 钮新强, 谢向荣, 吴德绪, 等. 丹江口水库蓄水试验报告[R]. 武汉: 长江勘测规划设计研究有限责任公司, 2018.